W. KUSSY / ELEKTRISCHE ANTRIEBE

DR. ING. WERNER KUSSY

ELEKTRISCHE ANTRIEBE VON HEBEZEUGEN UND TRANSPORTANLAGEN

Mit 186 Textabbildungen

TECHNISCHER VERLAG HERBERT CRAM, BERLIN W 35

1954

Satz: Walter de Gruyter & Co., Berlin W 35

Gedruckt bei Otto von Holten in Berlin

Inhaltsverzeichnis

Einleitung

Das vorliegende Buch ist aus dem Bedürfnis entstanden, dem Mangel an Literatur, den ich selbst als jüngerer Ingenieur bei der Projektierung und Berechnung von elektrischen Anlagen für Hebezeuge und Transporteinrichtungen empfunden hatte, abzuhelfen.

Dieses Buch umfaßt nicht alle Antriebe auf diesem Gebiet. In meiner Eigenschaft als Leiter einer Schaltapparatefabrik, die Kran-, Aufzugs- und Walzwerke sowie Werften für den Bau kleinerer und mittelgroßer Schiffe zu ihren wichtigsten Kunden zählte, hatte ich nicht mit allen Transportfragen auf elektrotechnischem Gebiet zu tun. Ich habe Gebiete, die mir in meiner Praxis nicht vorgekommen sind, in dem Buche nicht besprochen, da m. E. es nicht möglich ist, Antriebsfragen ohne Hinweise auf die praktische Durchführung und ohne eigene Erfahrung der dabei auftretenden Schwierigkeiten zu behandeln. Daher habe ich Antriebe von Straßenbahnen, Elektr. Lokomotiven, pneumatische Anlagen (z. B. Rohrpostantriebe), Troleybusse, Drehstromantriebe auf Schiffen nicht dargestellt. Aufzugsteuerungen sind von mir ausführlich in meinem Buch über elektrische Niederspannungsschaltgeräte beschrieben worden, so daß ich sie hier weglassen konnte.

In dem hier vorliegenden Buch habe ich mich bemüht, eine große Zahl von Beispielen durchzurechnen, um dem Ingenieur und Studenten ein Bild über die Größenverhältnisse zu geben, aber vor allem auch um zu zeigen, welche Fragen bei der Auswertung der Formeln zu beachten sind. Vor allem machen dem jüngeren Ingenieur die Berechnung von Widerständen und von Drehmoment-Drehzahlcharakteristiken Schwierigkeiten, daher habe ich besonders auf diesem Gebiete viele verschiedenartige Beispiele ausgewählt.

Kurz habe ich auch auf die neuesten Entwicklungen besonders in USA hingewiesen. Immer mehr findet dort im Hinblick auf die immer größeren Transportgeschwindigkeiten der Leonardantrieb mit Verstärkereinrichtungen Anwendung.

Mit steigenden Löhnen wird dieses Gebiet auch in Europa an Bedeutung gewinnen, da dann Arbeitsgeschwindigkeiten immer mehr erhöht werden müssen, ohne Rücksicht auf die dabei entstehenden höheren Anlagekosten.

Dem Verlag möchte ich für die ausgezeichnete Ausstattung und für die weitgehende Unterstützung an dieser Stelle meinen Dank ausdrücken.

Werner Kussy

1. Bestimmung der Größe des Motors und des Bremsmagneten

Moment und Motorleistung

Zur Beschleunigung einer Masse m ist die Kraft $P_{(\mathrm{kg})}$ erforderlich

$$P = m\,b \tag{1}$$

$\left(b = \text{Beschleunigung } \frac{\mathrm{m}}{\mathrm{sek}^2},\ m = \frac{G}{g}\right.$, wobei G das Gewicht des zu hebenden Gegenstandes in kg und $g = 9{,}81\ \frac{\mathrm{m}}{\mathrm{sek}^2}$ die Erdbeschleunigung darstellt.$\Big)$

Das Drehmoment M beim Heben einer Last G an einer Winde vom Durchmesser D $M = (G + G')\,D/2$, wobei G' das Gewicht des leeren Hakens ist.

Bei sich geradlinig bewegenden Massen ist die Bewegungsenergie $E_k = \frac{G}{g}\,v^2/_2$, wobei v die Geschwindigkeit $\left(\frac{\mathrm{m}}{\mathrm{sek}}\right)$ bedeutet. Bei sich drehenden Massen ist die Energie

$$E_k = \int \frac{1}{2}\,r^2\,\omega^2\,dm = \frac{\omega^2}{2}\int r^2\,dm$$

r ist der Trägheitsradius. Das Trägheitsmoment

$$J = \int_0^{r_a} r^2\,dm\,. \tag{2}$$

Es gilt für Kreiszylinderflächen mit Radius r_a

$$J = \frac{G}{g}\,\frac{r_a^2}{2} \tag{3}$$

für Hohlzylinder mit dem Innenradius r_i und dem Außenradius r_a

$$J = \frac{G}{g}\,\frac{r_a^2 + r_i^2}{2} \tag{4}$$

denn

$$m = \frac{G}{g} = l\,\pi\,r_a^2\,\gamma\,\frac{1}{g}$$

$$dm = 2\pi\,r\,dr\,l\,\frac{\gamma}{g}$$

γ = spezifisches Gewicht, l = Länge des Zylinders:

$$J = 2\pi l\,\frac{\gamma}{g}\int_0^{r_a} r^3\,dr = \frac{G}{g}\,\frac{r_a^2}{2}\,.$$

In der Elektrotechnik rechnet man meist nicht mit Trägheitsmomenten, sondern mit Schwungmomenten. Es gilt $GD^2 = 4\,g\,J$, wobei man mit GD^2 das Schwungmoment bezeichnet.

Ein Schwungrad hat fast seine gesamte Masse am Außenradius. Die kinetische Energie eines sich drehenden Schwungrades

$$E_{\text{Sch}} = m\frac{v^2}{2} = \frac{G}{g}\pi^2\frac{D^2\,n^2}{2}\frac{1}{60^2} \tag{4a}$$

n = Anzahl der Umdrehungen/min (^{1}/min).

Beim Antrieb von Motoren unterscheidet man das Gegenmoment M_v und das Anlaufmoment $M_a (mkg)$. Wird ein Motor angelassen, dessen Schwungmoment bekannt ist und ist kein Gegenmoment durch die angetriebene Maschine vorhanden, so dient sein ganzes Anlaufmoment der Beschleunigung der Motorwelle.

$$M_a = J\frac{d\omega}{dt} = \frac{\pi n}{30\,t_a}J = \frac{\pi\,n}{30\,t_a}\frac{GD^2}{4\,g} \tag{5}$$

t_a ist die Anlaufzeit des Motors in sek.

Diese Formel gilt für den Fall, daß das Anlaufmoment des Motors während der Gesamtdauer des Anlaufes konstant ist. Dies ist angenähert der Fall bei Gleichstrommotoren und Drehstromschleifringankermotoren, die mittels Widerständen angelassen werden. Die Widerstandsabstufung wird so gewählt, daß der Anlaßspitzenstrom und der Anlaßminimalstrom, die dem Moment angenähert proportional sind, in geringen Grenzen schwanken.

Ist ein Gegenmoment M_v vorhanden, so dient zur Beschleunigung des Motors das überschüssige Moment M der Maschine.

$$M = M_a - M_v$$

M_a ist nicht konstant beim Anlassen von Kurzschlußankermotoren und Kommutatormotoren, die durch Bürstenverstellung angelassen werden.

Die Drehzahlsteigerung bei gleichbleibendem Anlaufmoment geht von 0 bis n, deshalb ist die mechanische Anlaufleistung in kW

$$N_{a\,\text{mech}} = \frac{M_a\,\omega}{2\;102} \tag{6}$$

$\omega = 2\,\frac{\pi n}{60}$ ist die Winkelgeschwindigkeit, 102 ist die Umrechnungszahl von mkg/sek in kW.

Die zugeführte elektrische Energie ist abgesehen vom Wirkungsgrad stets gleich, da $J_a \sim$ konst. M_a, $U\,J_a$ (Gleichstrom) bzw. $U\,J_a\sqrt{3}\,\cos\varphi$ (Drehstrom). Die aufgenommene Leistung ist also doppelt so groß wie die abgegebene. Die andere Hälfte wird in den Anlaßwiderständen vernichtet.

Bei nicht konstantem Motormoment und bei Anlassen ohne Widerstand bzw. nicht konstantem Gegenmoment (abhängig von Drehzahl) der angetriebenen Maschinen kann bei überschlägigen Berechnungen mit Mittelwerten $M_{a\,\text{mittel}}$ bzw.

$N_{a\,\text{mittel}}$ und $M_{v\,\text{mittel}}$ und $N_{v\,\text{mittel}}$ gerechnet werden. Der Mittelwert von $N_{a\,\text{mittel}}$ wird als Mittelwert von N_a bei voller Drehzahl und beim Stillstand bestimmt, wobei die aufgenommene Stromstärke ein Maß für die aufgenommene Leistung ist.

$$M_{a\,\text{mittel}} = N_{a\,\text{mittel}} \frac{1}{\omega_{\text{mittel}}}.$$

Die Anlaufzeit ergibt sich dann

$$t_a = \frac{\pi\, n\, GD^2}{4\, g\, 30\, (M_{a\,\text{mittel}} - M_{v\,\text{mittel}})} \tag{7}$$

entsprechend gilt für die Bremszeit

$$t_R = \frac{\pi\, n\, GD^2}{4\, g\, 30\, (M_{Rm} + M_{v\,\text{mittel}})}$$

falls mit einer elektrischen Bremsschaltung mit dem Bremsmoment M_{Rm} gebremst wird, sonst ist $M_{Rm} = 0$.

Genauer und besser ist die Bestimmung der Anlaufzeit aus der Drehmomentzeitcharakteristik der Arbeitsmaschine und der angetriebenen Maschine. Man entwickelt aus den gegebenen Charakteristiken die $n = f(t)$-Kennlinie.

Man teilt die $M = f(n)$ in Teile von der Größe Δn, zu diesen gehört jeweils eine Zeit Δt_a, die abhängig ist von der Größe des beschleunigenden Momentes $M_a - M_v$.

$$\Delta t_a = \frac{\Delta n\, \pi\, GD^2}{4 g\, 30\, (M_a - M_v)}. \tag{8}$$

Es seien z. B. gegeben die folgenden Kennlinien $M_a = f(n)$, $M_v = f(n)$, so ergibt sich die rechts daneben gezeichnete $n = f(t)$ Kennlinie durch wiederholtes Anwenden der oben angegebenen Gleichung[1]) (Abb. 1).

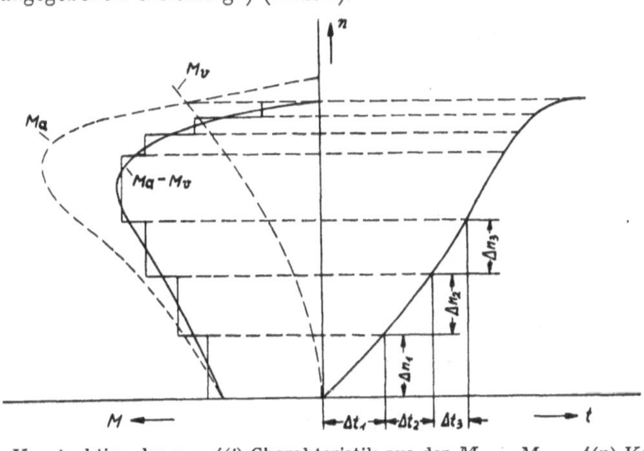

Abb. 1. Konstruktion der $n = f(t)$ Charakteristik aus der $M_a - M_v = f(n)$ Kennlinie

[1]) Vgl. Lehmann, Elektrotechnik und Elektromot. Antriebe.

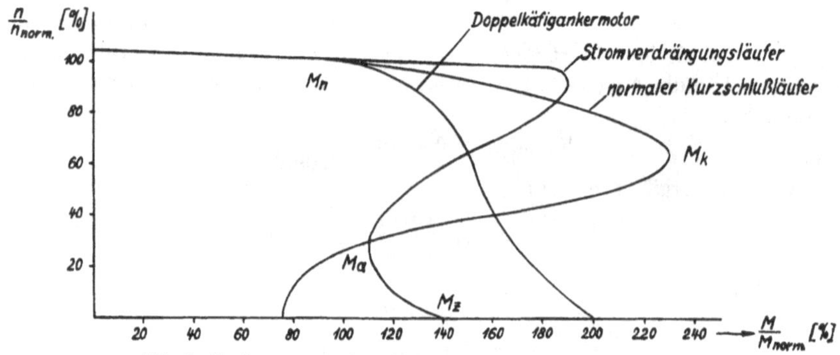

Abb. 2. Drehmomentenkennlinie von Kurzschlußankermotoren
M_a = Anlaufmoment M_k = Kippmoment M_z = Anzugsdrehmoment

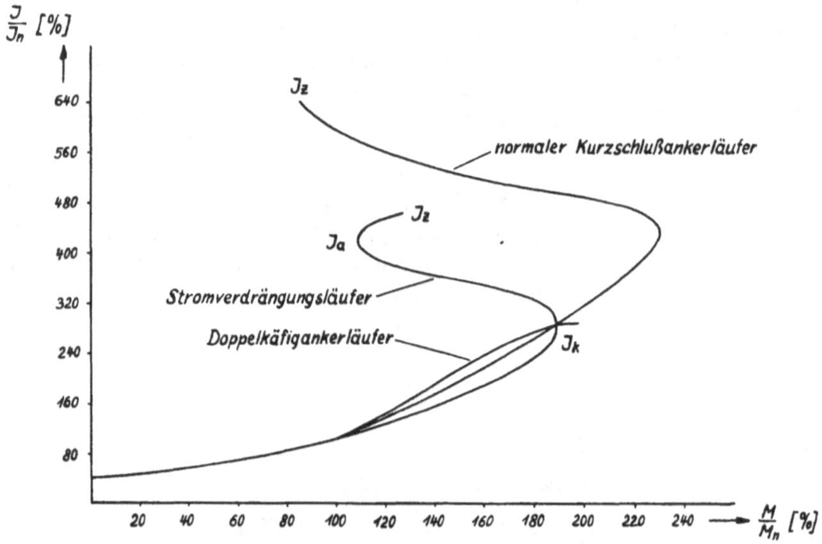

Abb. 3. Stromverlauf beim Einschalten eines Kurzschlußankermotors
J_a = Anlaufstrom J_k = Kippstrom J_z = Anzugsstrom

Die Kurve für $M_a = f(n)$ ist bei Kurzschlußankermotoren, Kurzschlußankermotoren mit Stromverdrängungsläufen, Zweinut- eventuell sogar Dreinutmotoren verschieden (Abb. 2)[1]).

Beim Vergleich der drei verschiedenen Motorarten erkennt man den großen Vorteil des Doppelkäfigankermotors im Hinblick auf das Anlaufdrehmoment (das ist

[1]) SSW

das minimale Drehmoment während des Anlaufs), das die Größe des Gegendrehmomentes nicht unterschreiten darf und die geringe Höhe des maximalen Anlaufstromes. Man erkennt ferner, daß der normale Kurzschlußankermotor für Hebezeugbetriebe wegen seines geringen Anlaufmomentes ungeeignet ist.

Die an der Welle zu leistende mechanische Arbeit ist außer von der Drehzahl, dem Drehmoment noch vom Wirkungsgrad des Getriebes abhängig. Die Hubleistung, die der Motor zu vollbringen hat, beträgt:

$$N_{q\,\mathrm{mech}} = \frac{M_q\,\omega}{\eta_h} = \frac{M_q}{\eta_h}\,\frac{n\,2\pi}{60\;102}\,(\mathrm{kW}) = \frac{M_q\,n}{\eta_h\,975}\,(\mathrm{kW}) = \frac{M_q\,n}{\eta_h\,716}\,(\mathrm{PS}) \tag{9}$$

M_q ist das Moment, das die Last hervorbringt, η_h ist der Hubwirkungsgrad. Bei Hubwerken ist beim Heben stets

$$N_{q\,\mathrm{mech\,Hub}} = N_q + V = \frac{N_q}{\eta_h}$$

hierbei sind V die mechanischen Verluste im Getriebe und

$$N_q = \frac{Gv}{102}\,.$$

Hierin ist in N_q die Hubleistung am Haken.

Beim Senken ist die mechanische Leistung, die an der Generator-Welle abgegeben wird:

$$N_{q\,\mathrm{mech\,senk}} = N_q - V = N_{qs}\,\eta_s\,.$$

Daraus ergibt sich

$$\eta_s = \frac{2\eta_h - 1}{\eta_h} = \text{der Senkwirkungsgrad} \tag{10}$$

Der Wirkungsgrad setzt sich aus verschiedenen Teilwirkungsgraden η_1, η_2, η_3 der verschiedenen Übertragungsmechanismen zusammen.

$$\eta = \eta_1\,\eta_2\,\eta_3 \tag{11}$$

z. B. η_1 = Wirkungsgrad der Trommel,
η_2 = des Flaschenzuges usw.

Wesentlich für die Beurteilung eines Triebwerkes ist noch das „Entlastungsverhältnis“[1]), d. h. das Verhältnis des Momentes M_0, das zum Bewegen der Totlast G_0 zu dem des Momentes M_q, das zum Bewegen der Vollast G_v erforderlich ist. Der Getriebewirkungsgrad ist bei Vollast z. B. 65%, d. h. beim Verhältnis $\frac{G_o}{G_v} = 1$ ist $\eta = 65\%$, bei einem kleineren Wert als 1 ist auch η geringer.

$$\frac{M_o}{M_v} = \frac{\dfrac{G_o}{G_v}}{\eta_{mo}/\eta_{mv}}\,, \quad \text{für } \frac{G_o}{G_v} = 0{,}5\;\eta_m = 0{,}65$$

$$\frac{\eta_{mo}}{\eta_{mv}} = \frac{0{,}58}{0{,}65} \sim 0{,}89 \qquad \frac{M_o}{M_v} = 0{,}56\,.$$

---

[1]) Schiebeler, Elektromotoren für aussetzenden Betrieb, Hierzel 1926.

Nebenstehende Kurve (nach Schiebeler) zeigt die Verhältnisse des Getriebewirkungsgrades η_m für verschiedene Werte von $\eta_{\max}$ (maximal 65%, 80%, 90%) für $G_o/G_v = 1$, abhängig von $\frac{G_o}{G_v}$ ist stets $\frac{M_o}{M_v} = 1$.

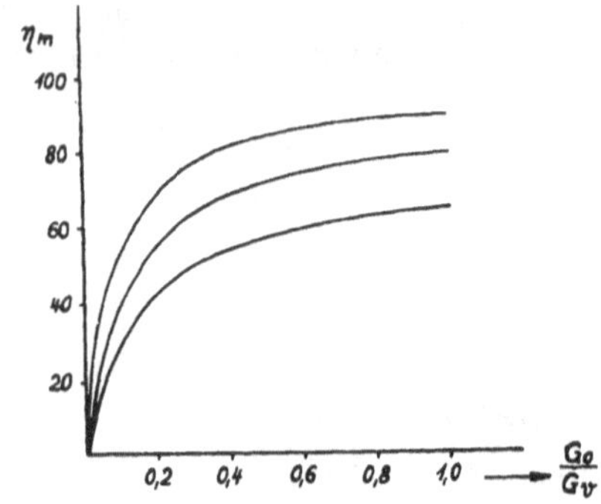

Abb. 4. Getriebewirkungsgrad abhängig vom Verhältnis Tot- zu Vollast

Für die Bestimmung der Anlaufzeit t_a war die Bestimmung des Schwungmomentes entscheidend. Die Anlaufzeit ist auch ein maßgebender Faktor für die Bestimmung der Motorleistung beim intermittierend eingeschalteten Betrieb, der meistens für Hebezeuge und Förderanlagen in Frage kommt. Die Schwungmomente aller bewegten Massen müssen auf die Motorwelle bezogen werden, dann kann man sie addieren. Diese Summe setzt man für GD^2 in der Formel für die Berechnung der Anlaufzeit ein. Haben die sich drehenden Massen eine andere Drehzahl als die des Motors, so gilt folgendes:

$G_2 D_2^2$ = Schwungmoment der sich drehenden Masse
$G_1 D_1^2$ = deren Schwungmoment, bezogen auf die Motorwelle.

Dreht sich die Motorwelle mit der Drehzahl n_1, die Masse G_2/g mit der Drehzahl n_2, so ist, weil die kinetische Energie einer sich drehenden Masse

$$E_k = \frac{\omega^2}{2} J = k n^2 GD^2$$

$$G_1 D_1^2 = G_2 D_2^2 \frac{n_2^2}{n_1^2}. \tag{12}$$

Für Hubwerke mit der Last G ist die kinetische Energie

$$E_k = \frac{G}{g} \frac{v^2}{2}, \text{ also gemäß Gleichung 4a } \quad G_1 D_1^2 = \frac{Gv^2\,3600}{\pi^2 n_1^2} = \frac{365\,Gv^2}{n_1^2}.$$

Wird die Last G = Eigengewicht des Hakens + Seil + angehängte Last auf einer festen Trommel vom Durchmesser D mit der Drehzahl n_3 auf- bzw. abgewickelt, so kann ihr beschleunigendes Drehmoment bezogen auf die Motorwelle berechnet werden, wenn man voraussetzt, daß die Beschleunigung gleichförmig von der Winkelgeschwindigkeit des Motors 0 bis zu n_1 vor sich geht.

$$E_k = \frac{G_{\text{Last}}}{g} \frac{v^2}{2} = \frac{G_{\text{Last}}}{g} \frac{v^2}{2} \frac{\pi D/2}{30} n_3 = M \omega_1 \frac{t_a}{2} \eta = M \frac{\pi n_1}{30} \frac{t_a}{2} \eta$$

$$M = \frac{G_{\text{Last}}}{g} \frac{v D/2\, n_3}{t_a n_1 \eta} = \frac{G_{\text{Last}}}{g} \frac{v\, D/2}{t_a \ddot{u} \eta} = \frac{G_{\text{Last}}\, \pi\, n_3 n_1 (D/2)}{g\, 30\, t_a \ddot{u} n_1 \eta} = \frac{G_{\text{Last}}\, \pi\, n_1 (D/2)}{30\, t_a \ddot{u}^2 \eta\, g} \tag{13}$$

$\ddot{u} = \frac{n_1}{n_3}$ = das Übersetzungsverhältnis des Getriebes. Daraus ergibt sich das auf die Motorwelle bezogene Gesamtdrehmoment wie folgt:

$$M = M_1 + M_2 + M_3 + \ldots = \frac{\pi n_1}{30\, t_a\, 4\, g} \left[G_1 D_1^2 + G_2 D_2^2 \left(\frac{n_2}{n_1}\right)^2 \frac{1}{\eta_1} + G_3 D_3 \left(\frac{n_3}{n_1}\right)^2 \frac{1}{\eta_2} \right]$$

$$+ G_{\text{Last}}\, D/2\, \frac{30\, 4\, g\, t_a}{\eta_h\, \pi\, n_1}\,. \tag{14}$$

Zur Feststellung des Eigengewichtes bei nicht ausgeglichenem Seil gehört auch die Bestimmung des Seildurchmessers und des Seilgewichtes. Dies ist nur möglich, wenn man auch den Trommeldurchmesser bestimmt. Für Hubwerke und Fördermaschinen gilt folgendes:

Kranart	Seil-sicher-heit	Seildurchm. (d) $K = \frac{d\ \text{mm}}{\sqrt{G_v + G_0}}$	Trommeldurchm. (D) $C = \frac{D\ \text{mm}}{\sqrt{G_0 + G_v}}$	Rollen-durchm. (D_1) $C = \frac{D_1\ \text{mm}}{\sqrt{G_0 + G_v}}$	Ausgleichs-rollendurchm. (D_2) $C = \frac{D_2\ \text{mm}}{\sqrt{G_0 + G}}$
Auslegereinziehwerke	6	0,3 –0,62	5– 6	5,5– 7	4,5–5
Seltener Kranbetrieb	6	0,3 –0,32	6– 7	7 – 7	4,5–5,5
Normale Werkstatt-krane	7	0,32–0,34	7– 8	8 –10	5 –6
Greiferkrane	8	0,34–0,37	8– 9	9 –12	6 –7,5
Hütten-Walzwerke	9,5	0,37–0,4	8– 9	9 –12	6 –7,5
Fördermaschinen					
Personen	8	0,37–0,4	40–60	40 –60	–
Güter (Trommel)	6	0,37–0,4	40–60	40 –60	–

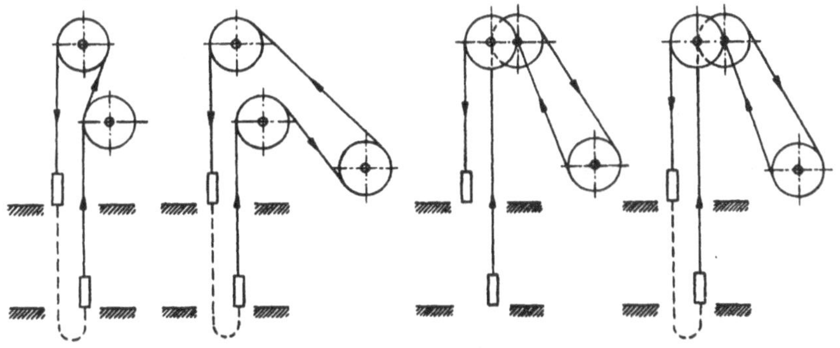

Förderanlage Treibscheibe mit Seilausgleich Koepescheibe

Förderanlage mit Seilscheibe und Treibscheibe Lenkscheibe

Förderanlage ohne Seilausgleich (Trommel)

Förderanlage mit Seilausgleich (Trommel)

Abb. 5a. Fördermaschinenantriebe

Der Durchmesser von Treibscheiben (Mitnahme des Seils durch Reibung) ist etwa so groß wie der der Trommeln. Die Seilsicherheit wählt man noch um ca. 20% höher. Bei Winden gilt $D \cong 100$ d.

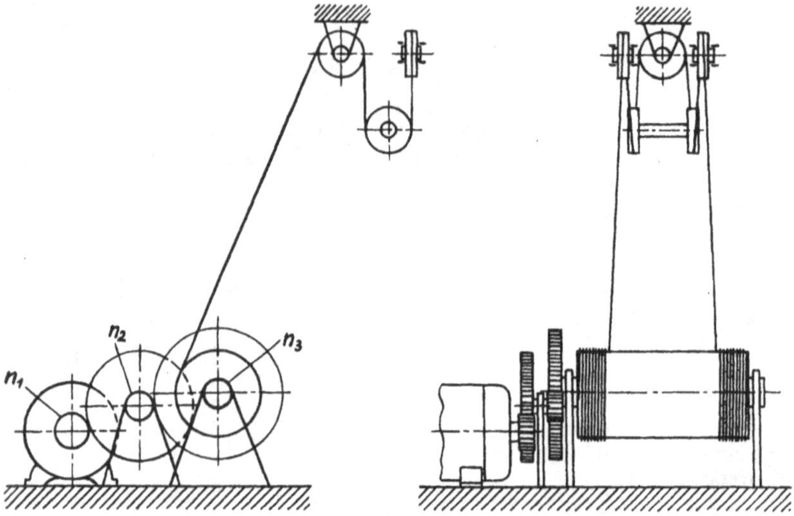

Abb. 5b. Trommel, Getriebe und Flaschenzug eines Hubwerkes

Die Übersetzung durch den Flaschenzug hängt bekanntlich von der Zahl der losen Rollen ab. Bei vorliegendem Beispiel (Abb. 5b) ist die Übersetzung am Flaschenzug 1 : 2 d. h. wenn die Trommel n_3 Umdrehungen pro Minute macht, so ist die Zahl der Umdrehungen an der losen Rolle des Flaschenzuges $\frac{1}{2}$ so groß wie n_3. Besteht der Flaschenzug aus x festen und x losen Rollen, so ist die Übersetzung 1 : x. Für Hubwerke und Krane bis 30 t Vollastgewicht wählt man $x = 2$, über 30 t $x = 4$.

Für Katzfahr- und Kranfahrwerke ist in die Gleichung für die Leistung von Hubwerken an Stelle von G der Wert (0,015 bis 0,035) $G + G_w$ einzusetzen, wobei unter G die Summe aller Laufraddrücke im ungünstigsten Falle (Last + Eigengewicht) zu verstehen ist. G_w ist die Windkraft (kg). Die Leistung der Laufwerke unter Vernachlässigung der Windwirkung ist:

$$N_{(\mathrm{kW})} = \left[\frac{G\,v\,f}{102\,R\,\eta} + \frac{\mu\,G\,D_z/2\,v}{102\,R\,\eta}\right] (1{,}25 \text{ bis } 1{,}50) \qquad (15)$$

hier ist R = der Laufradhalbmesser (m)
D_z = der Zapfendurchmesser (m)
f = der Hebelarm der rollenden Reibung 0,005—0,006 m
μ = der Reibungskoeffizient für die gleitende Reibung
$\mu \cong$ 0,15 bis 0,22 für trockene Schienen bzw. Rollen
$\mu \cong$ 0,10 bis 0,12 für gut eingefettete Rollen.

Der Faktor 1,25 bis 1,5 ist eine Folge der Spurkranzreibung, etwa 1,25 usw. für Katzen, 1,5 für Kranfahrwerke gültig. Bei Berücksichtigung der Windkraft ist für den Winddruck P_w 15 kg/m² anzusetzen. Die Windkraft $G_w = P_w F$. F ist die dem Wind ausgesetzte Fläche. Für Überschlagsrechnungen kann man einsetzen:

$$N_{(\mathrm{kW})} = \frac{(15 \div 35) \frac{G}{1000} v}{102\,\eta} \qquad (16)$$

hierbei sind die oberen Werte für Krane im Freien gültig $\frac{15 \text{ bis } 35}{1000}$ ist der Fahrwiderstand je Tonne.

Für die Lagerbelastung von Drehwerken gilt bei Gleitlagern in Zapfen:

$$M_{(\mathrm{mkg})} \approx 0{,}66\,\mu G\,D_z/2 \qquad (17)$$

G = Last + Eigengewicht bezogen auf den Lagerzapfen (kg)

D_z = Zapfendurchmesser in m

$\mu \cong 0{,}08$ bis 0,1 für Gleitlager

$\mu \cong 0{,}033$ für Wälzlager.

An Stelle G und d kann auch die Armlänge und das Gewicht G der anhängenden Last bzw. wenn kein Gewichtsausgleich vorhanden, das Armübergewicht + Lastgewicht als Bezugsgröße gewählt werden.

Wird der Zapfen in Laufrollen gelagert, so gilt:

$$M_s = \frac{2N}{r_2}\,[\mu\, r_1 r_3 + f\,(r_1 + r_2)] \qquad (17\text{a})$$[1]

f = Hebelarm der rollenden Reibung

$\mu \cong 0{,}03$.

Wählt man $\Sigma p = \Sigma$ der Laufraddrücke als Bezugsgröße, so ist

$$M = \Sigma p\,(\mu\, r_s + f)\, 1{,}25\, \frac{r_1}{r_2}.$$

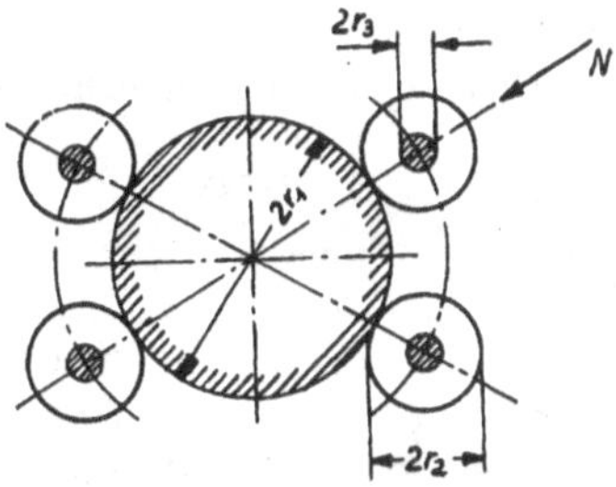

Abb. 6. Laufrollenlager

Die Berechnung der Motorleistung erfolgt beim Drehen und Wippen wie folgt:

Für das Drehwerk gilt:

Man bestimmt das ausgeglichene Gewicht G_a. Dieses kann durch das Moment M_a überwunden werden. Die Reibungswirkung beträgt $\sim \frac{25 \text{ kg}}{\text{t}}$

$$M_a \cong \frac{D_z}{2}\,\frac{25}{1000}\,G_a \qquad (18)$$

D_z = Zapfendurchmesser in m

---

[1]) vgl. Hütte, Band 2, S. 144.

D_z wird in erster Linie durch die Biegemomente bestimmt

$$D_{zcm} = \sqrt[3]{\frac{(M_L + M_e)\,100}{\mu\,\sigma_B}} \tag{18a}$$

$$\mu \sim 0{,}1 = \text{Reibungszahl}$$

$$\sigma_B \sim 400\ \text{kg/cm}^2 = \text{Biegefestigkeit von Stahl}$$

$$M_L = \mu\, G_L\, a \tag{19a}$$

G_L = angehängte Last in kg

a = Ausladung (m)

$$M_e = \mu\,(G - G_a)\, l_s \tag{19b}$$

G = Gesamtgewicht der beweglichen Teile des Drehwerkes

G_a = Gewicht der Teile des Drehwerkes, die bezogen auf den Drehpunkt sich aufhebende Momente hervorrufen

l_s = Entfernung des Schwerpunktes der Überschußgewichte des unbelasteten Drehwerkes vom Drehpunkt

$$M_w \cong 7{,}5\, F l_s \tag{19c}$$

M_w = Windmoment

F = die Überschußfläche, die dem Wind ausgesetzt ist (sich aufhebende Momente sind nicht zu berücksichtigen).

Beim Drehwerk ist nur die halbe Kraft wie beim Kranfahrwerk einzuetzen, da die Windrichtung im Ganzen bei der Drehung um 180° nur zur Hälfte wirksam ist. Bei Drehung um 360° hebt sich die Windrichtung auf.

$$N_{\max} = (M_a + M_e + M_L + M_W)\,\frac{\pi\, n}{30\; 102\, \eta}\, 1{,}2 \tag{19d}$$

n ist im allgemeinen 1,5 bis 3 1/min. Mit dem Faktor 1,2 sind die mechanischen Verluste im Drehwerk geschätzt.

η ist der Getriebewirkungsgrad zwischen der Drehwerkswelle und Motorwelle.

Beim Wippen ist die Windrichtung unerheblich, sie kann etwa halb so wie beim Drehkran geschätzt werden. Das Lastmoment $M_L = G\,h$, wobei G die angehängte Last und h die Hubhöhe ist, um die die Last gehoben wird. Wird die Last nicht mitgehoben, sondern bleibt in gleicher Höhe, wird also nur durch das Wippen verschoben, so ist als zusätzliche Kraft $G\mu$ zu überwinden, wobei für μ etwa 0,15 bis 0,2 einzusetzen ist. Für die Leistungsberechnung gilt Formel 15.

Motorleistung unter Berücksichtigung der relativen Einschaltdauer und der relativen Lasten

Man unterscheidet Dauerbetrieb, kurzzeitigen und aussetzenden Betrieb. Motoren können, wenn sie nicht dauernd eingeschaltet werden, höher als im Dauerbetrieb belastet werden, vorausgesetzt, daß sie das der höheren Leistung entsprechende Moment entwickeln können. Für Aussetz- und kurzzeitigen Betrieb werden daher Spezialmotoren, die dieser Eigenschaft genügen, verwandt.

Der Zeitfaktor eines Motors ($\sim 1/3$ der Zeit, die benötigt wird um 95% der Endtemperatur im Dauerbetrieb zu erreichen) ist verschieden groß beim Lauf und beim Stillstand, da die Ventilation im Stillstand wegfällt. Er ändert sich auch mit der Geschwindigkeit. Je größer die Geschwindigkeit, desto kleiner der Zeitfaktor. Die Bestimmung der Endtemperatur bei aussetzendem, kurzzeitigen und Dauerbetrieb macht rechnerisch große Schwierigkeiten. Die genaue Bestimmung der Erwärmungsgleichung ($\vartheta = f(t)$) ϑ-Übertemperatur (°C) für einen homogenen Körper ist nur für einfache Anordnungen möglich, für inhomogene Körper ist dies sehr schwierig und ohne Experimente bisher nicht gelungen. Es kommt noch hinzu, daß die Wirkung der künstlichen Kühlung durch die umlaufenden Massen mit verschiedener Geschwindigkeit mit erfaßt werden muß. Es gibt verschiedene Näherungsformeln, die aber alle nur mit Vorsicht anzuwenden sind. Die einfachste ist die Formel von Oelschläger. Sie geht davon aus, daß die durch Konvektion und Wärmeleitung abgegebene Wärme (die Strahlung ist vernachlässigbar) von der Temperatur unabhängig ist, d. h. die Wärmeabgabeziffer sie ist eine Konstante[1]). Die Grundgleichung lautet dann:

$$J^2 R\,dt = c\,G\,d\,\vartheta + F\,\alpha\,\vartheta\,dt \tag{20a}$$

c = spez. Wärme

α = Wärmeabgabeziffer

F = wärmeabgebende Oberfläche.

Die Lösung dieser Gleichung lautet für die Erwärmung:

$$\vartheta_{\max} = \frac{J^2 R}{\alpha F} \tag{20b}$$

$$\vartheta = \vartheta_{\max}\,(1 - e^{-t/T})$$

und für die Abkühlung $\vartheta = \vartheta_{\max}\,e^{-t/T_Z}$ (20c)

$$T_Z = \frac{c\,G}{\alpha F}. \tag{20d}$$

Für den aussetzenden Betrieb, d. h. für einen Betrieb mit der Belastungszeit a und der Ruhepause b bei einer maximalen Spieldauer $(a + b)$ von 10 Minuten gilt folgendes:

Die Erwärmung würde sich nach Abb. 7 vollziehen. In der Erwärmungszeit a steigt die Temperatur auf einen Wert ϑ_{a1}. Sie sinkt auf einen Wert ϑ_{b1} in der Zeit b_1. Der Erwärmungsvorgang geht nach der Formel 20b, der Abkühlungsvorgang nach der Formel 20c vor sich. Die Temperatur steigt und schwankt am Schlusse zwischen ϑ_a und ϑ_b. Hat ein Körper am Erwärmungsbeginn die Temperatur ϑ_0, so gilt die Lösung der Gleichung 20a.

$$\vartheta = \vartheta_{\max}\left[1 - \left(1 - \frac{\vartheta_0}{\vartheta_{\max}}\right) e^{-t/T_Z}\right]. \tag{20e}$$

[1]) Vgl. Kussy, Elektrische Niederspannungsschaltgeräte.

Allgemein gilt also, wenn ϑ_a die Temperatur am Ende der Erwärmungsperioden und ϑ_b die Temperatur am Ende der Abkühlungsperioden ist:

$$\vartheta_a = \vartheta_{\max}\left[1 - \left(1 - \frac{\vartheta_b}{\vartheta_{\max}}\right) e^{-a/T_a}\right]. \tag{20f}$$

Hierin ist $\vartheta_{\max}$ die Endtemperatur, die auftreten würde, wenn die Dauerbelastung so groß wie die Aussetzbelastung wäre.

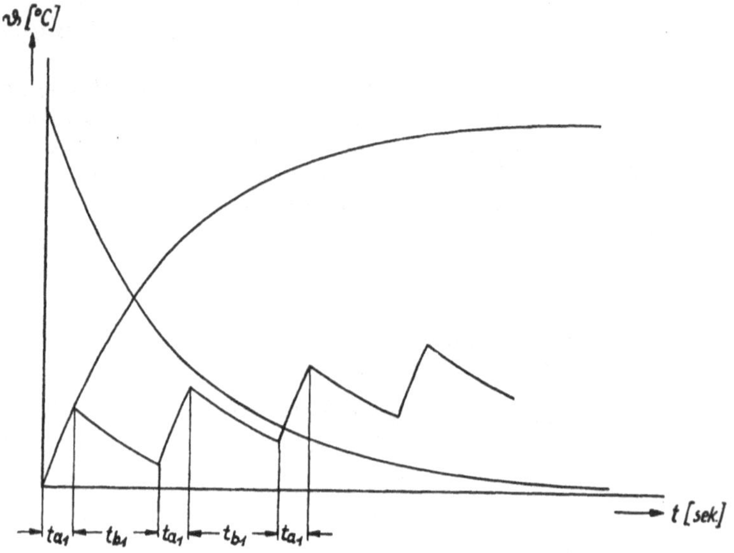

Abb. 7. Erwärmungskurven bei Dauer- und aussetzendem Betrieb

$$\vartheta_b = \vartheta_1 e^{-b/T_b} \tag{20g}$$

T_a und T_b sind die Zeitkonstanten, während der Belastungs- und Ruhezeit (verschiedene Kühlung). Steht der Motor in der Ruhezeit, so ist $T_b \cong (3 \text{ bis } 4) T_a$ für offene und $(2 \text{ bis } 3) T_a$ für geschlossene Motoren. Läuft der Motor während der Ruhezeit leer mit, so ist $T_a \approx T_b$ anzunehmen.

Die Überlastbarkeit, d. h. das Verhältnis der Motorbelastung im Aussetz- zum Dauerbetrieb ist $q = \frac{\vartheta_1}{\vartheta_{\max}}$

$$q = \frac{e^{-a/T_a} - e^{-b/T_b}}{e^{\frac{a}{T_a}} - 1} \text{ bzw. } q = \frac{1 - \alpha \frac{a}{T_a}}{1 - e^{\frac{-a}{T_a}}} \text{ für } \alpha = \frac{a}{a + b\, T_a/T_b} \tag{20h}$$

und für $a \ll T_a$ $e^{-\frac{a}{T_a}} \approx 1 - \frac{a}{T_a}$

$$e^{-\frac{a}{\alpha T_a}} \approx 1 - \frac{a}{\alpha T_a}$$

$$p \approx 1 + \frac{a}{b} \frac{T_a}{T_b}. \qquad (20\text{i})$$

In der Praxis wird meist mit quadratischem Mittelwert der Leistung gerechnet:

$$N_m = \sqrt{\frac{N^2 t}{\Sigma' t\, T_a/T_b}}. \qquad (20\text{k})$$

Für den Fall der aussetzenden Belastung ist für $t = a$ einzusetzen und für $\Sigma' t\, T_a/T_b = a + b\, T_a/T_b$.

Daraus ergibt sich

$$N_m = N_a \sqrt{\frac{a}{a + b\, T_a/T_b}} = N \,/\, \sqrt{p}$$

für $T_a/T_b = 1$

$$p = \sqrt{\frac{\Sigma N^2 t}{\Sigma T_Z}} \qquad (20\text{l})$$

und für gleiche Zeitabschnitte und gleiche Leistungen

$$p = \sqrt{\frac{N^2 t}{T_Z}}.$$

Mit diesem quadratischem Mittelwert wird trotz seiner Ungenauigkeit in der Praxis meist gerechnet. Das Verhältnis $\frac{a}{a+b}$ bezeichnet man mit relativer Einschaltdauer (ED).

Normale Aussetzbetriebsarten sind im Hebezeugbetrieb festgelegt.

Kurzzeitiger Betrieb (z. B. Einrichten, Bedienen von Brücken), Betriebe mit 15%, 25%, 40% und unter Umständen 70% (Winden) Einschaltdauer. Bei kurzzeitigem Betrieb wird so selten eingeschaltet, daß nach jedem Bedienungsvorgang die Abkühlungszeit so groß ist, daß der Motor praktisch vollkommen abkühlen kann. Das Maß ist die Leistung eines Motors bei 30, 45, 60 min. Einschaltzeit (Zeitleistung). Für Motoren und Steuergeräte im Aussetzbetrieb gilt nach den VDE-Vorschriften

Reihe	Relative Einschalt-dauer % ED	Anlaß-häufigkeit in 1 h	Anlaßzeit t_a sek	Stromlose Pause sek	Abstand-regelung min	Regel-häufigkeit in 1 h	Regelzeit t_r sek
I	12,5	82	4	35	10	6	20
II	20	105	4	23,8	6	10	30
III	40	285	4	7,5	6	10	30

Vorstehende Kurven stellen die Aussetzleistung und die Zeitleistung eines Drehstromasynchronmotors und eines geschlossenen Gleichstromnebenschlußmotors (offen und geschlossen) dar. Man erkennt, daß die Zeitleistung bei 30 Min. Betriebsdauer für offene und geschlossene Motoren gleicher Bauart sowohl mit als

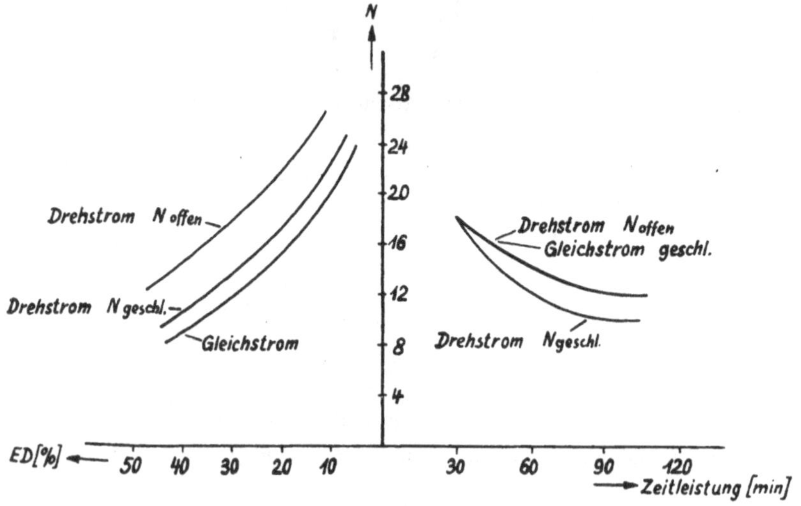

Abb. 8
Abhängigkeit der Leistung eines Motors von der Einschaltdauer (ED) und der Einschaltzeit

ohne geschlossenes Lagerschild gleich ist. Die bessere Wärmeabgabe wirkt sich bei einem so kurzzeitigen Betrieb noch nicht aus, dagegen beim dauernd wirkenden Aussetzbetrieb. Beim Gleichstrommotor sind die Verhältnisse anders, da bei ihm die Verluste hauptsächlich im Anker auftreten, daher werden die Verluste langsamer an die Außenluft abgegeben, daher ist die 60 Min. Zeitleistung meist noch höher als die Aussetzleistung für 25% ED.

Das Schwungmoment ist bei den verschiedenen Motorfabriken verschieden. Größenordnungsgemäß gilt etwa für einen offenen normalen Gleichstrommotor bei $500 \frac{1}{\text{min}}$ und 25 % ED für das Schwungmoment etwa untenstehende Kurve (Abb. 9).

Das Schwungmoment ändert sich ungefähr mit der Drehzahl proportional, wobei der Proportionalitätsfaktor etwa 0,8 beträgt. Die Leistungen sind bei gleichem Schwungmoment 15% ED etwa 10 bis 15% höher, bei 40% ED etwa 10—15% niedriger als bei 25% ED, d. h. als bei $1000 \frac{1}{\text{min}}$ ist das Schwungmoment etwa $2 \times 0{,}8 = 1{,}6$ mal so hoch als für $500 \frac{1}{\text{min}}$ bei 25% ED. Für geschlossene Motoren ist das Schwungmoment vor allem bei größeren Motoren noch etwa um 20 bis 30% höher.

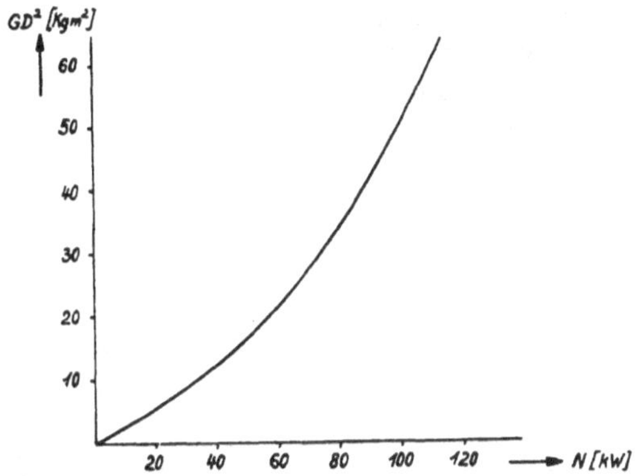

Abb. 9. Abhängigkeit des Schwungmomentes von der Leistung eines Gleichstrommotors.

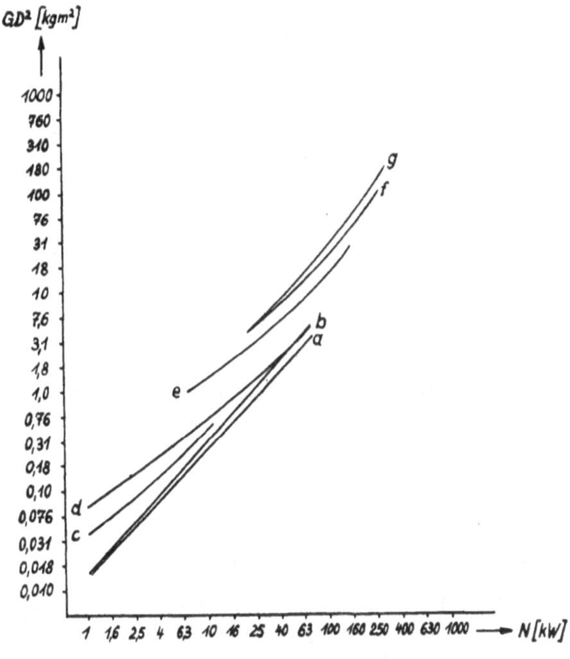

Abb. 10. Abhängigkeit des Schwungmomentes eines offenen Drehstrommotors von der Leistung

a = Krzschl. 1500 1/min	*e* = Schlrgl. 1000 1/min
b = Krzschl. 1000 1/min	*f* = Schlrgl. 750 1/min
c = Krzschl. 750 1/min	*g* = Schlrgl. 600 1/min
d = Krzschl. 600 1/min	

Aus Abb. 10 erkennt man die ungefähren Größenverhältnisse des Schwungmomentes von Drehstrommotoren näherungsweise (entnommen SSW-Katalog) bei 25% ED. Bei 15% ED ist die Leistung etwa 10—15% höher, bei 40% etwa 10—15% niedriger bei gleichem Schwungmoment.

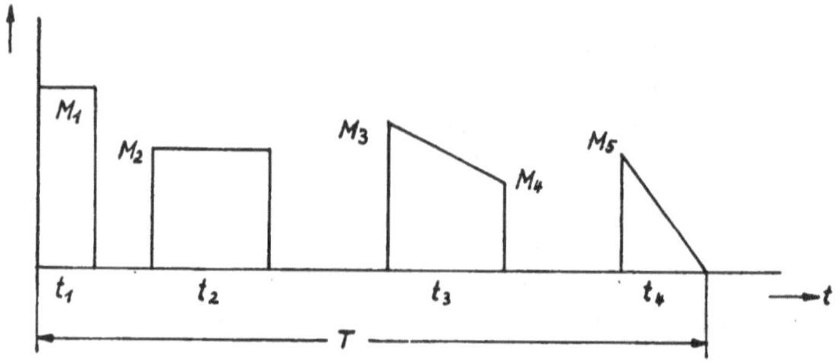

Abb. 11a. Beispiel eines Belastungsverlaufs eines Motors

Im allgemeinen gilt für den Aussetzbetrieb:

In der Zeit t_{40}, t_{25}, t_{15} sind bei dem Strome J_{40}, J_{25}, J_{15} die Verluste gleich hoch wie beim Strome J während der ganzen Periode T (Dauerleistung) [1]).

$$J^2\, R T = J_{40}^{\,2}\, R\, t_{40} = J_{25}^{\,2}\, R\, t_{25} = J_x^{\,2}\, t_x R$$

$$J = J_{\mathrm{ED}} \sqrt{\frac{t_{\mathrm{ED}}}{T}} \tag{21a}$$

entsprechend gilt für das Moment

$$M = M_{\mathrm{ED}} \sqrt{\frac{t_{\mathrm{ED}}}{T}}\,. \tag{21b}$$

M_{ED} ruft also in der Zeit t_{ED} die gleiche Erwärmung hervor wie M in der Zeit T. Man bildet also zur Errechnung der Belastung des Motors den quadratischen Mittelwert über sämtliche Momente. Für eine Belastung nach untenstehender Kurve gilt (Abb. 11a)

$$M = \sqrt{\frac{M_1^{\,2}\, t_1 + M_2^{\,2}\, t_2 + \frac{t_3}{3}\left(M_3^{\,2} + M_3\, M_4 + M_4^{\,2}\right) + \frac{M_5^{\,2}\, t_4}{3}}{T}}\,. \tag{22}$$

Bei linear veränderlichen Momenten errechnet man den quadratischen Mittelwert:

$$M = \frac{1}{t_4} \sqrt{M_5^{\,2} \int_0^{t_4} \left(1 - \frac{t}{t_4}\right) dt} = M_5 \cdot \frac{1}{3}\,. \tag{23}$$

---

[1]) t_{40} = Einschaltzeit bei 40 % ED,
J_{40} = zulässiger Strom bei 40 % ED.

Bremsmomente sind negative Momente, da aber für die Größe des Motors der quadratische Mittelwert maßgebend ist, wirken sie sich genau wie positive Momente motorvergrößernd aus. Ebenso wie man den quadratischen Mittelwert aller Momente bildet, berechnet man den quadratischen Mittelwert aller Leistungen. Schiebeler[1]) unterscheidet zwischen der Mittelleistung N_m, der Gleichleistung N_g und dem Wechselleistungsfaktor (Abb. 11b).

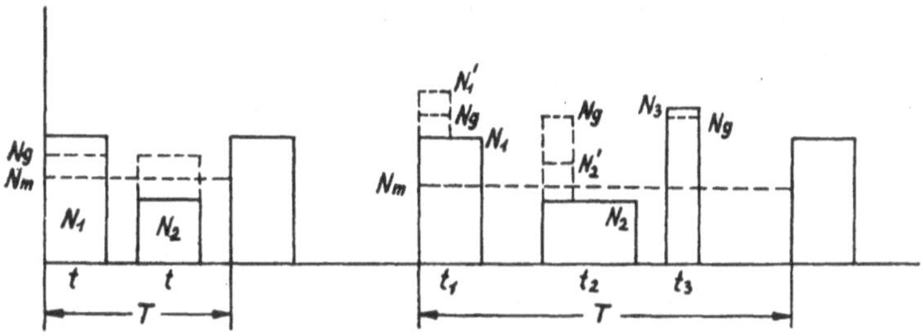

Abb. 11b. Mittelleistung und Gleichleistung

Unter der Mittelleistung versteht man die Leistung, die die gleiche Temperaturerhöhung im Motor bei Dauerbetrieb hervorbringen würde wie die wechselnden Leistungen N_1, N_2, N_3.

$$N_m = \sqrt{\frac{N_1^2 t_1 + N_2^2 t_2 + \cdots}{T}} \tag{24}$$

bei Wechsel zwischen N_0 und Vollast N_v (Kranbetrieb) gilt:

$$N_m = \sqrt{\frac{N_v^2 t_1 + N_0^2 t_2}{T}}. \tag{25}$$

Bei gleicher Belastungszeit

$$N_m = \sqrt{\frac{N_v^2 t + N_0^2 t}{T}}. \tag{26}$$

Sind die Belastungszeiten verschieden, so kann auch jede Belastungszeit auf gleiche Belastungszeiten reduziert werden. Soll z. B. jede Belastungszeit $= t_1$ werden, so ergeben sich die Leistungen, die gleiche Größenverhältnisse des Motors bedingen, wie folgt:

$$N_2^2 t_2 = N_2'^2 t_1 \qquad N_3^2 t_3 = N_3'^2 t_1 \qquad N_n^2 t_n = N_n'^2 t$$

dann gilt: $N_g =$ Gleichleistung $= N_m \sqrt{\frac{T}{nt}}$. (27)

Hierin ist n die Zahl der Einschaltungen in der Periode und t ist die auf die betreffende Gleichleistung bezogene Einschaltzeit.

[1]) Elektromotoren für aussetzenden Betrieb, Verlag Hierzel, 1926.

Für den Kranbetrieb kann die Größe des Motors aus der Gleichleistung und dem Wechselleistungsfaktor bestimmt werden, hierbei ist der Wechselleistungsfaktor definiert zu

$$f_w = \frac{N_g}{N_v} = \frac{M_m}{N_v}\sqrt{\frac{T}{2\,t}} = \sqrt{\frac{N_v^2 + N_0^2}{2\,N_v^2}} = \sqrt{\frac{1 + (N_0/N_v)^2}{2}} \tag{28}$$

da $n = 2$ im Kranbetrieb anzunehmen ist.

Der Wechselleistungsfaktor ist also abhängig von der Größe N_0/N_v. Schiebeler führt den Begriff der relativen Last ein, der ein Maß dafür ist, wie sich das Verhältnis von Totlast zu Vollast darstellt, dies ist beim Kranverfahren etwa 0,7 bis 0,9 bei Laufkranen etwa 0,95 bis 0,99 bei schweren Hüttenkranen, bei Katzfahrwerken beträgt es 0,65 bis 0,75 in Hüttenbetrieben 0,85 bis 0,95 die relative Last von Hubwerken von Laufkranen $\sim$ 0,55 und in Hüttenbetrieben etwa 0,8 bis 0,9.

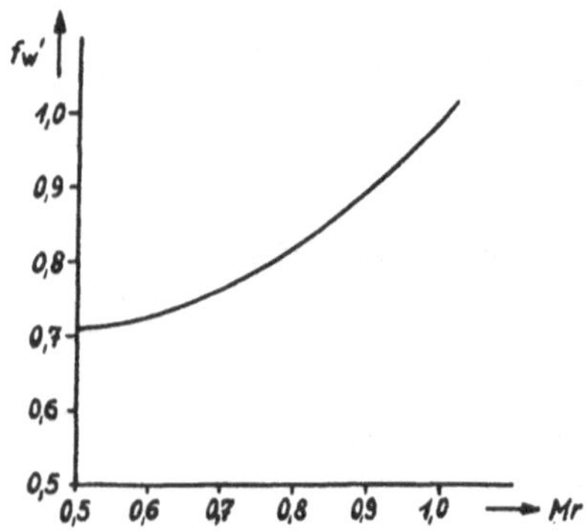

Abb. 12. Wechselleistungsfaktor im Verhältnis zur Gleichleistung

Unter der relativen Last wird verstanden:

$$M_r = \frac{1 + \frac{M_0}{M_v}}{2}. \tag{29}$$

Der Wechselleistungsfaktor im Verhältnis zur Gleichleistung ergibt sich für jede relative Last wie folgt:

M_r	0,5	0,6	0,7	0,8	0,9	1,0
f_w'	0,71	0,73	0,76	0,82	0,91	1,0

Für die Bestimmung des Wechselleistungsfaktors unter Berücksichtigung der Einschaltdauer gilt folgendes:

N	15%	20%	25%	30%	35%	40%
f_w''	1,32	1,13	1	0,9	0,81	0,74

$$f_w = f_w'/f_w'' \tag{30}$$

wenn für N 25% = 1 angenommen ist, d. h, also ist ein Motor bei 15% ED bei $M_r = 1$ mit 10 kW zu belasten, so ist bei $M_r = 0{,}7$ seine Vollastleistung $\frac{10}{0{,}76} = 13{,}1$ kW und bei 40% ED kann er 5,5 kW bei $M_r = 1{,}0$ leisten. (Abb. 13) $\left(\frac{10 \cdot 0{,}75}{1{,}23} = 5{,}5\right)$.

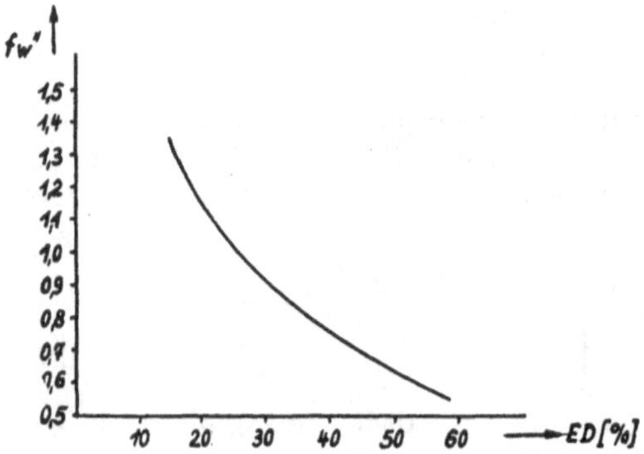

Abb. 13
Wechselleistungsfaktor im Verhältnis zur relativen ED

Die Berücksichtigung der Beschleunigung und Bremsung

Die Berücksichtigung der elektrischen Bremsung und Beschleunigung im Leistungszeitdiagramm wurde oben behandelt. Für den Fall des Kranmotors kann dies auch durch einen Zuschlag zur errechneten Beharrungswechselleistung geschehen. Man führt also ebenso wie den Wechselleistungsfaktor einen Beschleunigungsfaktor f_a, einen Bremsfaktor f_r oder einen kombinierten Beschleunigungs- und Bremsfaktor f_{ar} ein. Die zu wählende Gesamtleistung des Motors ist dann

$$N = f_{ar} N_v f_w' / f_w'' \tag{31}$$

wobei bei 25% ED $f_w'' = 1$ ist.

Ist die Beschleunigungszeit t_a, die Beharrungszeit t_1, die Anlaßleistung N_a, die Beharrungsleistung N_v, so ist unter Berücksichtigung der Anlaufleistung die quadratische mittlere Leistung

$$N_{ma} = \sqrt{\frac{N_a^2\, t_a + N_v^2\, t_1}{T}} \tag{32}$$

$N_a = x N_v$ (bei den meisten Hebezeugen $x = 2$ bis 2,5). Hierbei ist zu beachten, daß x bei der Bestimmung der Größe des Motors dem Moment angepaßt werden muß, da zur mechanischen Beschleunigung nur die halbe Anlaßleistung dient. Der andere Teil der Anlaßleistung wird in den Widerständen vernichtet. Der Strom ändert sich mit dem Moment (vgl. Gleichung 6).

$$N_{ma} = N_v \sqrt{\frac{x^2\, t_a + t_1}{T}} \qquad N_m = N_v \sqrt{\frac{t_a + t_1}{T}} \tag{33}$$

$$\frac{N_{ma}}{N_m} = \sqrt{\frac{x^2\, t_a + t_1}{t_a + t_1}} = \frac{N_{av}}{N_v} = \sqrt{\frac{N_a^2\, t_a + N_v^2\, t_1}{(t_a + t_1)\, N_v}} \tag{34}$$

da $$\frac{t_a + t_1}{T} = \frac{\mathrm{ED}}{100} \text{ ist } \frac{N_{ma}}{N_m} = \sqrt{\frac{t_a}{T}\frac{(x^2 - 1)}{\mathrm{ED}}\, 100 + 1} = f_a\,. \tag{35}$$

Die Anlaßhäufigkeit je Stunde $= h_a$, dann gilt

$$\frac{h_a\, t_a}{3600} = \frac{t_a}{T} \tag{36}$$

daraus folgt:

$$f_a = \frac{N_{ma}}{N_m} = \sqrt{\frac{t_a\, h_a\, (x^2 - 1)}{36\, \mathrm{ED}} + 1}\,. \tag{37}$$

Zur Beschleunigung des Motors dient während der Anlaufperiode die Arbeit $(N_a - N_v)\, t_a$. Unter Berücksichtigung der Formel 7 gilt:

$$(N_a - N_v)\, t_a = \frac{GD^2\, \pi^2\, n^2}{4 g\, 30^2\, 102}\,.$$

Die Summe aller Beschleunigungsarbeiten in der Stunde ist $(N_a - N_v) t_a h_a$, wobe h_a die Zahl der Anläufe je Stunde ist. Unter der relativen Beschleunigungsarbeit B

versteht man das Verhältnis dieser Arbeiten zur Beharrungsarbeit während der Stunde die N_v 3600 ergibt, wenn die volle Leistung die ganze Stunde eingeschaltet wäre.[1])

$$B = \frac{(N_a - N_v)\, t_a h_a}{N_v\, 3600} = \frac{GD^2 \pi\, n^2\, h_a}{4g\, 30^2\, 102\, 3600\, N_v} = \frac{GD^2\, n^2\, h_a}{N_v\, 1{,}3\ 10^9} \tag{38}$$

daraus ergibt sich

$$f_a = \sqrt{\frac{B\left[\left(\frac{N_a}{N_v}\right)^2 - 1\right]}{\left(\frac{N_a}{N_v} - 1\right)\frac{t_a + t_1}{T}} + 1} \tag{39}$$

denn

$$\frac{N_{ma}}{N_m} = f_a = \sqrt{\frac{t_a\, h_a\,(x^2 - 1)}{t_a + t_1} + 1} = \sqrt{\frac{t_a\left[\left(\frac{N_a}{N_v}\right)^2 - 1\right]}{t_a + t_1} + 1}$$

$$t_a = \frac{B\, T}{\frac{N_a}{N_v} - 1}\,.$$

Der Bremsvorgang ist wie folgt zu untersuchen:

a) durch Abschalten des Motors: dann fließt während des Auslaufens kein Strom die Auslaufzeit des Motors zählt bei der Bestimmung der Leistung als Ruhezeit Gemäß Formel 7 ist die Bremszeit:

$$t_{R\,(\text{sek})} = \frac{\Sigma GD^2\, n}{375\, M_B}\,(\text{sek})\,. \tag{40}$$

Bei Fahrwerken, die sich gradlinig bewegen, werden die gradlinig bewegten Massen direkt gebremst, während die sich drehenden Massen über das Triebwerk durch den Fahrwiderstand gebremst werden. Für die Schwungmomente ergibt sich also:

$$\Sigma' GD^2 = \frac{G_L\, v^2}{n^2}\, 365 + G_1\, D_1^2\,.$$

Hierbei sind sämtliche sich drehende Massen auf die Motorwelle zu beziehen (vgl. Formel 14).

$$G_L = \text{Nutzlast} + \text{Totlast} \qquad G_L = G\left(\frac{15 \text{ bis } 30}{1000}\right) + G_w$$

wobei G die Summe aller Laufraddrücke ist.

Als Winddruck ist hier im Gegensatz zur Bestimmung von Motoren für Drehwerke 50 kg/m² anzunehmen. Die Leistung ist mit diesen Werten nach Formel 15 bzw. 16 zu rechnen. Das zu der Leistung gehörige Drehmoment M ergibt sich wie folgt:

$$M_{(\text{mkg})} = \frac{\text{N } 102}{\omega}\,. \tag{41}$$

---

[1]) Lehmann, Elektrotechnik und elektromotorische Betriebe.

Der Weg ist auch für Teillasten zu berechnen, da für Teillasten u. U. t_R so groß wird, daß eine mechanische oder elektrische Bremse vorgesehen werden muß.

Für Hubwerke gilt die gleiche Gleichung für Heben, jedoch ist für

$$N_{(\mathrm{kW})} = \frac{G v}{102\, \eta_h}$$

einzusetzen, für Senken ist der Ausschaltweg nur für selbstsperrende Senkwerke begrenzt. Für diese ist

$$N = V - \frac{G v}{102}.$$

Hierbei ist V der Verlust im Getriebe. Beim Senken von nicht selbstsperrenden Hubwerken muß stets das Anhalten durch Bremsen erfolgen.

Bei frei auslaufenden Drehwerken wird t_R aus Gleichung 40 bestimmt. Das Schwungmoment des Drehwerkes bezogen auf die Motorwelle $G_1 D_1^2$ wirkt direkt das der sonstigen drehbaren Massen ($G_n D_n^2$) über das Triebwerk, daher ist

$$\Sigma\, GD^2 = G_1 D_1^2 + ü_2^2 G_2 D_2^2 + ü_3^2 G_3 a_3^2 \qquad (42)$$

hierin ist

$$G_2 D_2^2 = G_2 l_s^2$$
$$ü_2 = n_2/n_1$$
$$ü_3 = n_3/n_1,$$

wobei l_s der Abstand des Schwerpunktes der Überschußgewichte des unbelasteten Drehwerkes vom Drehpunkt ist, dessen Ausleger gleichschenklig, dreieckförmig angenommen sei.

G_2 = Eigengewicht + Totlast + Winddruck des Kranes

a ist die Entfernung der Basis des Auslegerdreiecks vom Drehpunkt.

G_3 ist die angehängte Last,
a_3 die Entfernung der Last vom Drehpunkt.

Anstelle von $G_1 D_1^2$ steht der Ausdruck $G_1 D_1^2 + G_1' D_1'^2 ü_1'^2$ wenn zwischen dem Drehwerk und der Motorwelle ein Übersetzungsgetriebe $ü_1' = \frac{n_1'}{n_1}$ liegt, wobei $G' D_1'^2$ das Schwungmoment des Drehwerkes und $G_1 D_1^2$ das des Motors ist.

b) Durch elektrische Bremsung (eventuell in Verbindung mit mechanischer Bremse).

Wird bis zum Stillstand rein elektrisch gebremst (Leonardschaltung, Zu- und Gegenschaltung, Gleichrichtersteuerung, einige Gleichstromschaltungen), so wirkt das ganze zusätzliche Bremsmoment motorvergrößernd. Aus der vorgegebenen Fahrzeit (z. B. Fördermenge je Stunde) ist die Verzögerung p beim Bremsen festzulegen (Größenordnung für Montagekrane $p = 0{,}3$ bis $0{,}4$ m/sek², Werkstattkrane $p =$ bis $0{,}6$ m/sek², Hüttenkrane $p = 0{,}65$ bis 1 m/sek², Aufzüge bis $v = 1$ m/sek $p = 0{,}8$ m/sek², bis $v = 3$ m/sek, $p = 2$ m/sek², für Personenbeförderung

v nicht über 2 bis 3 m/sek, Fördermaschinen für Güterbeförderung, (Fördergeschwindigkeit $v = 15$ bis 30 m/sek, Verzögerung 1 bis 2 m/sek, für Personenbeförderung $v = 6$ bis 8 m/sek Verzögerung 0,2 bis 1 m/sek, für Katzen und Kranfahrwerke v etwa 0,6 bis 1,2 m/sek). Die entsprechenden Beschleunigungen sind etwa 60% so hoch wie die Verzögerungen. Ist die Verzögerung p (m/sek²), so ist die Verzögerungszeit

$$t_R = \frac{v}{p}$$

v = Beharrungsgeschwindigkeit

bei gleichbleibender Verzögerung, im anderen Falle

$$\Delta t_R = \frac{\Delta v}{\Delta p} \qquad t_R = \sum_{v=0}^{v\,\text{Beh.}} \Delta t_R.$$

Man errechnet die gesamten verzögerten Massen, wobei die Schwungmomente der drehenden Teile alle auf die Treibscheibe oder Trommel umgerechnet werden.

Das Schwungmoment $G_1 D_1^2$ der Seilscheiben mit Durchmesser D_1 ergibt auf die Trommel mit Durchmesser D_2 bezogen

$$G_1 D_1^2 \left(\frac{D_1}{D_2}\right)^2.$$

$G_3 D_1^2$ = Schwungmoment des Motors + Trommel, es ergibt auf die Trommel bezogen $G_3 D_3^2 (D_1/D_3)^2$.

Die zu verzögernden Massen sind

$$\frac{Gesamtlast + \frac{G_2 D_2^2}{D_2^2} + \frac{G_1 D_1^2}{D_2^2}(R_1/R_2)^2 + \frac{G_3 D_3^2}{D_2^2}(R_1/R_3)^2}{g} = \text{m} \tag{43a}$$

Verzögerungskraft $P = m\,p$

Verzögerungsmoment $M_B = PD_2/2$ (evtl. veränderlich).

Dieses Verzögerungsmoment und diese Verzögerungszeit sind in Gleichung 22 einzuführen, daraus kann die Motorleistung bestimmt werden, ebenso kann

$$M_B = y M_v$$

festgesetzt werden.

$$\text{Die Gesamtleistung} = N_{mar} \sqrt{\frac{N_m a^2 T + N_r^2 t_r}{T'}} = N_v \sqrt{\frac{x^2 t_a + t_1 + y^2 t_r}{T'}} \tag{43b}$$

Wechselleistungsfaktor unter Berücksichtigung der Bremsung

$$f_{ar} = \frac{N_{mar}}{N_m} \tag{43c}$$

T' = Gesamtperiode (einschl. Bremszeit)
T = Gesamtperiode (ausschl. Bremszeit).

Bei elektrischer Bremsung bis zu einer kleineren Drehzahl und mechanischer Restabbremsung gilt:

Verzögerung (s. o.) wie bei rein elektrischer Bremsung, Verzögerungszeit t_{R1} (elektrische Abbremsung) $+ t_{R_2}$ (mechanische Abbremsung) $= t_R$. Bei Ankerkurzschlußbremsung kann auch je nach Schaltung gleichzeitig mechanisch und elektrisch gebremst werden. Man kann dann die Bremsen so auslegen, daß je zur Hälfte elektrisch und mechanisch gebremst wird, die Bremsleistung wird geteilt und man setzt dann für y die Hälfte ein, wie bei rein elektrischer Bremsung. Sonst wirkt nur $N_r^2\, t_{R_1}$ motorvergrößernd.

$$t_{R_1} = \frac{v_1 - v_2}{p} \tag{44}$$

(bei v_2 fällt die mechanische Bremse sein).

Die Werte können ebenso wie bei rein elektrischer Bremse bestimmt werden. Es kann aber einfacher auch mit Hilfe der Gleichung 40 M_B bestimmt werden.

$$M_B = \frac{\Sigma' GD^2\, n}{375\, t_{R_1}} \tag{45a}$$

bzw. bei rein elektrischer Bremsung

$$M_B = \frac{\Sigma' GD^2\, n}{375\, t_R} \tag{45b}$$

wobei n die Drehzahl bei Beginn der Bremsung ist. Dann bildet man wie bei der rein elektrischen Bremsung $y = \frac{M_r}{M_v}$ und entsprechend f_{ar}.

Als Anhaltspunkt ist $y = 2$ bis 4 für Hubwerke und etwa 1 bis 2 für Fahr- und Drehwerke.

Mechanische Bremse
Leistung des Bremsmotors und Bremslüfters

Bestimmt wird die Lüftungsarbeit des Bremsmagneten. Diese Lüftungsarbeit ist nebst der Einschaltdauer und der Schalthäufigkeit maßgebend für die Dimensionierung des Magneten. Verwendet werden Backenbremsen und Bandbremsen. Bandbremsen sind nur für Hubwerke geeignet, da die Bremswirkung je nachdem, ob die Bewegung gegen oder in Richtung der Bandkraft wirkt (Hütte 1944, 2. Bd.), verschieden ist.

M_R = Reibungsmoment in kgcm
μ = Reibungskoeffizient $\sim 0{,}3$
α = Umschlingungswinkel $\sim 1{,}5\,\pi$
$e^{\mu\alpha} = 5$
l = Lüftungsweg der Bremse $\sim 0{,}2$ cm
M_B = Bremsmoment
$M_B = M_R + M_v$ (Hub)
$M_B = M_R - M_v$ (Senken)

Es gilt in Drehrichtung (Senken)

$$M_R = \frac{S\,D\,(e^{\mu\alpha}-1)}{2} \tag{46a}$$

gegen die Drehrichtung (Hub)

$$M_R = \frac{S\,D\,(e^{\mu\alpha}-1)}{2\,e^{\mu\alpha}}\,. \tag{46b}$$

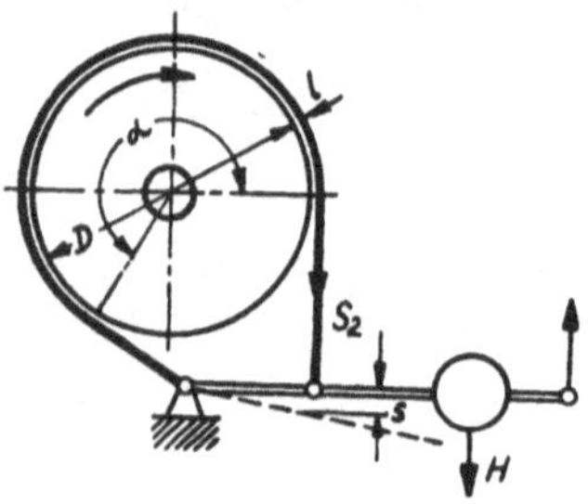

Abb. 14. Bandbremse

Gewählt wird M_R für Senken ungefähr (2 bis 3) M_v für normale Hubwerke, etwa (3 bis 4) M_v für Hüttenkrane.

$M_v = \frac{G_v\,9{,}55}{n}$ [mkg] bzw. $M_v = \frac{N_{mot}\,\eta_h}{\omega\,102}$ (beim Hub) bei Vollast daraus ergibt sich die Bandkraft S beim Senken (kg)

$$S = \frac{2\,M_R}{D\,(e^{\mu\alpha}-1)}$$

bzw. beim Heben $S_{(hub)} = \frac{2\,M_R\,e^{\mu\alpha}}{D\,(e^{\mu\alpha}-1)}$ (47)

daraus die Bremszeit (Formel 40)

beim Senken

$$t_{R\,mech} = \frac{G_1\,D_1^2\,n + \frac{G_v^2\,365}{n}}{M_{B\,senk}\,375}$$

$s = l\alpha = 0{,}94$ cm

Schaltarbeit

$Ss = A'$

beim Heben

$$t_{R\,hub} = \frac{G_1\,D_1^2\,n + \frac{G_v^2\,365}{n}}{375\,M_{B\,hub}} \tag{48}$$

$s = l\alpha = 0{,}94$ cm

$Ss = A'$

Lüftungsarbeit ist etwa 10% größer zu wählen (Hh)

$A = 1{,}1\,Ss$ $\qquad$ $A = 1{,}1\,Ss$

Man beachte $M_{R\,hub} < M_{R\,senken}$.

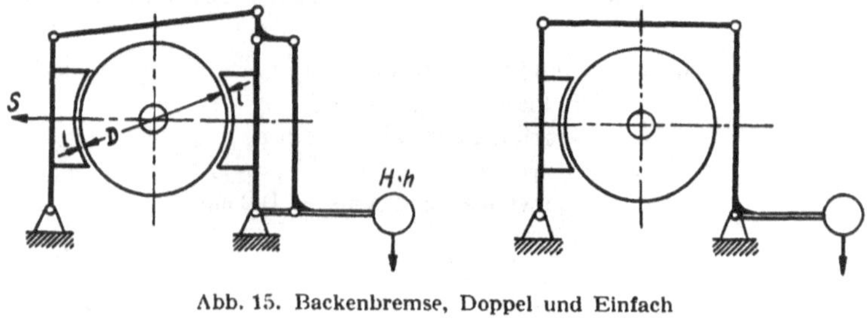

Abb. 15. Backenbremse, Doppel und Einfach

Bei der Backenbremse unterscheidet man Einfach- und Doppelbackenbremse. Das Reibungsmoment M_R (nicht das Bremsmoment) ist für beide Drehrichtungen gleich, die Bremse eignet sich daher für Kran-, Kraftfahr- und Drehwerke, ebenso wie für Hubwerke. Die Schaltkraft

$$S = \frac{2 M_R}{D \mu}. \tag{49}$$

Der Schaltweg $l \cong 0{,}2$ cm. Die Schaltarbeit $= Ss = Sl$. Die Lüfterarbeit $Hh = 1{,}1\, Ss$. Das Reibungsmoment $M_R = (3 \text{ bis } 4)\, M_v$ für Hubwerke, $M_t = G_2 v\, 9{,}55/n$ für Katz-, Fahr- und Drehwerke ist M_R etwa (0,8 bis 2) M_v (die hohen Werte gelten für Hüttenbetriebe), wobei M_v nach Formel 40 bestimmt wird.

Die Bremszeit

$$t_{R\,(\text{Hub})} = \frac{\frac{365\, G v^2}{n} + G_1 D_1^2 n}{M_B 375} \qquad M_B = M_R + M_v \tag{50}$$

$$t_{R\,(\text{senken})} = \frac{\frac{365\, G v^2}{n} + G_1 D_1^2 n}{375\, M_B} \qquad M_B = M_R - M_v \tag{51}$$

$$t_{R\,(\text{Kran- u. Katzfahren})} = \frac{\frac{G v^2\, 365}{n} + G_1 D_1^2\, n}{375\, M_B} \qquad M_B = M_R + M_v \tag{52}$$

$$t_{R\,(\text{Drehwerke})} = \frac{\Sigma' G D^2 n}{375\, M_B} \qquad M_B = M_R + M_v \tag{53}$$

$\Sigma G D^2$ s. S. 21.

M_B bestimmt man bei Fahrwerken aus der Leistung nach Formel 15 und 16, bei Drehwerken nach Formel 18 und 19, jedoch setzt man hier für den Winddruck 50 kg/cm². Genauer bestimmt man die Bremsmagnete nach Thomas.

Nach Thomas erfolgt die Bestimmung der Größe des Bremsmagneten wie folgt (ETZ 1940/41): Danach wird der Nachlaufweg festgelegt und aus ihm das Bremsmoment und das Reibungsmoment bestimmt. Bei Fahr- und Drehwerken hat der Motor 8 Umdrehungen Nachlauf (im Freien bei 50 kg/m² Winddruck). Bei Hubwerken wählt Thomas 5 Umdrehungen im Senkbetrieb Nachlauf. Das Lastmoment M_v erhöht er um 10%, damit soll die Kraft verursacht durch die Verzögerung (etwa 2 bis 20%) zusätzlich zum Lastgewicht abgegolten sein. Dann ergibt sich beim Senken

$$t_R = \frac{60\, n_x\, 2}{n} \text{ sek} \tag{54}$$

n_x = die Zahl der Nachläufe

n = Drehzahl bei Beginn der Bremsung.

n kann bei kleinen und mittleren Hubwerken als synchrone Nenndrehzahl gewählt werden, bei größeren Kränen hängt er von der Schaltung ab. Bei untersynchroner

Bremsung (s. S. 158) wählt man am zweckmäßigsten $n = 0{,}5$ bis $0{,}6\, n_{id}$. Die Bremszeit ist dann beim Senken

$$\underset{n=600}{t = 1 \text{ sek}} \qquad \underset{n=750}{t = 0{,}8 \text{ sek}} \qquad \underset{n=1000}{t = 0{,}6 \text{ sek}}.$$

Es besteht das Verhältnis

$$\frac{M_B}{GD^2} = \frac{n}{t_R\, 4g\, 30}. \tag{55}$$

Daraus ergibt sich für den Betrieb:

für Senken $M_B = M_R - 1{,}1\, M_v$

$$\begin{aligned} M_{R\,600} &= \frac{15{,}5}{g} GD^2 + 1{,}1\, M_v \\ M_{R\,750} &= \frac{24{,}5}{g} GD^2 + 1{,}1\, M_v \\ M_{R\,1000} &= \frac{43{,}5}{g} GD^2 + 1{,}1\, M_v \end{aligned} \tag{56}$$

für den Hubbetrieb gilt:

$$M_B = M_R + 1{,}1\, M_v$$

also:

$$\begin{aligned} M_{R\,600} &= \frac{15{,}5}{g} GD^2 - 1{,}1\, M_v \\ M_{R\,750} &= \frac{24{,}5}{g} GD^2 - 1{,}1\, M_v \\ M_{R\,1000} &= \frac{43{,}5}{g} GD^2 - 1{,}1\, M_v. \end{aligned} \tag{57}$$

Mit diesen Werten von M_B ist die Bremszeit und der Nachlauf für den Hub nachzurechnen, da ja M_R durchschnittlich festgelegt wird. Für Fahrwerke hat Thomas das Brems- bzw. Reibungsmoment wie folgt bestimmt:

Bei einem Nachlaufweg von 8 Umdrehungen $n_x = 8$ ergibt sich eine Bremszeit t_R abhängig von der synchronen Drehzahl n_{id} bzw. Drehzahl n, von der aus gebremst wird.

$$t_R = \frac{n_x\, 120}{n} \text{ sek}. \tag{58}$$

Das dazu gehörige M_B wird mit Hilfe der Gleichung 40 und 41 bestimmt. Das auf die Bremse wirkende Reibungsmoment

$$M_R = M_B \pm M_W - M_F.$$

M_B ist das zur Bremsung der Masse benötigte Bremsmoment, M_W, M_{FW} sind die durch Wind und Fahrwiderstände verursachten Momente ($+ M_W$ bedeutet Rückenwind, $- M_W$ bedeutet Gegenwind, M_F sind die Fahrwiderstandsmomente). Der Fahrwiderstand beträgt etwa 15—35 kg pro Tonne Eigengewicht.

Die Rechnung ist mit Teillasten und mit Vor- und Rückenwind durchzuführen. Ferner ist noch die Rutschgrenze des Fahrwerkes zu bestimmen. Die Verzögerung $p = \frac{v}{t}$. Bei der Verzögerung p_R rutschen die Räder[1]) auf den Schienen. Eine größere Verzögerung vorzusehen wäre zwecklos, darnach kann dann das Bremsmoment gewählt werden. Werden alle Räder gebremst, so ist

$$p_R = g\mu \, (\mu = 0{,}14) = 1{,}37 \text{ m/sek}^2 . \tag{59}$$

Werden nur die Hälfte aller Räder gebremst, so ist

$$p_R = \frac{g\,\mu}{2} + \frac{G_F\,g}{G} .$$

G_F ist der Fahrwiderstand der nicht gebremsten Räder, so gilt

$$\frac{G_F\,g}{G} \cong 0{,}12 \text{ (Gewicht der nicht gebremsten Räder} = G)$$

$$p_R \cong 0{,}77 \text{ m/sek}^2 .$$

Schwungrad[2])

Schwungräder dienen dazu, starke Leistungsschwankungen auszugleichen, besonders bei Ilgner-Umformern. Die Leistung wird abgegeben bei Senkung der Drehzahl, die etwa 10 bis 15% bei Fördermaschinen (bei Dynamomaschinen 1,5%, bei Generatoren für Lichtbetrieb nur ca. 0,5%) betragen darf. Diese Senkung wird erzielt entweder durch einen Schlupfwiderstand oder durch einen Regelsatz an der Drehstrommaschine. Bei einer solchen Anordnung ist Wiedergewinnung der Energie möglich, die Errichtungskosten sind höher. Bei Gleichstrom ist der Schlupf durch Schlupfwiderstand oder Feldverstärkung möglich. Die Anfangsgeschwindigkeit des Schwungrades (volle Scheibe) beträgt bei Fördermaschinen 100 bis 160 m/sek (Stahlguß), bei gußeisernen Schwungrädern mit Armen jedoch höchstens 40 m/sek, Schwungräder mit Armen aus Schmiedeeisen haben eine maximale Geschwindigkeit von 75 m/sek.

Diese Geschwindigkeiten gelten für synchrone Drehzahlen. Bei einem normalen Schlupf herrscht die Drehzahl n_{max} ($< n_{id}$ = synchrone Drehzahl)

$$D_{(\text{Schwungraddurchmesser})} = \frac{v_1 \max}{\frac{n_1 \max}{60}} (m) . \tag{60}$$

Wird die Drehzahl von n_1 auf n_2 gesenkt und damit die Umfangsgeschwindigkeit von v_1 auf v_2 gilt

$$\frac{\frac{G}{g}(v_1^2 - v_2^2)}{2} = 102\, E_{sch} . \tag{61}$$

1) Lehmann: Die Elektrotechnik und die elektromotorischen Antriebe.

2) Hütte 1944 Bd. 2.

E_{sch} = aufgespeicherte bzw. aufzuspeichernde Energie (kW/sek). Man bildet die Σ der Fläche

$$E_{sch} = \int_{t_1}^{t_2} N\,dt$$

über und unter dem Mittelwert von N. Diese müssen sich ausgleichen. G ist das Schwungring- (also Kranz) gewicht. Das Gesamtgewicht des Schwungrades ist etwa $^5/_3$ des Kranzgewichtes. Der Trägheitsdurchmesser $D t_r \sim 0{,}75\,D$, bei günstiger Konstruktion der Arme kann der Trägheitsdurchmesser bis auf 0,9 D steigen. Bekanntlich ist der Trägheitshalbmesser

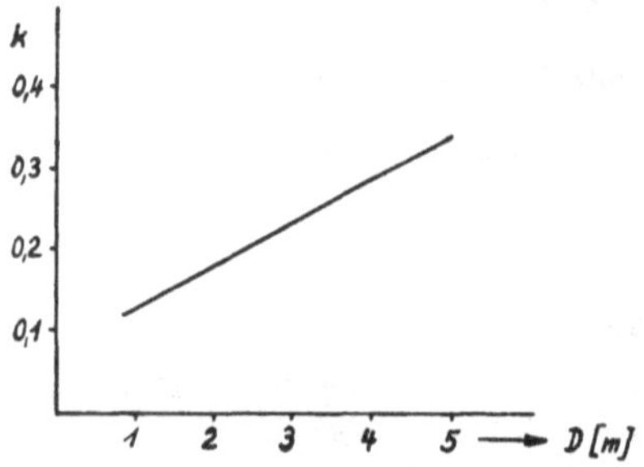

Abb. 16. Kranzbreite eines Schwungrades abhängig vom Durchmesser (vgl. Formel 62) Bestimmung des K-Wertes

$$D t_r/2 = \sqrt{J/m} \qquad m = G/g\,.$$

Für einen Hohlzylinder (Schwungring) ist das Trägheitsmoment $J = \frac{1}{2}(R^2 + r^2)$, wenn R der Außen- und r der Innenradius ist (vgl. S. 1). Die Kranzbreite b' wird im allgemeinen nach folgender empirischen Kurve bestimmt (AEG) Abb. 16.

$$b_{(m)}' = k\,\frac{G\,(\mathrm{to})}{D_{(m)}{}^2}\,. \tag{62}$$

Groß sind die Luft- und Lagerreibungsverluste bei Schwungrädern. Becker [1]) gibt für die Luftreibungsverluste an

$$V_{Lu} = \sqrt{v^5}_{\,(\mathrm{m/sek})}\, D_{(m)}{}^2\,(1 + 5\,b'_{(m)}{}^2)\,10^{-5}\,\frac{1}{1{,}36}\,\mathrm{kW}\,. \tag{63}$$

Die Lagerreibungsverluste errechnen sich wie folgt: Der Zapfendurchmesser D_z muß geschätzt werden, da die Welle des Asynchronmotors nicht bekannt ist. Als Anhaltspunkt diene etwa folgende Formel:

$$D_{z(\mathrm{cm})} \cong \sqrt{\frac{P}{q/D_z}} \cong \sqrt{\frac{P}{45}}\,(\text{Stahl } St\,50) \tag{64}$$

l = Zapfenlänge (cm)
q = Zapfendruck (kg/cm^2)
P = Zapfenbelastung (kg).

Die Lagerreibungsverluste

$$V_{La} \cong G_t\,\frac{0{,}01\,D_z}{2}\,\frac{n\pi}{30}\,\mu \cong 0{,}006\,G_t\,\frac{0{,}01\,D_z}{2}\,\frac{n\pi}{30}\,\mathrm{kW} \tag{65}$$

---

[1]) Bestimmung von Luftreibung von Schwungrädern, elektr. Kraftbetrieben und Bahnen. Elektrische Kraftbetriebe und Bahnen 1907.

μ = Reibungskoeffizient für $q/D_z = 45$ gilt $\mu \cong 0{,}006$ nach Striebeck. Die Lagerreibungsverluste sind noch um einige Prozent höher zu wählen, da der Wellendurchmesser größer als der nach Formel 64 geschätzte sein kann.

Beispiele

1. Beispiel: Kran

Ein Kran habe folgendes voraussichtliches Bewegungsprogramm:

Bewegung	Katzfahrmot. sek. etwa	Kranfahrmot. sek. etwa	Hubmot. sek. etwa	Stillstand sek. etwa
Aufladen				30
Heben d. Vollast			80	
Kranfahren mit Vollast		70		
Katzfahren mit Vollast	20			
Senken Vollast			70	
Entladen				30
Heben des leeren Hakens			65	
Katzfahren ohne Last	18			
Kranfahren ohne Last		65		
Senken des leeren Hakens			65	
	38	135	280	60
				= 513 sek

Hubhöhe 20 m
Durchnittliche Hubgeschwindigkeit 0,25 m/sek
Last 30 t Haken 1 t
Hubwirkungsgrad des Getriebes $\eta_h = 0{,}80$
Kranfahrweg 100 m
Durchschnittsgeschwindigkeit $\frac{100}{70} = 1{,}42$ m/sek
Fahrwiderstand $\sim$ 25 kg/t
Gewicht der beweglichen Teile 40 t ohne leeren Haken
dem Wind ausgesetzte Fläche 20 qm
Wirkungsgrad des Kranfahrwerkes $\eta_v = 0{,}8$.

Man bestimme den Hubmotor für Drehstrom und den Kranfahrmotor für Gleichstrom, ebenso die Bremsmagnete für den Hub- und Kranfahrmotor:

Hubmotor: Drehstrom

a) Methode mit der relativen Last und der relativen Einschaltdauer

$$\text{ED} = \frac{280}{513} = 0{,}55\,.$$

Die Maximalleistung $N_{\text{kW}} = \frac{31000 \quad 0{,}25}{0{,}8 \quad 102} = 95$ kW (Formel 9).

Mit Rücksicht darauf, daß die Last schwankend ist, wird ein Motor 40% ED 75 kW $n = 720$/min 380 V gewählt. Das GD^2 des Motors ist 10 kgm². Das Schwungmoment der Last kann vernachlässigt werden, bei genauer Rechnung kann es auch berechnet werden (s. u.), dagegen kann das Schwungmoment der Bremstrommel und des Getriebes auf die Motorwelle reduziert etwa mit 100% des Motorschwungmomentes angenommen werden, so daß Motor + Getriebe + Trommel ein Schwungmoment von 20 kgm² haben. Beim Heben des leeren Hakens ist M_o mit etwa 0,2 M_v anzunehmen. Gemäß Abb. 4 ist $\eta_{ho} = 0{,}55$.

$$M_r = \frac{1 + \eta_s + \frac{M_o}{M_v} + \frac{M_o}{M_v}\eta_{so}}{4} = \frac{1 + 0{,}75 + 0{,}2 + 0{,}2\; 0{,}18}{4} \cong 0{,}5$$

$$\eta_s = \frac{2\eta_h - 1}{\eta_h} = 0{,}75 \text{ (Formel 10)}$$

$$\eta_{so} = 0{,}18 = \frac{2\eta_{ho} - 1}{\eta_{ho}} = \frac{1{,}1 - 1}{0{,}55}$$

f'_w (gem. Abb. 12) $= 0{,}71$
f''_w (gem. Abb. 14) für einen Motor von 40% ED ergibt sich wie folgt:
für einen Motor von 55% ED ist $f''(_w) = 0{,}58$,
für einen von 40% ED $f''_w = 0{,}74$, also ist
f''_w bei 55% ED bezogen auf einen Motor von 40% *ED*

$$= \frac{0{,}58}{0{,}74} = 0{,}77\,.$$

Der Wechselleistungsfaktor

$$f_w = \frac{0{,}71}{0{,}77} = 0{,}92 \text{ (Formel 30)}\,.$$

Daneben ist noch der Beschleunigungs- und Verzögerungsfaktor zu bestimmen. Die relative Beschleunigungsarbeit ergibt sich zu

$$B = \frac{21{,}4\; 720^2\; 28}{95\; 1{,}3\; 10^9} = 0{,}0025 \text{ (Formel 38)}$$

$$GD^2 \text{ der Last} = \frac{365\; 31000\; 0{,}25^2}{720^2} = 1{,}4 \text{ kgm}^2 \text{ (Formel 13)}$$

h_a ergibt sich zu 4 in 513 sek, also zu 28 in 3600 sek.

$$t_a = \frac{0{,}002\,\frac{513}{4}}{1} = 0{,}26 \text{ sek}$$

$$t_a + t_R + t_l \cong \frac{280}{4} \cong 70 \text{ sek (Formel 39)}$$

$$t_l \cong 69{,}5 \text{ sek}$$

$$T = \frac{513}{4} = 128 \text{ sek}\,.$$

$\frac{N_a}{N_v}$ wird normalerweise für Krane zu 2 genommen. Es ist zu beachten, daß bei doppeltem Anlaufmoment zwar zur Beschleunigung selbst nur das Überschußmoment über N_v (also nur das einfache Moment) dient, daß aber für die Auslegung des Motors der Strom maßgebend ist (sogar quadratisch). Dieser ist bei doppeltem Moment doppelt so groß wie der Normalstrom. Daher ist in Formel 39 N_a mit 2 N_v einzusetzen.

$$f(a) = \sqrt{\frac{0{,}002\ 3}{\frac{69{,}5}{128}} + 1} = 1{,}006 \text{ (Formel 39)}.$$

Das Bremsmoment M_B sei so groß wie M_v angenommen.

$$M_v = \frac{N_v\ 102}{\omega} = 135 \text{ mkg (Formel 41)}$$

$$M_B = 135 \text{ mkg}$$

$$t_R = \frac{20\ 720}{375\ 135\ 0{,}8} = 0{,}36 \text{ sek (Formel 40)}$$

$$\frac{N_{mar}}{N_m} = \sqrt{\frac{4\ 0{,}26 + 69{,}38 + 1\ 0{,}36}{70}} = 1{,}007 \text{ (Formel 43)}$$

$$N = 95\ 1{,}007\ 0{,}92 = 88 \text{ kW (Formel 31)}.$$

Der geschätzte Motor von 75 kW bei 40% ED ist also zu klein. Es ist die Rechnung mit der nächst größeren Type zu wiederholen. Da infolge der geringen Anlaßhäufigkeit h_a das GD^2 keine große Rolle spielt, wird ein Motor von 85 bis 90 kW für 40% ED ausreichend sein. Es ist ferner zu prüfen, ob das maximale Moment des Motors ausreichend ist, also muß, wenn

$$M_{\max\ \text{zul}} = 2{,}5\ M_v \text{ ist, } N_{\max} = 2 \cdot 95 \leqq 2{,}5 \cdot 85$$

sein. Ein Motor von 85 kW ist ausreichend.

b) Der Motor sei nun nach einer genauen Methode, die bei größeren Motoren unbedingt anzuwenden zu empfehlen ist, nochmals bestimmt. Daneben seien noch die Abmessungen der Trommel, Winde und der Seile festgelegt.

Zunächst wird der Seil- und Trommeldurchmesser bestimmt. Der Kran hat ca. 31 t Vollastgewicht, also es wird ein Flaschenzug mit 8 Strängen gewählt, Übersetzung 1 : 4. Gemäß Tabelle S. 7 $K = 0{,}36$ Sicherheit 8fach $c = 9$

8 Seile

$$d = 0{,}36 \sqrt{\frac{31000}{8}} \sim 22 \text{ mm}.$$

Gewählt werden 8 Seile je 22 mm von einer Zugfestigkeit von 160 kg/mm² (s. Hütte Bd. 2).

Der Durchmesser der Trommel $D = 9 \sqrt{3890} = 560$ mm (0,56 m). Der Durchmesser der Seilrollen ergibt sich zu ca. 700 mm. Die Drehzahl der Trommel ergibt sich zu

$$\frac{x v\, 60}{D \pi} = \frac{4\; 0{,}25\; 60}{0{,}560\, \pi} = 35\, \frac{1}{\text{min}}$$

x = Zahl der losen Rollen.

Die Übersetzung des Getriebes und des Flaschenzuges

$$\ddot{u} = \frac{720}{35}\, 4 = 83\,.$$

Das Drehmoment bei Vollast

$$M_{hv} = \frac{31000 \cdot D/2}{\ddot{u}\, \eta_h} = \frac{31000\; 0{,}28}{83\; 0{,}8} = 135 \text{ mkg}\,.$$

Das Verlustmoment bei Vollast

$$= (1 - \eta_h) M_{hv} = M_{\text{Verl}\; hv} = 0{,}2\; 135 = 27 \text{ mkg}\,.$$

Das Verlustmoment bei Leerlauf

$$M_{\text{Verl}\; h\; l} \cong 0{,}6\, M_{\text{Verl}\; hv} \text{ (geschätzt)} = 16 \text{ mkg}\,.$$

Daraus ergibt sich das Moment beim Heben des leeren Hakens

$$M_{h \text{ leer Hak}} = \frac{1000 \cdot 0{,}28}{83} + 16 \sim 20 \text{ mkg}\,.$$

Der Wirkungsgrad beim Senken

$$\eta_s = \frac{2\,\eta_h - 1}{\eta_h} = 0{,}75$$

$$M_{\text{senk}} = \frac{31000\; 0{,}28\; 0{,}75}{83} = 77 \text{ mkg}$$

$$M_{s \text{ leer}} = -16 + 4 = -12 \text{ (Senkkraftstellung)}.$$

Das Anlaufmoment sei doppelt so groß wie das Nennmoment. Der Strom ist zwar bei untersynchroner (s. S. 160) Bremsung nicht proportional dem Moment. Der Unterschied ist aber so klein, daß er vernachlässigt werden kann. Ferner seien die Brems- und Anlaßzeiten geschätzt.

Bedeutet a = Anlauf, v = Vollast, l = leerer Haken, r = Bremsen, h = Hub, s = Senken, dann seien folgende Momente errechnet und folgende Zeiten angenommen:

tavh	4 sek	trvh	3 sek	tvh	73 sek
Mavh	270 mkg	Mrvh	135 mkg	Mvh	135 mkg
talh	3 sek	trlh	2 sek	tlh	60 sek
Malh	40 mkg	Mrlh	20 mkg	Mlh	20 mkg
tavs	4 sek	trvs	2 sek	tls	63 sek
Mavs	154 mkg	Mrvs	77 mkg	Mls	77 mkg
tals	2 sek	trls	1 sek	tls	62 sek
Mals	–24 mkg	Mrls	–12 mkg	Mls	–12 mkg

daraus folgt:

$$M = \sqrt{\frac{1}{513} (270^2\, 4 + 135^2\, 73 + 135^2\, 3 + 154^2\, 4 + 77^2\, 66 + 40^2\, 3 + 20^2\, 62 + 24^2\, 2 + 12^2\, 63}$$

$= 65$ mkg.

Ein Motor für 65 mkg Dauerbelastungsmoment würde 270 mkg nicht leisten. Man wählt also einen Motor von 40% ED, dessen Nennmoment mindestens

$$\sqrt{\frac{65^2\ 100}{40}} = 103 \text{ mkg}$$

sein muß, vorausgesetzt, daß er ein Moment von 270 mkg aufbringen kann. Die Dauergeschwindigkeit ist etwas größer als 0,25 m/sek, da 7 sek lang die durchschnittliche Hubgeschwindigkeit etwa ½ so groß ist als $v_{\max}$. Um dies auszugleichen, muß 73 sek folgende Geschwindigkeit herrschen $73\, v_{\max} + \frac{v_{\max}}{2}\, 7 = 20$

$$v_{\max} = \frac{40}{153} = 0{,}262 \text{ m/sek}.$$

Die endgültige Übersetzung $\ddot{u} = \frac{83\ 26{,}2}{25} = 87$.

Die Leistung des Motors

$$N = \frac{103\ 720\ 2\pi}{102\ 60}\ \frac{0{,}262}{0{,}25} = 81{,}5 \text{ kW}.$$

Die genaue Einteilung nach den verlangten Einschaltzeiten ist nur möglich nach der Kenntnis der Schaltung und nach Festlegung der Charakteristik. Mit diesen Werten ist die genaue Anlaufzeit und Bremszeit ausrechenbar. Für die Bestimmung des Motors ist aber eine so genaue Kenntnis dieser Zeiten nicht erforderlich, auch nicht die genaue Kenntnis der Ströme, da auch nicht mit Genauigkeit die Bedienungsanweisung befolgt wird. Für Fehlbedienungen sind ohnedies kleine Zuschläge zur errechneten Motorgröße zu machen, außerdem muß aus der Typenreihe der Motoren der nächst größere passende ausgesucht werden.

Bestimmung des zugehörigen Bremsmagneten

Angenommen, der nächst größere passende Motor sei 100 kW, $GD^2 = 18$ kgm², $n \sim 720$ 1/min, so kann einschließlich der Bremstrommel das auf die Motorwelle bezogene Gesamtschwungmoment auf 36 kgm² geschätzt werden. Für Laufkrane kann mit einem Nachlauf von 5 Umdrehungen beim Senken gerechnet werden. Es ergibt folgendes:

$$t_R = \frac{5\ 60\ 2}{720} = 0{,}83 \text{ sek}.$$

Die Umdrehungszahl ist zwar bei 77 mkg etwas größer als die Nenndrehzahl, die Differenz kann vernachlässigt werden. Das Bremsmoment $M_B = \frac{36\ \pi\ 720}{0{,}83\ 4g\ 30} = 83$ mkg

$$M_{vs} = 77 \text{ mkg}.$$

Das Reibungsmoment $M_R = 83 + 1{,}1\ 77 = 167$ mkg.

Bei Hüttenkranen und Montagekranen wäre ein solcher Nachlaufweg zu lang. Man wähle bei diesen $M_R \sim 250$ bis 350 mkg. Die Bremsmagnetgröße ergibt sich bei einer Bremstrommel von 60 cm Durchmesser wie folgt:

Senken

Bandbremse

Schaltkraft $S = \frac{2\ 167}{0{,}6\ 4} = 140$ kg

Ss = Schaltarbeit $= 140\ 0{,}94 = 132$ cmkg

Lüftarbeit $A = 1{,}1\ Ss = 145$ cmkg.

Es muß eine Type gewählt werden für 55% ED = 145 cmkg.

Zweibackenbremse

$S = \frac{2\ 167}{0{,}6\ 0{,}3} = 1850$ kg

$Ss = 1850\ 0{,}2 = 370$ cmkg

$A = 1{,}1\ 370 = 407$ cmkg

Type 55% $ED \geqq 407$ cmkg.

Es ist zu beachten, daß der Bremsmagnet bei Wechsel- oder Drehstrom nicht wesentlich größere Hubarbeit leisten darf als errechnet, da er sonst zu schnell anzieht und zerschlagen wird, die Einschaltdauer kann dagegen höher als 55% gewählt werden. Der passende Magnet muß aus einer Liste bestimmt werden.

A maximal 25% größer als errechnet.

Nachrechnung für Heben

Bandbremse	Zweibackenbremse
Gewählter Magnet 145 cmkg	420 cmkg
$M_R = \frac{132\ 0{,}6 \cdot 4}{10} = 32$ cmkg	$M_R = 167$ cmkg
$M_B = M_R + 1{,}1 \cdot 77 \frac{0{,}8}{0{,}75} = 124$ cmkg	$M_B = 167 + 1{,}1 \cdot 77 \frac{0{,}8}{0{,}75} = 257$ cmkg.

Man beachte, daß nach dem Abschalten das Senkmoment bremsverkürzend wirkt, aber mit dem Hubwirkungsgrad, da der Haken sich nach aufwärts bewegt.

Bremszeiten beim Heben

Bandbremse

t_R = Bremszeit $= \frac{36\pi\ 720}{124\ g\ 4 \cdot 30} = 0{,}56$ sek.

Zweibackenbremse

$t_R = \frac{36\pi\ 720}{257\ 4\ g\ 30} = 0{,}27$ sek.

Der Weg der Last beim Senken

$$s = v\frac{t_R}{2} = 0{,}262 \cdot 0{,}83 \cdot \frac{1}{2} = 11 \text{ cm}.$$

Kranfahren

Es sei angenommen, daß der Kranfahrmotor nach obigem Beispiel mit Gleichstrom betrieben werde (verschiedene Stromarten für die verschiedenen Kranmotore sind für das Beispiel angenommen).

Die maximale Leistung

$$N_{\max} = \left[\frac{25}{1000}(31000 + 40000) + 300\right]\frac{1,42}{102\ 0,8} = 36\ \text{kW}$$

$$40000\ \text{kg} = \text{Gewicht der Katze}$$
$$31000\ \text{kg} = \text{Vollastgewicht}$$
$$300\ \text{kg} = 15\ \text{kg/m}^2 \cdot 20\ \text{m}^2 = \text{Windkraft.}$$

Beim Rücklauf ohne angehängte Last ergibt sich eine Belastung von $\frac{25}{1000}$ $(1000 + 40000) - 300 = 722$ kg (Rückenwind).

Relative Last $M_r = \frac{1}{2}\left(1 + \frac{722}{2100}\right) = 0,67$.

Daraus ergibt sich $f'(w) = 0,75$.

Die Einschaltdauer ED $= \frac{135}{513} = 0,26$, gewählt wird wegen eventueller Fehlschaltungen 30% ED. Daraus ergibt sich $f''(w) = 0,89$

$$f(w) = f'(w)/f''(w) = \frac{0,75}{0,89} = 0,84\,.$$

Ohne Berücksichtigung des Anlaufes ergibt sich

$$N = 0,84 \cdot 36 = 30\ \text{kW}\,.$$

Als erste Annäherung sei zunächst ein Motor 35 kW 25% ED 760 1/min geschätzt. Das Schwungmoment ist bei $n = 500$ 1/min 10 kgm², bei $n = 760$ 1/min $= 10\left(1 + 0,8\frac{260}{500}\right) = 14,2$ kgm² $\sim$ 15 kgm². Daraus ergibt sich insgesamt ein auf die Motorwelle bezogenes Schwungmoment etwa 30 kgm². Das Schwungmoment der Last ergibt sich bei Vollast zu

$$GD^2_{\text{Lastv}} = \frac{71300\ 1,42^2}{750^2}\,365 = 96\ \text{kgm}^2\,.$$

Mit 750 1/min ist die Umdrehungszahl des Motors bei 36 kW geschätzt

$$\Sigma GD^2 = 126\ \text{kgm}^2\,.$$

Die Anlaßhäufigkeit $h_a = 2/513$ sek $\sim$ 14/Std. $\sim$ 15/Std.

Die Beschleunigungsarbeit

$$B = \frac{126\ 750^2\ 15}{32\ 1,3\ 10^9} = 0,026\,.$$

Die Anlaßzeit bei Vollast ergibt sich für $T = \frac{513}{2} = 256$ sek $t_a = 0{,}027 \cdot 256 = 6{,}9$ sek für $N_a = 2\,N_v$ und $\frac{6{,}9}{1{,}5} = 4{,}6$ sek für $N_a = 2{,}5\,N_v$ daraus ergibt sich zu

$$f(a) = \sqrt{\frac{0{,}026\;5{,}25}{1{,}5\,\frac{65{,}4}{256}} + 1} = 1{,}2\,.$$

Die Motorleistung ergibt sich zu 1,2 30 = 36 kW. Wäre z. B. die nächstgrößere Leistung 40 kW 760 1/min, so ergibt sich folgendes für 36 kW $M = 0{,}86\,M_n$, $n = 800$ 1/min $GD^2_{\text{Mot}} = 18$ kgm² für 500 1/min, d. h. für 800 1/min gilt für das Schwungmoment GD^2

$$GD^2_{\text{Mot}} = 18\left(1 + \frac{260}{500}\,0{,}8\right) = 26 \text{ kgm}^2$$

$$\Sigma GD^2 = 52 + 96 = 148 \text{ kgm}^2$$

$$B = \frac{148\;800^2\;15}{32\;1{,}3\;10^9} = 0{,}04$$

$$t_a = 0{,}04 \cdot 256 = 10{,}2 \text{ sek für } N_a = 2\,N_v$$

$$\text{für } N_a = 2{,}5\,N_v \qquad t_a = 6{,}8 \text{ sek}$$

$$f(a) = \sqrt{\frac{0{,}040\;5{,}25}{1{,}5\,\frac{63{,}2}{256}} + 1} = 1{,}25$$

$$N = 1{,}25 \cdot 30 = 37{,}5 \text{ kW}\,.$$

Als $v_{\max}$ ist zu wählen $v = \frac{200}{127{,}2 + 6{,}8} = 1{,}48$ m/sek.

Daraus $N = 37{,}5\,\frac{1{,}48}{1{,}42} = 39$ kW.

Das vorliegende Beispiel ist ebenfalls nach der genauen Methode mit Momenten nach Gleichung 40 und 41 zu berechnen. Die Anlaufzeiten müssen errechnet oder geschätzt werden (insbesondere vor Berechnung der $M = f(n)$-Charakteristiken). Der Bremsmagnet wird nach Thomas wie folgt bestimmt: t_{rx} = Nachlaufzeit bei 8 Umdrehungen Nachlauf:

$$t_{rx} = \frac{8 \cdot 120}{800} = 1{,}2 \text{ sek}$$

$$M_B = \frac{\Sigma\,GD^2\,n}{375\,t_{rx}} = \frac{148\;800}{375\;1{,}2} = 266 \text{ mkg}$$

$$M_R = M_B + M_W - M_F\,.$$

Unter Berücksichtigung eines Winddruckes von 50 kg/m² ergibt sich bei Vollast und Rückenwind — G_F (Fahrkraft) + G_W (Windkraft) eine Gesamtkraft $P = \frac{-25}{1000}(31000 + 40000) + 1000 \cong -800$ kg, bei 25 kg/to Fahrwiderstand, so daß sich folgende Leistung ergibt:

$$N = 800\,\frac{1{,}48}{102\;0{,}8} = 14{,}5 \text{ kW}\,.$$

Daraus ergibt sich

$$M_F - M_W = \frac{14{,}5 \; 102 \; 30}{\pi \; 800} = 17{,}6 \text{ mkg}$$

$$M_R = 248{,}4 \text{ mkg}.$$

Bei einer Zweibackenbremse mit einem Bremstrommeldurchmesser $D = 0{,}6$ m (angenommen, lt. Hütte wird D zwischen 0,4 bis 0,7 m gewählt). Die Schaltkraft $S = \frac{496{,}8}{0{,}6 \; 0{,}3} = 2750$ kg. Die Schaltarbeit $Ss = 2750 \cdot 0{,}2 = 550$ mkg, die Lüftungsarbeit $A = 1{,}1 \, S\,s = 605$ cmkg bei 25% ED. Diese Magnetbremse ist noch auf Totlast und Rückenwind und Vollast und Gegenwind nachzurechnen.

a) $-G_F + G_W = -25$ kg
$-M_F + M_W \cong 0{,}6$ mkg
$M_B = 248{,}4 + 0{,}6 = 249$ mkg
$t_R = 1{,}30$ sek.

b) $G_F + G_W = 1800 + 1000 = 2800$ kg
$M_F + M_W = 61$ mkg
$M_B = 309{,}4$ mkg
$t_R = 1{,}04$ sek.

Auf Rutschgrenze nachgerechnet ergibt sich die Verzögerung

$$p_R = \frac{v}{t} = \frac{1{,}48 \; 0{,}5}{1{,}04} = 0{,}71 \text{ m/sek}^2.$$

Dies ist ein zulässiger Wert. Man beachte, daß bei Brückenkranen mit einer dem Wind ausgesetzten Fläche von 200—300 m² der Einfluß des Winddruckes bedeutend ist. Bei Hüttenkränen kann u. U. M_R noch größer gewählt werden, während nach der alten Methode $M_R \sim 2\,M_v = M_F - M_W$ sehr große Nachlaufwege ergibt.

Ohne mechanische und elektrische Bremse könnte das Fahrwerk eine Auslaufzeit haben: bei Totlast und Rückenwind $t_R = \frac{\Sigma GD^2 \, n}{375 \, (M_F - M_W)} = 320$ sek, während sie bei Vollast und Gegenwind ca. 3,2 sek betrüge.

Die Bestimmung des Katzfahrmotors erfolgt in der gleichen Weise wie die des Kranmotors. Im allgemeinen wählt man den Motor nicht kleiner als 15% ED, bei Hüttenkranen 40% ED selbst wenn die Einschaltdauer für Katzfahr-, Kranfahr- und Hubmotor zusammen größer als 100% ist.

2. Beispiel Drehkran

Ein Drehwerk eines Drehscheibenkranes hat eine Armlänge von 4 m. Die angehängte Last ist 4 t. Das Gesamtgewicht der drehbaren Teile ist 4 t, die sich ausgleichenden Gewichte sind 2 t. Die Form des Armes ist dreieckig, die Fläche 10 qm. Wie groß ist die maximale Dauerleistung bei einer Arbeitsgeschwindigkeit von 80 m/min?

$$\text{Zapfendurchmesser } D_z = \sqrt[3]{\frac{1600 + 266}{0{,}1 \cdot 4}} = \sqrt[3]{4665} = 17 \text{ cm}.$$

$$\begin{aligned} M_a &= 50 \cdot 0{,}085 &&= 4 \text{ mkg} \\ M_L &= 0{,}1 \cdot 4000 \cdot 4 &&= 1600 \text{ mkg} \\ M_e &= 0{,}1 \cdot 2000 \cdot 1{,}33 &&= 266 \text{ mkg} \\ M_w &= 10 \cdot 1{,}33 \cdot 7{,}5 &&= 100 \text{ mkg} \\ & && \overline{1970 \text{ mkg}} \end{aligned}$$

$$v = 1{,}33 \text{ m/sek} \qquad 1 \text{ Umdreh.} = 8\pi \text{ m}$$

$$n = \frac{1{,}33 \cdot 60}{8\pi} = 3{,}15 \text{ 1/min}$$

$$N_{\max} = \frac{1970 \cdot 3{,}15\,\pi}{102 \cdot 0{,}65 \cdot 30} 1{,}2 = 11{,}8 \text{ kW}$$

$\eta \sim 0{,}65$ angenommen, da Drehwerke oft Schneckengetriebe haben. Der Faktor 1,2 ist geschätzt für die Reibungsverluste, die nicht im Getriebe entstehen.

Bei aussetzendem Betrieb erfolgt die Motorbestimmung hier dann in gleicher Weise wie beim Kranfahrwerk, es ist zu beachten, daß alle Schwungmomente auf die Motorwelle zu beziehen sind.

3. Beispiel

Schrägaufzug für Hochofenbegichtung (Leonard- und Zu- und Gegenschaltung)

Ein Kübelschrägaufzug für eine Hochofenbegichtungsanlage hat folgende Arbeitsweise: Ofenleistung pro Tag 400 t. Ein Fördergefäß fördert 4 t Koks bzw. 11 t Erz und Kalk, insgesamt seien erforderlich 480 t Koks und 1375 t Erz und Kalk.

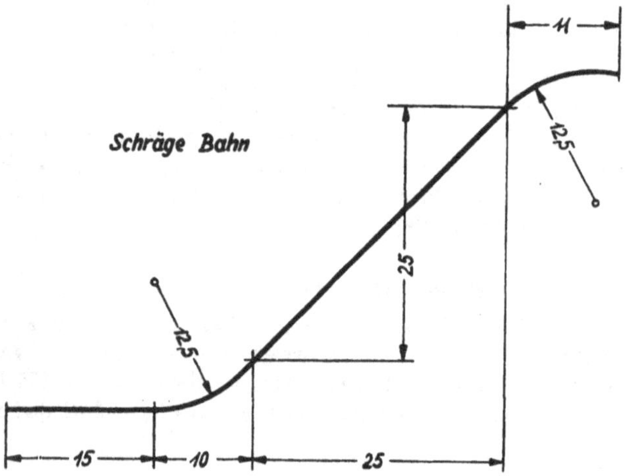

Abb. 17. Beispiel einer Fahrbahn eines Schrägaufzuges in einem Hüttenwerk (Hochofen)

Die Anlage des Aufzuges sei folgende:

K = Kippkübel fährt auf Schiene. Gewicht des leeren Kübels 4 t
G = Gegengewicht (fährt auf Schiene). Gewicht 8 t
S = Seilrolle
T_1 = Trommeln; Trommel 1 wickelt Zugseil 7 und ist Führung für Seilteile 3 und 4 und

Trommel T_2 wickelt Seilteile 6 und 2 bei Abwärtsfahrt auf, weil Gegengewicht G nach aufwärts geht, und Seilteil 2 über Seilscheibe S_1, sich dabei aufwickelt. Es

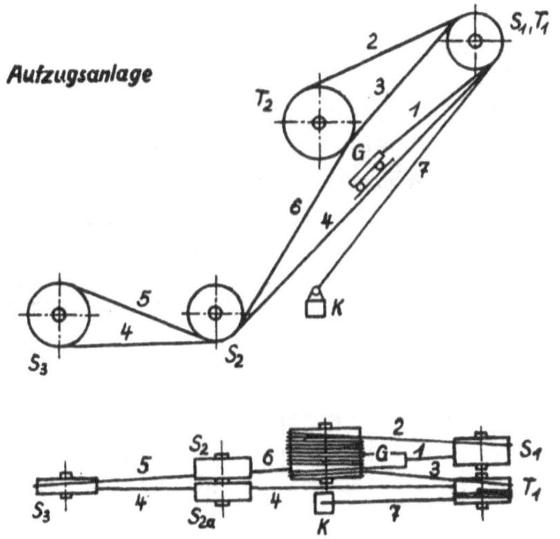

Abb. 18. Aufzugsanlage eines Schrägaufzuges

bewegt sich Seilteil 4 S_2, Seilteil 4 S_3, Seilteil 5 S_2 (oder an Stelle einer Seilscheibe S_2, zwei Seilscheiben S_2 und S_{2a}) Seilteil 6 nach Trommel T_2. Seilteil 7 wickelt auf und ab auf Trommel T_1. Eine Kippkübelausführung zeigt z. B. Abb. 19[1]).

Der Gegengewichtswagen fährt auf einem inneren Schienenstrang unter dem Gestellwagen weg. Die Kipplories befinden sich auf dem Gestellwagen. Üblich für Hochöfenbegichtungsaufzüge sind Begichtungskübel und nicht Fördergestelle, die auf

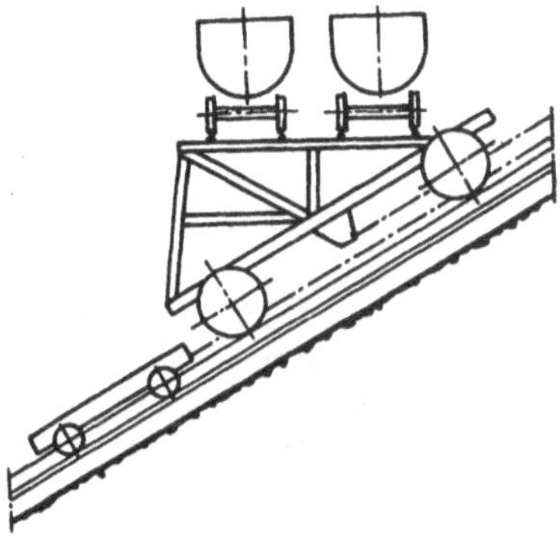

Abb. 19
Fördergestell mit Gegengewichtswagen

[1]) Heidebroek: Fördertechnik für Massengüter 1952.

einer auf einem Gleis fahrenden Laufkatze angehoben und über die Gicht entladen werden. Die Entladung erfolgt durch Aufsetzen des Kübelmantels auf dem Hochofen in der Weise, daß der trichterförmige Verschluß des Kübels sich auf den trichterförmigen Verschluß des Hochofens aufsetzt. Der Verschluß wird mechanisch geöffnet.

Der Kippkübel k fährt auf der schrägen Bahn und wird oben zwecks Begichtung des Hochofens mittels einer Kippvorrichtung gekippt. Es sind insgesamt nötig täglich 120 Fahrten mit Koksladung und 125 Fahrten mit Kalk- und Erzladung. Man sieht insgesamt täglich 300 Fahrten vor. Dies ergibt eine Zeit von $\frac{3600 \cdot 24}{300}$ = 287,5 sek. Die Gesamtlänge = 75,5 m. Zum Aufladen werden 25 sek, zum Absetzen etwa 25 sek. an der Aufnahmestelle, am Hochofen werden zum Entladen und wieder Aufnehmen etwa 120 sek Zeit benötigt. Dann steht für die reine Fahrzeit etwa 287,5 — 170 = 117 sek zur Verfügung. Die durchschnittliche Geschwindigkeit $= \frac{151}{117} = 1{,}28$ m/sek. Es ist folgender Plan vorgesehen:

	t (sek)	b (m/sek²)	p (m/sek²)	v_{mittel} (m/sek)	s (m)	$\frac{v_{\text{mittel}}}{v_{\text{max}}}$	$\frac{v_{\text{Ende}}}{v_{\text{max}}}$
1) Aufladen	25						
2) Anfahrt	1,8	0,75	—	0,67	1,2	0,45	0,9
3) Geradfahrt	10,2	—	—	1,35	13,8	0,9	0,9
4) Kurve	10,2	—	0,02	1,22	12,5	0,81	0,73
5) Geradfahrt	10	0,04	—	1,39	13,9	0,86	1
6) Geradfahrt	14,2	—	—	1,5	21,6	1	1
7) Kurve	16,7	—	0,09	0,75	12,5	0,5	—
8) Begichten	120	—	—	—	—	—	—
9) Anfahrt	2	0,75	—	0,75	1,5	0,5	1
10) Fahrt	31	—	—	1,5	46,5	1	1
11) Kurve	10,2	—	0,055	1,22	12,5	0,81	0.64
12) Geradfahrt	1,9	0,3	—	1,22	2,3	0,82	1
13) Geradfahrt	7,7	—	—	1,5	11,5	1	1,5
14) Bremsen	1,6	—	0,95	0,75	1,2	0,75	—
15) Absetzen	25	—	—	—	—	—	—

Als maximale Geschwindigkeit sei $v_{\text{max}} = 1{,}5$ m/sek errechnet $v_m \, \Sigma t = 1{,}28 \cdot 117 = x\,[0{,}45\ 1{,}8 + 0{,}9\ 10{,}2 + 0{,}81\ 10{,}2 \ldots 1\ 7{,}7 + 0{,}75\ 1{,}6]$ $x = 1{,}5$ m/sek $= v_{\text{max}}$. Der Gesamtweg = 151 m. Bei Fahrt in der Kurve ist eine gleichmäßige Verzögerung und bei Fahrt am Ende der Kurve (Beginn der geraden Strecke) eine gleichmäßige Beschleunigung anzunehmen. Mit vollem Kübel ist p und b in diesen Fällen klein, um ein Pendeln zu vermeiden, bei leerem Kübel kann b und p größer werden. Die Beschleunigung am Anfang und Ende der Fahrt (insbesondere mit leerem Kübel) ist wesentlich höher[1]).

[1]) s. auch Lehmann: Elektrotechnik und elektrische Antriebe.

Bei Aufzügen und Fördermaschinen ohne Kurven, wo die Pendelgefahr nicht besteht, kann b und p wesentlich höher als bei derartigen Schrägaufzügen gewählt werden.

Im allgemeinen gilt lt. Hütte folgendes:

Aufzüge 1 bis 3 m/sek Geschwindigkeit, $b =$ entsprechend 0,3 bis 1 m/sek², $p = 1$ bis 2 m/sek².

Bei Hochhäusern $v = 1$ bis 6 m/sek.

Bei Fördermachinen $v \doteq$ bis 15 m/sek (bei größeren Tiefen) $b \cong 1{,}5$ m/sek² und mehr, $p = 1$—2 m/sek², bei Personenförderung $b \leqq 1$ m/sek², $p \leqq 1{,}5$ m/sek².

Die maximale Zugbeanspruchung ist in der Schrägen ($\alpha = 45^0 =$ Steigerung)

$$Z = (\text{Gewicht der vollen Wagen} + \text{Gegengewicht} + \text{Seilgewicht}) \cos\alpha$$

$$= (15000 + 8000 + 2000) \frac{1}{\sqrt{2}} = 17700 \text{ kg}.$$

Hierbei ist das Seilgewicht geschätzt. Die Länge des Seiles sei mit ~ 250 m angenommen. Gewicht je m ~ 8 kg.

$$d_{\text{Seil}} \sim 0{,}4 \sqrt{17700} \sim 53{,}2 \text{ gewählt } 51 \text{ mm}$$

$$D_{\text{Trommel}} \geqq 100\, d \text{ gewählt } 6000 \text{ mm}.$$

Auf die Trommel werden aufgewunden $\frac{75}{6\pi} = 4$ Wdg $+ 1$ Wdg (s. Abb. 18) Bahnlänge ~ 75 m.

Mit Sicherheit Platz für 8 Windungen (n_w).

Länge der Trommel =

$n_w d_{\text{Seil}} +$ Anfang + Ende + Sicherheit ~ 500 mm gewählt, da $n_w d_{\text{Seil}} = 408$ mm ist.

Querschnitt lt. Hütte für Stahlguß $f = \frac{S}{\sigma_d} = \frac{17700}{600}$ gewählt 30 cm², wobei

$S =$ der Seilzug (kg)

$\sigma_d =$ die Druckspannung bei (Stahlguß etwa 600 kg/cm²) ist.

Die Kranzdicke ergibt sich aus:

$$a = f/1{,}1d = 30/5{,}6 = 5{,}4 \text{ cm}$$

gewählt 60 mm

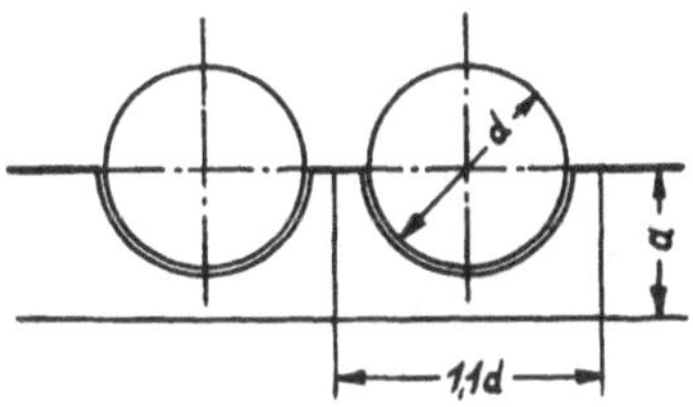

Abb. 20. Seilanordnung auf der Trommel einer Winde

$$G_{\text{Trommel}} = l_{(\text{cm})} \cdot a_{(\text{cm})}\, \gamma_{(\text{kg/cm}^3)}\, D_{(\text{cm})} \cdot \pi \cdot \frac{1{,}5}{1000} = \frac{6\ 50\ 8}{1000} 600\, \pi\, 1{,}5 \cong 7000 \text{ kg}.$$

Unter Berücksichtigung des Gegengewichtes von 8 t und eines Kübelgewichtes von 4 t ergeben sich folgende Berechnungen:

Der Bewegungswiderstand W bei einem Schrägaufzug ohne Gegengewicht

$$W = K \cdot G \cos\alpha + G \sin\alpha$$

G = Gewicht des Wagens

$$K = \frac{\mu r + f}{R}$$

r = Radius der Achsen (cm)
f = Hebelarm der rollenden Reibung = 0,05 cm
R = Halbmesser des Laufrades in cm μ = 0,1 bis 0,15 bei Gleitlagern, 0,05 bei Wälzlagern
α = der Steigungswinkel der schiefen Ebene.

Bei Vorhandensein eines Gegengewichtes ist der von der Winde aufzubringende Zug =

$$W = K_{\text{Wag}} G_{\text{Wag}} \cos\alpha + G_{\text{Wag}} \sin\alpha - G_{\text{Gegeng}} \sin\alpha + K_{\text{Gegeng}} G_{\text{Gegeng}} \cos\alpha.$$

Der vorliegende Schrägaufzug habe Achsendurchmesser von 100 mm, der Kipper habe Laufräder von 400 mm ∅, der Gegengewichtswagen solche von 200 mm ∅, daraus ergibt sich

$$K_{\text{Wag}} = \frac{0{,}15\ 5 + 0{,}05}{20} = 0{,}04 \text{ und}$$

$$K_{\text{Gegeng}} = \frac{0{,}15\ 5 + 0{,}05}{10} = 0{,}08\,.$$

Daraus folgt:

Aufw. Erz: $15/\sqrt{2}\, 0{,}04 + 15/\sqrt{2} - \frac{8}{\sqrt{2}} + \frac{8}{\sqrt{2}} 0{,}08 = 0{,}4 + 10{,}6 - 5{,}66 + 0{,}46 = 5{,}8$ t

Kohle Aufw. $8/\sqrt{2}\, 0{,}04 + 8/\sqrt{2} - 8/\sqrt{2} + 8/\sqrt{2}\, 0{,}08 = 0{,}68$ t

Abw. $4/\sqrt{2}\, 0{,}04 - 4/\sqrt{2} + 8/\sqrt{2} + 8/\sqrt{2}\, 0{,}08 = 3{,}4$ t.

Bei einem Wirkungsgrad von 75% bei Vollast ergibt sich ein Verlust von $0{,}25 \cdot 5{,}8 = 1{,}48$ t. Der Verlust wirkt sich also aus wie ein Gewicht von 1,48 t.

$D_{\text{Schwerpkt}} \sim 5$ m = der Trägheitsdurchmesser (Hauptgewicht am Kranz).

$GD_{\text{Tr}}^2 \cong 7000 \cdot 25 = 175000 \cong 200000$ kgm² je Trommel, mit Rücksicht auf Versteifungen 200000 kgm² gewählt.

Das Schwungmoment beider Trommeln beträgt ca. 400000 kgm². Es seien 4 Seilscheiben angenommen, deren Durchmesser 5,5 m betragen. Der Trägheitsdurchmesser = 0,915 des Trägheitsdurchmessers der Trommeln, also $D_S/D_{\text{Tr}} = 0{,}915$.

Das Schwungmoment beträgt je Seilscheibe ca. 50000 kgm², bezogen auf die Trommel beträgt es dann: $50000/0{,}915^2 = 60000$ kgm². Das Schwungmoment des Motors sei geschätzt bei einer Übersetzung von 1:10

$$\text{also } n_{\text{motor max}} = 10\, n_{\text{Tr max}} = 10\,\frac{1{,}5\;60}{\pi\;D} = 48\;1/\text{min}$$

für einen Motor von 85 kW (40% ED) zu $\sim$ 60 kgm².

Auf die Trommel bezogen ist $GD^2_{\text{Motor}} = 6000$ kgm².

Die geschätzte Leistung des Motors sei 85 kW, 40% ED, hierbei sei angenommen

$$v_{\text{mittel}} \sim \frac{151}{287{,}5} \sim 0{,}52 \text{ m/sek}$$

$$N_{(\text{kW})} \cong \frac{5800\;0{,}52}{0{,}75\;102}\,1{,}35\,\sqrt{\frac{100}{40}} = 83{,}8 \text{ kW} \sim 85 \text{ kW } 40\% \text{ ED}.$$

Hierbei ist 1,35 mit Rücksicht auf die Beschleunigungen und Verzögerungen geschätzt. Es sei ferner jeweils als Gewicht 5,8 t angenommen, weil die Verluste bei kleiner Leistung wesentlich mehr ins Gewicht fallen.

Der Gesamtwirkungsrad der Anlage sei mit 75% geschätzt.

Massenkräfte bezogen auf die Trommel

	Kohle aufwärts	Erz aufwärts	Leerfahrt abwärts
Kübel	8000	15000	4000
Seil	2000	2000	2000
Gegengewicht	8000	8000	8000
	18000	25000	14000 kg

Die auf die Trommel bezogenen Massenkräfte der sich drehenden Teile ergeben sich aus $\frac{\Sigma GD^2}{D^2}$, wobei alle Schwungmomente auf den Trommeldurchmesser zu beziehen sind

$$\Sigma GD^2 = 400000 + 4 \cdot 60000 + 6000 = 646000.$$

Daraus ergibt sich die Massenkraft der sich drehenden Teile $\frac{646000}{36} = 18000$ kg.

Die gesamte Massenkraft $G_M =$

	Kohle auf	Erz auf	abwärts
Geradlinig	18000	25000	14000
Drehende Teile	18000	18000	18000
	36000	43000	32000 kg

Die Beschleunigungs- bzw. Verzögerungskraft $= \frac{G_M}{g}\,b$ bzw. $\frac{G_M}{g} \cdot p$.

Daraus ergibt sich folgendes Bild für die Leistungsberechnung des Aufzugsmotors. Der Verlust wirkt sich wie eine zusätzliche Last aus.

$$N = \frac{\Sigma' P v_{\text{mittel}}}{102}\;(\text{kW}).$$

Erzfahrt

2	3	4	5	6	7		
5800	5800	5800	5800	5800	5800	Nutzlast	
1480	1480	1480	1480	1480	1480	Verlust	
3300	–	85	170	–	385	Beschleunigung, Verzögerung	
10580	7280	7365	7450	7280	7665	ΣP	kg
0,67	1,35	1,22	1,39	1,5	0,75	v_{mittel}	m/sek
71	97	89	101	107	57	N	kW
1,35	1,35	1,35	1,5	1,5	1,5	$v_{\max}$	m/sek

Leerfahrt

9	10	11	12	13	14		
3400	3400	3400	3400	3400	3400	Nutzlast	
1480	1480	1480	1480	1480	1480	Verlust	
2450	–	180	1000	–	3150	Beschleunigung, Verzögerung	
7330	4880	5060	5880	4880	7030	ΣP	kg
0,75	1,5	1,22	1,22	1,5	0,75	v_{mittel}	m/sek
55	72	61	71	72	69	N	kW
1,5	1,5	1,5	1,5	1,5	1,5	$v_{\max}$	m/sek

Kohlefahrt

2	3	4	5	6	7		
680	680	680	680	680	680	Nutzlast	
1480	1480	1480	1480	1480	1480	Verlust	
2750	–	75	170	–	330	Beschleunigung, Verzögerung	
4910	2160	2245	2330	2160	2490	ΣP	kg
0,67	1,35	1,22	1,39	1,5	0,75	v_{mittel}	m/sek
34	29	27	32	33	19	N	kW
1,35	1,35	1,35	1,5	1,5	1,5	$v_{\max}$	m/sek

Daraus ergibt sich folgendes durchschnittliche Moment für den Aufzugsmotor:

$$M_{\text{Erz}} = \frac{D}{2}\left[(10580^2\ 1{,}8 + 7280^2\ 10{,}2 + 7365^2\ 10{,}2 + 7450^2\ 10{,}2 + \cdots 4880^2\ 7{,}7 + 8030^2\ 1{,}6)\frac{1}{287{,}5}\right]^{\frac{1}{2}} = 4200\,\frac{D}{2}\ \text{mkg}$$

$$M_{\text{Kohle}} = \frac{D}{2}\left[(4910^2\ 1{,}8 \ + \cdots 4880^2\ 7{,}7 + 8030^2\ 1{,}6)\frac{1}{287{,}5}\right]^{\frac{1}{2}} = 2620\,\frac{D}{2}\ \text{mkg} \cong 7800\ \text{mkg}.$$

Das mittlere Moment ergibt sich bei 125 Erz- 120 Kohlefahrten zu

$$\frac{D}{2}\sqrt{\frac{125\ 4200^2 + 2620^2\ 120}{245}} = \frac{D}{2}\,3470\ \text{mkg} = 10410\ \text{mkg}.$$

Die durchschnittliche Geschwindigkeit ergibt sich zu 1,28 m/sek

$$N = \frac{3470\ 1{,}28}{102} = 45\ \text{kW}.$$

Mit Rücksicht auf unvorhergesehene Fälle müßte ein Motor von mindestens 60 kW gewählt werden, sofern er die Stichleistung und das Stichmoment hergibt. Die Höchstleistung tritt auf, wenn $\Sigma' P v$ ein Maximum wird. Dies ist bei der Erzfahrt am Ende des Abschnittes 2 der Fall.

$$N_{st} = \frac{10580\;1{,}35}{102} = 140\ \text{kW}.$$

Die Leistung konnte u. U. noch etwas höher sein, da der Verlust bei der maximalen Leistung höher als der durchschnittliche ist.

Die Stichleistung sei mit 150 kW geschätzt. Das dazugehörige Stichmoment bezogen auf den Motor

$$M_{St} = \frac{150 \cdot 30 \cdot 102}{\pi \cdot 48 \cdot 0{,}9}\ \text{mkg} \sim 3250\ \text{mkg}\,.$$

Das normale Moment des 60 kW Motors bezogen auf den Motor beträgt (48 1/min)

$$M = \frac{60\;30\;102}{\pi\,48} = 1240\ \text{mkg}\,,$$

Ein normaler Motor ist nicht mit $2\frac{1}{2}$fachem M_d belastbar. Man wählt einen Motor für aussetzenden Betrieb 40% ED, dies ergibt $N = \sqrt{60\,\frac{100}{40}\,100} \cong 95\ \text{kW}$, gewählt wird der nächstgrößere listenmäßige Motor, von dem angenommen sei, er sei 120 kW für 40% ED, dessen normales Drehmoment auf die Motorwelle bezogen 2480 mkg ist. Es sei zunächst die Leistung des Generators und des Motors bei Leonard[1]) und bei Zu- und Gegenschaltung[2]) errechnet. Die Zu- und Gegenschaltung ist zwar nur bei Vorhandensein eines Gleichstromnetzes vorzusehen, aber insbesondere bei Winden auf Schiffen ist die Zu- und Gegenschaltung vielfach

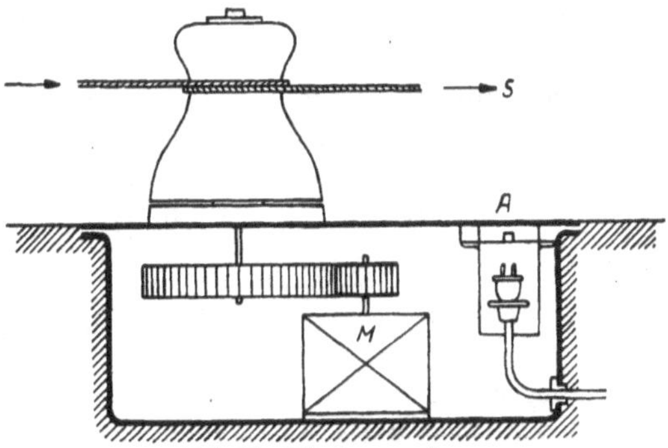

Abb. 21. Windenanordnung
A = Anlasser M = Motor S = Seil

[1]) Schaltbild s. S. 63/64.
[2]) Schaltbild s. S. 263.

sehr zweckmäßig. Sie ist deshalb an diesem Beispiel näher ausgeführt, um auch für die Zu- und Gegenschaltung ein Berechnungsbeispiel durchzuführen.

Die Leistung des Motors einer Winde oder eines Spills (Abb. 21)[1])

$$N_{\mathrm{kW}} = \frac{S v}{102\,\eta}$$

wobei S der Seilzug, v die Einzugsgeschwindigkeit ist. η ist meist niedrig, da Rangier- und Schiffswinden häufig mit Schneckenantrieben ausgerüstet sind (η liegt zwischen 0,55 bis 0,7). Die Zu- und Gegenschaltung hat gegenüber der Leonardschaltung den Vorteil, daß der Steuergenerator und der Steuermotor nur etwa ½ so groß sein müssen, wie der Hauptmotor.

Zwecks Bestimmung der Motoren sei hier angegeben das Verhältnis der Verluste, die sich schätzungsweise wie folgt ergeben (Abb. 22, 23)[2]).

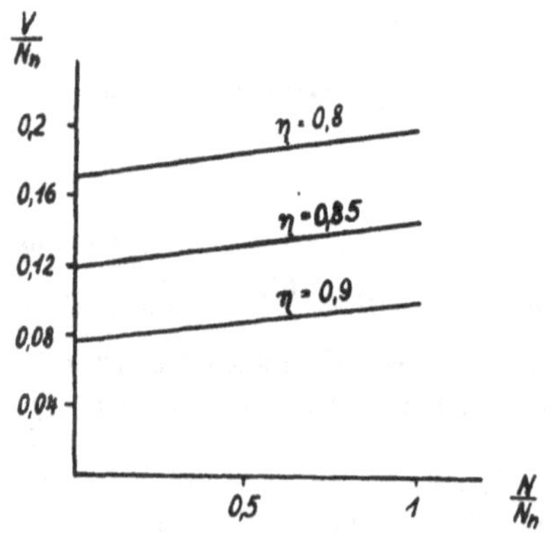

Abb. 22. Verluste eines Motors bei verschiedenen Wirkungsgraden abhängig von der tatsächlich abgesehenen Leistung zur Nennleistung

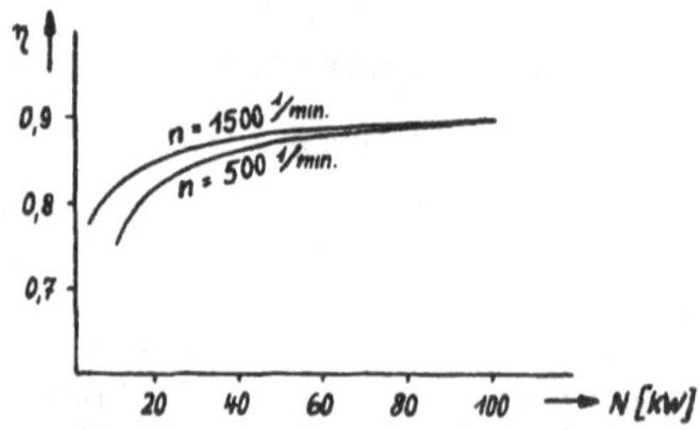

Abb. 23. Abhängigkeit des Wirkungsgrades eines Drehstrommotors von der Tourenzahl und Leistung

Abb. 22 gibt das Verhältnis der Verluste zur Nennleistung abhängig von dem Verhältnis der tatsächlichen Leistung zur Nennleistung für verschiedene Wirkungsgrade an. Für einen Motor von 120 kW betragen also bei 120 kW Belastung die Verluste $0{,}15 \cdot 120 = 18$ kW und bei 60 kW Belastung also $\frac{N}{N_n} = 0{,}5$ $0{,}135 \cdot 120 = 16$ kW. Abb. 23 gibt den Wirkungsgrad verschiedener Drehstrommotoren abhängig von der Leistung und Drehzahl an. η_v ist der Wirkungsgrad bei Vollast.

Daraus ergibt sich folgende Tabelle für die Steuerdynamomaschine und den Netzmotor bei der Leonardsteuerung.

---

[1]) Diese Zeichnung ist dem Buch Elektrotechnik und Elektromotorische Antriebe von Lehmann entnommen.

[2]) s. Richter 1950: Elektr. Maschinen S. 260.

Motor 120 kW 40% ED, Generator 150 kW 40% ED (geschätzt).

Erzfahrt								Leerfahrt							
1	2	3	4	5	6	7	8	9	10	11	12	13	14	15	
–	71	97	89	101	107	57	–	55	72	61	71	72	60	–	Aufzugsmotor
–	16	17	16	17	18	15	–	16	16	16	16	16	16	–	Verlust/η_v = 0,85
5	87	114	105	118	125	72	5	71	88	77	87	88	76	5	Generator
7	14	14	14	14	15	13	7	13	14	13	14	14	14	7	Verlust I
5	5	5	5	5	5	5	5	5	5	5	5	5	5	5	Verlust II
5	10	10	10	10	10	10	5	10	10	10	10	10	10	5	Verlust III
22	116	143	134	149	155	100	22	99	117	105	116	117	105	22	Hauptmotor

Kohlefahrt

1	2	3	4	5	6	7	8
–	33	29	27	32	33	19	–
–	15	15	14	15	15	14	–
5	48	44	41	47	48	33	5
7	13	13	13	13	13	12	7
5	5	5	5	5	5	5	5
5	10	10	10	10	10	10	5
22	76	72	69	75	76	60	22

Verlust I: Kupfer-, Eisen-, Reibungs-Bürstenübergangsverluste (Hauptmotor und Generator).

Verlust II: Erregermaschine, Feldregler (geschätzt) für den Fall der unmittelbaren Leonardsteuerung (s. S. 63).

Verlust III: Bremsmagnete, Schützspulen und sonstige Hilfsapparate (geschätzt).

Für außergewöhnliche Fälle wird der Hauptmotor und der Generator ca. 15% größer gewählt.

Leistung Generator:

$$N_{Erz} = \left[(87^2\,1{,}8 + 114^2\,10{,}2 \ldots 87^2\,7{,}7 + 76^2\,1{,}6 + 5^2\,170)\frac{1}{287{,}5}\right]^{\frac{1}{2}} = 65 \text{ kW}$$

$$N_{Kohle} = \left[(48^2\,1{,}8 + 44^2\,10{,}2 + \ldots 87^2\,7{,}7 + 76^2\,1{,}6 + 5^2\,170)\frac{1}{287{,}5}\right]^{\frac{1}{2}} = 45 \text{ kW}$$

$$N_{Gen} = \frac{D}{2}\sqrt{\frac{125 \cdot 65^2 + 120 \cdot 45^2}{245}} = 56 \text{ kW}.$$

Mit Rücksicht auf außergewöhnliche Fälle müßte ein Generator von 70 kW gewählt werden (Dauerbelastung). Dieser wäre aber der hohen Belastung nicht gewachsen[1]). Es wird ein Generator von $70^2 \frac{100}{40} = 115$ kW bei 40% ED gewählt. Die nächst größere Type in den Listen der Firmen sei mit 150 kW 40% ED angenommen. Die Leerlaufverluste des Generators entstehen auch während des Stillstandes des Aufzugsmotors, auch deshalb muß der Generator entsprechend größer gewählt werden. In gleicher Weise wird die Leistung des Hauptmotors bestimmt.

[1]) Die Stichleistung am Ende der ersten Periode ist 142 + 21 = 163 kW.

$$N_{\text{kW Erz}} = \left[(22^2\,25 + 116^2\,1{,}8 + 143^2 + \ldots 117^2\,7{,}7 + 105^2\,1{,}6 + 22^2\,25)\,\frac{1}{287{,}5}\right]^{\frac{1}{2}}$$
$$= 86 \text{ kW}$$

$$N_{\text{Kohle}} = \left[(22^2\,25 + 76^2\,1{,}8 + 72^2\,10{,}2 + \ldots 117^2\,7{,}7 + 105^2\,1{,}6 + 22^2\,25)\,\frac{1}{287{,}5}\right]^{\frac{1}{2}}$$
$$= 64 \text{ kW}$$

$$N = \sqrt{\frac{125 \cdot 86^2 + 120 \cdot 64^2}{245}} = 76 \text{ kW}.$$

Mit Rücksicht auf außergewöhnliche Fälle muß der Hauptmotor mindestens 90 kW Leistung haben. Die maximal vorkommende Leistung (Stichleistung) ergibt für den Hauptmotor 142 kW (s. oben) + 21 + 16 + 5 + 10 = 154 kW[1]), mit Rücksicht auf außergewöhnliche Fälle sei sie zu 200 kW geschätzt. Der Motor kann ein Motor für = 90 kW Dauerleistung sein, wenn die 200 kW Leistung maximal hergegeben wird. Das Normalmoment ist bei einem Motor von 730 1/min $\frac{90 \cdot 102}{\pi \frac{730}{30}} = 120$ mkg. Das maximale Moment ist $\frac{200 \cdot 102}{\pi \frac{700}{30}} = 280$ mkg, dieses Moment muß der Motor leisten. Als Drehzahl ist bei 200 kW ∼ 700 1/min vorzusehen. Der 90 kW Motor ist zu klein, da er das maximale Moment nicht hergibt. Gewählt wird die nächste Type (z. B. 115 kW) $M = 150$ mkg.

Für die Zu- und Gegenschaltung gilt folgende Berechnungsmethode. Hierfür gilt, daß die Spannung des Generators jeweils nur einen Teil aufbringen muß. Der andere Teil wird aus dem Netz entnommen. Die normale Drehzahl des Motors ist ½ so groß wie die maximale Drehzahl, aber eine Drehzahlerhöhung um 100% muß zulässig sein. Bei der Berechnung des Beispiels spielt das Schwungmoment des Motors nur eine untergeordnete Rolle, der Unterschied gegenüber dem des Aufzugsmotors bei der Leonardschaltung (Drehzahl ½ so groß) ist deshalb vernachlässigt. Es sei angenommen

$$\eta_{\text{Aufzugsm}} = 0{,}85 \qquad \eta_{\text{Generator}} = 0{,}9\,.$$

Da der Spannung des Generators die notwendige Drehzahl ± der Spannung (Drehzahl) des Aufzugsmotors entspricht, ergibt sich die Leistung des Generators $= N_{\text{Gen}} = U_{\text{Gen}}\,J$

$$U_{\text{Gen}} = a\,U_n \quad a = \frac{n_{\text{durch}}}{n_{\text{norm}}} - 1 \text{ für Zuschaltung}$$

$$a = 1 - \frac{n_{\text{durch}}}{n_{\text{norm}}} \text{ für Gegenschaltung}$$

n_{durch} = die durchschnittliche Drehzahl in einem Abschnitt

$$N_{\text{Gen}} = (N_{\text{Aufz}} + V_{\text{Aufz}})\,\frac{U_g/U_n}{\frac{U_n + U_g}{U_n}} + V_{\text{Gen}}\,.$$

---

[1]) Am Ende der ersten Periode muß der Aufzugsmotor 142 kW leisten, hierbei sind d Verluste 16 kW und der Verlust des Aufzugsmotors 21 kW.

Daraus ergibt sich folgende Tabelle:

	Erzfahrt								Leerfahrt						
	1	2	3	4	5	6	7	8	9	10	11	12	13	14	15
Aufzugsmotor	–	71	97	89	101	107	54	–	55	72	61	74	72	60	–
Verluste (Aufzug)	–	16	17	16	17	18	5	–	16	16	16	16	16	16	–
n_{max}/n_{norm}	–	1,8	1,8	1,8	2	2	2	–	2	2	2	2	2	2	–
n_{durch}/n_{norm}	–	0,5 +0,4	1,8	1,65	1,74	2	1	–	1	2	1,82	1,82	2	1	–
$U_g \max/U_n = a_{max}$	–	–1	+0,8	0,8	1	1	1	–	1	1	1	1	1	1	–
$U_g/U_n = a_{durch}$	–	0,9	0,8	0,65	0,74	1	0,5	–	0,5	1	0,82	0,82	1	0,5	–
$(N_A + V_A)\frac{U_g/U_n}{\frac{U_n + U_g}{U_n}}$	–	41	51	41	50	62	23	–	25	44	34	41	44	27	–
V_{Gen}	4	5	6	6	7	8	4	4	4	6	5	5	6	4	4
$N_{Generator}$	4	46	57	47	57	70	27	4	29	50	49	46	50	31	4
Verlust III	8	10	10	10	10	10	10	8	10	10	10	10	10	10	8
Hauptmotor	12	56	67	57	67	80	37	12	39	60	59	56	60	41	12
	Kohle (entsprechend berechnet)														
Generator	4	26	20	16	23	25	12	4							
Hauptmotor	12	36	30	26	33	35	22	12							

Daraus ergeben sich folgende Motoren:

Generator:

$$N_{Erz} \left[(4^2\, 25 + 41^2\, 1{,}8 + \ldots 31^2\, 1{,}6 + 4^2\, 25)\frac{1}{287{,}5}\right]^{\frac{1}{2}} = 34 \text{ kW}$$

$$N_{Kohle} \left[(4^2\, 25 + 26^2\, 1{,}8 + \ldots 31^2\, 1{,}6 + 4^2\, 25)\frac{1}{287{,}5}\right]^{\frac{1}{2}} = 23{,}5 \text{ kW}$$

$$N_{Generator} = \sqrt{\frac{125\; 34{,}5^2 + 120\; 27^2}{245}} = 29{,}5 \text{ kW} \sim 30 \text{ kW}$$

zu wählen wegen Sonderfällen 35 kW. Angenommen, die nächstgrößere Type sei 40 kW 100% ED, so kann diese gewählt werden, wenn der Generator maximal 70 kW hergibt. Entsprechend ergibt sich für den Hauptmotor eine Minimalleistung von 45 kW dauernd.

In gleicher Weise wie der Aufzugsmotor bestimmt ist, wäre die Bestimmung eines verlustlos regelbaren Kommutatormotors oder eines mittels Gleichrichter geregelten Gleichstromnebenschlußmotors.

Bei der Bestimmung eines mittels Widerstand geregelten Gleichstrom- oder Asynchronmotors wäre dagegen nicht von der durchschnittlichen Geschwindigkeit, sondern von der maximalen Geschwindigkeit auszugehen, da bei Drehzahlverminderung die entsprechende Leistung im Widerstand vernichtet wird, dagegen die durchschnittliche Stromstärke durch den Momentenverlauf bestimmt wird.

Es ergibt sich (aus S. 44):

$$M = \frac{D}{2} 3470 \text{ mkg}$$

$$N_{\text{kW}} = \frac{3470\ 1{,}5}{102} = 51{,}5 \text{ kW}\,.$$

Mit Rücksicht auf außergewöhnliche Fälle würde ein Motor von 65 kW dauernd gewählt werden, wenn er ein der maximalen Kraft entsprechendes Moment aufbrächte

$$M_{\text{max}}/M_{\text{norm}} = \frac{10580}{3470\,\frac{65}{51{,}5}} = 2{,}4 \text{ fach}\,.$$

Bei der Rechnung ist das Schwungmoment des Drehstrommotors bezogen auf die Welle der Trommel genau so hoch geschätzt wie das des Gleichstrommotors (das Schwungmoment des Motors spielt hier keine große Rolle). Man wählt den Motor

$$N_M = 65 \sqrt{\frac{100}{40}} \cong 106 \text{ kW } 40\% \text{ ED}$$

bzw. die nächstgrößere listenmäßige Type. Dieser leitet auch das erforderliche Maximalmoment.

Bei dieser verhältnismäßig kleinen Leistung ist der Drehstrommotor meist trotz der größeren Verluste die ökonomischste Lösung, da die Summe der Verluste in der Maschine bei der Leonardschaltung auch nicht unbedeutend sind und die Anschaffungskosten viel höher liegen. Man kann den Motor bei stark schwankenden Drehzahlen als polumschaltbaren Motor mit Schleifringanker auswählen. Dann wird man bis zur halben Drehzahl (Drehzahlverhältnis 1 : 2) die Durchschnittskraft mit der halben Geschwindigkeit multiplizieren und darüber hinaus mit der vollen. Ein solcher Motor kommt nur in Frage, wenn bei den kleinen Drehzahlen die großen Momente vorkommen.

Wird zur Drehzahlregelung eine Krämerkaskade (Abb. 24) (Gleichstromumformung) gewählt, so kann der Motor aus der durchschnittlichen Geschwindigkeit berechnet werden, denn die Kaskade arbeitet bei allen Drehzahlen mit gleicher Leistung. Die Schleifringe des Hauptmotors sind mit den Schleifringen eines Einankerumformers, der als Hintermotor einen Gleichstrommotor speist, der wiederum auf die Achse der Vordermaschine arbeitet, verbunden. Die Leistung des Hintermotors $N_2 = s\,N_1$. Man kann sie daher aus den geforderten Drehzahlen berechnen, wobei

$$s = \frac{n_s - n}{n_s}$$

n_s = synchrone Drehzahl des Motors.

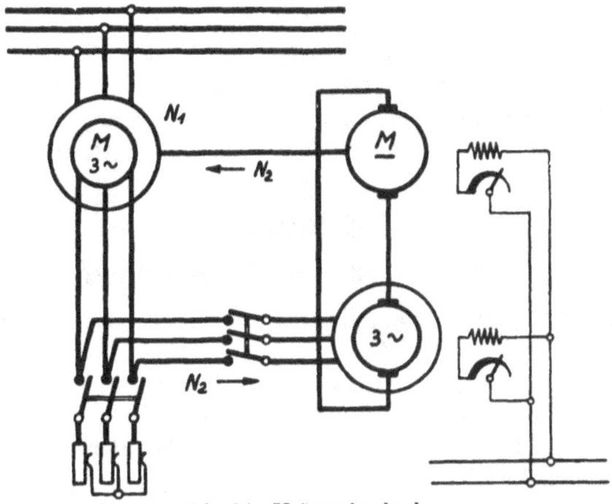

Abb. 24. Krämerkaskade

Die Spannung des Einankerumformers ist proportional der Gleichstromerregung $c\Phi n$ und im Leerlauf der Läuferspannung U_2 des Induktionsmotors ($U_2 = U_{20}\, s_0$, wobei U_{20} die Läuferstillstandsspannung und $s_0 = \frac{n \cdot n - n_0}{n_s}$ der Leerlaufschlupf ist, außerdem gilt: $N_2 \approx {}_sN_1$. N_1 ergibt sich als die verlangte Leistung aus dem Leistungsdiagramm. Die Drehzahlregelung erfolgt durch Feldregelung. Wird zur Drehzahlregelung eine Scherbiuskaskade (Abb. 25) verwandt, so muß von der maximalen Geschwindigkeit ausgegangen werden, denn die Schlupfenergie wird hier nicht in mechanische Energie verwandelt, sondern an das Netz zurückgegeben.

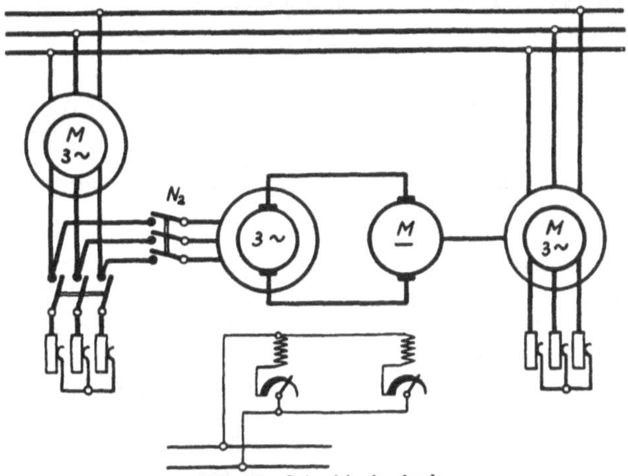

Abb. 25. Scherbiuskaskade

Der Asynchrongenerator gibt $N_2 = s\,N_1$ an das Netz ab. Anstelle des Motorgenerators und des Asynchrongenerators kann auch als Hintermaschine eine Kommutatormaschine gewählt werden, die die Schlupfleistung — erregt über einem Erregertransformator und einem Frequenzwandler — an das Netz abgibt. Die Berechnung der Motorleistung erfolgt über die Bestimmung des effektiven Momentes.

4. Beispiel

Berechnung eines Schwungrades

Man kann, um eine gleichmäßige Leistungsentnahme aus dem Netz zu erstreben, ein Schwungrad anbringen. Es ist dies zwar bei Anlagen von so geringer Leistung wie bei dem obengenannten Schrägaufzug nicht notwendig, weil die Stöße auf das Netz hier nicht so groß sind, daß sie schädlich sind. Ein solches Schwungrad (Ilgnerumformer bei Leonardaggregaten) ist im allgemeinen nur üblich bei Anlagen von mehreren hundert kW. Es ist an sich heute nicht mehr so verbreitet wie früher, da die Schwungradverluste hoch sind und die Netze größere Stöße vertragen, die hauptsächliche Anwendung ist bei schweren Fördermaschinen und Walzenzugmotoren noch gegeben.

Das Förderdiagramm eines Generators eines Leonardaggregates sei berechnet worden.

Anfahrt: Gewicht der Tot- + Nutzlast + Verlust (ausgedrückt nach kg) + Seilübergewicht (bei ausgeglichenem Seil ist dies 0, bei unausgeglichenem Seil maximal am Ende, minimal am Anfang) + Beschleunigungskraft (B).

$B = \frac{b}{g}\left(\Sigma\,\frac{GD^2}{D^2} + \Sigma\,G\right)$, hierbei b = Beschleunigung des Förderkorbes (m/sek^2) $\Sigma\,GD^2$ = Summe aller Schwungmomente bezogen auf die Trommel oder Treibscheibe, D = deren Durchmesser (m) + ΣG = Summe aller Gewichte (Seil + Nutzlast + Totlast).

Die Geschwindigkeit steigt von 0 auf v_{max}.

Konstante Fahrt:

Gewicht der Nutzlast + Totlast (Förderkorb) + Seildifferenz + Verlust.

Die Geschwindigkeit ist konstant = v_{max}.

Verzögerung: Die Berechnung ist die gleiche wie beim Anlauf, nur ist die Anfangsgeschwindigkeit v_{max}, die Endgeschwindigkeit 0. Das Verzögerungsmoment ist negativ. Die Leistungsaufnahme des Generators ist um die Verluste des Fördermotors und des Generators größer, im Leerlauf entstehen wie beim Kippkübelaufzug Leerlaufverluste. Daraus soll sich als Beispiel für eine Förderanlage ein Leistungsdiagramm für die Kohleförderung gemäß der ausgezogenen Linie (Abb. 26) ergeben, ca. 10% der Fördermenge ist anderes Material zu fördern als Kohle. Dies ist etwas schwerer und es ergibt sich dafür dann das gestrichelte Diagramm. Durch das Schwungrad soll eine gleichmäßige Leistung erzielt werden. Die Ausgleichsleistung ist daher um 10% der Differenz der beiden durchschnittlichen Förderleistungen größer als die Leistung bei Kohleförderung. Aus dem gegebenen Förderdiagramm kann man folgende Werte ablesen:

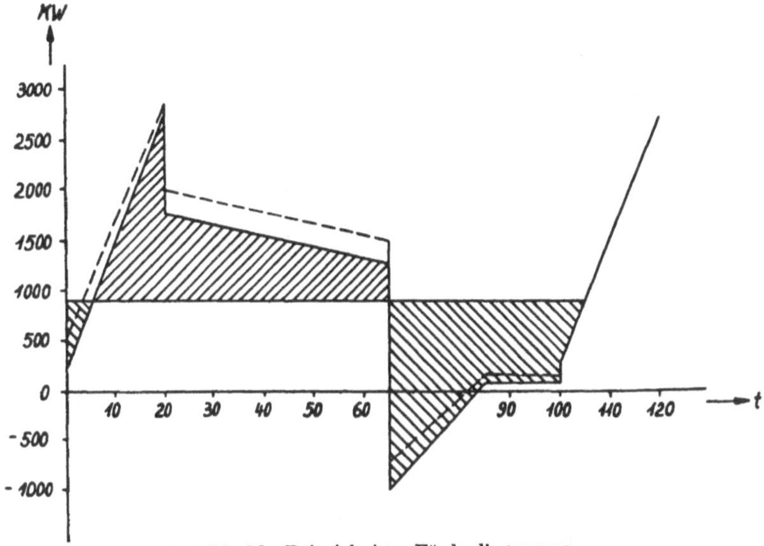

Abb. 26. Beispiel eines Förderdiagramms

Kohle: 250 20 + 1/2 (2500 · 20) + 1/2 (500 · 45) + 1250 · 45 — 500 · 19,4 + 30 19,4 + 15 · 0,6 + 30 · 15 = 88259 kWsek.

Sonstiges Material ergibt (gestrichelte Linie) 109 100 kWsek,

Die durchschnittliche Arbeit ergibt sich zu

$$\frac{9 \cdot 88\ 259 + 109100}{10} \cong 90000 \text{ kWsek}.$$

Als Umfangsgeschwindigkeit sei gewählt 150 m/sek.

Der Durchmesser $D_{Sch} = \frac{150\ 60}{\pi\ 720} = 4$ m, wenn die Drehzahl des Schwungrades mit 720/min angenommen wird. Bei weiteren 15% Schlupf sinkt die Umfangsgeschwindigkeit auf 127,5 m/sek). Die Drehzahl ist dann 610[1] /min.

Das Gewicht des Schwungringes ergibt sich zu

$$G_R = \frac{90000\ 102\ 2g}{150^2 - 127{,}5^2} = 28 \text{ t}.$$

Das Schwungradgewicht $G \approx 5/3\ G_R = 47$ t.

Die Breite des Schwungringes ergibt sich zu

$$b' = 0{,}3\,\frac{42}{16} = 0{,}90 \text{ m}$$

$$v_{\text{Durch}} = \frac{1{,}5 + 1{,}27}{2} = 1{,}38 \text{ m/sek.}$$

Luftreibungsverluste:

$$V_{Lu} = \sqrt{1{,}38^5}\; 4^2\; (1 + 5\;\, 0{,}81)\,\frac{10^{-5}}{1{,}36} \cong 11{,}8 \sim 12 \text{ kW}$$

$$\text{Zapfendurchmesser } d_{\text{cm}} = \sqrt{\frac{47000}{45}} \sim 32{,}5 \text{ cm}$$

$$n_{\text{mittel}}\ \frac{720 + 610}{2} = 667 \text{ 1/min}$$

Lagereibungsverluste:

$$v_{La} = 47\;\, 0{,}15\;\, 0{,}006\,\frac{\pi}{36}\,667 = 3 \text{ kW.}$$

Die Berechnung des Schlupfwiderstandes erfolgt auf folgende Weise:

Man zeichnet sich die Kurve des Schlupfverlustes auf Millimeterpapier und kann durch Auszählen den durchschnittlichen Schlupf bestimmen $s_{\text{Durch}} = \frac{F}{T}$ (T = Spieldauer, F = Fläche, die durch die Schlupffläche bestimmt ist). Der Maßstab wird gefunden, da in der Zeit bis zur Umkehrung der Leistungslinie des Generators über der Leistungslinie des mit Schwungrad versehenen zentralen Motors die Kurve den maximalen Schlupf erreicht hat. Es ergeben sich folgende **Werte:**

Energieabgabe bei einer durchschnittlichen Leistung von 883 kW (Kohleförderung)

14,2 sek:	A = (2750—883) 7,2	= 13300 kWsek
45 sek:	A = 45(1250 + 250 — 883)	= 27525 kWsek
		40825 kWsek

Energieaufnahme:

20 sek:	1030 20 ½ + (883—30) 20	= 27300 kWsek
15 sek:	(883—30) 15	= 12800 kWsek
5,8 sek:	2,9 250	= 725 kWsek
		40825 kWsek

40825 kWsek sind 15% Schlupf, dann ist die Schlupfkurve punktweise zu konstruieren.

Es gilt folgende Formel:

$$\frac{15}{40825} = \frac{s}{F}$$

$$s = \frac{15}{40825} F$$

sek	9	14,2	36,7	59,2	69,2	79,2	94,2	100
Schlupf	3,1	4,8	10,4	15	8,9	4,8	0,25	—

Man beachte, daß die Nullinie nach ca. 5,8 sek gemäß dem Förderdiagramm erreicht wird.

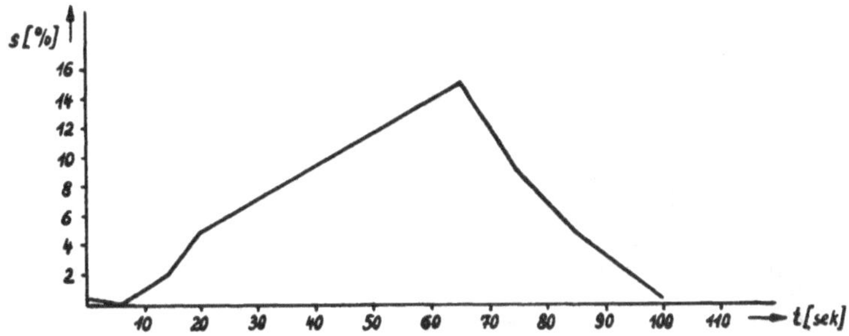

Abb. 27. Schwungradschlupf einer Förderanlage (Ilgnersteuerung)

Die Formel für den Schlupfwiderstand errechnet man wie folgt:

$$\text{nach 9 sek } s = \frac{15\ (2125 - 883)\ 4,5}{40825} = 3,1$$

$$\text{nach 14,2 sek } s = \frac{7,1\ 1867\ 15}{40825} = 4,8$$

$$\text{nach 59,2 sek } s = \frac{15\ [45\ 367 + 250\ 45]}{40825} + 4,8 = 15$$

Durch Auszählen erhält man den durchschnittlichen Schlupf, dieser ergibt sich zu 7,5%. Es wird vernichtet 7,5% der Leistung im Schlupfwiderstand. Es ergibt sich also folgende Leistung des Hauptmotors:

$$N_{\mathrm{kW}} = \left(\frac{900}{\eta} + 11,8 + 3 + \text{Nebenapparate}\right)(1 + 0,075) \text{ dauernd.}$$

Wird der Schlupf nicht durch Widerstand, sondern durch Kaskade geregelt, so fällt der Faktor 0,075 weg, dafür tritt der Wirkungsgrad der Kaskade (im Verhältnis zur Gesamtleistung) auf. Der dauernde Verlust durch das Schwungrad = 85 kW. Man sieht also, daß das Schwungrad auch große Nachteile hat.

5. Beispiel

Auswahl eines Elektromotors mit Kurzschlußanker für Walzwerks-Rollgang

Ein Arbeitsrollgang habe folgende Daten (Abb. 28):

Das Gewicht des Walzstückes bezogen auf die einzelne Rolle betrage 500 kg. Es gibt hierbei die meist vorkommende Möglichkeit, daß je Rolle ein Antrieb Verwendung findet oder die seltenere, daß ein Antrieb für mehrere Rollen dient (Vorteil: bessere Verteilung bei Hängenbleiben, Nachteil: Übertragungsglieder,

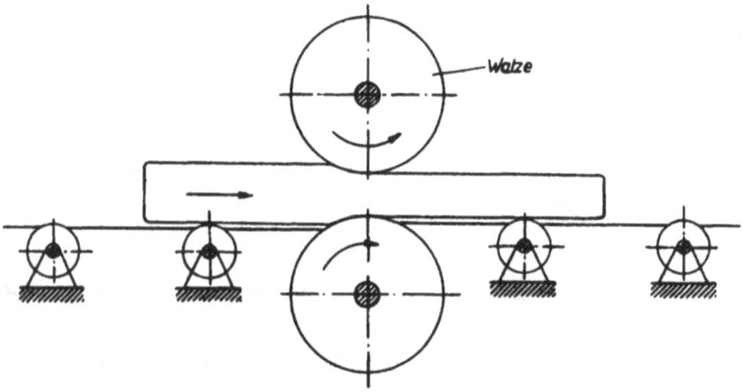

Abb. 28. Rollgänge und Walzen

die bei großer Schalthäufigkeit Schwierigkeiten bereiten). Mit Rücksicht auf die große Schalthäufigkeit und großen Anlaufdrehmomente werden für Rollgänge Spezialmotoren gewählt. Wicklungen sind mit Asbest oder Glasgewebe isoliert. Die Motoren sind flach gebaut, luftgekühlt mit vielen Kühlrippen und stark überlastbar. Sie können unmittelbar mit der Rolle verbunden werden. Die Schwungmomente sind klein. Das Schwungmoment der Rolle sei $GD^2_{\text{Rolle}} = 40\ \text{kgm}^2$. Die Drehzahl des Motors $n = 720/\text{min}$. Der Durchmesser der Rolle $d = 0{,}44$ m.

Das Walzprogramm schreibe folgende Werte vor:

Gewicht des Blockes je Rolle kg G	500	–	450	450	–	405	405	–	365	365	–	330
Relat. Ausdehnung des Blockes	1	–	1,1	1,1	–	1,25	1,25	–	1,38	1,38	–	1,52
Rechtsdrehung d. Rolle sek	4	–	–	4,4	–	–	5,0	–	–	5,4	–	–
Linksdrehung d. Rolle sek	–	1,5	4,9	–	1,5	5,5	–	1,5	5,9	5,9	1.5	6,5
Angenommener Verlust im Getriebe kg	150	–	135	135	–	121	121	–	109	109	–	99

Drehzahl der Rolle 80 1/min.

Maßgebend für die Größenbestimmung des Motors ist die Schalthäufigkeit $19 \frac{3600}{155}$.

Je Gang wird 19 mal umgeschaltet, jeder Vorgang dauert 147,1 sek. 7,9 sek ist für das Auflegen des neuen Blockes gerechnet, 430 Schaltungen pro Stunde. Infolge eventuell auftretender Fehlschaltungen muß der Motor bei Gegenstrombremsung für mindestens 600 Sch/Std. ausgelegt sein.

Überschlägige Bestimmung des Motors:

Gewählter Motor 2,5 kW.

$GD^2{}_{\mathrm{Mot}} = 0{,}5\ \mathrm{kgm}^2$.

GD^2 dreh. Massen bezogen auf die Rollen $= \left(\frac{720}{80}\right)^2 0{,}5 + 40 = 80{,}5\ \mathrm{kgm}^2$.

Die Massenkraft der sich drehenden Teile $P_1 = \frac{80{,}5}{0{,}44^2} = 420\ \mathrm{kg}$.

Die gesamte Beschleunigungskraft

$$P_2 = (420\ \mathrm{kg} + 500\ \mathrm{kg}) \frac{b}{g}\ \mathrm{kg} = 920\ b/g\ \mathrm{kg}.$$

Die Beharrungskraft $= \mu G = 0{,}2\ 500 = 100\ \mathrm{kg}$.

Daraus ergibt sich das maximal zulässige Anlaufmoment ($\eta = 0{,}75$)

$$M_a = \left(920 \frac{b}{g} + \frac{0{,}2\ 500}{\eta}\right) \frac{d}{2} = \left(920 \frac{1{,}96}{9{,}81} + 130\right) 0.22 = 70\ \mathrm{mkg}.$$

Hierin ist b mit 1,96 m/sek² die maximal zulässige Beschleunigung der Rollen. Über diesen Wert heraus würden die Rollen das Walzgut nicht mehr erfassen, es würde „rutschen".

Der Wert bestimmt sich wie folgt:

Die die Masse beschleunigende Kraft $= \frac{G}{g} b$. Diese muß so groß oder kleiner sein, wie die Reibungskraft, sonst „rutschen" die Räder. Die Reibungskraft P ist bei gleichmäßiger Verteilung $= \mu G$. Würde nur die Hälfte der Rollen angetrieben bzw. bei einem Schienenfahrzeug nur die Hälfte der Räder, so gilt für die Reibungskraft $P = \mu\ 0{,}5\ G$.

330	–	300	300	–	270	270	–	245	245	–	220	220	–	200	200	–
1,52	–	1,68	1,68	–	1,85	1,85	–	2,04	2,04	–	2,28	2,28	–	2,5	2,5	–
6,0	–	–	6,6	–	–	7,4	–	–	8,0	–	–	9,0	–	–	10	–
–	1,5	7,1	–	1,5	7,9	–	1,5	8,5	–	1,5	9,5	–	1,5	10,5	–	1,5
99	–	90	90	–	84	84	–	73	73	–	66	66	–	60	60	–

Ist die Last ungleichmäßig verteilt, so ist anstelle von G der Wert $\frac{G\,x}{x+y}$ einzusetzen, wenn nur die Hälfte der Räder angetrieben wäre. Der Hebel von den nicht angetriebenen Rädern zum Schwerpunkt $= x$, der Hebel vom Schwerpunkt ist y (Abb. 29).

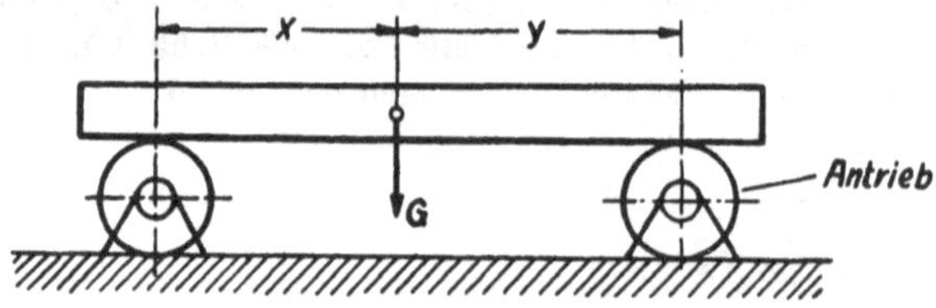

Abb. 29. Walzblock auf Rollen

Ist also $x = 0$, so rutschen die Räder bei jeder Beschleunigung, ist $y = 0$ (Fall der Rollgänge), so rutschen sie, wenn die Beschleunigung $b \geqq \mu g$; also $b \geqq$ 1,96 m/sek² bedeutet rutschen. Das Anlaufmoment muß also kleiner gewählt werden, damit Rutschen nicht eintritt, aber andererseits nicht zu klein, damit der Anlaufvorgang nicht zu lange dauert. Die maximale Anlaufleistung ist also

$$N_{a\,\max} = \frac{P_{a\max}\,v_{\max}}{102} \qquad P_a = \frac{M_a}{d}$$

$$v_{\max} = \frac{80}{60}\pi d = \frac{80}{60}4{,}4\pi = 1{,}85 \text{ m/sek}.$$

$$N_{a\,\max} = \frac{70\;1{,}85}{102}\,\frac{1}{0{,}22} = 5{,}7 \text{ kW}.$$

Der Motor wird geschätzt mit etwa der halben maximalen Leistung zu 3 kW 380 V; $J = 5{,}8\,A$. Er ist nach Momenten und Strömen nachzurechnen. Die Motorcharakteristik muß gegeben sein.

$$M_{\text{norm}} = \frac{3{,}0\;102\;30}{720\,\pi} = 4{,}0 \text{ mkg}.$$

Die Berechnung kann durch viele Stufen nach Abb. 1 erfolgen, es können dann für jede Stufe die Charakteristiken $M = f(n)$ und $n = f(t)$ aufgezeichnet werden. Es genügt aber im allgemeinen die Festlegung weniger Punkte, indem man die Mittelwerte über größere Intervalle lt. Abb. 30 durchführt.

M_m sind die Mittelwerte von M_a.

1. Leerlauf Gegenstrombremsung

$n = 730$ 1/min ($n_0 = 750$) $M_m = 1{,}2$ mkg — $n = 680$ 1/min $M_m = 4{,}4$ mkg

$\Delta t = \frac{20\;\pi\;80{,}5/9^2}{120\;g\;1{,}2} = 0{,}044$ sek — $\Delta t = 0{,}03$ sek

$n = 180$ 1/min $M_m = 4{,}7$ mkg — $n = 100$ 1/min $M_m = 4{,}2$ mkg

$\Delta t = 0{,}109$ sek — $\Delta t = 0{,}05$ sek

$$n = 380 \text{ 1/min } M_m = 6{,}1 \text{ mkg}$$

$$\Delta t = 0{,}130 \text{ sek}$$

$$\text{n} = 0 \ M_m = 4{,}2 \text{ mkg}$$

$$\Delta t = 0{,}065 \text{ sek}.$$

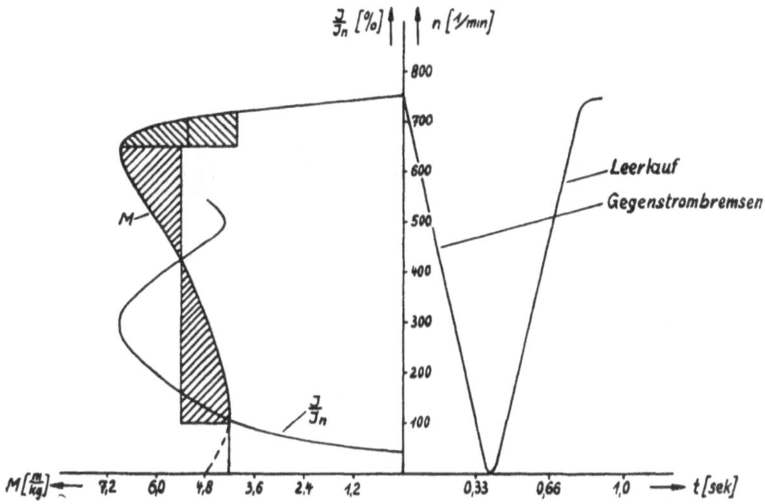

Abb. 30
Abhängigkeit der Drehzahl eines Kurzschlußanker-Rollgangmotors von der Zeit

2. Leerlauf

Anlauf erfolgt ungefähr in gleichen Zeiten wie Leerlauf Gegenstrom.

Belastungstabellen $M = M_m - M_v$ (mittleres Motoranlaufmoment-Lastmoment).

Nach Gleichung 7 ergibt sich:

$$ta = \frac{n\,\pi \sum DG^2}{4g\; 30\,(M_m - M_v)}.$$

Alle Werte bezogen auf die Rolle ergibt folgendes:

$$ta = \frac{\pi\; n/9}{120\; g}\;\frac{(80{,}5 + GD^2)}{9\,M_m - M_v}.$$

$G = 500$ kg	$n = 100$	$n = 650$	$n = 720$	$(\Delta n = 70)$	
	$(\Delta n = 100)$	$(\Delta n = 550)$		1/min	
$G + V = 650$ kg	$M_m =$	4,3	5,4	5,2	mkg
$M_v = 0{,}2 \cdot 650 \cdot 0{,}22$	$9\,M_m - M_v =$	9,25	19,25	17,5	mkg
(bezogen a. d. Rolle)					
$= 29{,}25$ mkg	$\Delta t =$	0,59	1,53	0,215	sek
$V = \frac{\pi\, n\, d}{9\ 60}$	$=$	0,25	1,68	1,84	m/sek
$b = \frac{v}{t}$	$=$	0,42	0,81	0,81	m/sek²
J_a	$=$	26	16	5,8	Amp.
$\Sigma\, GD^2 = 80{,}5 + 97{,}5$					
$= 178$ mkg²					
$G = 450$ kg	$9\,M_m - M_v =$	13	23	21,25	mkg
$G + V = 585$ kg	$\Delta t =$	0,39	1,22	0,17	sek
$M_v = 0{,}2\ 582\ 0{,}22$	$v =$	0,25	1,68	1,84	m/sek
$= 25{,}75$ mkg	$b =$	0,65	1,05	1,05	m/sek²
$\Sigma\, GD^2 = 80{,}5 + 87{,}5$					
$= 168$ kgm²					
$G = 405$ kg $M_v = 0{,}44\,526$	$9\,M_m - M_v =$	15,75	25,75	24	mkg
$G + V = 526$ kg $= 23$ mkg	$\Delta t =$	0,31	1,02	0,14	sek
$\Sigma\, GD^2 = 80{,}5 + 78{,}5 = 159$	$b =$	0,81	1,26	1,25	m/sek²
$G = 365$ kg	$9\,M_m - M_v =$	18	28	26,25	mkg
$G + V = 474$ kg	$\Delta t =$	26	0,9	0,12	sek
$M_v = 20{,}75$ mkg	$b =$	0,97	1,46	1,44	m/sek²
$\Sigma\, GD^2 = 80{,}5 + 70{,}5$					
$= 151$ kgm²					
$G = 330$ kg	$9\,M_m - M_v =$	20	30	28,25	mkg
$G + V = 429$ kg	$\Delta t =$	0,22	0,8	0,11	sek
$M_v = 18{,}75$ mkg	$b =$	1,14	1,65	1,60	m/sek²
$\Sigma\, GD^2 = 80{,}5 + 64$					
$= 144{,}5$ kgm²					
$G = 300$ kg	$9\,M_m - M_v =$	21,5	31,5	29,75	mkg
$G + V = 390$ kg	$\Delta t =$	0,20	0,74	0,10	sek
$M_v = 17{,}25$ mkg	$b =$	1,26	1,79	1,77	m/sek²
$\Sigma\, GD^2 = 80{,}5 + 59$					
$= 139{,}5$ kgm²					
$G = 270$ kg	$9\,M_m - M_v =$	23	33	31,25	mkg
$G + V = 354$ kg	$\Delta t =$	0,17	0,67	0,09	sek
$M_v = 15{,}75$ mkg	$b =$	1,49	1,98	1,98	m/sek²
$\Sigma\, GD^2 = 80{,}5 + 52{,}5$					
$= 133{,}0$ kgm²					
$G = 245$ kg	$9\,M_m - M_v =$	24,75	34,75	33	mkg
$G + V = 318$ kg	$\Delta t =$	0,157	0,61	0,08	sek
$M_v = 14$ mkg	$b =$	1,62	2,15	2,18	m/sek²
$\Sigma\, GD^2 = 80{,}5 + 47{,}5$					
$= 128$ kgm²					

Diese Beschleunigung ist zu hoch. Bei einer weiteren Steigerung dieser Beschleunigung würden die Blöcke „rutschen", es wird daher die Spannung durch einen Vorwiderstand vermindert. Die Spannungsminderung soll so bestimmt werden, daß bei der kleinsten Last je Rolle ($G = 200$ kg) zur Zeit der größten Beschleunigung (jeweils für den Fall $J_a = 5{,}8\ A$) die Blöcke nicht rutschen können, also $b \leqq 1{,}90$ m/sek². Ohne Vorwiderstand ergibt sich:

$M_v = 11{,}5$ mkg²

$9\ M_m - M_v = 27{,}25\ 37{,}25$ bzw. $35{,}5$ mkg $\sum GD^2 = 119{,}5$ kgm²,

für die verschiedenen Drehzahlen ergibt sich entsprechend vorstehender Tabelle

$\Delta t = 16{,}4$ sek, 0,53 sek, 0,07 sek, daraus

$b = 1{,}54$ m/sek², 2,36 m/sek², 2,36 m/sek².

Damit keine höhere Beschleunigung als 1,90 m/sek² erzielt wird, muß M'_m kleiner gewählt werden. Es sei geschätzt

$$M'_m = 4{,}45 \text{ mkg anstelle } 5{,}2$$
$$J_a = 5{,}8 \text{ Amp., d. h.}$$
$$M'_m/M_m = 0{,}85.$$

Die Spannungen verhalten sich wie die Wurzeln der Momente, also

$$\frac{U'_1}{U_1} = \sqrt{0{,}85} = 0{,}92,$$

d. h. also bei $J = 5{,}8$ Amp. ist der Spannungsabfall 8%, entsprechend bei 16 Amp. 22% und bei 26 Amp. 36%. Die entsprechenden Momente sind also bei Einschalten des festen Vorwiderstandes $M_m = 4{,}45$ mkg/ 3,3 mkg ($5{,}4 \times 0{,}78^2$), 1,8 ($4{,}3 \times 0{,}64^2$) mkg. Die zu wählende Schaltung zeigt Abb. 31.

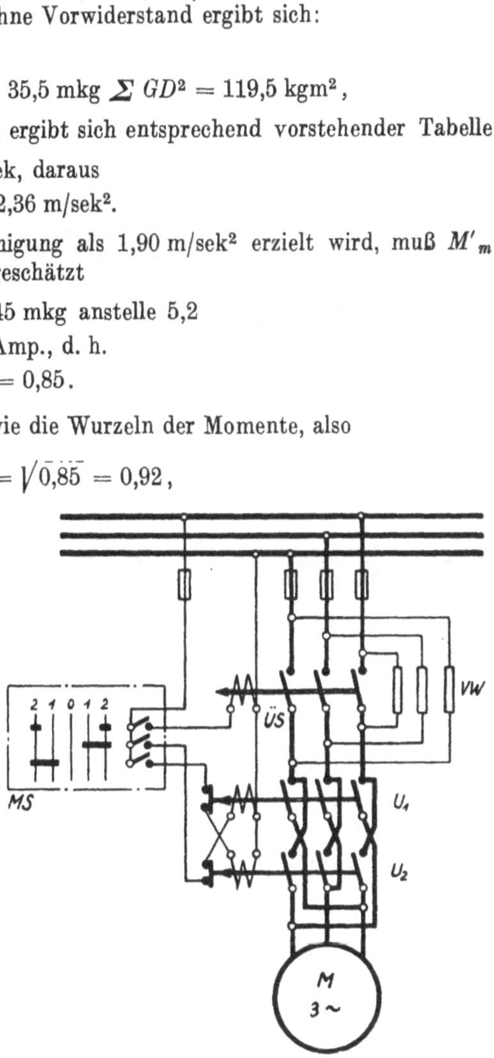

Abb. 31

Schaltbild eines Rollgangantriebes mit abschaltbarem Vorschaltwiderstand zur Verminderung des Motormomentes

MS = Meisterschalter
ÜS = Überbrückungsschütz
U_{1-2} = Wendeschütz
VW = Vorwiderstand
M = Motor

Daraus ergibt sich folgende weitere Abstufung:

$G = 220$ kg	$9\,M_m - M_v = 16{,}2$	$9\;3{,}3 - 12{,}6 = 17$	$9\;4{,}45 - 12{,}6 =$
	$-12{,}6 = 3{,}6$		$27{,}4$ mkg
$G + V = 280$ kg	$t = 1{,}06$	1,20	0,095 sek
$M_v = 12{,}6$ mkg	$b = 0{,}24$	0,67	0,79 m/sek²
$GD^2 = 80{,}5 + 42{,}5$			
$= 123$ kgm²			
$G = 200$ kg	$9\,M_m - M_v = 4{,}6$	18,1	28,5 mkg
$G + V = 260$ kg	$t = 0{,}79$	1,09	0,085 sek
$M_v = 11{,}5$ mkg	$b = 0{,}32$	0,9	0,94 m/sek²
$GD^2 = 80{,}5 + 39$			
$= 119{,}5$ mkg²			

Man wird die Widerstandseinschaltung noch einen Stich früher wählen, unter Umständen kann der Vorwiderstand etwas kleiner gewählt werden, da 0,94 m/sek² als maximale Beschleunigung zu gering sind, etwa so, daß

$$\frac{U'_1}{U} = 0{,}95 \text{ bis } 0{,}96$$

ist, dann ist b noch in den zulässigen Grenzen. Die Berechnung für b erfolgt in gleicher Weise.

2. Förderanlagen

Für Förderanlagen und Haspelantriebe kommen heute grundsätzlich drei verschiedene Steuerungsarten in Frage:

a) der Leonardantrieb,
b) der Antrieb mit normalem Asynchronmotor,
c) der Gleichstromantrieb mit Gleichrichtern.

Gefordert wird eine Steuerung für wechselnde Belastungen meist für große Leistungen (es kommen Leistungen bis zu mehreren tausend kW in Frage). Als Antrieb kommt Trommel oder Seilscheibe in Betracht. Antrieb mit Seilscheibe hat den Vorteil der geringeren Schwungmomente. Daneben gibt es noch die sogenannte Bobine. Bei dieser Bauart (hauptsächlich in Frankreich und Belgien) wird ein bandförmiges Flachseil in Lagen aufeinander gewickelt, das Produkt aus Seilgewicht und Bobinenhalbmesser bleibt während der ganzen Fahrt ungefähr konstant. Die Treibscheiben werden geschweißt (nicht mehr genietet) und aus Schmiedeeisen ausgeführt.

Die maximale Geschwindigkeit hängt von der Teufe ab, sie ist bei kleinen Teufen nicht zu hoch zu wählen, da dann der Motor infolge des Anfahr- und Abbremsweges nicht zur maximalen Geschwindigkeit kommt.

a) Leonardsteuerungen

Das $M = f(n)$-Diagramm einer Fördermaschine ist z. B. auf S. 53 dargestellt. Die unterschiedlichen Belastungen werden am häufigsten mit dem Leonardantrieb gemeistert. Früher wurden alle Leonardantriebe mit einem Schwungrad ausgestattet, heute ist es üblicher, infolge der höheren Leistungen der Zentralen, durch die ohne weiteres die hohen Leistungsspitzen abgefangen werden können, den Leonardantrieb ohne Schwungrad zu verwenden. Man unterscheidet im Prinzip zweierlei Antriebe,

αα) den unmittelbaren Leonardantrieb (Abb. 32)

αβ) den mittelbaren Leonardantrieb (Abb. 33)

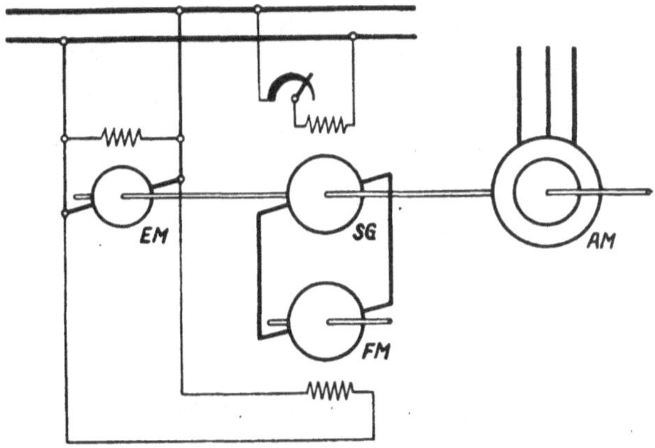

Abb. 32.
Unmittelbarer Leonardantrieb mit einer Erregermaschine

AM = Antriebsmotor
EM = Erregermaschine für Fördermotor und Steuergenerator
FM = Fördermotor
SG = Steuergenerator

Die Zweite Anordnung wird für große Maschinen gewählt, da die Erregerleistung des Steuergenerators sonst zu hoch wird, die Regler werden zu groß, da sie zu große Kontakte haben.

Leistungsbeispiel	Schaltung a kw	Schaltung b kw
Fördermotor *FM*	~ 200	~ 1000
Steuergenerator *SG*	~ 235	~ 1100
1. Erregermaschine EM_1	~ 7	~ 11
2. Erregermaschine EM_2	–	~ 12
Grunderregermaschine *EM*	–	~ 3
Antriebsmotor für Erregermaschine *AM*	–	~ 27
Antriebsmotor *AM* bzw. *DV*	~ 270	~ 1250

Die Schaltung und Auslegung des Regelwiderstandes für eine Leonardsteuerung erfolgt nach der Potentiometerschaltung (vgl. Kussy: Elektrische Niederspannungsschaltgeräte S. 120).

Allgemein gilt folgende Formel:

$$J_s = \frac{U\,(R - R_v)}{R_v\,R - R_v^2 + R_{sw}\,R}$$

$$J = \frac{(R - R_v + R_{sw})\,U}{R\,R_v - R_v^2 + R\,R_{sw}} \quad J_p + J_s = J\,.$$

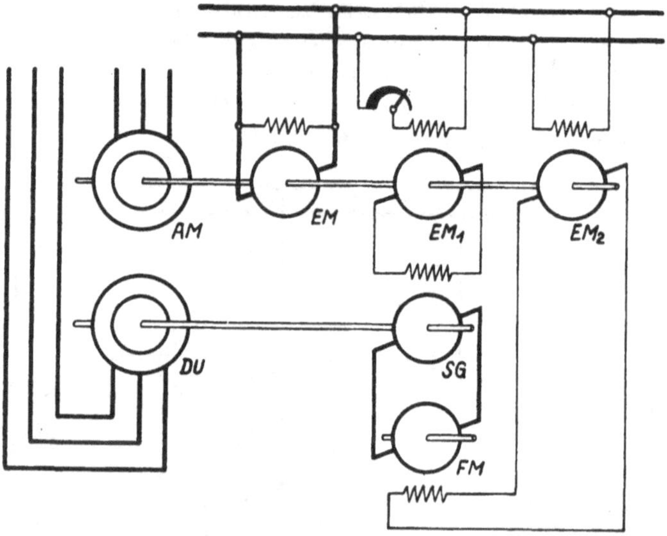

Abb. 33. Mittelbarer Leonardantrieb mit zwei Erregermaschinen

AM = Antriebsmotor für Erregermaschinen
DU = Drehstromumformermotor
EM = Grunderregermaschine für die Erregermaschinen 1 und 2 mit Eigenerregung
EM_1 = Erregermaschine für Steuergenerator
EM_2 = Erregermaschine für Fördermotor
FM = Fördermotor
SG = Steuergenerator

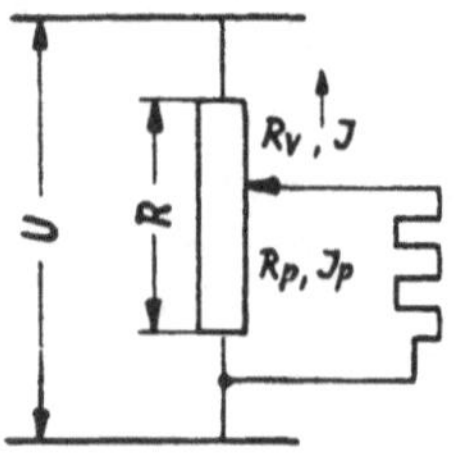

R_v = Vorgeschalteter Widerstand (Ω) *)
R_p = Parallelgeschalteter Widerstand (Ω)
R_s = Feldwiderstand (Ω)
J_s = Feldstrom (Amp.) **)
J_w, J_k = Reglerstrom (Amp.) ***) warme bzw. kalte Spule
R_{sw} = Feldwiderstand bei warmer Wicklung (Ω)
R_{sk} = Feldwiderstand bei kalter Spule (Ω)

Abb. 34. Potentiometerschaltung eines Feldreglers

*) r_v = vorgeschalteter Widerstand (% von $R = 4\,R_{sk}$)
**) i = Feldstrom in % vom Feldstrom, wenn nur die warme Feldwicklung bei Nennspannung eingeschaltet ist.
***) J_w, J_k = Strom, der für die Berechnung der Feldreglerstufe zugrunde gelegt ist
J = Reglerstrom in % vom maximalen Feldstrom

Man wählt im allgemeinen $\frac{R}{R_{sk}} \cong 4$. Unter Zugrundelegung der obigen Gleichung sei eine Kurve (Abb. 35) aufgezeichnet, aus der man die nötigen Daten entnehmen kann. Bei so großem Regelbereich ist es von großem Vorteil, wenn man die Leerlauf- und Vollastcharakteristik kennt, um für jeden Erregerstrom die zugehörige Spannung der Maschine bzw. die Drehzahl des Motors festlegen zu können. An einem Beispiel sei die Berechnung klargemacht.

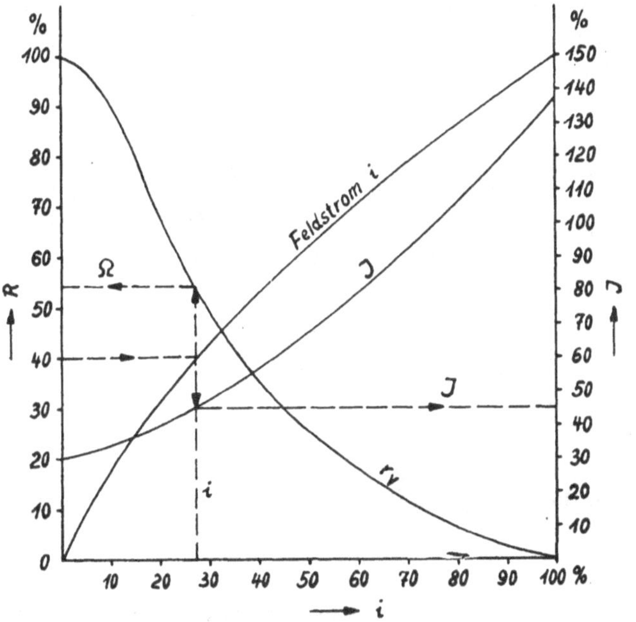

Abb. 35. Feldstrom, Vorwiderstand, Reglerstrom, Reglerwiderstand eines Feldreglers in Potentiometerschaltung, dessen Gesamtwiderstand viermal so groß ist, wie der kalte Erregerwiderstand

Ein Regler mit einer minimalen Erregerstromstärke von $J_{err} = 0{,}12$ Amp. und einer maximalen Erregerstromstärke von 5,5 A habe 150 Stufen, er soll an 220 Volt Spannung gelegt werden. Danach ergibt sich

$$R_{sw} = \frac{220}{5{,}5} = 40\,\Omega$$

$$R_{sk} = 34\,\Omega\,.$$

Somit ergibt sich ein Gesamtwiderstand von $4\,R_{sk} = 136\,\Omega$. Man stellt jetzt eine Tabelle auf, teilt zunächst den Erregerstrom $J_{err\,w}$ bei warmer Erregerwicklung und R_v in Prozenten auf und berechnet J_w (Strom in R_v bei warmer Spule) und

J_k (Strom in R_v bei kalter Spule). Man prüft auch nach, ob nicht J_p bei großem Ohmwert von R_p größer ist als J_w bei großem Wert von R_v. Bei der Dimensionierung des Widerstandes muß jedenfalls dafür Sorge getragen werden, daß die höchste an dem betreffenden Widerstand vorkommende Stromstärke noch dauernd (bei dauernder Einschaltung der Maschine) ausgehalten werden kann. Man bestimmt dann ebenfalls noch $J_{err\,k}$. Der Widerstand muß so groß gewählt werden, daß er den gesamten Bereich sowohl bei kalter als auch bei warmer Erregerspule umfaßt. Die folgende Tabelle zeigt das Ergebnis und gibt in der letzten Spalte die in der Widerstandsstufe (R_{Diff}) auftretende Stromstärke an. Die Werte in der Tabelle gelten für die Klemmen 1, 11, 21 usw.

Klemme	Stufe	J_{sk} A	J_{sw} A	i_s %	r_v %	R_v Ω	R_{Diff} Ω	R_p Ω	J_w A	J_k A	J_p A	R_{St} Ω	J_{gew}
1– 11	10	0,12	0,1	1,8	98	133	15,5	3	1,6	1,7		1,55	2
11– 21	10	0,71	0,64	11,6	87	115,5	30	8,5	2,1	2,2		3,0	2,2
21– 31	10	1,29	1,18	21,5	69	87,5	22	48,5	2,2	2,5	klein	2,2	2,5
31– 41	10	1,85	1,72	31,5	48	65,5	19,1	70,5	2,4	2,5		1,9	2,5
41– 51	10	2,42	2,26	40,4	34	46,4	13,4	89,6	3	3,1		1,3	3,1
51– 61	10	3	2,8	51	24	33	7,6	103	5,8	4	1,0	0,76	4
61– 71	10	3,6	3,34	58,8	19	26	11	110,6	4,4	4,7	1,1	1,10	4,7
71– 81	10	4,3	3,89	70,6	11	15	6,8	121,8	5,1	5,4	1,2	0,68	5,4
81– 91	10	5	4,43	79,4	6	8,2	4,1	127,8	6,0	6,3	1,52	0,41	6,5
91–101	10	5,3	4,97	90,2	3	4,1	4,1	132,9	7	7,3	2	0,41	7,3
R_{sw}		5,9	5,5	100	—	0	—						

(R_{st} = Widerstand je Stufe).

Hat man J_{errw} (im Anfang gilt J_{errk}), so kann zu jedem Belastungsstrom die zugehörige Spannung in jeder Stufe des Generators berechnet werden. Dabei ist es üblich, bei vielstufigen Reglern den Widerstand in gleicher Gruppe (etwa je 5 bis 10 Stufen = 1 Gruppe) von gleichen Stromsprüngen bei warmer Erregerspule einzuteilen und jede Gruppe in Stufen gleicher Ohmzahl.

Gehört z. B. die obige Erregerwicklung zu einem Generator von 60 kW, so hat er bei 5,5 A Erregerstromstärke bei Vollast, z. B. 220 Volt und bei Leerlauf etwa 236 Volt Spannung, entsprechend ist die $M = f\,(n)$ Kennlinie, wobei die $J = kM$ Charakteristik des Fördermotors festzulegen ist, d. h. für $J_{err} = 5{,}5$ A ist $n/n_n = 1$ für $J = J_n$ und für $J = 0$ $n/n_n = \frac{236}{220} = 1{,}07$. Auf diese Weise ist für jede Erregerstromstärke die Drehzahlcharakteristik (Gerade) festzulegen.

Bei dem mittelbaren Leonardantrieb ist grundsätzlich in gleicher Weise zu verfahren. Die Erregerströme sind etwa 15 bis 20% der Werte für unmittelbare Leonardsteuerung. Für einen bestimmten Wert des Erregerstromes der ersten Erregermaschine ergibt sich ein bestimmter Erregerstrom des Steuergenerators, der je nach der Belastung schwach geneigte Gerade als $M = f(n)$-Charakteristiken hat, die in gleicher Weise wie für die unmittelbare Leonardsteuerung errechnet sind. Ist die Leerlauf- und Vollastcharakteristik des Generators nicht gegeben, so muß man sie schätzen, um eine angenäherte $M = f(n)$Kennlinie darstellen zu können. Abb. 36 zeigt eine geschätzte Leerlauf- und Vollastcharakteristik.

Im allgemeinen ist der Generator bei Fördermaschinen fremderregt, da die Geschwindigkeit bei einer bestimmten Steuerhebellage ziemlich unabhängig von der Belastung sein soll. Die Kennlinien für den Fördermotor haben also folgendes Aussehen:

z. B. $J_{err}/J_n = 1 \quad (J_n = 5{,}5\ \text{A})$
$M/M_n = 1 \quad n/n_n = 1$
$M/M_n = 0 \quad n/n_n = 1{,}07$
Klemme $= 51 \quad J_{err}/J_n = 0{,}51 \quad (J_{err} = 2{,}6\ \text{A})$
$M/M_n = 1 \quad n/n_n = 0{,}78$
$M/M_n = 0 \quad n/n_n = 0{,}85$.

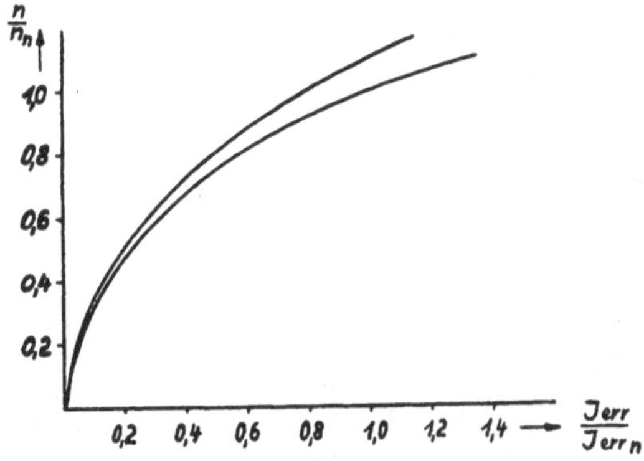

Abb. 36.
Geschätzte Leerlauf (obere Kurve) und Vollast (untere Kurve) -Charakteristik eines Generators
$Jerr$ = Erregerstrom. $Jerr_n$ = Normaler Erregerstrom. n_n = Nenndrehzahl. n = Drehzahl

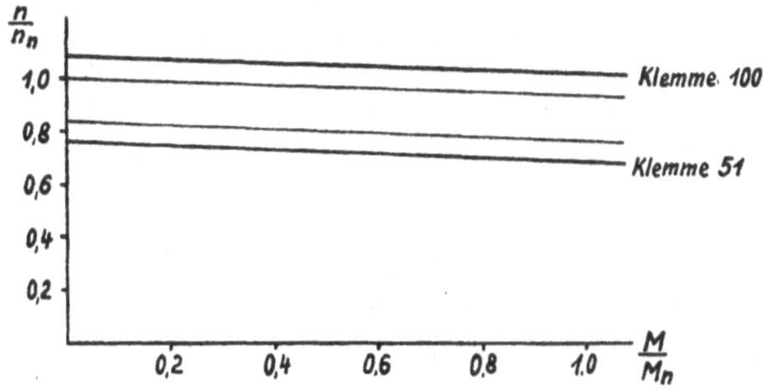

Abb. 37.
Drehzahl-Drehmomentencharakteristik eines Fördermotors bei verschiedenen Reglerstellungen

Die Regler sind für Fördermotore vielstufig, da eine feine Geschwindigkeitsregulierung zweckmäßig ist, für Maschinen bis 200 kW wählt man ca. 50 Stufen, darüber hinaus 100 Stufen und bei sehr großen Maschinen auch mehr Stufen. Derartige Regler werden nur als Flachbahnregler ausgeführt. Da sie als Umkehrregler ausgeführt werden, sind die Regler bei großen unmittelbaren Steuerungen sehr groß, wenn die Feldstromstärke hoch ist. Der Generator darf in der Nullstellung absolut keine Spannung geben, damit der Fördermotor sicher in der Nullstellung zum Stehen kommt. Der remanente Magnetismus in der Nullstellung kann eine geringe Bewegung hervorrufen. Dieser remanente Magnetismus wird dadurch vernichtet, daß man die Erregerwicklung in der Nullstellung umpolt. Durch den vom Generator entstehenden Strom vernichtet der remanente Magnetismus sich selbst, da die Erregerwicklung vom umgekehrten Strom durchflossen wird (Selbstmordschaltung) (Abb. 38).

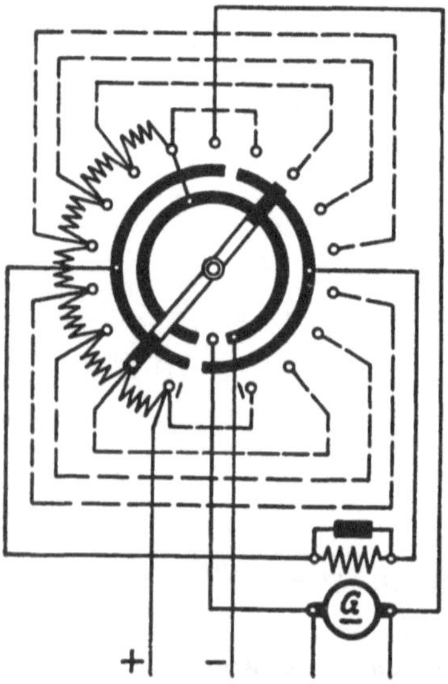

Abb. 38
Regler einer Leonardsteuerung mit Selbstmord- und Potentiometerschaltung

Man beachte hierbei, daß in der Nullstellung nicht der remanente Magnetismus durch den Generatorstrom verstärkt wird. Dies kann ein Durchgehen des leerlaufenden Fördermotors bei der Ausprobe bzw. ein unbeabsichtigtes Leerlaufen zur Folge haben, was durch Wahl der richtigen Schaltung (Vertauschen zweier Leitungen) verhindert werden kann.

Bei selbsttätigen Förderanlagen, bei denen der Bedienende nicht die Steuerhebel und damit den Regler bedient und die Geschwindigkeitsdifferenzen, die als Folge des belastungsabhängigen Spannungsabfalls im Anker ausgleichen kann, werden besondere Genauigkeitsschaltungen angewandt, durch die in jeder Stellung des Reglers unabhängig von der Belastung gleiche Geschwindigkeit herrscht, d. h. die Kennlinien sind Gerade, die parallel zur M-Achse verlaufen. Dies kann dadurch geschehen, daß ein Teil des Steuergeneratorstromes zur Erregung eines besonderen Generators benutzt wird, der wieder eine zweite Wicklung des Steuergenerators speist, so daß diese zweite Wicklung den Spannungsabfall bei hohem Steuergeneratorstrom kompensiert (AEG) (Abb. 39).

Anstelle des Hilfsgenerators kann auch die Erregermaschine, die zur Erregung des Steuergenerators bei mittelbarer Leonardsteuerung dient, durch Widerstände verändert werden. Die Widerstände werden durch einen Magneten eingeschaltet, der keinen geschlossenen Eisenkern hat und dessen Kern in die Spule gezogen wird, wobei der Magnetweg abhängig von der Größe des Ankerstromes (oder besser eines Teiles desselben) ist. Dabei werden die Kontakte bedient. Je höher der Ankerstrom, desto höher die Erregerspannung.

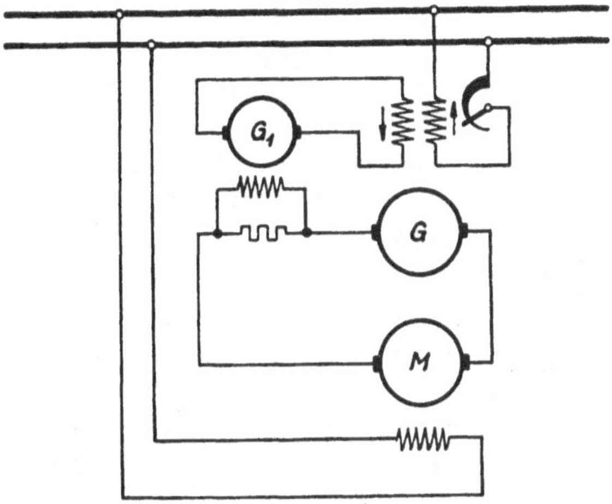

Abb. 39. Leonardsteuerung mit Kompensation des Belastungsstromes
G = Steuergenerator, G_1 = Hilfsgenerator, M = Fördermotor

In den letzten Jahren ist besonders in USA die Regeltechnik für große Maschinen auch auf dem Gebiet der selbsttätigen Förderanlagen stark verbessert worden. Die Ursache liegt darin, daß die normale selbsttätige Regelung zu langsam wirkt, d. h. es muß erst ein verhältnismäßig erheblicher Drehzahlabfall durch den Belastungsstrom eintreten ehe die Kompoundierung wirksam wird. Wollte man durch eine starke Kompoundierung mit geringer Erregerzeitkonstante (L/R klein, d. h. R ist groß gewählt) diesem Übel abhelfen, dann treten Stabilitätsschwierigkeiten auf. Steigt nämlich die Drehzahl eines Motors mit dem Drehmoment stark an, so kann bei unverändertem Widerstandsmoment (Belastung) das Gleichgewicht labil werden. Bei schwach steigender Drehzahl-Drehmomentencharakteristik steigt zunächst der Strom durch die höhere Belastung, es fällt damit die Drehzahl des Motors (bzw. die Spannung des Generators bei der Leonardschaltung), dadurch wird das Feld des Generators gestärkt und erst dann steigt die Drehzahl wieder. Bei stark steigender Charakteristik geht der Vorgang so schnell vor sich, daß die Drehzahl gar nicht erst abfallen kann, vielmehr steigt die Drehzahl mit steigendem Überschußmoment (Motormoment — Widerstandsmoment) sofort an, damit wird der Vorgang unstabil. Zumindest besteht bei starker Kompoundierung des Leonardgenerators die Gefahr von Drehzahlschwingungen, was

z. B. zu unerwünschten Seilrutsch führen kann. Aus diesem Grunde kann eine Schaltung nach Abb. 39 nicht völlig selbsttätig arbeiten.

Man muß daher Verstärkerschaltungen anwenden, bei denen mit geringen Steuerleistungen gearbeitet werden kann und bei denen schon kleinste Drehzahlschwankungen genügen, um die Generatorspannung zu erhöhen, während Drehzahlschwingungen nicht auftreten.

Westinghouse hat hierfür das Rotrolsystem entwickelt. Durch den Generatorstrom wird eine Wicklung B des Rototrols erregt. Diese Wicklung bezeichnet man als Istwertwicklung (vgl. Abb. 40).

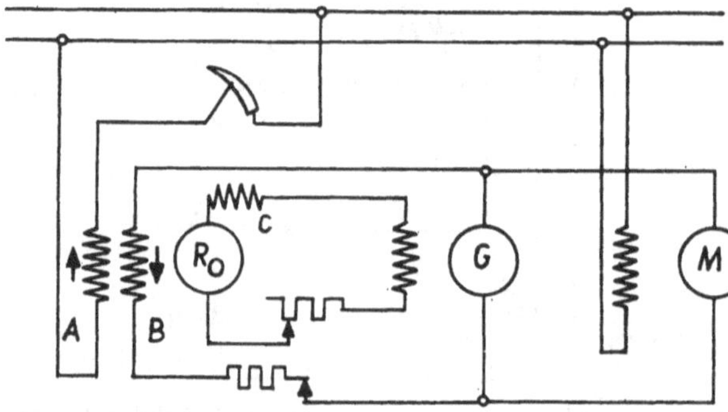

Abb. 40 Verstärkermaschine (Rototrolsystem) zwecks Konstanthaltung der Drehzahl
R_O = Rotrol

Bei jeder Regelschaltung wird der Istwert mit einem Sollwert verglichen. Hier handelt es sich um den Istwert der Generatorspannung und um ihren Sollwert, der mittels des Reglers an der Wicklung A eingestellt wird[1]). Die Rototrolmaschine hat eine Hauptstromerregung J, und arbeitet bei verhältnismäßig geringer Induktion, also noch im geradlinigen Teil der Sättigungskurve, es wird bei ihr ein Spezialeisen von geringer Remanenz und geringen Hysteresisverlusten gewählt. Die rJ-Spannung ist im Vektordiagramm (Abb. 41) eine Grade, sie ist die Spannungsvernichtung im Ankerkreis der Rototrolmaschine. (r ist der Widerstand im Ankerkreis des Rototrol.) Diese soll am Arbeitspunkte höchstens 5% von dem geradlinigen Teil der Sättigungskurve abweichen. Die EMK, herrührend von den Erregerwicklungen A, B, C müssen gerade so groß sein wie rJ. Deckt sich die rJ-Gerade mit der Sättigungskurve, so heben sich die Istwert- und Sollwerterregung auf. Fällt infolge Stromentnahme am Generator G die Erregung B, so überwiegt

[1]) Kübler, Konstantstrom-Verstärker- und Regelmasch. für Gleichstrom ETZ 1951 S. 623. Standard Handbook for El. Eng. 1949 Sec. 177 – Gen. El. Rev. Apr. 1953. – Gleichstromverstärkermaschinen und Gleichstromregelmaschinen von Kübler ETZ 1952 S. 209.

die Erregung von A, dadurch muß die Erregung von C solange steigen, bis die Erregungen herrührend von den Wicklungen A und B sich wieder gegeneinander aufheben. Dann herrscht wieder Gleichgewicht. Stimmt die Widerstandsgerade nicht vollständig mit der Sättigungskurve überein, so muß die Sollwertwicklung (bzw. die Istwertwicklung) noch die kleine Differenz decken. Im Ankerkreis des Rototrols befindet sich noch ein kleiner Justierwiderstand, mit dem die Deckung der rJ-Geraden und der Sättigungskurve eingestellt wird.

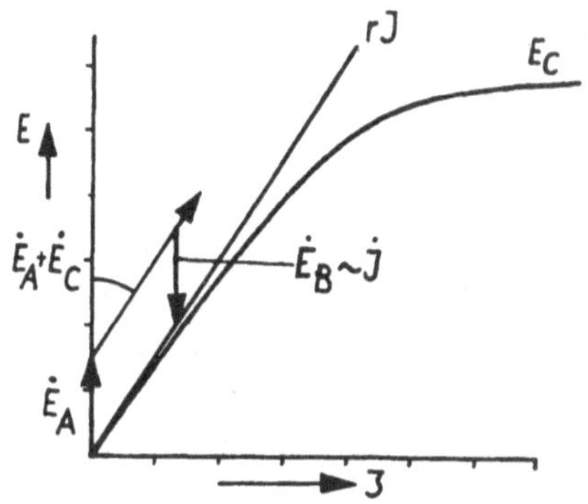

Abb. 41. Vektordiagramm und Verlauf der EMK in den Erregerwicklungen A, B, C

Eine andere Fördermaschinenschaltung für selbsttätige Regelung bei Leonardaggregaten erfolgt mittels der Amplidyne[1]), die von der General Electric angewandt wird. Bei dieser Anordnung wird mit dem Fördermotor ein Tachometerdynamo gekuppelt, dessen Spannung Istwert der Amplidyne ist oder aber ebenso wie bei der Rototrolmaschine dient die Generatorspannung als Istwert. Ebenso wie beim Rototrol wird durch eine mittels Regulator einzustellende Wicklung der Sollwert erzeugt. Die Differenz der beiden Erregungen dient zur Erregung der Amplidyne. Die Amplidyne verstärkt diese Wirkung und bringt damit den Generator auf die volle Spannung. Die Wirkung der Amplidyne zeigt die Abb. 42.

Die Amplidyne ist eine Gleichstrommaschine mit einem kurzgeschlossenen Bürstenpaar, während das andere Bürstenpaar den Nutzkreis (in diesem Fall die Erregerwicklung des Leonardgenerators) bildet. Der Differenz der Erregungen $W_s - W_J$ ist der Fluß Φ_q proportional und diesem wieder die im Kurzschlußkreis entstehende Spannung, und damit der in ihm entstehende Strom, der das Ankerfeld Φ_i erzeugt. Das Ankerfeld hat im Nutzkreis eine Spannung U zur Folge nebst dem Erregerstrom i. Ist die Grunderregung 1 und ist die Leistung im Kurzschlußkreis 100, so wird im Nutzkreis die Leistung 10000 abgegeben, die Verstärkung ist also 1:10000. Ferner ist bei der Anordnung eine Kompensationswicklung W_k nebst einem Justierwiderstand nötig, die verhindern soll, daß der Strom i im Nutzkreis die Grunderregung aufhebt, sie muß das Ankerfeld Φ_q genau kompensieren. Die Schaltung der Wendelpolwicklungen ist ebenfalls mitangegeben. Um Drehzahlschwingungen zu vermeiden wird noch ein Stabilisierungstransformator T angebracht, der jede Abweichung der Spannung sofort auf die Grunderregung über-

[1]) Steuerung und Regelung der Motordrehzahl von Leonard ETZ S. 227 1952, Kübler, Konstantstrom-Verstärker und Regelmaschinen für Gleichstrom ETZ 1951, S. 623; Oberdorfer, Lexikon der Elektrotechnik, 1951, Renker, Die Amplidyne VDE Fachberichte 1950, Standard Handbook 1949 Sec 17 179.

trägt, da diese sich ja nur als eine Schwingung bemerkbar machen kann, so daß die Erregung $W_S - W_J - W_T$ ist.

Durch die Amplidyne wird eine Verstärkung bis 250000:1 erhalten, bei Rototrol kann durch Verwendung von 2 Verstärkerstufen eine Gesamtverstärkung von 1500000:1 erzielt werden, Verstärkungen von 10000:1 genügen im allgemeinen bei Transportanlagen, die Regelung ist infolge der kleinen Zeitkonstante meist in einer 1/20 bis etwa 1/4 sek je nach Konstruktion erfolgt, oftmals noch schneller.

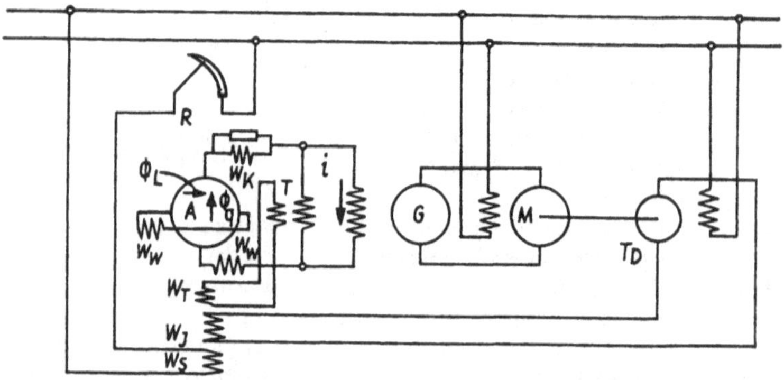

Abb. 42. Verstärkermaschine (Amplidyne) zwecks Konstanthaltung der Drehzahl

TD	Tachometerdynamo	*R*	Einstellwiderstand
W_S	Sollwertwicklung	W_W	Wendepolwicklung
A	Amplidyne	*T*	Stabilisierungstransformator
W_k	Kompensationsw.		
W_J	Istwertwicklung		

Eine weitere Möglichkeit einer schnell wirksamen Drehzahlregelung erfolgt mittels des magnetischen Verstärkers[1]). Das Wesen beruht darin, daß eine Drosselspule infolge der Magnetisierungskurve je nach der Vormagnetisierung eine verschiedene Induktivität hat, es gilt nach Abb. 43 die Formel

$$U = w\frac{d\Phi}{dt} = w\frac{d(FB)}{di}\cdot\frac{di}{dt} = w^2\frac{F}{l}\frac{dB}{dH}\frac{di}{dt} = \text{konst.}\frac{dB}{dH}\cdot\frac{di}{dt},$$

woraus folgt:

$$L = \text{konst.}\, dB/dH.$$

---

[1]) Anwendung der magnetischen Verstärker in der Regeltechnik E. und M. S. 255 Jahrg. 69 von Walter Schilling, Grundlagen einer Theorie des mag. Verstärkers ETZ, 1950 S. 7, Krämer, Magnetische Verstärker S. 210, Standardized magamps von Roberts, Westinghouse Engineer Nov. 1952, papermill control von Fischer, Westinghouse Eng. März 1953; El. Engineering 1953 S. 583 The magnetic amplifier, Gen. El. Rev. 1953. The magnetic ampl. 1953 S. 22 von London, El. Engin. S. 690 Finzi and Pittman methods of magn. ampl. anal. 1953.

Man wählt als Kernmaterial ein Material aus, das eine Magnetisierungskurve nach Abb. 44 hat (Mumetall oder z. B. Permanorm 5000 Z.) Ohne Gleichstromvormagnetisierung wird in der Drossel nur ein Wechselfluß erzeugt, der Magneti-

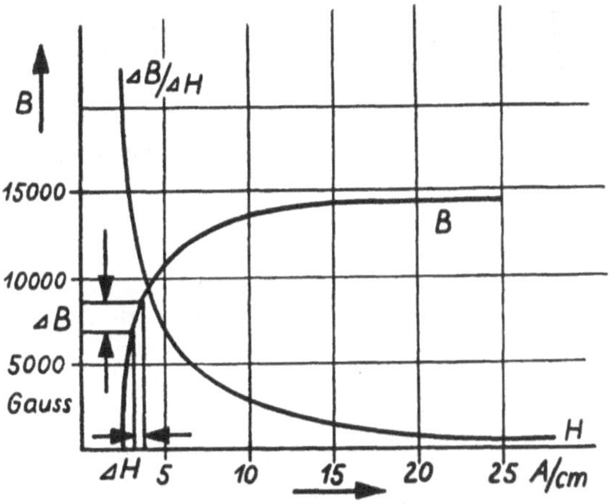

Abb. 43. Abhängigkeit der Induktion und der Selbstinduktion ($\Delta B/\Delta H$ konst.) von der Durchflutung

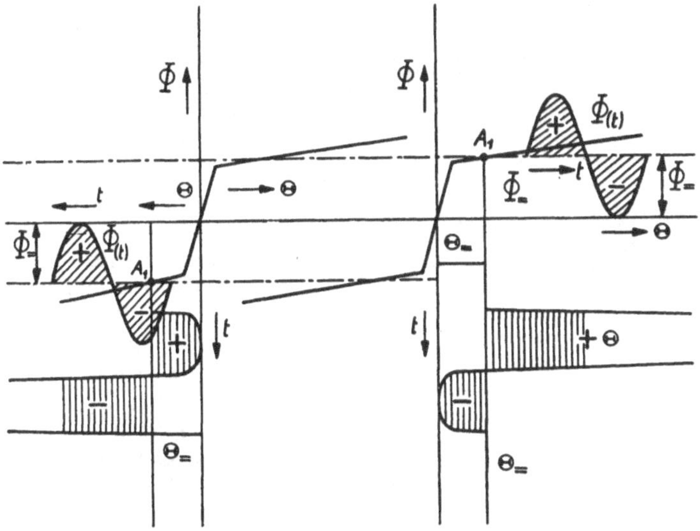

Abb. 44. Magnetisierungskurve aus Hypernik V, Mumetall oder Permanorm und Darstellung der Abhängigkeit der Erregung vom Fluß bei einer mit Gleichstrom vormagnetisierten Drossel aus solchem Material

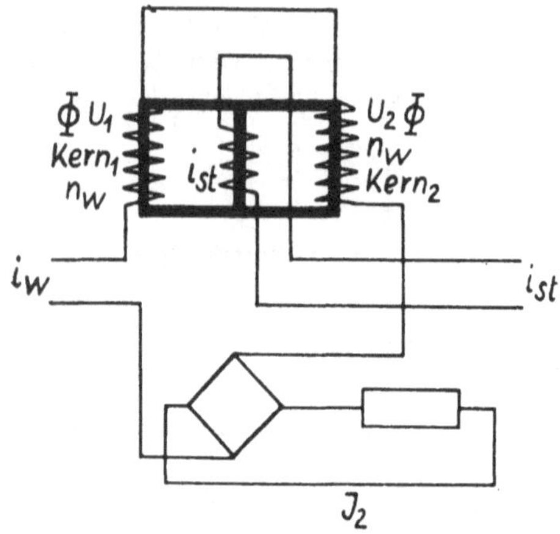

b. 45 a. Verstärkerschaltung
allgemeine Anordnung)

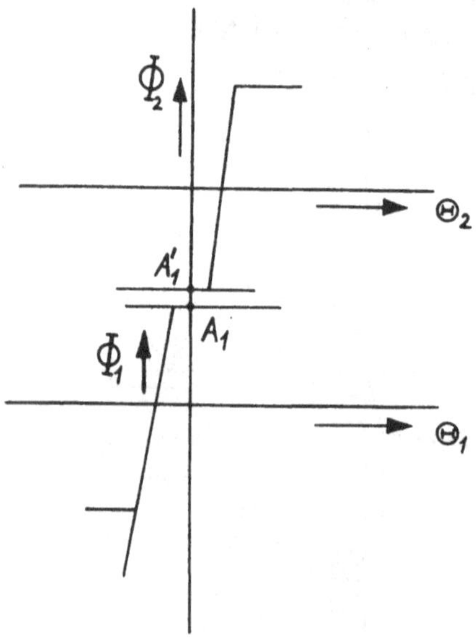

Abb. 45 b.
Abhängigkeit des Flusses von der Erregung
bei 2 Drosseln in Verstärkerschaltung

sierungsstrom ist klein. Mit Gleichstromvormagnetisierung verläuft der positive Fluß nur im Sättigungsgebiet, der Magnetisierungsstrom ist also sehr groß, der negative Fluß liegt dagegen im Gebiet großer Permeabilität und die Amplitude des Magnetisierungsstromes ist hier stets kleiner als der Gleichstrom.

Der Verstärker besteht nun aus zwei solchen Drosseln, die so miteinander arbeiten, daß der Magnetisierungsstrom sowohl während der negativen als auch während der positiven Halbwelle nie größer ist, als der Gleichstrom. Dadurch wird erreicht, daß der Strom in den Wechselstromwicklungen durch Änderung der Vormagnetisierung variiert werden kann.

Die beiden Drosseln werden vereinigt nach Abb. 45 und arbeiten in der Weise, daß die Arbeitspunkte beider Drosseln zusammenfallen. Je nach der Größe der Vormagnetisierung ergeben sich jetzt verschiedene Verstärkungscharakteristiken (vgl. Abb. 46), d. h. der Arbeitspunkt A_1 wird verändert. Die Charakteristik wird erreicht dadurch, daß die Kerne mit Wechselstromwicklungen in entgegengesetztem Sinn gewickelt sind, während die Gleichstromwicklung beide Kerne in gleichem Wickelsinn umgibt.

Die Verstärkerwirkung wird nun vervielfacht, wenn man den gleichgerichteten Wechselstrom I_2 über die Gleichstromwicklung leitet und eine dritte Gleichstromsteuerwicklung einführt. Einfacher wird die gleiche Wirkung erzielt, wenn man die sogenannte Selbstsättigungsschaltung anwendet, bei der Gleich- und Wechselstrom in einer gemeinsamen Wicklung als Halbwellenstrom fließen, hierdurch wird die Rückkopplungswicklung mit der Wechselstromwicklung vereinigt und nur die Steuerwicklung ist noch nötig (vgl. Abb. 47). Hierbei wird das Feld zunächst ausgebaut, bis der Sättigungspunkt erreicht ist, dann aber wird ganz plötzlich die Induktivität aufgehoben, denn dB/dH wird O und der Strom wird allein durch die Ohmsche Last bestimmt (vgl. Abb. 48).

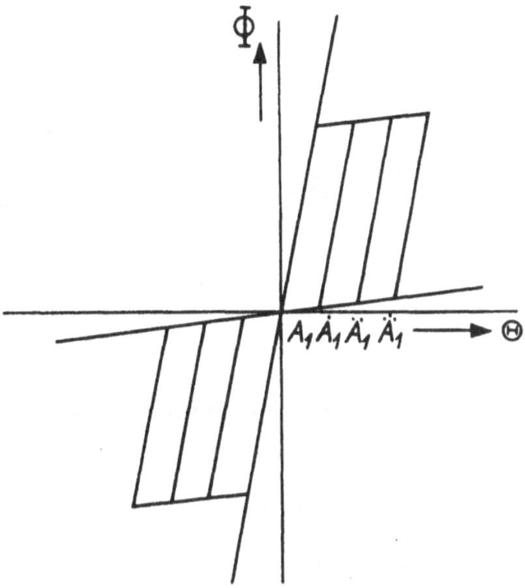

Abb. 46.
Abhängigkeit des Flusses von der Erregung bei einem Verstärker bei verschieder Vormagnetisierung

Nun ist die Last bei der Konstanthaltung der Spannung eines Leonardgenerators ein Gleichrichter, an dem die Feldwicklung des Generators hängt. Die Differenz zwischen einer Sollwertwicklung und einer Istwertwicklung, die z. B. aus einem Tachometerdynamo gespeist werden kann, ist die zu verstärkende Steuergröße (Abb. 49). Es können bis zu etwa zehntausendfache Verstärkungen praktisch erzielt werden. Meist liegen die Verstärkerziffern bei etwa 240—7700 (Westinghouse), weil sonst die Reaktionszeit zu groß wird.

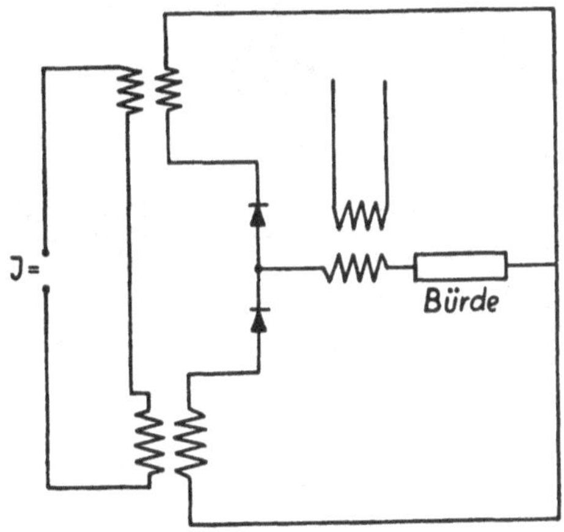

Abb. 47. Verstärker in Selbstsättigungsschaltung (Westinghouse)

Ein Nachteil der magnetischen Verstärker besteht darin, daß bei Temperaturen über 100° C (und bei Temperaturen unter —55° C) das magnetische Material seine Eigenschaften verändert.

Der Winkel α ist (vgl. den Zündeinsatz bei Thyratrons oder gittergesteuerten Stromrichtern, S. 97) dadurch zustande gekommen, daß unter Zugrundelegung der normalen Verknüpfungsgleichungen zwischen Fluß und Spannung gelten:

$$u_{\text{Kern }1} = Cn_1 \frac{d\Phi_1}{dt} \qquad u_{\text{Kern }2} = Cn_1 \frac{d\Phi_2}{dt}.$$

An einem bestimmten Wert des Integrals (nach der Zeit α)

$$\Delta\Phi_1 = \frac{c}{n_1}\int u_{\text{Kern}_1}\, dt \qquad \Delta\Phi_2 = \frac{c}{u_1}\int u_{\text{Kern}_2}\, dt$$

ist nun der Knickpunkt der Sättigungskurve für den Fluß erreicht. Ein weiteres Ansteigen von Φ mit der Steigerung der AW wird nicht (oder

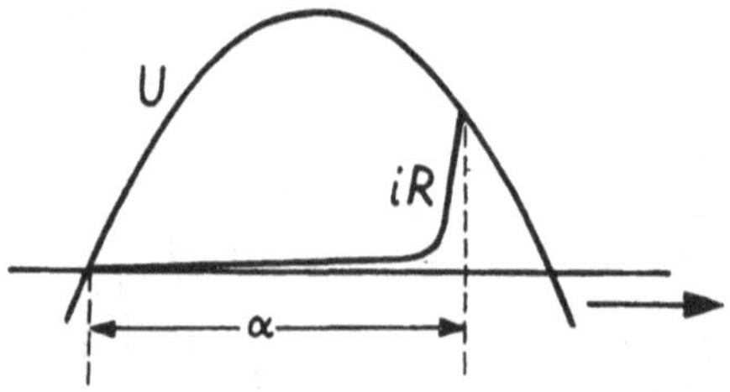

Abb. 48. Wirkung der Selbstsättigung bei einem magnetischen Verstärker

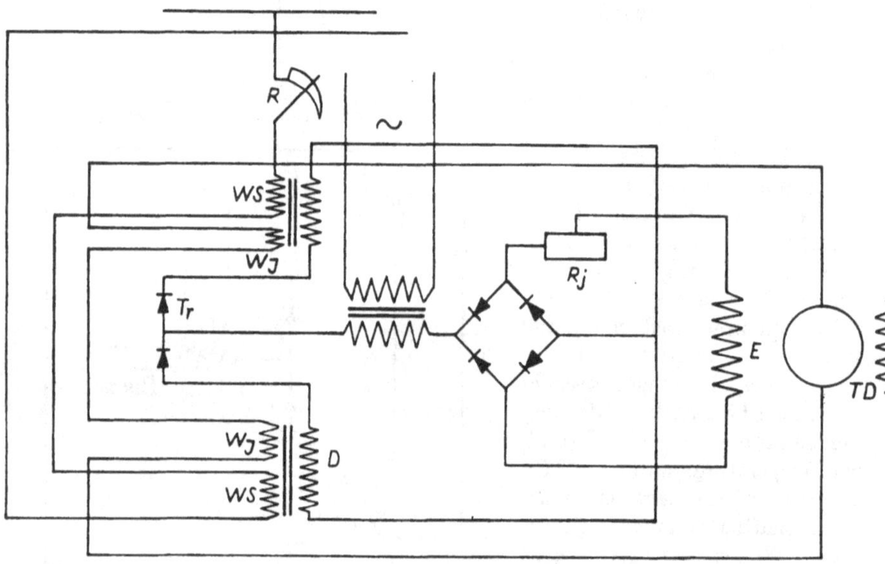

Abb. 49. Leonardschaltung mit magn. Verstärker

R = Widerstand
W_S = Sollwertwicklung
W_J = Istwertwicklung
T_r = Trockengleichrichter
TD = Tachometerdynamo
Rj = Justierwiderstand
~ = Wechselstromquelle
D = Drossel

kaum) mehr möglich, damit wird aber die Impedanz null und der Strom durch den Verstärker wird nur durch den äußeren Widerstand bestimmt, während er vorher praktisch nur durch die hohe Impedanz bestimmt ist (d. h. er beträgt ungefähr null). Die kleinen Abweichungen ergeben sich daher, daß das Material nicht eine Sättigungskurve hat, die anfangs mit der $B(\Phi)$-Achse zusammenfällt und im Sättigungspunkt nicht genau rechtwinklig zu ihr steht, sondern nur angenähert diesen Verlauf hat, wie in Abb. 44 angegeben.

Betrachtet man zunächst einen Verstärker in normaler Schaltung (Abb. 45 a), so gilt, daß der Mittelwert der Amperwindungszahl des steuernden Gleichstromses so groß ist wie der Effektivwert des gleichgerichteten Wechselstromes, da die Wechselstromwicklungen entgegengesetzt gewickelt sind, es gilt also:

$$i_{st} = i_w \frac{n_w}{n_{st}}, \text{ denn } i_{st}\, n_{st} = i_w\, n_w,$$

wobei $i_w n_w$ die Anzahl Amperewindungen im Wechselstromkreis und $i_{st} n_{st}$ die im Gleichstromkreis sind. Das ergibt nun abgehackte Schwingungsimpulse im Gleichstromkreis, deren Gleichstromkomponente aus der Gleichstromquelle gespeist werden müssen. Durch Änderung der Höhe der Gleichspannung wird der Zündwinkel verändert (je höher die Spannung, um so kleiner der Zündwinkel). Da der Wechselstromanteil jeweils um 180° differiert und nur der Gleichstromanteil in der Gleichstromwindung gleich bleibt, gilt: i_{st} = der Durchschnittswert des Stromes in der Gleichstromwicklung = reiner Gleichstrom = U_{st}/R_{st}.

Die Verstärkung ergibt sich daraus wie folgt:

$$V = \frac{\text{Leistung im Wechselstromkreis}}{\text{Leistung im Gleichstromkreis}} = i^2_w R_w / i^2_{st} R_{st}$$

woraus gilt:

$$R'_{st} = R_{st} \left(\frac{n_w}{n_{st}}\right)^2 \qquad V = \frac{R_w}{R'_{st}}.$$

Bei einer Selbstsättigungs- oder Rückkoppelungsschaltung läßt sich der Verstärkungsgrad schwerer ausdrücken, aber ungefähr gilt jetzt, daß sich durch die Rückkoppelung ergibt

$$i_{st}\, n_{st} = \text{Steueramperewindungen} = i n + i_{\text{Rückk}}\, n_{\text{Rückk}}$$
$$\cong i n + i_w\, n_w \cong m i_w\, n_w$$

worin m der Verstärkungsgrad ist, woraus folgt:

wenn $m \cong$ konst. gesetzt wird

$$V = \text{Verstärkungsgrad} = \frac{i^2_w R_w}{i^2_{st} R_{st}} = m^2 \frac{R_w}{R'_{st}}$$

m ist in Wirklichkeit eine verwickelte Induktion, so daß es schwierig ist, den Verstärkungsgrad einwandfrei zu berechnen; man ist auf Versuche angewiesen.

Der größte Vorteil der Leonardsteuerung liegt in der übersichtlichen Regelung. Der Teufenanzeiger wird mit dem Steuerhebel verbunden, und zwar in der Weise, daß zwangsläufig abhängig von dem Stand des Förderkorbes die Maschine die vorgeschriebene Geschwindigkeit hat[1]).

Durch Auslegen des Steuerhebels nach vorwärts oder rückwärts wird der Steuergenerator für den einen oder anderen Drehsinn des Motors erregt. Jedem

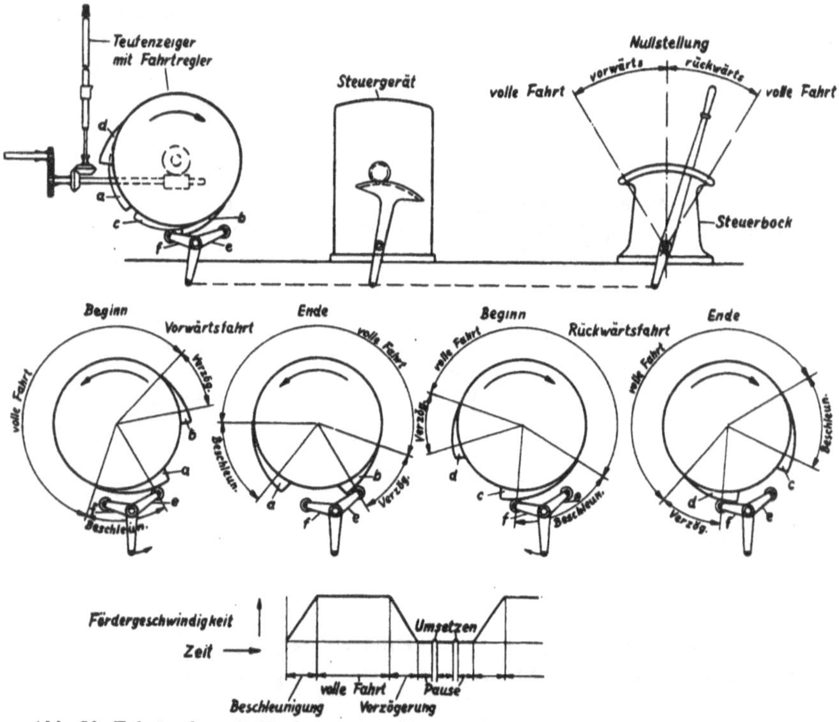

Abb. 50. Fahrtregler mit Teufenanzeiger für eine Fördermaschine mit Leonardsteuerung

Ausschlag des Steuerhebels entspricht eine bestimmte Drehzahl. Dieser Fahrtregler wird mit dem Teufenanzeiger gekoppelt. Der Teufenanzeiger besteht aus 2 Spindeln mit Wandermuttern, die von der durch Kegelräder mit der Förderantriebswelle verbundenen Teufenanzeigerantriebswelle verbunden sind. Durch den Fahrtregler wird jeweils bewirkt, daß die maximal zulässige Verzögerung am

[1]) Spies, Teufenanzeiger mit Fahrtregler für Fördermaschinen mit Leonardantrieb, Elektrizität im Bergbau.

Ende bzw. Beschleunigung am Anfang nicht überschritten wird. Dies wird dadurch erreicht, daß eine zylinderische Scheibe von der Hauptwelle angetrieben wird, und zwar in einer solchen Übersetzung, daß sie für den ganzen Förderweg nicht ganz eine Umdrehung macht (Abb. 50).

Auf der Scheibe sind in 2 Ebenen je 2 Kurvenstücke, die mit a und b bzw. c und d bezeichnet sind, angebracht. Unterhalb der Scheibe befindet sich ein dreiarmiger Hebel, der Hebelarm e liegt in der Ebene der Kurvenstücke a b, der Hebelarm f liegt in der Ebene der Kurvenstücke c d. Die Kurvenstücke a c schreiben die Beschleunigung, b d die Verzögerung vor, a b gilt für den Rechtslauf, c d für den Linkslauf. Die Form der Kurvenstücke ist vom Förderprogramm abhängig. Hierdurch wird erreicht, daß der Maschinist jeweils die zulässigen Beschleunigungen und Verzögerungen nicht überschreiten darf.

Der Förderhebel wird so eingestellt, daß bei Seilfahrt der Förderkorb in der Hängebank stillsteht. Bei Förderung mit Last ist dies dann nicht immer der Fall. Dies wird erreicht dadurch, daß nach Beginn der Verzögerung der Steuerhebel durch eine zusammendrückbare Feder noch etwas über das für Seilfahrt zulässige Maß schneller fahren kann, wenn der Maschinist die Feder zusammendrückt. In der Fahrt- und Beschleunigungsperiode ist die Feder blockiert. Dies kann z. B. dadurch erreicht werden, daß eine Kurvenscheibe zur Vorwärts- und Rückwärtsfahrt an der Hauptspindel über Übersetzungen angetrieben wird, die die Feder außer am Ende der Fahrt blockiert (Abb. 51). Im übrigen kann diese Anordnung noch dadurch universeller gestaltet werden, daß die Kurvenschreiben mit den Kurvenstücken gegeneinander verstellt werden können, was notwendig ist, wenn von verschiedenen Sohlen aus gefördert wird.

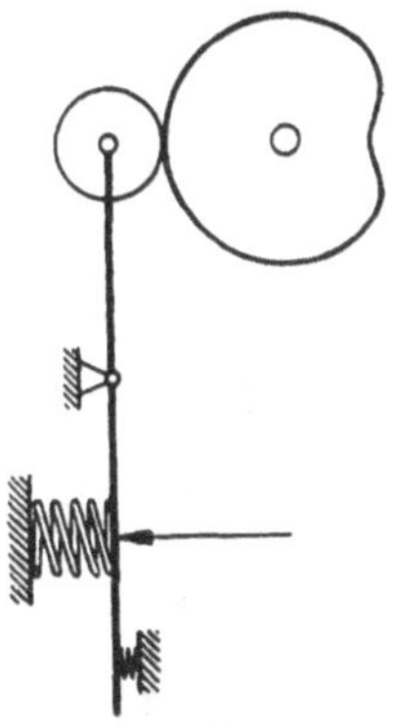

Abb. 51. Korrektureinrichtung am Fahrtregler

Für die Seilfahrt ist es oft nötig, die Geschwindigkeit zu begrenzen, dies ist noch wichtiger für die Seilrevisionsfahrt. Dies kann zwangsläufig erreicht werden dadurch, daß der Regler nicht bis in die Endlage gebracht werden kann, was durch einen Sperrmagneten erfolgt. Die Geschwindigkeit ist auf 10 m/sekzu beschränken.

Die Beschleunigung und Verzögerung darf nicht zu groß gewählt werden (nicht größer als 1,0 bis max 1,5 m/sek^2), sonst tritt ein zu großer Seilrutsch auf. Mit der Zeit zeigt der Teufenzeiger infolge des Seilrutsches nicht mehr ganz richtig an, deswegen wird auf dem Seile noch ein Kennzeichen angebracht, aus dem der Maschinist den Stand des Seiles erkennen kann. Die dadurch entstehende Differenz zwischen Teufenanzeiger und wirklichem Seilstand kann durch Nachstellen einer Kupplung beseitigt werden.

Der Umformermotor ist für große Leistungen meist ein Hochspannungsmotor. Er wird verhältnismäßig selten geschaltet. Die Einschaltung mittels Schützen ist

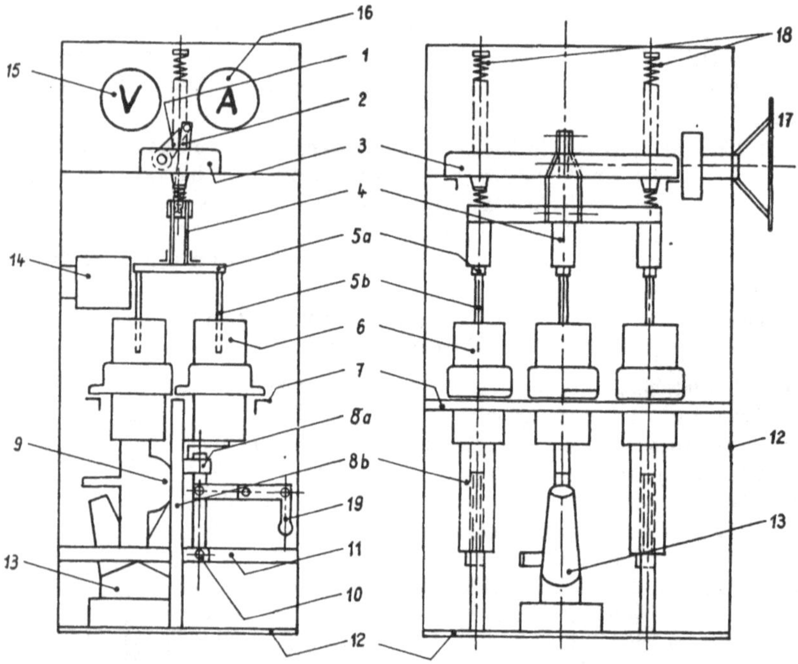

Abb. 52. Schaltzelle 10 KV besonders schmaler Bauart mit Luftisolation

1, 2 = Schalthebel	10 = Trennschalterkontakt
3 = oberer Rahmen	11 = Sammelschiene
4 = Schalttraverse	12 = Schaltschrank
5a = beweglicher Kontakt	13 = Spannungswandler
5b = Kontaktstift	14 = Stromwandler
6 = Löschkammern	15 = Voltmeter
7 = Löschkammerrahmen	16 = Amperemeter
8a = Trennungsschalterkontakt	17 = Handrad
8b = Trennungsschaltergrundplatte	18 = Schaltfedern
9 = Primärauslösung	19 = Trennsschalterantrieb

daher nicht erforderlich, sondern der Leistungsschalter ist meist gleichzeitig Ständerschalter des Hochspannungsmotors. In Frage kommt dann eine vollständige Schaltzelle bestehend aus Leistungs- oder Ölschalter, Trennschalter, Überstromauslöser, Meßinstrumenten (Amperemeter, Voltmeter), Wandler und evtl. noch Zähler und Leistungsmesser. Die Ständerspannung ist meist 3 kV oder 6 kV. Nur bei Motoren bis ca. 250 kW wird Niederspannung vorgesehen. Industrieschalter (sogenannte Ölschaltkästen) werden für Reihe 3 und Reihe 6 gebaut. Sie haben meist einen Unterbau, in dem das Zubehör sich befindet und oben einen Ölschaltkasten für eine Abschaltleistung für 20—40 MVA.

Abb. 52[1]) zeigt das Beispiel einer modernen Schaltzelle in besonders schmaler Bauart mit einem Leistungsschalter Reihe 10 (10 kV) 100 bis 200 MVA Abschaltleistung (ölarmer Schalter, Expansionsschalter oder Druckluft evtl. Hartgasschalter). Dieser kann mit Druckluft, Kraftspeicher oder Motor angetrieben werden, auch Handantrieb mittels Handrad oder Steigbügel ist üblich. Das übrige Zubehör ergibt sich aus der Abbildung.

Von solchen Schaltzellen gibt es verschiedene Bauarten. Übersichtlichkeit, kleine Abmessungen, leichte Zugänglichkeit sind Zeichen günstiger Bauweise. Durch ein Kabel wird der Strom zu einem Trennschalter geführt, bei mehreren Motoren (Schaltzellen) wird der Strom über Sammelschienen geleitet und von diesen von jedem Abgang zu einem Trennschalter, das ist ein Schalter, der zum stromlosen Schalten dient, von diesem zum Leistungsschalter, der zweipolig je Phase bei dem Beispiel ausgeführt ist, d. h. für jeden Pol eine Löschkammer besitzt. Meist wird ein dreipoliger Leistungsschalter, der auf Rahmen angebracht ist, ausgeführt. Diese Anordnung ist aber nicht so raumsparend wie die angegebene. Von dem Leistungsschalter wird der Strom zu den Überstromauslösern geführt. Bei Auftreten eines Kurzschlusses wird plötzlich abgeschaltet, bei Auftreten eines Überstromes verzögert (Primärauslöser). An Stelle der Primärauslöser können auch Stromwandler in den Zug der Leitung eingeschaltet werden. Sekundärseitig ist dann ein Bimetallrelais und ein magnetischer Überstromauslöser vorzusehen. Dieser thermische Überstromschutz ist durch den Wandler kurzschlußfest. Der Wandler kann gleichzeitig als Meßwandler dienen, da all zu große Genauigkeit nicht vom Meßinstrument verlangt wird (etwa 2 bis 3% genügt). Bei Primärauslöser sind ein, zwei oder drei besondere Meßwandler für das oder die Amperemeter vorzusehen, ebenso wie ein Spannungswandler für das Voltmeter. Eventuell werden Leistungsmesser und Zähler eingebaut. Der Abgang zum Motor erfolgt durch Hochspannungskabelendverschluß.

Der Motor kann ein Kurzschlußankermotor sein, wenn die dahinterstehende Leistung dies zuläßt, üblicher ist ein Schleifringankermotor. Letzterer ist unbedingt notwendig, wenn ein Ilgner-Schwungrad vorgesehen ist, da der nötige Schlupf im Läufer erzeugt wird.

Für den Läufer kommt bei Betrieb ohne Schwungrad bis ca. 1200 kW ein Ölanlasser, d. h. eine Schaltwalze in Öl mit einem Kontakt in Frage, durch den erreicht wird, daß nur in der Nullstellung des Läufers der Ständer eingeschaltet werden kann. Dies ist einfach, wenn der Ständerschalter mit Motorantrieb ausgestattet ist. In der Nullstellung der Walze befindet sich ein Kontakt, der geschlossen sein muß, damit der den Leistungsschalter einschaltende Motorstrom erhalten bleibt. Der Schaltwalzenanlasser hat Ölfüllung. Die Widerstandsstufen sind mit den Fingern direkt verbunden. Abb. 53 zeigt das Schaltbild der Anordnung.

[1]) DRPa. Weitere Bauarten von Hochspannungszellen vgl. Roth Hochspannungstechnik, Biermanns Hochspannung und Hochleistung, Switchgear Handbook Verlag Pitman London, Blaschke: Elektrotechnik, Heft 12, 1951, Schaltschrank oder ortsfeste Zelle.

Die Größe eines solchen Ölanlassers bestimmt man wie folgt: Man unterscheidet die Anlaßhäufigkeit = Anzahl der Anläufe je Stunde h_a, die Anlaßzahl z = Zahl der möglichen Anläufe bis zum Erreichen der in den VDE-Vorschriften zugelassenen Endtemperatur (für Öl maximal 60° C Übertemperatur bei max. 35° C Raumtemperatur) und die Anlaßzeit t_a = die Dauer eines Anlaßvorganges (sek).

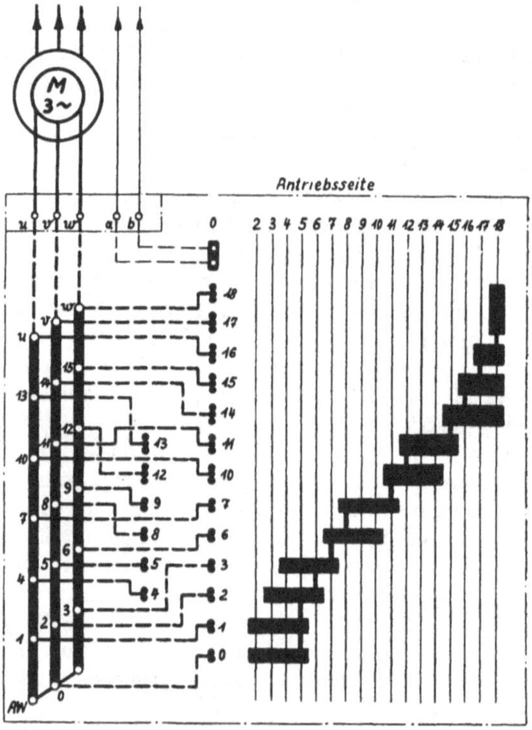

Abb. 53. Schaltung eines großen Handanlassers
AW = Anlaßwiderstand, M = Motor

Die einfachste Bestimmung des Ölanlassers[1]) ergibt sich wie folgt:

Bezeichnet man mit $c = 2$ kWsek/°C kg die spezifische Wärme des Transformatoröls und mit $\gamma = 0{,}85$ kg/dcm³ dessen spezifisches Gewicht, so ergibt sich bei einer Übertemperatur von 60° C eine Wärmeaufnahme des Anlassers pro l

$$A/l = 0{,}85\ 2\ 60 \text{ kWsek/l}.$$

[1]) Vgl. Kussy, Elektrische Niederspannungsschaltgeräte S. 97/98.

Im Anlasser wird die halbe Anlaßleistung vernichtet. Die Anlaßzeit t_a ist gemäß den VDE-Vorschriften zu wählen:

$$t_a \cong 4 + 2\sqrt{N} \text{ sek}$$

N = Motorleistung (kW), daraus ergibt sich

$$z = \frac{2A}{t_a N_{\text{anl}}}.$$

Diese Formel ist gültig, wenn die Anläufe ohne Pause vor sich gehen bis zur Erreichung der zulässigen Endtemperatur. Sind zwischen den einzelnen Anläufen Pausen, so kühlt sich das Öl jedesmal ab und z könnte etwas größer gewählt werden. Bei der praktischen Bemessung sieht man meist davon ab, die Abkühlung während eventueller Pausen zu berücksichtigen und läßt eine Anlaßzahl nur zu, wie sie sich aus obiger Formel ergibt. Die zulässige Anlaßhäufigkeit bestimmt man wie folgt:

Von der wirksamen Oberfläche F (m²) wird durch Wärmeleitung und Konvektion (die Strahlung kann vernachlässigt werden) folgende Leistung abgegeben:

$$\vartheta \, \alpha \, F = k \text{ (Watt)}$$

ϑ = Übertemperatur (° C) = 60° C

α = Wärmeübergangszahl $\frac{\text{Watt}}{m^2 \, {}^0\text{C}} \sim 15$ für 60° C [1]).

In einer Stunde wird folgende Anlaßarbeit im Anlasser vernichtet:

$$A_{\text{anl}} = \frac{N_{\text{anl}}}{2} t_a h_a = k \, 3600 \, \frac{1}{1000}.$$

Da im Ausgleichszustand die abgegebene Wärme so groß sein muß wie die im Anlasser vernichtete Arbeit, gilt

$$h_a = \frac{k \, 7200}{N_{\text{anl}} \, t_a} \, \frac{1}{1000}.$$

Angenommen, ein Ölanlasser habe 700 l Ölinhalt und 6 qm wirksame Oberfläche (das ist diejenige Oberfläche, durch die das heiße Öl Wärme an die Luft abgeben kann, d. h. die gesamte Oberfläche abzüglich der Bodenfläche und des Teiles der Kastenoberfläche, der nicht das Öl ummantelt) und soll für einen Anlaßvorgang mit 1,5facher Anlaßleistung für einen Motor von 800 kW Verwendung finden. Die Anlaßzeit ergibt sich zu

$$t_a = 4 + 2\sqrt{800} = 60 \text{ sek.}$$

Die Anlaßhäufigkeit:

$$h_a = \frac{15 \; 6 \; 7200}{60 \; 1200 \; 1000} = 0{,}54\,.$$

[1]) s. Kussy: Bulletin des SEV. 1943. Elektrische Erwärmung an Drähten und Platten.

Die Anlaßzahl

$$z = \frac{0{,}85 \quad 2 \quad 60 \quad 700 \quad 2}{60 \quad 1200} = 2\,.$$

Man erkennt daraus, wenn die Anlaßhäufigkeit vergrößert werden soll, ist es zweckmäßig, die Oberfläche groß zu halten, wenn die Anlaßzahl hoch sein soll, den Rauminhalt.

Ölanlasser können nicht verwendet werden, da die Abmessungen zu groß werden, wenn die Fördermaschine ein Schwungrad hat und der Schlupfwiderstand dauernd eingeschaltet bleiben müßte (selbst bei einem so großen Ölanlasser wie dem obigen, kann dauernd nur 60 15 6 = 5,4 kW vernichtet werden, also für 15% Dauerschlupf wäre er nur für einen Motor von ca. 30 kW verwendbar). Hierfür kommen bei einem Motor bis ca. 1500 kW Luftwiderstände in Verbindung mit Luftwalzen (ähnl. Schaltung wie Ölanlasser) oder in Verbindung mit Schützensteuerungen in Frage. Für noch größere Leistungen wählt man Flüssigkeitsanlasser. Es gibt zwar auch Flüssigkeitsanlasser für kleinere Leistungen, sie sind aber trotz der stetigen Regelung weniger geeignet als Ölwalzenanlasser oder Schützensteuerungen, denn sie sind meist teurer. Darüber hinaus haben sie folgende schwerwiegende Nachteile:

a) Wasser verdampft bei 100° C, deshalb können Flüssigkeitsanlasser nur für eine Temperatur bis 85° C (d. ist 50° C maximal Übertemperatur) vorgesehen werden. Dies ist auch nur möglich, wenn die Flüssigkeit sich bewegt. Bei ruhender Flüssigkeit kann als maximale Temperatur höchstens 70° C zugelassen werden.

b) Die Lösung bildet Schlamm auf den Platten, der sich ablagert und die Isolationsstrecken verringert, und zwar vor allem zwischen Erde und Leiter, außerdem verursacht die Verdampfung der Lösung Kristallbildung. Wenn dies an den Oberflächen der Elektroden geschieht, werden diese kleiner und der Widerstand steigt.

c) Die gleiche Wirkung wie b) haben Blasen, die sich an der Oberfläche durch das Kochen der Lösung bilden. Dies verursacht Säurebildungen an den Elektroden, die diese bald unbrauchbar machen.

d) Der Widerstand verändert sich mit der Konzentration der Lösung, so daß er sich durch Verdampfung im Laufe der Zeit verändert.

Man unterscheidet 3 Arten von Anlassern:

1. Anlasser mit ruhender Flüssigkeit und bewegten Elektroden ohne Kühlung (bis ca. 500 PS),
2. Anlasser mit umlaufender Flüssigkeit durch in das Widerstandsgefäß eingebaute Kühlschlangen und beweglichen Elektroden (bis ca. 1700 kW),
3. Anlasser mit künstlicher Kühlung, und zwar in der Weise, daß die Lösung an Kühlrippen vorbeispült.

Die Gefäße sind für kleinere Geräte aus Ton, für größere Leistungen aus Eisen. Die Elektroden sind isoliert angebracht und werden durch eine Spindel bewegt. Im Eisengefäß sind die Ohmwerte zwischen 2 Elektroden niedriger als im Tongefäß. Je schwächer die Elektroden, um so höher der Ohmsche Widerstand zwischen ihnen selbst.

Der spezifische Widerstand der Lösung (praktisch stets Soda), ist umso größer, je niedriger die Konzentration und die Temperatur der Lösung ist. Natalis[1]) gibt folgende Werte an:

spez. Widerstand in Ohm $\frac{mm^2}{m}$.

Konzentration

T°C	20°	40°	60°	80°	100°
0,0%	196 10^5	139 · 10^5	110 10^5	90 10^5	76 10^5
0,5%	16 10^5	12 10^5	8,4 10^5	6,3 10^5	5,1 10^5
1,0%	12 10^5	8,8 10^5	6,6 10^5	5,2 10^5	4,3 10^5
4,8%	3,5 10^5	2,5 10^5	1,8 10^5	1,5 10^5	1,3 10^5
23,%	1,3 10^5	0,9 10^5	0,7 10^5	0,55 10^5	0,45 10^5

Praktisch wird die richtige Lösungskonzentration wie folgt bestimmt:

Man füllt nach Anschluß des Motors das Gefäß $^3/_4$ mit reinem Wasser, dann wird eine gesättigte Sodalösung so lange hinzugefügt, bis der Motor zu laufen beginnt. Die Platten sind hierbei in die äußerste Stellung gebracht. Ist dann der Anlasser noch nicht so voll wie er vorgesehen ist, wird eine Lösung gleich der eingefüllten Lösung (geschätzt) hinzugefügt. Diese primitive Methode hat sich gut bewährt.

Für Drehstrom wird je Phase ein Widerstand eingeschaltet. Infolge der elektrolytischen Zersetzung entstehen Säuren an der Anode und zersetzt diese bei Wechselstrom langsamer als bei Gleichstrom. Die Elektrodenspitzen müssen bei Gleichstrom ständig in der Flüssigkeit bleiben, um Knallgasbildung zu vermeiden.

In der Endstellung bei beweglichen Elektroden ist stets ein Metallkontakt angebracht, so daß nicht dauernd ein Strom durch die Flüssigkeit fließt.

Die Größe des Kastens bestimmt man wie folgt:

$$A/V = \gamma\, c\, \vartheta = 1 \cdot 4{,}2 \cdot 35 = 147 \frac{\text{kWsek}}{\text{l}} \quad V = \text{Wasserinhalt (1)}$$

$$c = 4{,}2 \frac{\text{kWsek}}{{}^0\text{C kg}} \gamma = 1 \text{ kg/l}$$

$$t_a = 4 + 2\sqrt{N} \qquad z = \frac{2\,A}{t_a N_{\text{anl}}}$$

$$k = \vartheta \alpha F = 35\; 15\, F \text{ (Watt)}$$

$$h_a = N_a \frac{k\, 7200}{N_{\text{anl}}\, t_a} \frac{1}{1000}.$$

[1]) Starkstromtechnik II 1930 S. 537.

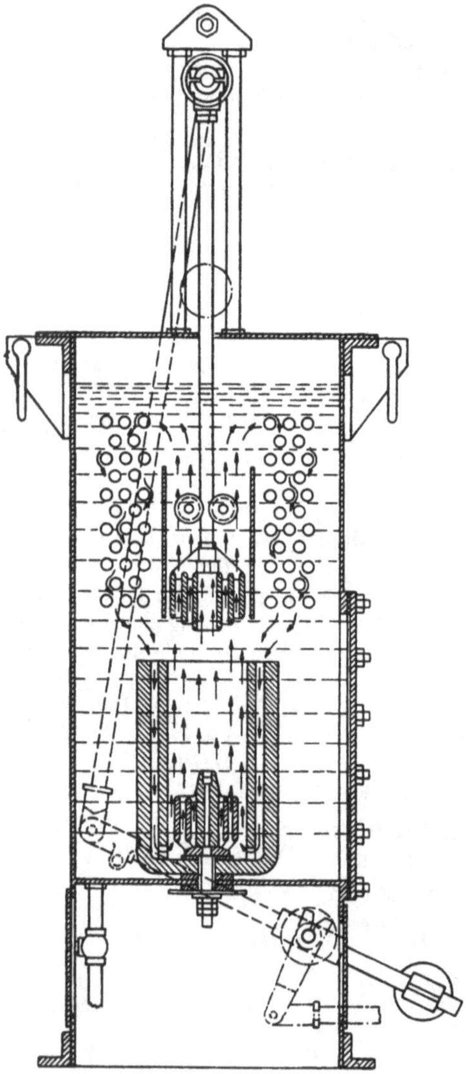

Abb. 54. Flüssigkeitsanlasser mit Kühlschlangen

F ist die wirksame Oberfläche (m^2), d. h. die Fläche, die das Wasser umschließt ohne die Bodenfläche.

Für Schlupfwiderstände für Dauerschlupf gilt folgendes:

$$F = \frac{N_{\text{schl}}}{15 \dots 35}.$$

$$N_{\text{schl}} = s\, N_{\text{mot}}$$

$$s = \text{Schlupf}\,\%.$$

Für intermittierend einschaltende Geräte ist der Überlastungsfaktor

p[1])	1	1,8	2,8	4	6	9
ED %	100	60	40	28	20	12,5

Unter dem Überlastungsfaktor versteht man das Verhältnis der zulässigen Belastung eines Widerstandes bei intermittierenden zum Dauerbetrieb.

Wird durch Schlangen, die in den Wasserwiderstand geführt werden, die Kühlung verbessert (s. Abb. 54)[2]), so erfolgt ein Umlauf der Flüssigkeit. Die Lösung kann also eine Temperaturerhöhung von 50° C vertragen. Als maximale Temperaturerhöhung des Kühlwassers wird zugelassen 12° C zwischen Eintritt und Ablauf. Der Kessel hat einen oberen und einen unteren Teil. Im unteren Teil ist die feste Elektrode. Dies sind mehrere konzentrische Ringe, die durch einen zentralen Anschluß zusammengehalten werden. Die beweglichen Platten — auch Ringe —, die durch eine

[1]) Kussy, Elektrische Niederspannungsschaltgeräte S. 97.
[2]) Metropol, Vickers.

Spindel bedient werden, kommen zwischen die Ringe des festen Kontaktes in der Nullstellung. Die Kühlung wird erreicht dadurch, daß die warme Flüssigkeit zwischen den Elektroden nach oben steigt, dort mit den Kühlungsrohren in Verbindung kommt, dann nach unten sinkt und dabei immer weiter gekühlt wird und unten zwischen die äußeren Rohre kommt, bis sie die festen Kontakte erreicht und dann wieder steigt.

Bei ganz großen Einheiten (ca. $\geqq$ 1500 kW) sind die Platten fest und die Flüssigkeitshöhe ändert sinch. Hierbei werden die Elektroden wie folgt angeordnet:

Der Flüssigkeitsspiegel wird durch Verstellen eines Schiebers variiert. Der Widerstand wird umso niedriger, je höher der Flüssigkeitsspiegel ist. Für den Widerstand gilt folgende Formel:

$$r_1 = r_0 \frac{h - h_1}{h}$$

$$r_2 = r_0 \frac{h - h_1 - h_2}{h}$$

h ist die Steighöhe der Flüssigkeit. Um den Widerstand von r_0 (Anlaufwiderstand) auf r_1 zu senken, steigt der Flüssigkeitsspiegel um h_1 von h_0 auf $h = h_0 + h_1$, wobei h_0 der Flüssigkeitsspiegel beim Anlauf ist. Der Widerstand r_0, r_1, r_2 je Phase ergibt sich beim jeweiligen Flüssigkeitsspiegel $h = h_0 + h_1$, $h = h_0 + h_1 + h_2$ usw. aus obigen Formeln. r_0 ist der Widerstand, bei dem der Motor anläuft (durch Probieren gefunden)[1]). Diese Anlasser haben ein Rohrsystem, durch das das Kühlwasser geleitet wird, während die Sodalösung durch eine Pumpe außerhalb des Kühlrohrsystems in entgegengesetzter Richtung geführt wird. Aus dem Boden des Anlassers wird die Lösung für einen Kühlungsbehälter gepumpt, steigt dann wieder nach oben, kommt in einen anderen Behälter und wird durch einen Kühler wieder gekühlt und kommt dann in den Boden des Anlassers. Man kann auch die Lösung dauernd zwischen Kühler und Anlasser rotieren lassen und während des Anlassens einen Schieber schließen. Die Größenverhältnisse geben ungefähr folgende Erfahrungsgleichungen an bei Verwendung von Kühlschlangen:

Hat ein Rohrsystem eine Länge von l (m) und einen Durchmesser von d (m²), so nimmt man an, daß bei einer Kühlwassertemperatursteigerung ϑ_k von 12° C, die sekundlich fließende Wassermenge von w (l/sek) abgeführt werde (c = spezifische Wärme 4,2 kWsek/°C)

$$N = w\, \vartheta_k\, c = w\, 12\, 4{,}2 = w\, 51\,.$$

An das Rohr wird abgegeben $\alpha F \vartheta = N$, wobei α für Rohre in Flüssigkeiten, die nur natürlichen Umlauf haben $\sim 50 + 2{,}6\, \vartheta$ ist. ϑ = Übertemperatur der Lösung (° C).

Bei Rückkühlung gilt $\alpha \cong 170 + 8{,}5\, \vartheta$.

---

[1]) Starkstromtechnik 1922 I S. 542.

Ferner ist einzusetzen für ϑ_w die mittlere Temperaturdifferenz zwischen Kühlwasser und Lösung, z. B. maximale Lösungstemperatur 90° C, minimale 70° C, maximale Kühlwassertemperatur 35° C, minimale 25° C, so

$$\vartheta_u = \frac{90+70-35-25}{2} = 50^0\,\mathrm{C}$$

(im allgemeinen wählt man die maximale Temperatur der Lösung $\sim$ 20° höher als die minimale und $\vartheta_k \sim 10$ bis 12° C.

Die Rückkühler haben eine Oberfläche von 5 bis 50 m². Hierbei ist Voraussetzung, daß die Temperatur der Sodalösung entsprechend fällt.

Beispiel: Ein Flüssigkeitsanlasser mit den gleichen Abmessungen wie obiger Ölanlasser soll für einen Motor von 800 kW 1,5fachem Anlaufmoment Verwendung finden. Wie groß ist h_a, z bei Flüssigkeitsanlassern a) ohne und

b) mit Kühlschlangen und

c) mit Rückkühlung.

Ferner für welche Motoren kann er dauernd verwendet werden im Falle a), b) und c), wenn die Kühlschlangen eine Länge von 10 m haben und die Rohre einen Außendurchmesser von 5 cm.

a) $t_a = 60$ sek $k = 35\ 15\ 6 = 3150$ Watt

$$z = \frac{147\ 700\ 2}{1200\ 60} = 2{,}86$$

$$h_a = \frac{3150\ 7200}{60\ 1200\ 1000} = 0{,}315$$

b) $k = 50\ 15\ 6 + 50\ 10\ 0{,}05\,\pi\ (50 + 2{,}6\ 50) = 4500 + 14000 = 18500$ Watt

$$w = \frac{14\ 60}{51} = 16\ \mathrm{l/min}$$

$$z = \frac{1\ 4{,}2\ 50\ 700\ 2}{1200\ 60} = 4{,}1$$

$$h_a = \frac{18500\ 7200}{72000\ 1000} = 1{,}85$$

c) $k = 50 \cdot 15 \cdot 6 + \pi\ 50\ 10\ 0{,}05\ (170 + 8{,}5\ 50) = 4500 + 47000 = 51\,500$ Watt

$$w = \frac{47\ 60}{51} = 55\ \mathrm{l/min}$$

$$z = 4{,}1$$

$$h_a = 5{,}1\,.$$

Dauernd kann vernichtet werden bei a) 3,15 kW, b) 18,5 kW, c) 51,5 kW.

b) Der Antrieb der Fördermaschine mit Asynchronmotor

Die Entwicklung von Fördermaschinen mit Schleifringankermotoren, die mit Schlupf laufen, bringt gegenüber der Leonardschaltung wesentliche Vereinfachungen mit sich. Der Asynchronmotor hat jedoch folgende Nachteile:

a) für die geringe Umdrehungszahl der Treibscheibe oder Trommel sind geeignete Motoren zu teuer, es muß ein Getriebe vorgesehen werden.
b) Die praktische Unabhängigkeit der Drehzahl von der Belastung besteht nicht mehr. Der Fahrtregler in Verbindung mit einem Feldregler ist wesentlich einfacher als ein Fahrtregler für Drehstrommotoren.
c) Der Schlupf verursacht einen dauernden Verlust.
d) Die elektrische Bremsschaltung ist ebenfalls komplizierter.

Welche Mittel sind inzwischen angewendet, um den Drehstromantrieb zur weiten Verwendungsmöglichkeit zu bringen, da die Anlage wesentlich billiger als für Leonardsteuerungen wird.

Die Schaltung einer Fördermaschine mit Drehstrommotor zeigt Abb. 55.

Der Motor wird von einer Schützensteuerung, die ein Meisterschalter steuert, bedient. Die beiden Hochspannungsschützen *Hsp Ws* haben Dreiphasenmagnete und werden durch die Kommandoschütze KS_1 bzw. KS_2 gesteuert. Beim Einschalten kommt zunächst das Hilfsschütz HS_3, das sich dann selbst hält. Nach dessen Einschaltung entweder KS_1 oder KS_2 und damit eines der beiden Hochspannungsschützen. KS_1 und KS_2 sind über die Hilfskontakte von *Hsp Ws* gegeneinander elektrisch verriegelt. Nach der Einschaltung wird das Bremslüftschütz *BS* geschlossen, die Bremse gelüftet. Die Stufen werden normal abgeschaltet. Die Anlaßstufen dürfen nur kurzzeitig eingeschaltet werden, die Regelstufen sind dagegen für dauerndes Einschalten bestimmt. Man regelt im allgemeinen bei vollem Moment etwa 20% der Drehzahl, insbesondere für die Seilfahrt. In diesem Falle sind 5 Regelstufen für die Seilfahrt vorgesehen. Außerdem ist ein vergrößerter Widerstand für die Seilrevisionsfahrt, die bei 10—20% der Normalgeschwindigkeit nur stattfinden darf, vorzusehen. Die Seilrevisionsfahrt ist nur bei etwa $^1/_4$ Nennmoment durchzuführen. Die Einschaltdauer ist kurz und ergibt sich aus der Fahrzeit. Der Meisterschalter muß ein besonderes Merkmal haben, wenn er aus den Anlaßstufen in die Regelstufen übergeht, damit der Maschinist stets beachtet, daß er nicht in den Anlaßstufen stehen bleiben darf. Man kann auch die Schaltung so wählen, daß die Anlaßstufen stets automatisch abschalten. Auf dem Motor ist ein Fliehkraftschalter angebracht. Läuft bei geringer Last infolge eines Fehlers der Motor zu schnell, so wird das Hilfsschütz HS_2 ausgeschaltet, damit HS_1, und das eingeschaltete Hauptschütz wird ausgeschaltet und das andere Hauptschütz wird eingeschaltet. Der Motor erhält Gegenstrom. Die Gegenstrombremsung muß mit großem Widerstand vor sich gehen. Sie erfolgt dadurch, daß der Öffner auf dem Hilfsschütz HS_2, das gerade eingeschaltete Hilfsschütz abschaltet und der volle Widerstand einschließlich dem Bremswiderstand *BW*

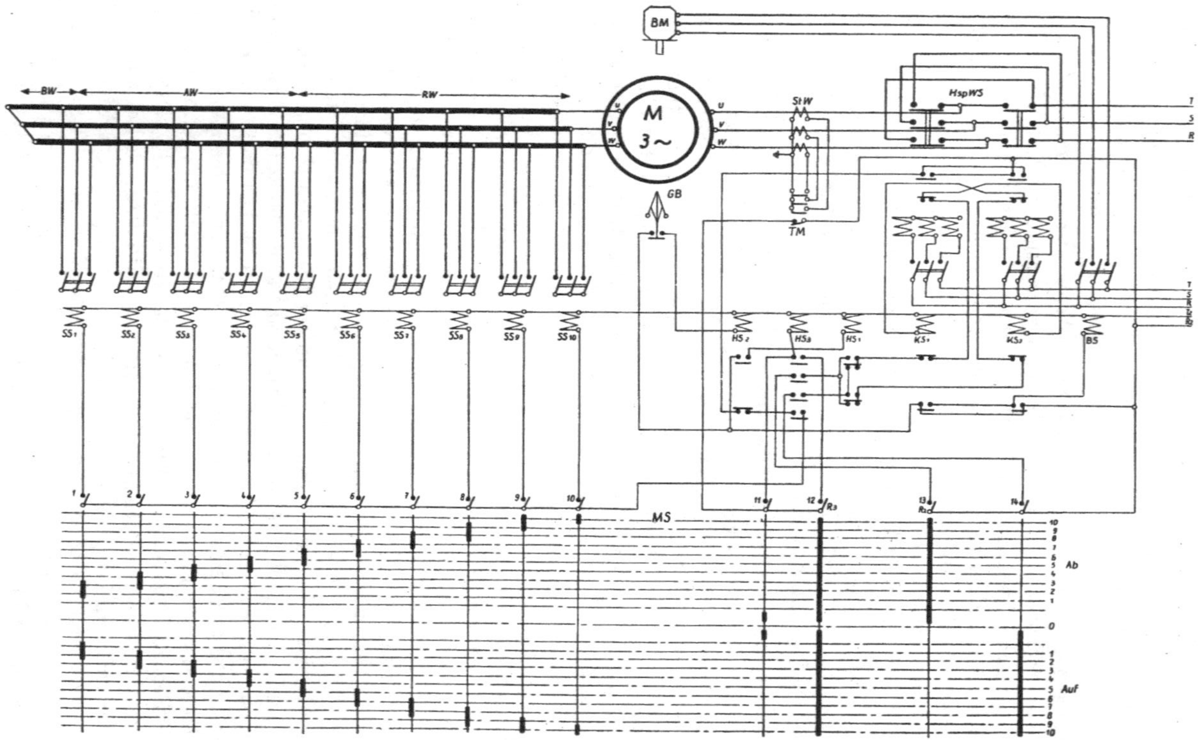

Abb. 55. Schaltung einer Fördermaschine mit normalem Asynchronmotor

AW = Anlaßwiderstand
BW = Bremswiderstand
RW = Regelwiderstand
BM = Bremslüftmagnet
BS = Bremslüftschütz
GB = Geschwindigkeitsbegrenzer
HspWS = Hochspannungswendeschütz
*HS*1-3 = Hilfsschütze
TM = thermischer Motorschutz
MS = Meisterschalter
*KS*1-2 = Kommandoschütze
*SS*1-10 = Stufenschütze
StW = Stromwandler

wird eingeschaltet. Läuft jetzt der Motor langsamer, so fällt der Zentrifugalschalter ab, damit HS_2 und HS_1 und die gerade eingeschaltete Schaltstellung bleibt bestehen. Auf dem Schaltbild ist noch ein thermisches Relais vorgesehen, das bei Überlastung den Motor abschaltet. Das thermische Relais liegt im Sekundärkreis eines Stromwandlers.

Die Widerstandsberechnung geht wie folgt vor sich:

a) Anlaßwiderstand. Bei 1,5fachem Nennmoment ($N_{anl} = 1{,}5\ N_m$) wird angelassen. Anlaßzeit, -häufigkeit und -zahl ergibt sich aus den Arbeitsbedingungen. Die Anlaßhäufigkeit ist hoch, so daß meist ein Widerstand 40% ED für 1,5 N_{norm} gewählt wird.

b) Regelwiderstand, zusätzlich wird ein Widerstand für Regelung bei Dauereinschaltung für volles Drehmoment bei 20% Drehzahlverminderung verwendet.

c) Einen weiteren zusätzlichen Bremswiderstand, der benutzt wird für Seilrevisionsfahrt bei $^1/_4$ Moment und 80 bis 85% Drehzahlverminderung und Gegenstrombremsen bei $^1/_3$ bis $^1/_2$ Normalmoment. Dieser Widerstand hat etwa den gleichen bis zweifachen Ohmwert wie der Anlaßwiderstand bei Drehzahlminderung um 80% bei $^1/_4\ M_n$ (Normalmoment)

$$R_{geg} = \frac{0{,}85}{1/4}\ \frac{U}{J\sqrt{3}}$$

$$R_{Anl} = \frac{U}{J\sqrt{2}\ 1{,}5}\ .$$

$R_{geg}/R_{Anl} = \frac{3{,}4}{1{,}5} = 2{,}25$, der zusätzliche Widerstand hat also 1,25fachen Ohmwert wie der Anlaßwiderstand.

Für den Ständer müssen für Fördermaschinen Geräte gewählt werden, die große Schalthäufigkeit (60 bis 100 Schaltungen pro Stunde und mehr) vertragen. Am zweckmäßigsten ist für den Ständer Luftschütze zu verwenden. Schütze können auch für Hochspannungsmotore für Leistungen bis ca. 1200 kW verwendet werden, jedoch lassen sich noch größere Geräte dieser Art bauen. Hierbei ist zu beachten, daß Schütze niemals als Kurzschlußschalter verwendet werden können. Die maximal erforderliche Abschaltleistung von Schützen für 1200 kW liegt bei etwa 10 bis 12 MVA. Für etwas geringere Schalthäufigkeit genügen Hochspannungs-Ölschütze, für die erheblich geringerer Aufwand nötig ist. Die Haltbarkeit der Kontakte ist ca. der 6. bis 8. Teil als der der Luftschütze. Hochspannungsluftschütze erfordern ziemlich großen Aufwand an Löschmittel (komplizierte Löschkammern) oder Druckluft, da sie wesentlich träger schalten als Schalter. Als Kurzschlußschutz werden Expansions-Druckluft- oder ölarme oder Hartgasschalter verwendet. Die Schaltzellen sind so aufgebaut wie auf S. 80 dargestellt. Vielfach werden heute noch Industrieschalter zum Schalten des Motors verwendet, insbesondere wenn für die Leistung Schützen nicht zur Verfügung stehen. Ihre mechanische Lebensdauer ist viel kleiner als die der Schützen, sie haben die bekannten Nachteile des Ölschalters (größerer Ölverbrauch, Explosionsgefahr). Sie sind aber, was ihre Lebensdauer bei großer Schalthäufigkeit betrifft, den anderen Schaltern etwas überlegen (Schmierung!) und wesentlich billiger und außerdem sind sie geeignet, kleinere Kurzschlüsse (40 bis 50 MVA) abzuschalten. Zweckmäßig sind gekapselte Hochspannungsanlagen, die ausfahrbar sind. Derartige Anlagen können auch schlagwetter- oder explosionssicher mit Öl- oder öllosen Schaltern gebaut werden. Der Ölschalter ist auf einem ausfahrbaren Gestell angebracht, die Trennschalter sind Steckkontakte, die Stromwandler sind Topfstromwandler, die unmittelbar auf den Stützern für die Trennstecker angebracht sind. Diese Anlagen sind auch für höhere Abschaltleistungen (mehrere hundert MVA) gebaut worden (BBC und Rey Rolle). Bei allen Fördermaschinen (also auch bei Leonard- und Gleichrichtersteuerungen) sind Not-Sicherheitsbremsen vorgeschrieben, die bei Übertreiben ansprechen. Sie werden bedient durch den Teufenzeigerendschalter bzw. durch den Schachtendschalter. Die Bremse muß bei unzulässiger Belastung des Motors ansprechen, ebenfalls bei Ausbleiben der Spannung, bei Überschreiten der zulässigen Seilfahrtsgeschwinfdigkeit, darüber hinaus ist noch eine Haltebremse nötig, die vom Maschinisten betätigt wird.

Bei Drehstromantrieben, überhaupt in jedem Falle, wenn die Steuerhebelauslage nicht eindeutig die Geschwindigkeit bestimmt, ist bei Seilfahrt mit über 4 m/s (in Deutschland) ein Fahrtregler vorgeschrieben, der zwangsläufig die Geschwindigkeit von der Steuerhebelauslage abhängig macht. Diese Einrichtung wird meist mit der Sicherheitsbremse kombiniert, deshalb sei die Besprechung der Sicherheitsbremse hier vorgenommen.

Die Sicherheitsbremse wird bedient durch Auslösen des Hauptschalters, damit wird gleichzeitig der Bremslüfter spannungslos. Dies geschieht durch einen Fliehkraftschalter (bei 15% Übergeschwindigkeit) durch Teufenendschalter, Spannungsrückgangs- oder Überstromauslöser oder von Hand.

Die Fahrtregler[1]) arbeiten nach dem hydraulischen Prinzip und werden mit der Sicherheitsbremse wie folgt kombiniert. Verglichen wird stets die Sollgeschwindigkeit, das ist die Geschwindigkeit, die abhängig ist vom Förderprogramm, mit der Istgeschwindigkeit, das ist die Geschwindigkeit, die abhängig ist von der Welle der Maschine. Ist die Istgeschwindigkeit größer als die Sollgeschwindigkeit, kommt die Bremse zum Schleifen, und zwar abhängig von der Geschwindigkeitsdifferenz, so lange bis Soll- und Istgeschwindigkeit ungefähr übereinstimmen.

Abb. 56 zeigt die Ausführung von SSW.

---

[1]) Fahrtregler und fahrtreglerähnliche Einrichtung an Fördermaschinen und Drehstromantrieb von Graf, Elektrizizitäts im Bergbau Jan. 1937. Der hydraulische Fahrtregler Type II B 2 für Fördermaschinen mit Antrieb durch Drehstromasynchronmotore von Hochreuther, Elektrizität im Bergbau 1940.

Die Pumpe *rp* wird von der Welle angetrieben, die Förderung entspricht also der Istgeschwindigkeit. Sie fördert das Öl in die Kammer 1, das durch den Drosselschieber 3 in die Öffnung 4 fließt. Die Öffnung des Drosselschiebers ist abhängig von der Kurve 7, d. h. von der Sollgeschwindigkeit. Ist die Istgeschwindigkeit größer als die Sollgeschwindigkeit, entsteht Überdruck in der Kammer 1. Dadurch wird der federbelastete Regelkolben 2 angehoben und über das Gestänge 8 wird

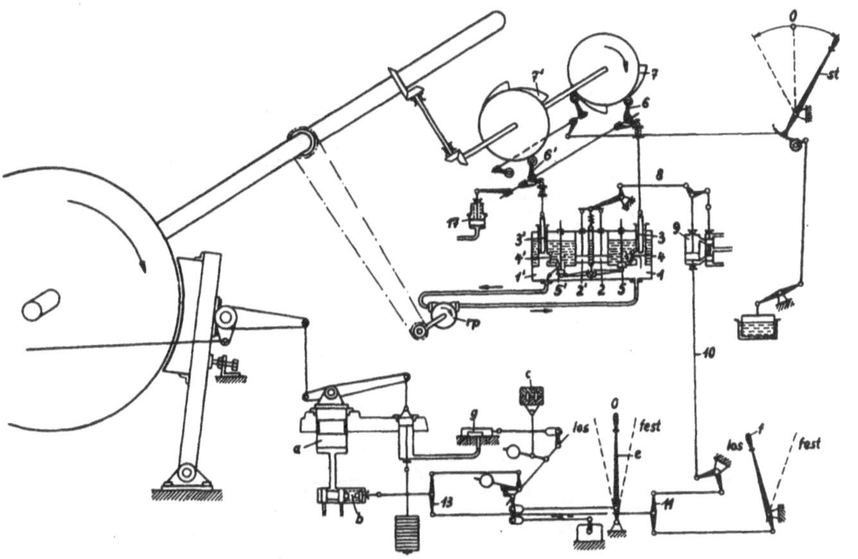

Abb. 56. Fahrtregler nach hydraulischem Prinzip nebst Sicherheitsbremse für eine Fördermaschine mit asynchronem Antriebsmotor (SSW)

a = Arbeitszylinder	*e* = Fahrbremshebel
b = Bremsdruckregler	*f* = Sicherheitsbremshebel
c = Haltemagnet der Sicherheitsbremse	*g* = Steuerschieber

Geschwindigkeitsregler:

1 = Druckkammer	5 = Umschaltventil
2 = Reglerkolben	9 = Servomotor
3 = Drosselschieber	*rp* = Rundlaufpumpe
4 = Drosselöffnung	*st* = Steuerhebel

dann der Servomotor 9 beeinflußt und dieser bewirkt dann die Betätigung der Sicherheitsbremse. Durch den Hebel 10 wird ebenso wie durch den Fahrbremshebel 0 der Bremsdruckregler 6 verstellt und damit Luft in den Bremszylinder gelassen, der Kolben bedient, die Bremsbacke, der Bremsdruck wird dadurch variiert. Die Bremse kann auch bedient werden durch das Fallgewicht nebst dem darüber liegenden Haltezylinder. Dieses fällt, wenn der Haltezylinder durch den Dreiweghahn *g* seine Lage ändert oder die Druckluft wegbleibt. Die Bedienung erfolgt durch den Sicherheitsbremshebel *f*. Dieser Dreiweghahn wird ebenfalls verstellt, wenn eine Auslösebedingung auftritt.

Der Reglermechanismus wird ebenfalls durch den Steuerhebel *s* bedient.

Die Kurven 7′, Reglerkolben 2′, Druckkammer 1′, Öffnung 4′ gelten für die andere Fahrtrichtung. Zwischen 1 und 1′ ist ein Ausgleichsraum.

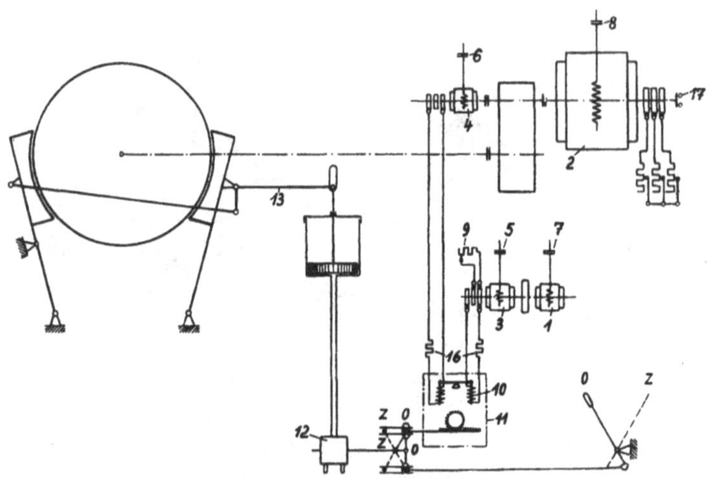

Abb. 57. Fahrtleitgerät (Bauart Praga) für eine Fördermaschine mit asynchronem Antriebsmotor

1 = Drehstromasynchronmotor
2 = Fördermotor
3, 4 = Tachometergenerator
5, 6, 7 = Schaltschütze
8 = Umschaltschütz
9 = einstellbarer Belastungswiderstand
10 = Differentialrelais
11 = Servomotor
12 = Bremsdruckregler
13 = Druckluftfahrbremse
14 = Handhebel der Fahrbremse
15 = Differentialrelais
16 = Vorschaltwiderstände
17 = Schleppschalter

Abb. 57 zeigt das Fahrtleitgerät nach Bauart Praga[1]). Dieses arbeitet allein auf elektrischer Grundlage. Der Käfigankermotor 1 ist mit einer Schwungmasse und einem Schleifringankermotor 3 gekuppelt. Diese Maschine 3 ist einer gleichartigen Maschine 4 entgegengeschaltet, die mit dem Fördermotor 2 über ein Getriebe verbunden ist. Der Drehsinn ihres Ständers ist der ihren Läufern aufgezwungenen Drehung entgegengesetzt gerichtet. Schütz 7 und 8 schalten gleichzeitig. Das Schütz 6 ist ein Wendeschütz. Durch dieses wird erreicht, daß das Drehfeld des Ständers der aufgezwungenen Drehung des Läufers entgegengesetzt

[1]) Ing. Hruša, Elektrizität im Bergbau Oktober 1941 S. 65.

gerichtet ist. Der Motor 7 wird in dem Augenblick, in dem der Auslauf beginnen soll, von der Fördermaschine abgeschaltet, und es wird der freie Auslauf des Umformers mit dem Auslauf der Fördermaschine verglichen. Hat die Maschine 4 eine größere Geschwindigkeit als die Maschine 3, so wird über das Differentialrelais 10, das über Vorschaltwiderstand 16 an die Läufer der beiden Drehstrom-Asynchronmaschinen angeschlossen ist, ein Hilfsmotor des Bremsdruckreglers 12 betätigt, an dem über das Differential 15 ein Gestänge, das mit dem Differentialrelais 10 verbunden ist, angreift und ebenso ein Gestänge, das zum Steuerhebel führt. Die Auslaufdauer des Schwungrades kann durch den Widerstand 9 eingestellt werden. Die beiden Tachometermaschinen 4 und 3 sind deshalb entgegengesetzt geschaltet, damit ihre Spannungen, die durch die Geschwindigkeit der Fördermaschine und des Umformers bestimmt werden, nicht auf Null sinken und daher die Meßgenauigkeit auch bei kleiner Fördergeschwindigkeit günstig bleibt. Da der Maschinensatz 1,3 beim Einschalten sehr schnell die volle Geschwindigkeit erreicht, wird die Fahrbremse 13 schnell gelüftet, auch wenn der Steuerhebel nicht so schnell ausgelegt wird. Dieses System ist also nicht orts-, sondern zeitabhängig.

Abb. 58 zeigt den Öldruckfahrtregler von BBC.

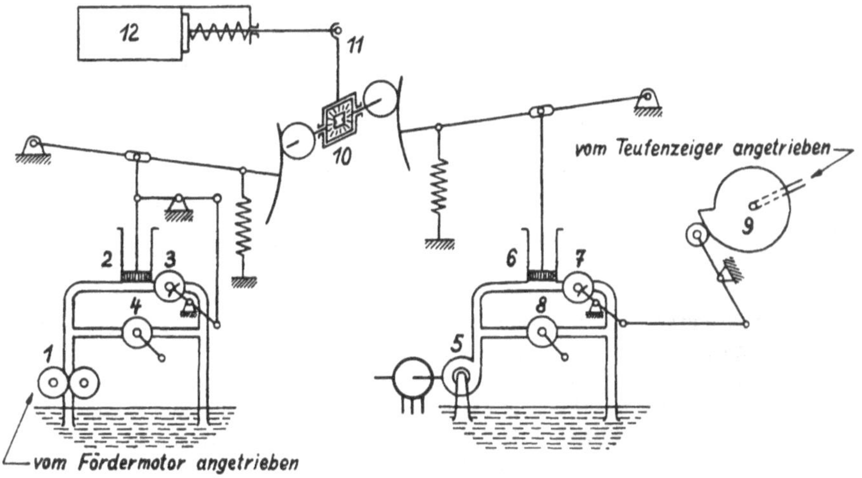

Abb. 58. Oeldruckfahrtregler (BBC) für eine Fördermaschine mit asynchronem Antriebsmotor

1 = Zahnradpumpe
2 = Druckkolben „Istseite“
3 = Regeldrosselhahn
4 = Einstelldrosselhahn
5 = Kreiselpumpe
6 = Druckkolben „Sollseite“
7 = Regeldrosselhahn
8 = Umstelldrosselhahn
9 = Steuerscheibe
10 = Ausgleichgetriebe
11 = Hebel am Ausgleichsgetriebe
12 = Druckregler

Die Zahnradpumpe 1 treibt Öl, dessen Druck abhängig von der Fördergeschwindigkeit ist, unter den Kolben 2. Der Hahn 3 drosselt abhängig von einer einstellbaren Federkraft, der Hahn 4 dient zur Grundeinstellung. (Istgeschwindigkeit.) Ebenso wird der Kolbenhub 6 abhängig gemacht von dem von den Kurven 9 eingestellten Hahn 7. Im übrigen entsprechen 6, 4 und die Pumpe 5 der Pumpe 1. Die Kreiselpumpe 5 wird durch einen kleinen Elektromotor angetrieben (Sollgeschwindigkeit). Beide Kolben greifen im Ausgleichsgetriebe 10, dessen Ausschlag auf einen Hebel 12 übertragen wird, dieser regelt den Druckweg der 12, der die Bremse bedient, wenn die Istgeschwindigkeit die Sollgeschwindigkeit überschreitet.

In der letzten Zeit ist man auch dazu übergegangen, Fördermaschinen nicht durch Hebel, sondern von einem Pult aus zu bedienen. Hierbei sind alle zur Bedienung notwendigen Geräte wie Schalter, Meßgeräte, Steuer- und Bremshebel auf einer Schalttafel vereinigt. Ein Meßgerät, durch das die Zahl der zurückgelegten Umdrehungen angezeigt wird, wird anstelle des Teufenanzeigers verwendet. Der Steuerhebel wirkt auf eine unterhalb des Pultes liegende Meisterwalze, an die die einzelnen Stufen des Steuerwiderstandes angeschlossen sind. Signallampen zeigen die Ankunft am Füllort und an der Hebebank. Sie geben ferner an, ob der Hauptstromkreis und die einzelnen Sicherheitsstromkreise geschlossen sind. Druckanzeiger für eine eventuelle Öldruckbremse, Hubzähler, die die Zahl der zurückgelegten Förderzüge angeben, sowie einzelne Druckknöpfe zum Ein- und Ausschalten des Motors der Ölpumpe des Sperrmagnetes an der Sicherheitsbremse sind angebracht. Eine derartige Anordnung erleichtert die Übersichtlichkeit stark. Trotzdem stößt diese Einrichtung auf Widerstand, da sie in der Bedienung von der bisherigen Arbeitsweise grundsätzlich abweicht.

c) Fördermaschinen mit Stromrichtern

Anstelle der Leonardsteuerung ist in den letzten Jahren auch vielfach der Stromrichterantrieb gewählt worden. Das Wesen der Stromrichteranlage sei kurz erklärt:

Verwendet werden Quecksilberdampfgleichrichter mit Gitter. Im Quecksilberdampfgleichrichter werden, sobald er an Spannung gelegt wird, aus dem heißen Kathodenmetall Elektronen geschleudert. Diese treffen auf Metalldampf. Die Gasmoleküle werden gespalten in Elektronen und Ionen (Stoßionisation). Dadurch entsteht eine große Anzahl Elektronen und Ionen. Die Elektronen wandern zur Anode, die Ionen zur Kathode. Der Elektronenstrom ist als Lichtbogen sichtbar und außerordentlich stark[1]), er hat kleinen Widerstand. Durch ihn entsteht erst

[1]) Anschütz, Stromrichteranlagen der Starkstrombetriebe 1950, Aufbau und Wirkungsweise von Stromrichtern für Regelbetriebe AEG Mitteilg. 1937 S. 177, Lenhart, Fördermaschinenantriebe mit Stromschaltern ETZ 1937 S. 527; Stromschalter für Industrieanlagen von Nowag BBC-Mitteilungen 1937 S. 51, Der gittergesteuerte Stromrichter und seine Anwendung im Steinkohlenbergbau.— Der Bergbau 1938 S. 25, Steuern und Regeln von Gleichstrommotoren mit Thyratrons von Grün ETZ 1951 S. 35.

die Gleichrichtung. Der Elektronenstrom erlischt, wenn die positive Anodenspannung Null wird, er entsteht neu, wenn die Anodenspannung aus glühenden Kathoden die Elektronen zu den Anoden zu treiben beginnt. Mit Hilfe eines negativ geladenen Gitters werden die Elektronen zur Kathode zurückgedrängt. Zu jeder Anodenspannung gehört eine Grenzspannung Ug', bei der der Bogen noch gesperrt wird. Wird $Ug > Ug'$, d. h. die Gitterspannung ist weniger negativ als Ug', zündet der Bogen von neuem (Abb. 59).

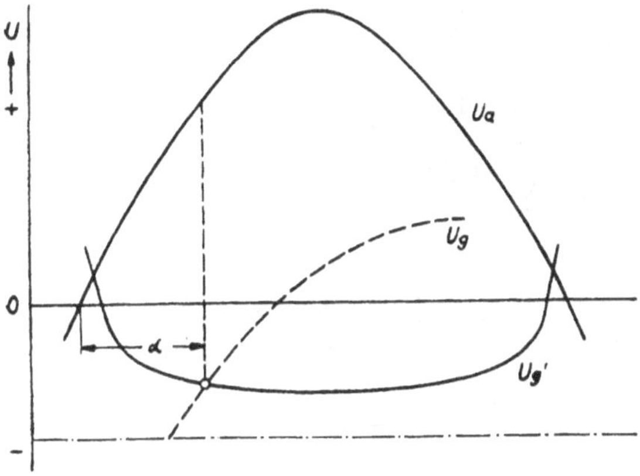

Abb. 59
Verlauf der Grenzspannung (Ug'), Gitterspannung (Ug), Anodenspannung (Ua), abhängig von der Zeit bei einem gittergesteuerten Gleichrichter (α = Zündwinkel)

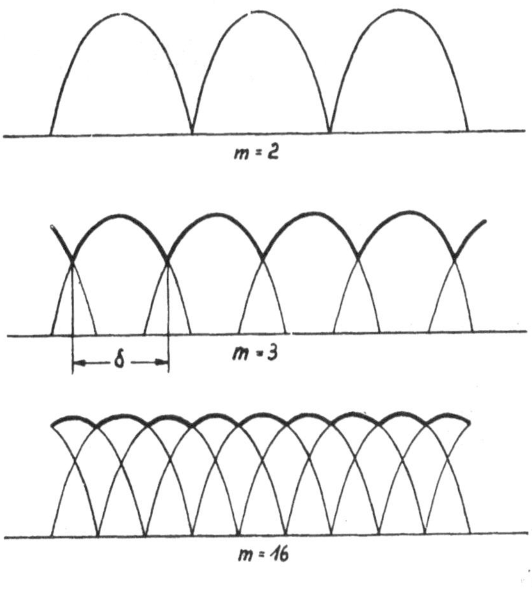

Abb. 60
Welligkeit des Gleichstroms abhängig von der Phasenzal des Gleichrichters

Steigert man (nach der positiven Seite hin) *Ug*, so zündet der Bogen zum Zeitpunkt, wenn *Ug* die Linie *Ug'* schneidet. Dieser Zeitpunkt ist um den Winkel α gegenüber dem Nullpunkt von *Ua* verschoben. Die Anodenspannung *Ua* ist sinusförmig. Der entstehende Gleichstrom ist wellenförmig, er fließt aber nur während

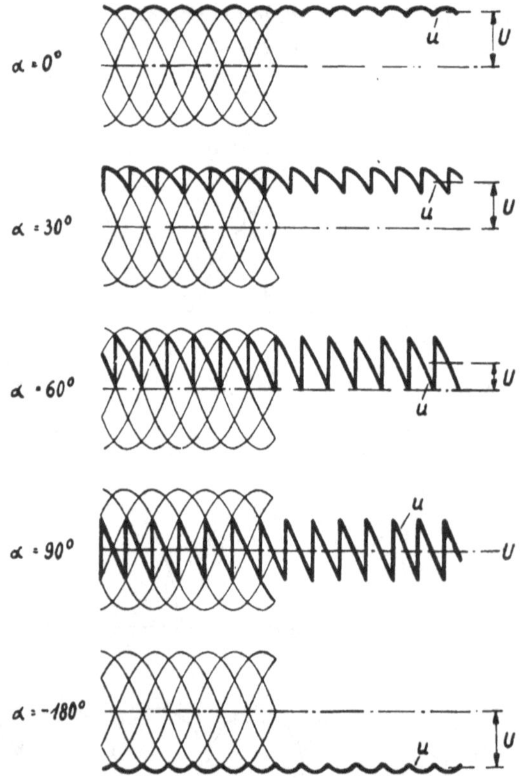

Abb. 61.
Abhängigkeit der Gleichspannung vom Zündwinkel eines gittergesteuerten Gleichrichters

der restlichen Halbperiode. Durch die Veränderung des Winkels α (Zündeinsatz) wird der Mittelwert des Gleichstromes verändert. Für die Erzeugung eines möglichst glatten Gleichstromes ist es ferner wichtig, die Zahl der Phasen des Gleichrichters möglichst hoch zu halten. Je größer die Zahl der Phasen (m), desto geringer die Welligkeit (vgl. Abb. 60). Man wählt meist je nach Größe einen Sechs- oder Zwölfphasengleichrichter für den Anker des Motors. Verschiebt man jetzt den Winkel α, so ergeben sich folgende Strombilder (Abb. 61):

Aus den Abbildungen ersieht man, daß die Gleichspannung durch Verändern des Zündmomentes ($\cos\alpha$) variiert werden kann. Regelt man jetzt mit solch einem gittergesteuerten Gleichrichter einen Motor, so wird bei Fördermaschinen das Feld des Motors konstant gehalten, es wird also Nebenschlußverhalten des Motors verlangt. Die Drehzahlregelung erfolgt durch Speisung des Ankers mit verschiedener Spannung. Die Größe der Spannung U_g ergibt sich bei sinusförmigem Wechselstrom mit der Effektivspannung U_{eff} bei m-phasigem Gleichrichter für $\alpha = 0$, wenn man die Brenndauer einer Periode mit $\delta = \frac{2\pi}{m}$ bezeichnet: Die Brenndauer des Lichtbogens beginnt im Zeitpunkt $-\pi/m$ und endet bei $+\pi/m$, wobei

$$u_{\text{Wechsel}} = U_{\max} \cos \omega t$$

(Abb. 63a)

$$U_{g_{\alpha=0}} = \frac{m}{2\pi} \sqrt{2}\, U_{\text{eff}}\, \omega \int_{-\pi/m}^{+\pi/m} \cos \omega\, t\, dt = \sqrt{2}\, \frac{m}{\pi} \sin \frac{\pi}{m} \cdot U_{\text{eff}} = k_{(\alpha=0)}\, U_{\text{eff}}$$

k ergibt sich

zu ($\alpha = 0$)	0,9	1,17	1,35	1,398	$\sqrt{2}$
für m =	2	3	6	12	∞

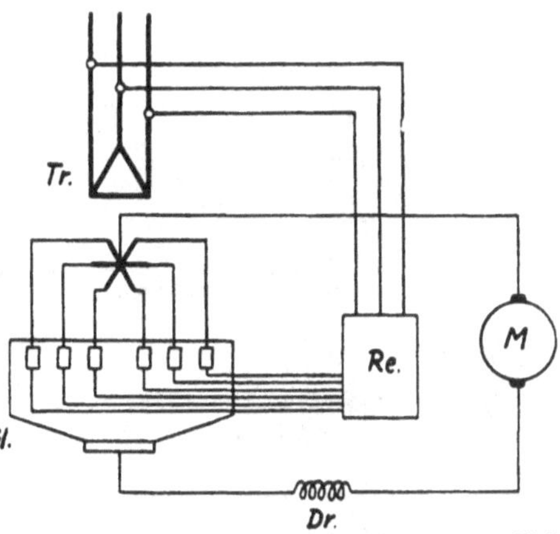

Abb. 62. Schaltung eines sechsphasigen gittergesteuerten Gleichrichters

Dr = Drossel　*Re* = Regler
Gl = Gleichrichter　*Tr* = Transformator
M = Motor

Abb. 62 zeigt die Schaltung eines Sechsphasengleichrichters.

Brennen mehrere Anoden je Phase, so ist für m der Wert $\frac{m}{s}$ (s Anzahl der Brennstellen je Phase) einzusetzen.

Wird für $a \neq 0$ gezündet, so unterscheidet man je nach dem Zündverschiebungswinkel und der Belastung zwei verschiedene Möglichkeiten, und zwar den Fall des lückenlosen Stromverlaufs und des lückenhaften Stromverlaufs. Für den Fall des lückenlosen Stromverlaufs gilt, da die Brenndauer von $\frac{-\pi}{m}$ bis $\frac{+\pi}{m} + \alpha$ währt

$$Ug_\alpha = Ug_{\alpha=0} \cos\alpha$$

es gilt die Gleichung:

$$Ug_\alpha = \frac{m}{2\pi} \sqrt{2}\, U_{\text{eff}} \int\limits_{\frac{-\pi}{m}+\alpha}^{\frac{+\pi}{m}+\alpha} \cos\omega t\, dt \qquad \text{(Abb. 63b)}.$$

Handelt es sich um einen lückenhaften Stromverlauf, so gilt Abb. 63c[1]).

$$\delta' = \frac{\pi}{2} + \frac{\pi}{m} - \alpha = \text{die Brenndauer des Bogens}$$

$$Ug_\alpha = \sqrt{2}\, \frac{m}{2\pi} U_{\text{eff}} \left[1 - \sin\left(\alpha - \frac{\pi}{m}\right)\right] = \frac{m}{\sqrt{2}\,\pi} U_{\max} \int\limits_{-\pi/m+\alpha}^{\pi/2} \cos\omega t\, dt\,.$$

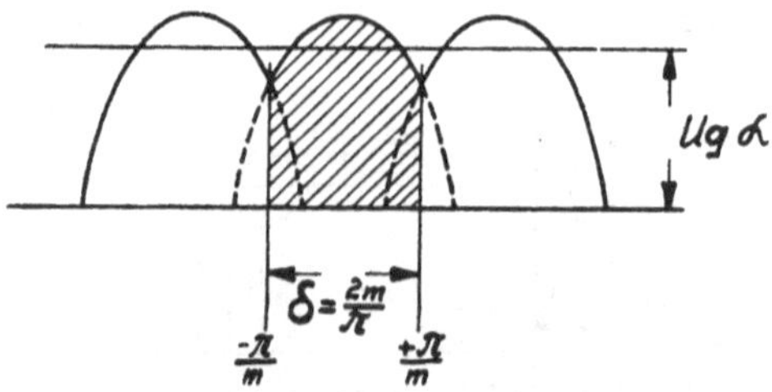

Abb. 63a. Verlauf der Gleichspannung (Mittelwert schraffiert) bei ungesteuertem Gleichrichter

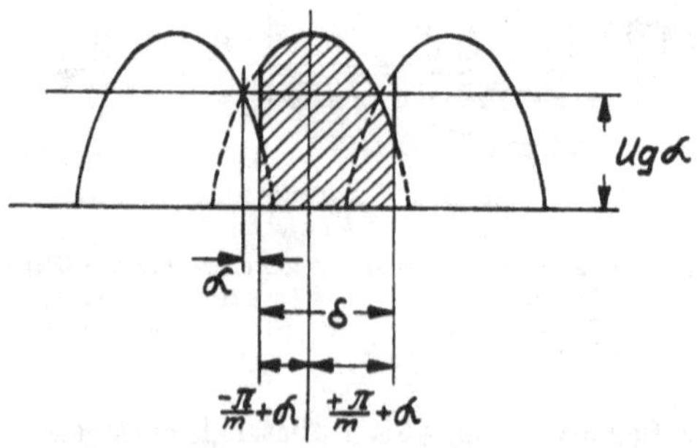

Abb. 63b. Verlauf der Gleichspannung (Mittelwert schraffiert) gesteuerter Gleichrichter Verzögerungswinkel α lückenloser Gleichstrom

[1]) Diese Figuren sind dem Werk Stromrichteranlagen von Auschütz entnommen.

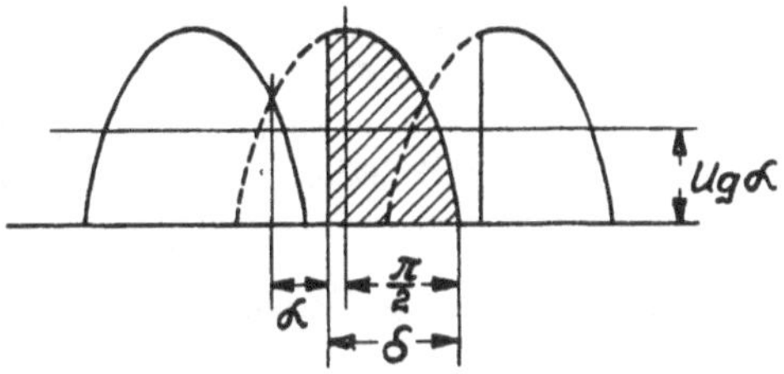

Abb. 63c. Verlauf der Gleichspannung (Mittelwert schraffiert) gesteuerter Gleichrichter Zündverzögerung α lückender Gleichstrom

Von einem bestimmten Winkel α lückt der Strom. Diesen nennt man den kritischen Steuerwinkel α_{kr}. Bei ohmscher Belastung

$$\alpha_{kr} = \frac{\pi}{2} - \frac{\pi}{m}.$$

Der Mittelwert des Gleichstroms richtet sich nach der Belastung. Bleibt der Zündwinkel gleich und ändert sich die Belastung, so ändert sich infolge der Welligkeit das Bild des Stroms wie folgt (Abb. 64):

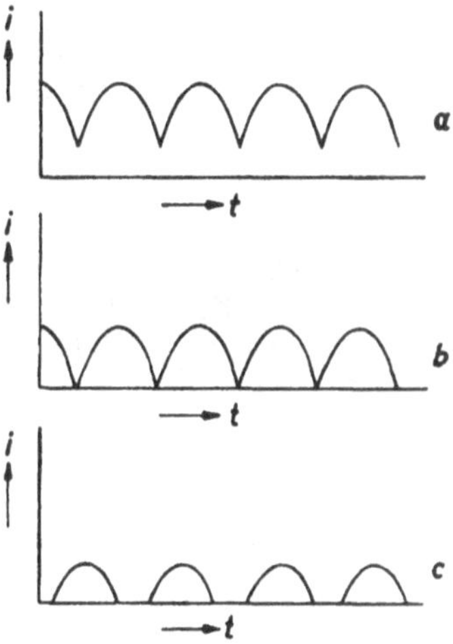

Abb. 64. Änderung des Wellenbildes des Gleichstromes bei fallender Belastung und gleichbleibendem Zündwinkel a. Bei c lückt der Strom, damit steigt die mittlere Gleichspannung

Aus Abb. 64 erkennt man: Sinkt der Strom unter den Mittelwert von Abb. 64b, lückt der Strom. Der sich ausbildende Strom richtet sich nach dem Zündwinkel der Anodenwechselspannung und der Belastung nach Größe und Phase. Man erkennt dies aus folgender Betrachtung:

Bei rein ohmscher Belastung würde der Strom im Zündmoment auf den Wert $i = u/R$ springen und sich proportional mit der Spannung ändern, bis die Spannung unter die ungefähr konstante Bogenspannung gefallen ist und erlischt. Bei induktiver Belastung, die vorherrschend ist, gilt

$$i = \frac{1}{L} \int_{\alpha}^{\varphi_L} U_{\max} \sin \varphi \, d\varphi = i = \frac{1}{L} \int_{\alpha}^{\varphi_L} u \, d\varphi,$$

der Strom erlischt, wenn das Integral 0 ist, d. h. wenn die Flächen unter und über der Spannungskurve gleich sind. Die Abb. 65[1]) zeigt die Verhältnisse für $\alpha = 90^0$ und $\alpha > 90^0$ für verschiedene Werte von E (prop. der Drehzahl).

Hierbei ist $U_B \cong 15$ Volt die Lichtbogenspannung, die ungefähr konstant ist. Der Motor stellt etwa eine Last (stark induktiv) von $\cos \psi \cong 0{,}2$ dar. Für verschiedene Drehzahlfaktoren $a = \frac{E + U_B}{U_{\max}}$ ($U_{\max}$ = Scheitelwert der Wechselspannung) ergeben sich für lückenden Betrieb die ausgezogenen Kurven (Abb. 66).

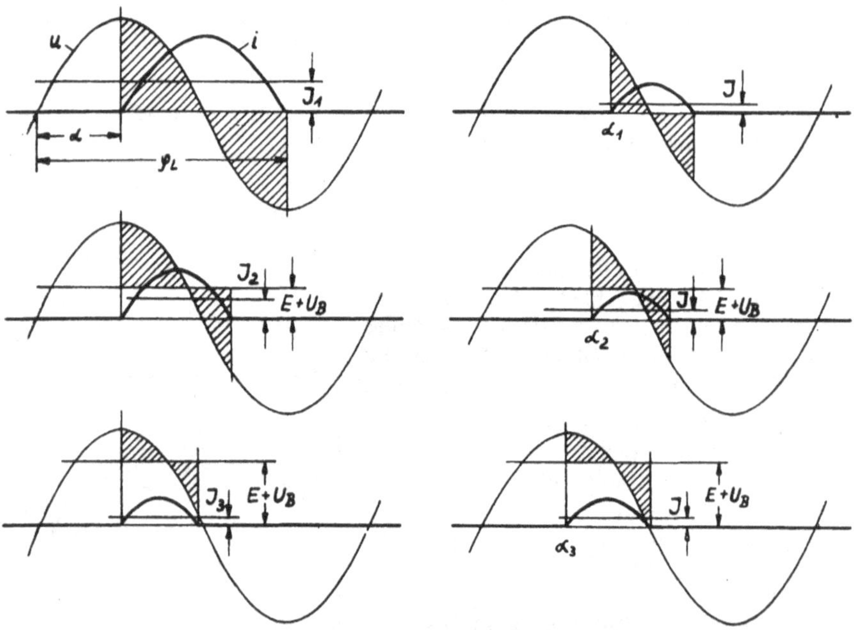

Abb. 65, Stromverlauf bei konstantem und veränderlichem Zündwinkel bei verschiedenen Gegenspannungen

Hierbei gilt stets $\varphi_L = \alpha + \delta$ bei lückenlosem und $\varphi_L = \alpha + \delta'$ bei lückendem Betrieb. Die Bezeichnung Drehzahlfaktor ergibt sich aus der Tatsache, daß die höchste Drehzahl erreicht wird, wenn $E + U_B$ fast so groß ist wie der Scheitelwert der Anodenwechselspannung $U_{\max}$.

Die Lösung der Gleichung $u = iR + L \frac{d_i}{d_R} = U_{\max} \sin \varphi$ für einen Motor lautet:

[1]) Die Abbildungen sind z. T. dem Artikel von Grün: Steuern und Regeln von Gleichstrommotoren mit Thyratron (ETZ 1951, S. 35) entnommen.

$$i = \frac{U_{\max}}{L} e^{-\frac{R}{L}\varphi} \int_{\alpha}^{\varphi_L} e^{\frac{R}{L}\varphi} \sin\varphi \cdot d\varphi \, .$$

Man sieht, daß die Kurvenform ähnlich ist wie die Abb. 65. Für kontinuierlichen Betrieb gilt $\varphi_L - \alpha = \frac{2\pi}{m}$

$$U_g = U_{\max} \frac{m}{2\pi} \int_{\alpha}^{\varphi_L} \sin(\varphi - a)\, d\varphi = J_g R =$$

$$U_{\max} \left[\frac{m}{\pi} \sin\frac{\pi}{m} \sin\left(\alpha + \frac{\pi}{m}\right) - a \right].$$

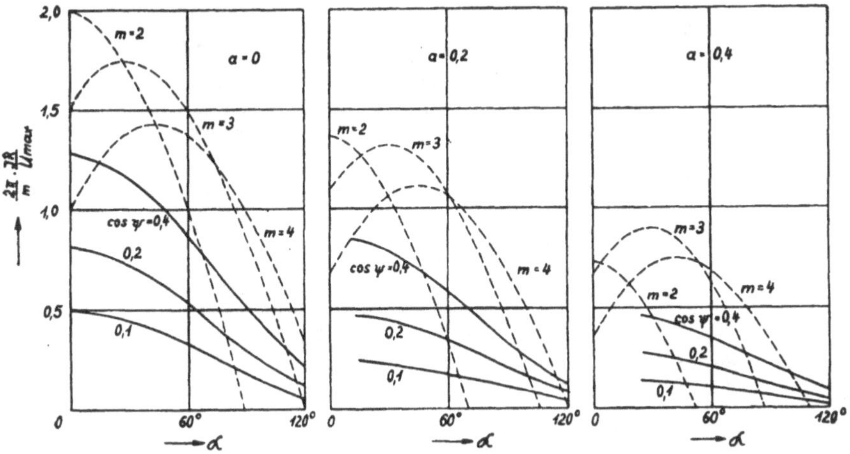

Abb. 66. Zusammenhang zwischen Gleichspannung (JR) und Phasenzahl (m). Zündwinkel α bei verschiedenen Drehzahlfaktoren a (gestrichelt) sowie zwischen Gleichstrommittelwert, Zündwinkel, cos ψ der Belastung (Motoren etwa 0,1 bis 0,4) für verschiedene Drehzahlfaktoren (ausgezogen) bei lückenlosem Gleichstrom [R = Ankerwiderstand Umax = Transformatorschaltspannung]

Dies ergibt Kurven der Abb. 66 über die Abhängigkeit der Gleichspannung U_g, die sich aus dem Wert $\frac{2\pi}{m} \frac{J R}{U_{\max}}$ ableiten läßt für verschiedene Drehzahlfaktoren a abhängig vom Zündwinkel α. Der Löschwinkel ist stets $\varphi_L = \alpha + \frac{2\pi}{m}$, daher braucht er in die Kurven nicht aufgenommen werden. Die ausgezogenen Linien gelten für den lückenden Betrieb für cos ψ = 0,1 0,2 0,4, die gestrichelten für den kontinuierlichen Betrieb für $m = 2$, $m = 3$, $m = 4$ ($tg\, \psi = \frac{w L}{R}$ ist die Belastung). Daraus kann man folgende Kennlinien für die Belastung (Abb. 67)

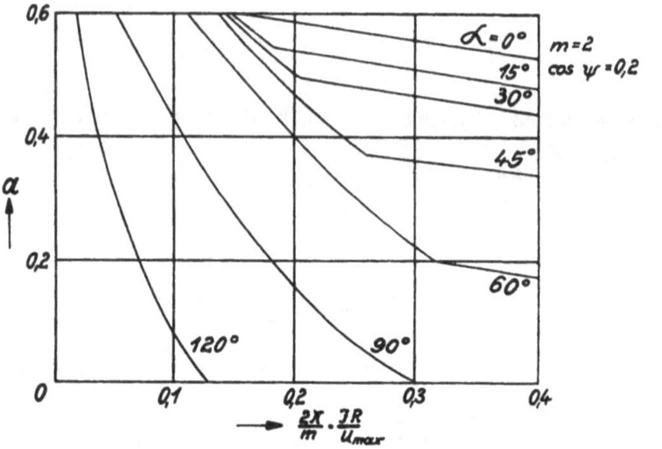

Abb. 67. Zusammenhang zwischen Drehzahlfaktor und Belastung bei $m = 2$ $\cos \Psi = 0{,}2$ für verschiedene Zündwinkel

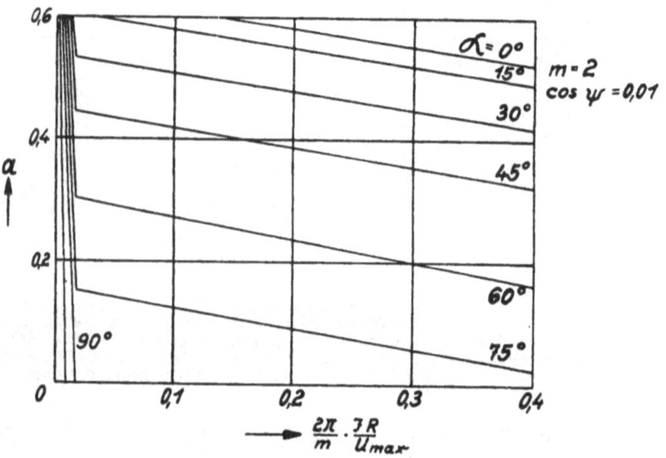

Abb. 68. Zusammenhang zwischen Drehzahlfaktor und Belastung bei $m = 2$ $\cos \Psi = 0{,}01$ (Drossel eingebaut) für verschiedene Zündwinkel

ableiten, z. B. für $m = 2$, $\cos \psi = 0{,}2$. Der Knick ergibt sich daraus, daß die Kurven für den lückenden, die geraden für den kontinuierlichen Betrieb gelten. In Abb. 66 gehen die Kurven für $m = 2$, $m = 3$, $m = 4$ für den kontinuierlichen Betrieb an den Schnittpunkten mit den $\cos \psi$ Linien in die Kurven für den lückenden Betrieb über. Der Schnittpunkt liegt bei um so kleineren Strömen (günstig), je größer die Phasenzahl und je induktiver die Belastung ist. Daher werden Drosseln eingebaut, durch die dann die Kurven für den lückenden Betrieb soweit nach links verschoben werden, daß sie unterhalb des Leerlaufstromes des Motors liegen, der Motor hat über den ganzen Bereich Nebenschlußverhalten.

Abb. 68 zeigt die Bilder für $\cos \psi = 0{,}01$ $m = 2$.

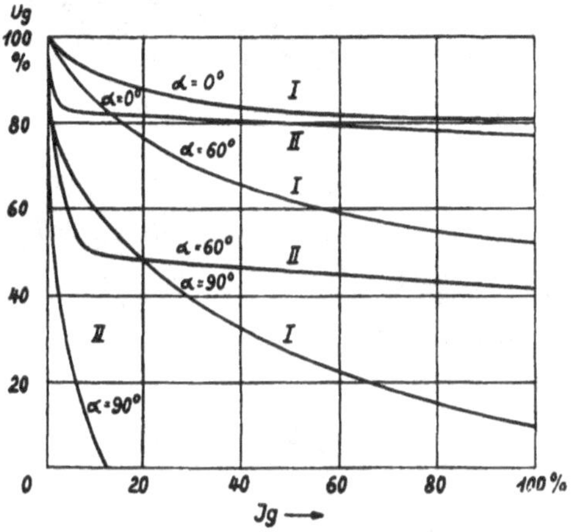

Abb. 69. Abhängigkeit der Drehzahl von der Belastung bei verschiedenem Zündwinkel mit (II) und ohne (I) Kathodendrossel (Jg = Gleichstrom, Ug = (proportional n) Gleichspannung) (vgl. Abb. 64. Die Knickpunkte sind die Punkte beginnenden Lückens des Stromes)

Abb. 69 zeigt die Kennlinien für einen Sechsphasengleichrichter mit verschiedenem Aussteuerungswinkel α mit und ohne Kathodendrossel. In der Praxis wird die Drossel etwa so gewählt, daß die in ihr vernichtete Blindleistung etwa $^1/_3$ der Motornennleistung ist.

Bei Antrieben von Fördermaschinen muß die Drehrichtung des Motors geändert werden. Dies ist nicht so ohne weiteres möglich, da der Gleichrichter nur in einer Richtung den Strom durchläßt. Außerdem möchte man erreichen, daß beim Bremsen Energie ins Netz zurückgeführt wird. Dies kann nur erreicht werden, wenn man Gleichstrom in einem Wechselrichter in Drehstrom verwandelt. Als Wechselrichter dient ein gittergesteuerter Stromrichter von der gleichen Bauart wie der Gleichrichter.

Die Wirkungsweise eines Umkehrantriebes zeigt Abb. 70.

Zwei Stromrichter sind in Kreuzschaltung. Sie liegen an der Sekundärwicklung eines Transformators. Zwischen den Sternpunkten $O_1\, O_2$ liegt die Gegen-EMK des Motors M. Abb. 70 zeigt das Bild für Rechtslauf. Ist $E > U_{r_2}$, haben wir Generatorbetrieb (gestrichelte Pfeile), da kein Strom von der Kathode zur Anode fließen kann, dagegen fließt im Gefäß V_1 der Strom von der Anode zur Kathode, dabei muß das Gefäß v_1 auf negative Halbwinkel ausgesteuert werden. Beim Aussteuern auf positive Halbwellen würden Motor EMK und Stromrichterspannung

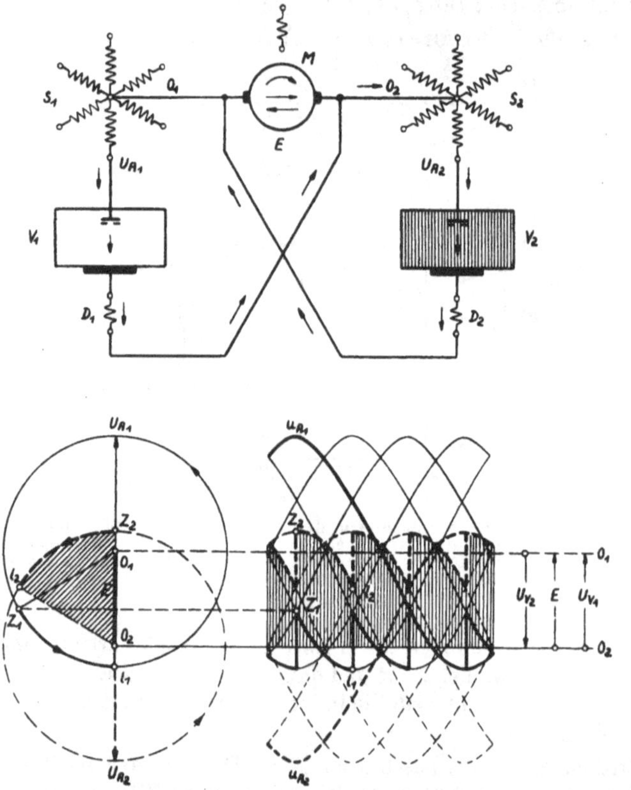

Abb. 70. Zwei Stromrichter in Kreuzschaltung und deren Arbeitsweise (Verluste vernachlässigt) D_1 D_2 Drosselspulen, O_1 O_2 Sternpunkt der Sekundärwicklungen, S_1 S_2 Sekundärwicklungen, E Gegenspannung der Gleichstrommaschine, Z_1 Z_2 Zündzeitpunkte, V_1 V_2 Stromrichter, U_{v_1} U_{v_2} die vom Stromrichter abgegebenen Spannungen, U_{A_1} U_{A_2} Anodenspannung

sich addieren, was einen Kurzschluß verursachen würde. Ist $E = U_{v_2}$ (bei Vernachlässigung der Verluste), fließt der Strom in der Richtung des ausgezogenen Pfeiles. Es herrscht Motorbetrieb. Das Gefäß liefert Strom in Richtung des ausgezogenen Pfeiles, es herrscht Motorbetrieb. Bei Linkslauf tauschen V_1 und V_2 ihre Rolle. Das Stromspannungsdiagramm zeigt die Verhältnisse unter Vernachlässigung der Verluste (ETZ 1937) und unter Voraussetzung, daß die Gleichspannung = der Wechselspannung des Wechselrichters ist (kein Stromfluß über die beiden Gleichrichter). O_1—O_2 ist die EMK. Das Gefäß V_2 arbeitet als Wechselrichter. Die Zündpunkte müssen so eingestellt werden, daß sie im Leerlauf die Mittelwerte der beiden Spannungen an den Stromrichtern den Wert E ergeben. Bei den gewählten Zündzeitpunkten ist die Anode A_2 zwischen z_2 und l_2 und die Anode A_1 zwischen z_1 und l_1 stromführend. Man erkennt aus den Kurvenbildern über den Spannungsverlauf, daß bei voller Aussteuerung, d. h. größter Gleichspannung, die maximale Spannung zwischen zusammengehörigen Anoden $2\,U_A + E \sim 3\,U_A$ ist.

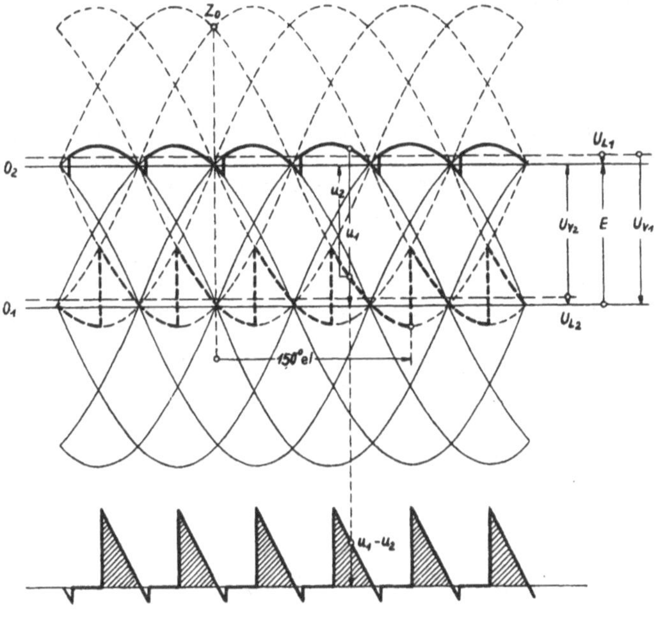

Abb. 71. Spannungsverlauf an den beiden Stromrichtern bei höchster Aussteuerung und Gleichrichterbetrieb von Gefäß 1 sowie Verlauf der wirksamen Kreisspannung. U_{L_1} U_{L_2} Lichtbogenspannungen, U_1 U_2 Anodenspannungen, U_{v_1} U_{v_2} Gleichspannung (Mittelwert), Z_0 Natürlicher Zündzeitpunkt, E Gegenanker des Motors

Berücksichtigt man die Verluste, d. h. den Spannungsabfall im Stromrichter (ca. 15 Volt), so gilt $U_{v_1} - U_{l_1} = U_{v_2} + U_{l_2}$ (s. Abb. 71).

Bei einem Wechselrichter kann bekanntlich der Stromübergang von einer Anode zur nächsten nur dann stattfinden, wenn die neu zündende Anode eine positive Spannung gegenüber der Kathode bzw. der Gegenspannung hat, d. h. der Stromübergang muß noch vor dem Schnittpunkt der beiden aufeinanderfolgenden Anodenspannungshalbwellen beendet sein. Der Unterschied ist bei

Sechsphasenbetrieb 30°, d. h. die maximale Zündverzögerung ist für negative Halbwellen maximal 150°[1]).

Durch die Bedingung, daß die Leerlaufspannung des als Gleichrichter arbeitenden Gefäßes um den doppelten Lichtbogenabfall größer sein muß als die des als Wechselrichter arbeitenden Gefäßes, ergibt sich eine gegenseitige Abhängigkeit der beiden Zündverzögerungswinkel, nämlich

$$\cos \varphi_{L_1} = \cos \varphi_{L_2} + \frac{2\,U_L}{U_{10}}$$

U_L = Lichtbogenspannungsabfall = U_B

U_{10} = fiktive Gleichspannung bei $\cos \varphi_{L_1} = 0$, daraus ergibt sich, daß die Gleichrichteraussteuerung nur bis zu einem Winkel bis zu 15° (minimal) geführt werden kann.

Die ohmschen Verluste werden leicht berücksichtigt, indem man die Gegen-EMK bei Gleichrichterbetrieb um den ohmschen Spannungsverlust verkleinert und bei Wechselrichterbetrieb um denselben Wert vergrößert.

Die Regelung der Gitterspannung erfolgt auf folgende Weise:

a) Mechanisch: Die Gitter des Stromrichters (z. B. drei) stehen über Widerstände mit dem negativen Pol einer Gleichstromquelle und den (z. B. drei) festen Kontakten einer Kontaktscheibe in Verbindung. Läuft der Kontakt-

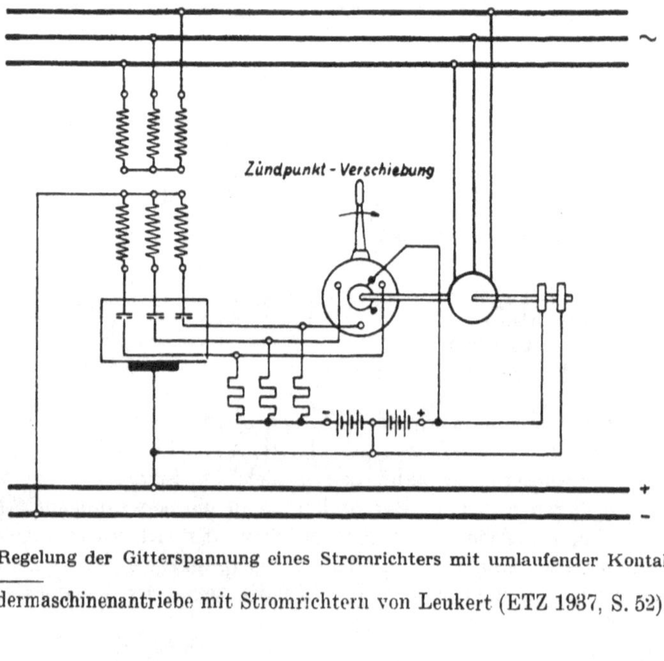

Abb. 72. Regelung der Gitterspannung eines Stromrichters mit umlaufender Kontaktscheibe

[1]) Fördermaschinenantriebe mit Stromrichtern von Leukert (ETZ 1937, S. 52).

geber um, so erhalten die drei Gitter zu bestimmten Zeitpunkten je einen positiven Stromstoß, durch den die Spannung der Anode für einen Augenblick aufgehoben wird. Der umlaufende Kontakt wird durch einen Synchronmotor angetrieben, so daß Gleichlauf zwischen der Zündung und Phasenfolge besteht. Die Verschiebung des Zündzeitpunktes erfolgt durch Verschiebung der Scheibe von Hand (Abb. 72).

Die gegenstufige Steuereinschaltung der beiden Zündverschiebungszeitpunkte erfolgt nach Abb. 73.

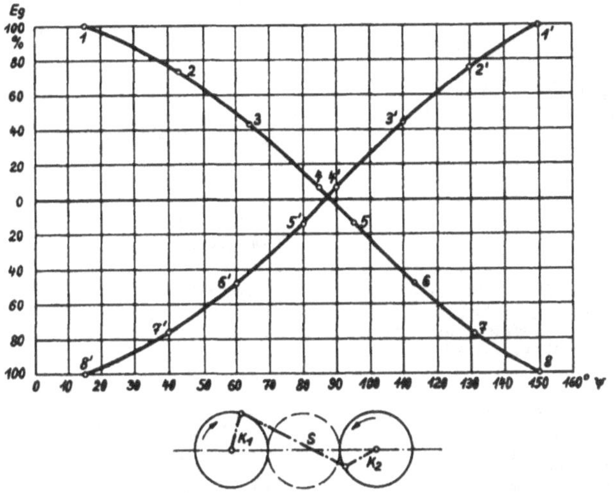

Abb. 73. Die gegenstufige Steuereinschaltung der beiden Zündverschiebungszeitpunkte zweier Stromrichter in Kreuzschaltung
K_1, K_2 = Kurbeln, S = Kupplungsstange

b) Elektrisch: Diese heute meist gebräuchliche Einrichtung erfolgt mittels Drehreglers (Drehtransformators). Die Leistung des Steuergitters liegt bei 10 bis 100 mA, allerdings ist der Verbrauch der Gittersteuerung mehr durch den Verbrauch der Regelapparate bedingt (ca. 1 bis 1,5 kW). Bei Drehtransformatoren wird durch verstellen des feststehenden Läufers die Phase des Gitterstroms, d. h. der Zündzeitpunkt verstellt. Der Drehregler allein gäbe eine zu flache Zündkurve, der Zeitpunkt der Zündung wäre nicht eindeutig bestimmt, d. h. der Zündzeitpunkt muß stoßweise erfolgen. Ferner muß dafür gesorgt werden, daß die Anode bis zum Zündzeitpunkt gesperrt bleibt. Dies erfolgt dadurch, daß eine negative Gittervorspannung stets am Gitter vorhanden ist und nur im Zeitpunkt der Zündung wird stoßartig die Gitterspannung positiv. Die durch den Drehregler eingestellte Phasenspannung wird durch eine Steuerröhre verstärkt (Abb. 74).

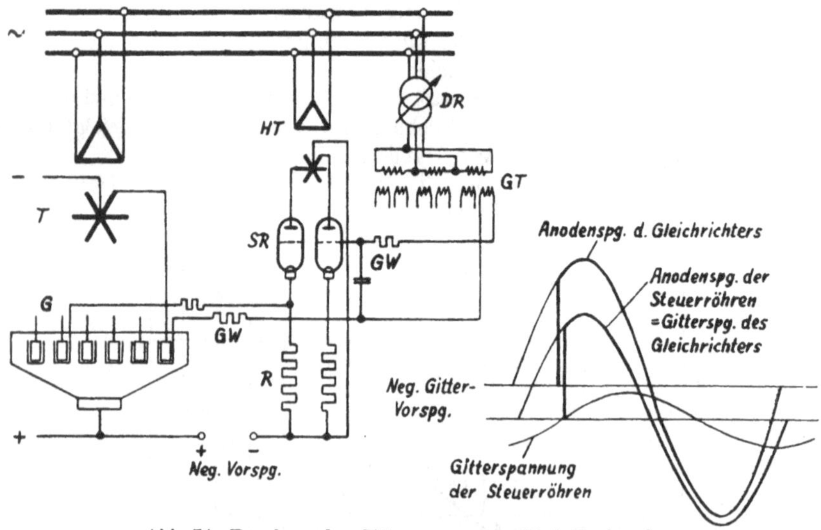

Abb. 74. Regelung der Gitterspannung mittels Drehreglers
DR Drehregler, *SR* Steuerrohre, *GT* Gittertransformator, *G* Gleichrichter,
NT Hilfsspannungstransformator, *GW* Gitterwiderstand
(häufig noch zwischen Netz- und Pluspol-Kathodendrossel

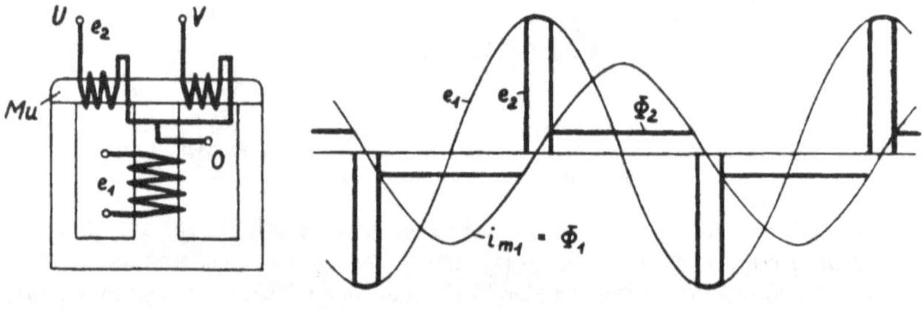

Abb. 75. Regelung der Gitterspannung mittels Gitterumspanner aus Mu-Metall (magnetische Steuerung). [Sonderbauart des Gitterumspanners Abb. 74.] e_1 sinusförmige Eigenspannung, e_2 Ausgangsspannung am Mu-Metalljoch. Steuerung des Zündwinkels erfolgt durch Drehregler oder durch eine Änderung der Vormagnetisierung mittels Gleichstrom

Zu jeder Gleichrichterphase gehört eine Steuerröhre SR. Sobald die Gitterspannung die Nullinie schneidet, zündet die Hilfsröhre SR, damit entsteht am Widerstand R ein Spannungssprung, da durch die Anode des Gleichrichters gezündet wird.

Einfacher ist die magnetische Steuerung. Anstelle der Hilfsröhren SR wird ein Gitterumspanner aus Mu-Metall verwandt. Mu-Metall ist ein Werkstoff von hoher

Anfangspermeabilität und scharfem Sättigungsknick der Magnetisierungskurve[1]). Liegt er primärseitig an sinusförmiger Spannung, so ist das Spannungsbild sekundärseitig gem. Abb. 75.

Diese Steuerung ist wesentlich billiger als die Röhrensteuerung und fast ebenso genau.

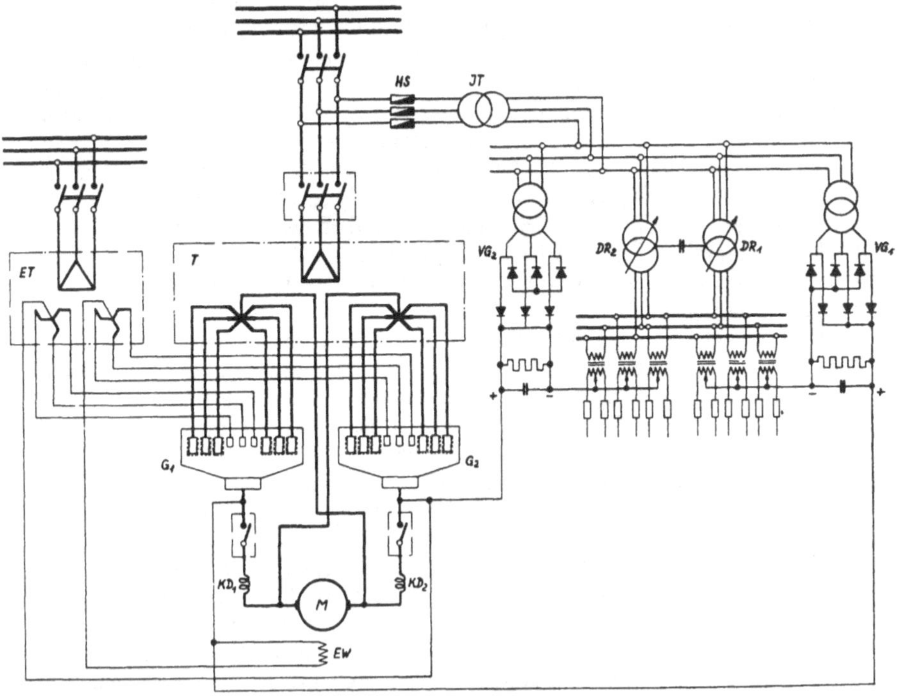

Abb. 76a. Umkehrsteuerung mittels 2 Stromrichtern (Gesamtschaltbild)
DR Drehregler, *G* Stromrichtergefäße, *VG* Hilfsgleichrichter, *KD* Kathodendrossel, *ET* Erregertransformator, *EW* Erregerwicklung

Eine Gesamtschaltung einer Umkehrsteuerung zeigt Abb. 76a.

Für die Erregerwicklung ist ein besonderer Gleichrichter vorgesehen. Besondere Kathodendrosseln sind nicht erforderlich, da die Erregerwicklung selbst genügend induktiv ist. Betreffend der Sicherheit sind vorgesehen, daß sämtliche Schutzeinrichtungen auf den Bremsmagnet wirken. Die Anlage darf erst in Betrieb genommen werden, wenn die Gitteranlage in Betrieb ist. Es ist also zusätzlich ein Schaltgerät im Gitterkreis vorgesehen, das eine Verriegelung mit dem Haupt-

[1]) Vgl. Abb. 44.

schalter bewirkt. Ebenfalls darf der Bremsmagnet erst gelüftet werden, wenn die Gittersteuerung betriebsbereit ist. Auch die Rückkühlanlage (im Winter darf sie nicht zu kalt sein, mindestens 4° C) muß betriebsbereit sein, bevor die Anlage arbeitet. Im Kathodenkreis der beiden Gefäße liegt je ein Schnellschalter mit unverzögerter Rückstrom- und Überstromauslösung, damit bei inneren und äußeren Kurzschlüssen sofortige Ausschaltung erfolgt. Ferner erfolgt sofortige Ausschaltung bei Wegfall der Primärspannung und bei verzögerter Ausschaltung bei Überlast. In den Betriebspausen arbeiten Kühlwasser- und Vacuumpumpen allein.

Stromrichter haben wegen der notwendigen 2 Gefäße im allgemeinen etwas höhere Anschaffungskosten als Leonardsteuerungen, dagegen sind die Wartungskosten und Betriebskosten (Umformerverluste sind kleiner) geringer. Die Bedienung geht in gleicher Weise wie bei Leonardsteuerungen vor sich.

In Anlagen ohne Seilausgleich, die beim Heben immer Motor- und beim Senken immer Generatorbetrieb haben, ist es möglich, mit einem Stromrichter auszukommen. In diesem Gefäß herrscht dann stets beim Heben und Senken gleiche Stromrichtung.

In den letzten Jahren sind Versuche im Gange, anstelle von zwei Stromrichtern nur einen zu verwenden und einen Schalter im Ankerkreis, der bei Übergang von Generator- auf Motorbetrieb bzw. von Motor- auf Generatorbetrieb die Klemmen des Stromrichters umgekehrt an die Klemmen des Fördermotors legt. Das Wesen einer solchen Schaltung[1]) liegt darin, daß beim Umlegen eines Steuerhebels des Steuerschalters nicht die Umschaltschütze direkt zum Einschalten kommen, denn die Umschaltung selbst soll im Moment der stromlosen Pause erfolgen, s. Abb. 76b.

Auf diese Weise wird die Umpolung des Ankers gerade im richtigen Moment vorgenommen. Wenn dies nicht der Fall wäre, würde der Bremsstrom, der dann umgekehrt durch den Motor fließen würde, nicht durch den Stromrichter hindurch fließen können. Die selbsttätige Umsteuerung erfolgt nun dadurch, daß die Gittersteuerung durch ein Drehreglersystem *d* gesteuert wird. Dieses besteht aus zwei gegeneinander gekuppelten Drehreglern, die ähnlich Abb. 73 gekuppelt und durch einen kleinen Motor angetrieben werden und mit Hilfe des Steuerhebels in eine solche Lage gebracht werden, daß der eine Drehregler für Gleichrichter- und der andere Drehregler für Wechselrichterbetrieb eingestellt ist. Anstelle von Drehreglern könnten auch zwei Drosselspulen verwendet werden, deren Magnetisierungsstrom entsprechend verändert wird, die dann in gleicher Weise wirken würden. Diese Werte der Drehregler sind dann die Drehzahl-Sollwerte. Diese werden dann mit den Drehzahl-Istwerten verglichen, die dadurch eingestellt werden, daß mit dem Fördermotor eine kleine Dynamomaschine gekuppelt ist, die eine von der Drehzahl abhängige Spannung gibt. Je nachdem nun, ob die Spannungsdifferenz zwischen den beiden Drehreglern oder die Spannung von der

[1]) S. ETZ 1. Juni 1951 S. 34 (Umkehrschütze).

Drehzahl-Dynamomaschine überwiegt, schaltet das Relais und erreicht hierdurch die richtige Stellung des Ankerumschalters. Die Einrichtung ist nun so getroffen, daß in jedem Falle durch die Gittersperrung die Umschaltung im stromlosen Zustande erfolgt. Der Steuerschalter selbst ist ein einfacher Nockenschalter. Es entspricht jedem Stromwert ein eindeutiger Aussteuerungszustand des Stromrichters. Bei Rückführung des Steuerschalters überwiegt der Drehzahl-Ist-Wert

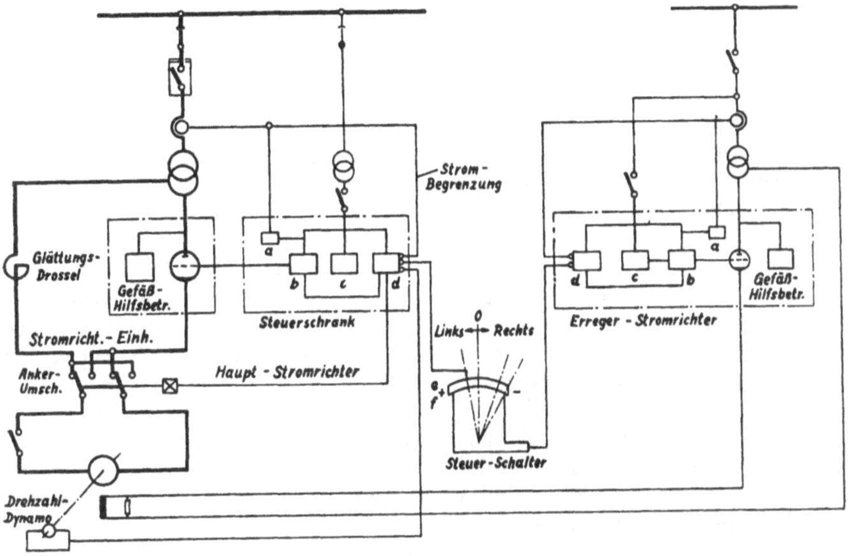

Abb. 76b. Umkehrsteuerung mit einem Stromrichtergefäß

a = Gittersperrung *c* = Negative Vorspannung *e* = Drehzahl-Sollwert
b = Impuls-Gerät *d* = Regler *f* = Erregerstrom-Sollwert

den Drehzahl-Soll-Wert. Dann wird der Stromrichter selbsttätig auf höchste Stromrichterspannung umgesteuert. Sobald der Motorstrom 0 wird, erfolgt die Umschaltung. Ein Rückstrom vom Motor kann erst auftreten, wenn die nach dem Umschalten selbsttätig eintretende Verriegelung der Wechselrichter-Gegenspannung entsprechend herabgeregelt ist. Die stromlose Pause beträgt etwa 0,3 Sek. In gleicher Form wie die Umschaltung für den Hauptmotor arbeitet, kann auch die für die Erregung arbeiten. Hierfür ist ein Hilfsgefäß vorhanden. Der Schalter arbeitet in gleicher Form. Die Stellungen von *f* sind am Steuerschalter für die Erregung bestimmt.

Die Schaltung der Gittersteuerung des Stromrichters ist gegenüber der Zweigefäßschaltung geblieben. Die Zahl der ausgeführten Anlagen mit einem Umkehrstromrichter ist noch nicht sehr groß, so daß noch nicht viele Erfahrungen vorliegen und man kein endgültiges Urteil fällen kann.

In Anlagen ohne Seilausgleich, die beim Heben immer Motor- und beim Senken immer Generatorbetrieb haben, ist es stets möglich, mit einem Stromrichter auszukommen, ohne solche Kunstschaltungen zu verwenden. In diesem Gefäß herrscht dann immer beim Heben und Senken gleiche Stromrichtung.

3. Geräte für Krane und Winden

Schaltgeräte

Die Steuerung von Hebezeugen erfolgt durch Kontroller, Nockenschalter oder Schützensteuerungen. Das zu wählende Gerät richtet sich nach der elektrischen und mechanischen Beanspruchung, d. h. in erster Linie nach der Schalthäufigkeit und der Schaltleistung. Für normale Laufkrane genügt es, bis zu Stromstärken von etwa 150 max. 200 Amp. Kontroller oder Nockenschalter zu wählen, sofern auf der Kranbühne genügend Platz vorhanden ist, um die Geräte leicht zu bedienen. Bei Kranen mit 5, 6, 7 und mehr Motoren ist es im allgemeinen einfacher, vor allen Dingen bei Motoren über 30 bis 40 kW, Schützensteuerungen zu wählen und diese entweder durch Nockenschalter oder Meisterwalzen zu bedienen. Die Schützen selbst können dann im Krangerüst untergebracht werden. Bei Stromstärken über 200 Amp., vor allem bei vielstufigen Walzen, werden im allgemeinen die Abmessungen von Kontrollern zu groß. Die Geräte lassen sich nur schwer auf der Kranbühne unterbringen, so daß man in letzter Zeit in solchen Fällen dazu übergeht, Schützensteuerungen zu wählen. Eine umstrittene Frage ist die Anwendung von Nockenschaltern, das sind Geräte, bei denen Schützkontakte, die mit oder ohne Blasung versehen werden können, durch eine Nockenwelle bedient werden. Bei Gleichstrom weisen sie gegenüber Kontrollern stets den Vorteil auf, daß jeder einzelne Pol geblasen werden kann, während bei normalen Kontrollern nur eine Blasspule für eine große Anzahl Finger Verwendung findet. Aus diesem Grunde sind vor allen Dingen für Straßenbahnen meist Nockenschalter verwendet worden. Aber auch bei Drehstrom haben sie den Vorteil, daß der Kontaktverschleiß bei den Tast- oder Wälzkontakten die Nockenschalter im Gegensatz zu den Schiebekontakten, die Kontrolle haben, erheblich niedriger ist. Sie haben sich eingebürgert in allen den Fällen, in denen die Schalthäufigkeit mehr als 240 Schaltungen pro Stunde beträgt. Allerdings wird in den letzten Jahren für alle diese Fälle immer stärker die Schützensteuerung verwendet, da die Haltbarkeit der Kontakte bei Schützensteuerungen wesentlich günstiger ist als bei Nockenschaltern und die Unterbringung der Schützen wesentlich geringere Schwierigkeiten macht. Hinzu kommt, daß bei großer Schalthäufigkeit gerade die Bedienung von Nockenschaltern, wenn sie für große Leistungen Verwendung finden, ziemlich hohe Kraft beansprucht. Da häufig Frauen Kranführer sind, ist es von großem Vorteil, wenn leicht zu bedienende Meisterschalter gewählt werden, die unter Umständen so günstig angebracht werden können, daß der Kranführer 4 bis 6 Schalter im Sitzen bedienen kann. Die dabei entstehenden Mehrkosten durch Verwendung von Schützensteuerungen machen sich im allgemeinen schnell bezahlt. Es wird wahrscheinlich in Zukunft mehr die Frage auftreten, ob für kleinere Leistungen, also etwa 60 bis 100 Amp. Stromstärke, im Hebezeugbetrieb der Nockenschalter den Kontroller verdrängen wird oder nicht, während für größere Stromstärken Schützensteuerungen vorherrschend verwendet werden. Im allgemeinen aber darf man die technische Bedeutung dieser Frage nicht überschätzen, da wahrscheinlich Nockenschalter und Kontroller den Bedingungen, die gestellt werden, genügen dürften. Man wird sich konstruktiv dafür entschei-

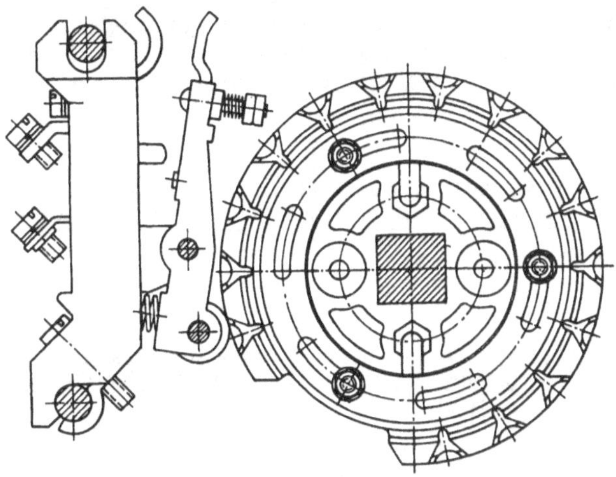

Abb. 77. Nockenscheibe mit Nockenschalterkontakt für Hilfsstromnockenschalter

den, welche von den beiden Ausführungsarten die billigere ist. Bei Massenfertigung und guter Konstruktion wird dies vielfach der Nockenschalter sein, bei Fertigungen geringerer Stückzahlen der Kontroller. Für die Auswahl des richtigen Gerätes ist besonders die Auswechselbarkeit der dem Verschleiß unterworfenen Kontaktstücke von wesentlicher Bedeutung. Diese ist im allgemeinen bei Kontrollern einfach bei den Kontaktfingern, weil sich die Abbrennstücke bei den Kontrollerfingern leicht auswechseln lassen, dagegen macht es Schwierigkeiten bei dem Walzenbelag auch dann, wenn beim Walzenbelag besondere Abbrennstücke vorhanden sind, da auch in einem solchen Falle nicht das Abbrennstück allein ersetzt werden darf, sondern die Walze mit neuem Walzenbelag überdreht werden muß. Die Ausführung eines Nockenmeisterschalters mit beliebig fein einzustellenden Schaltstellungen mit leicht auswechselbaren Kontaktstücken zeigt Abb. 77.

Die Nockenscheiben können an 18 Stellen ausgebrochen werden. Durch die Schlitze mit den Schrauben ist eine Feineinstellung möglich. 2 Scheiben je Kontakt werden gegeneinander verdreht, auf diese Weise wird jede beliebige Ein- und Ausschaltlage erzeugt.

Die Schützensteuerungen werden entweder auf ein Gerüst oder unterhalb der Kranbühne angebracht, wenn Platz vorhanden ist, während die Schützen in Schaltschränken untergebracht und die Schränke in der Nähe der Bühne aufgestellt werden. In Amerika ist es üblich, normale Einzelteile auf Tafeln von Marmor oder einem ähnlichen Isoliermaterial aufzuschrauben und in dieser Weise die Schützenschalttafeln herzustellen. In Deutschland hat man sich mehr dafür entschieden, schon fertige Schütze auf Rahmen aus Winkeleisen aufzuschrauben und diese Rahmen in Schränken unterzubringen.

Die elektrische Haltbarkeit der Schützkontakte für gut durchkonstruierte Schütze mit magnetischer Blasung bei höheren Leistungen oder bei doppelter Unterbrechung mit Hartsilberkontakten[1]) und guter Abbrandreserve zu etwa, wenn die Nennleistung $N \cong 0{,}9\ U J_a \sqrt{3}$ bei Drehstrom und $0{,}9\ U J_a$ bei Gleichstrom ist[2]):

	0,8 N		0,6 N		0,4 N	
	Kurzschlußanker	Schleifringanker	Kurzschl.-anker	Schleifringanker	Kurzschl. anker	Schleifringanker
220 Volt	300000	500000	500000	800000	750000	1100000
380/440 Volt	230000	375000	300000	500000	500000	800000
500 Volt	150000	200000	200000	300000	300000	500000

Bei Schalthäufigkeiten über 600 Schaltungen/Std. müssen diese Zahlen um etwa 20% bei 1000 Schaltungen/Std. um 50% bei 3000 Schaltungen/Std. vermindert werden. Jede Tippschaltung ($J_A \cong 5$—$6\ J_n$ bzw. $J_A \cong 1{,}7$—$2{,}5\ J_n$) wirkt wie etwa 6 Schaltungen bei Kurzschlußankermotoren und wie etwa 4 Schaltungen bei Gleichstrom- und Schleifringankermotoren. Im allgemeinen gilt ungefähr (Erfahrungsformel), daß die Kontakthaltbarkeit etwa gleich groß bei gleicher Leistung an den Kontakten ist, unabhängig von Strom und Spannung. Wird also ein Schütz für 5 kW bei 220 Volt oder 500 Volt Nennspannung verwandt, so ist die Lebensdauer der Kontakte gleich.

Für Kontroller oder Nockenschalter gibt es verschiedene Bedienungsmöglichkeiten, und zwar die einfachste Form erfolgt durch Handrad. Daneben können Hebelantriebe mit waagerechtem oder senkrechtem Hebel nach Abb. 78 verwendet werden. Auch Untersteuerungen sind in einzelnen Fällen üblich.

Für Kleinkontroller kommt auch die Bedienung durch Seilrad und Rückzugfeder in Frage. Die Kontroller werden auf einer der Katze angebracht, der Bedienende steht auf dem Erdboden und läuft mit der Katze mit. Die Bedienung

[1]) Silberwolframlegierungen sind häufig noch günstiger.
[2]) Für Gleichstrom gelten etwa die Werte wie für Kurzschlußankermotoren.

erfolgt in der Form, daß durch einen Seilzug vom Erdboden aus der Kontroller eingeschaltet bzw. bedient und beim Rückgang in die Nullstellung mittels einer Omegafeder eingeschaltet wird.

Universalantriebe kommen dort in Frage, wo mehrere Motoren mit einem Hebel gesteuert werden sollen, z. B. bei Greiferkranen, wo Heben und Senken einerseits und Schließen und Öffnen des Greifers andererseits gleichzeitig durchgeführt werden müssen. In diesem Falle müssen zwei Kontrollerwalzen von einem Schalthebel aus bedient werden, wobei die Bewegung unabhängig voneinander sein muß. Dies geschieht z. B. dadurch, daß der eine Kontroller von dem Hebel mittels einer Kegelradübersetzung gesteuert wird, während der andere durch die Bewegung einer Kulisse, die ihrerseits wieder ein Kegelrad steuert, das jedoch senkrecht zum ersten Kontroller steht, bedient wird. Es ist auch möglich, die Walzen- oder

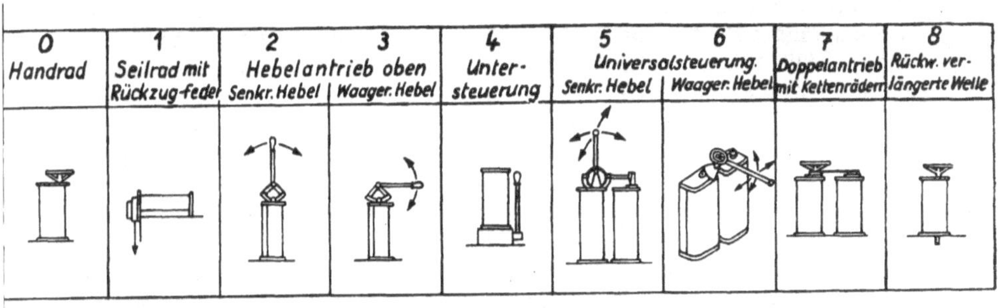

Abb. 78. Antriebe von Nockenschaltern und Kontrollern

Nockenscheiben für jeden Motor hintereinander anzubringen und mittels einer Hohlwelle und einer Kulissenschaltung die Bewegung unabhängig von den vorn bzw. hinten liegenden Scheiben zu erzielen.

Eine weitere Möglichkeit zur Bedienung von 2 Motoren mittels 2 Kontrollern besteht darin, daß man die beiden Antriebshebel miteinander verbindet und hierdurch mit einer Bewegung beide Kontroller steuert. Die Verbindung muß lösbar gemacht werden durch eine kleine Kupplung, so daß auch anstelle von beiden nur 1 Kontroller schalten kann (Zweihebelantrieb). Die Antriebshebel sind über Schneckenrad mit der Welle verbunden. Das eine Schneckenrad ist links, das andere rechts vor der Kontrollerachse.

Es gibt verschiedene Formen, bei denen man anstelle von Handrädern auch Handhebel verwenden kann. Die Form muß jeweils so gewählt werden, wie sie für den Bedienenden am günstigsten ist. Das Schaltgerät muß für die erforderliche Schaltleistung ausreichend sein. Die Bedienungen dafür sind in den VDE-Vorschriften festgelegt. In der Niederspannungstechnik müssen sie für Kurzschlußankermotoren ausreichend sein, um bei Nennstrom über 100 Amp. den 6fachen und unter 100 Amp. den 8fachen Strom abzuschalten bei $\cos \varphi = 0{,}4$

und 550 Volt. Bei Schleifringankermotoren muß der $2\frac{1}{2}$fache Strom bei $\cos\varphi = 0{,}7$ abgeschaltet werden. Außerdem dürfen die Kontakte beim Einschalten mit dem 5fachen bei Schleifringankermotoren und 12fachen Nennstrom bei Kurzschlußankermotoren nicht zusammenschweißen. Weiterhin ist es wichtig, die Schaltgeräte auf die Lebensdauer hin zu untersuchen. Gerade bei häufig schaltenden Betrieben spielt die Lebensdauer eine große Rolle. Man unterscheidet heute Geräte nach der Klasse E, die eine mechanische Lebensdauer von mindestens 10 Millionen haben und solche der Klasse D, die eine mechanische Lebensdauer von mindestens 1 Million haben. Bei Krananlagen für die Hüttenindustrie muß man sich im allgemeinen für solche Geräte der Klasse E entscheiden, für den normalen Industriebetrieb genügen meist Geräte der Klasse D. Die elektrische Lebensdauer muß in einem angemessenen Verhältnis zur mechanischen stehen, damit nicht die Kontakte zu häufig ausgewechselt werden müssen. Aus diesem Grunde ergibt es sich, daß für den Hütten- und Walzwerksbetrieb Kontroller ungeeignet sind und man sich ausschließlich für Schützensteuerungen und Betätigung durch Meisterschalter entscheiden muß. Die elektrische Haltbarkeit der Kontakte bei Schaltwalzen bzw. Kontrollern ist für so schwere Betriebe nicht ausreichend, da der Verschleiß infolge der Reibung so groß ist, daß ein häufiges Auswechseln nicht vermieden werden kann.

Widerstände

Die Projektierung der Widerstände hängt ab:

a) Von der gewählten Schaltung. Die in jeder einzelnen Stufe bei den verschiedenen Schaltungen berechneten Widerstandswerte in Ohm sind maßgebend dafür, wie sich in den verschiedenen Momenten die Geschwindigkeit des Kranes bzw. die Drehzahl des Motors ändert. Auf die einzelnen Schaltungen und deren Berechnung soll dann noch ausführlich eingegangen werden.

b) Die Größe der Elemente ist außerdem abhängig von der Form, in welcher der Widerstand gebaut ist und von der Belastung. Für aussetzende Betriebe kommen Widerstände nur in Luft in Frage. Meistens werden die Widerstände in der Form ausgebildet, daß zwei Seitenwände aus Guß oder Blech aufgestellt werden. Diese sind durch Bolzen in bestimmten Entfernungen gehalten und werden durch Widerstandspakete ausgefüllt. Die Form der Kästen kann entweder unabhängig voneinander sein oder aber, es müssen alle Kästen gleiche äußere Abmessungen haben und dann mit verschiedenen Widerstandspaketen, die normalisierte Stufenzahl, normalisierte Ohmwerte und normalisierte maximale Stromstärke besitzen, versehen sein. Aus Kombinationen verschiedener solcher Kästen kann der erforderliche Widerstand aufgebaut werden. Abb. 79a zeigt einen normalen Kasten mit Stahlblechrahmen. Aus mehreren solchen Kästen wird ein Widerstand zusammengesetzt. Die Kästen werden in offener Form aufeinandergeschraubt oder aneinandergereiht. Im anderen Falle können auch mehrere Kästen einen Widerstand bilden, aber die Größe der Kästen ist ungleich.

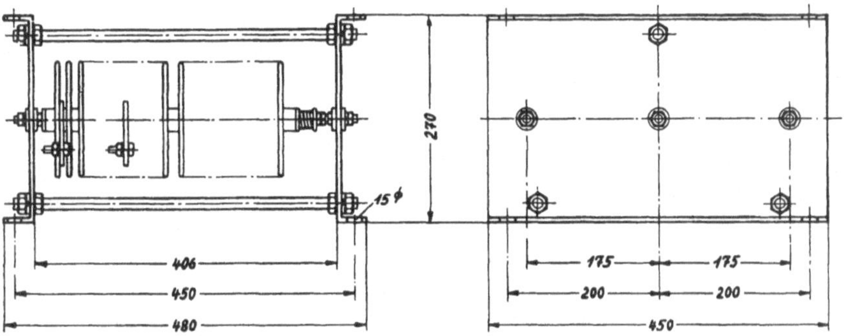

Abb. 79a. Normalisierter Widerstandskasten (Russische Norm)

Wird ein Widerstand aus gleichartigen Kästen mit vorgegebener Abstufung der maximalen Stromstärke und Widerstände zusammengestellt, so kann man eine Massenfabrikation von Widerständen einrichten, muß aber in Kauf nehmen, daß man in vielen Fällen mehr Material verwenden muß als unbedingt erforderlich, was bei der Alternative von Fall zu Fall vollausgenutzter Kästen, die aber für jeden Widerstand gesondert berechnet werden, nicht erforderlich ist. Gemäß dem russischen Normenkatalog wird folgende Widerstandsabstufung vorgesehen:

Einbau	Belastung in A 100% ED	40% ED	20% ED	12,5% ED	Widerstand je Element Ω	Zahl d. Elemente	Widerstd. d. Kastens Ω	Klemmen
1	215	335	465	580	0,005		0,1	
2	181	283	392	490	0,007		0,14	
3	152	237	328	410	0,01		0,2	
4	128	200	277	346	0,014		0,28	6
4	107	167	232	289	0,02	20	0,4	
6	91	142	197	245	0,028		0,56	
7	76	118	164	205	0,04		0,8	
8	64	100	139	173	0,055		1,1	
9	54	85	118	145	0,08		1,6	
10	46	71	99	123	0,11		2,2	
11	39	61	85	106	0,075		3	
12	33	52	72	89	0,205		4,2	
13	29	45	62	79	0,14		5,6	
14	24	38	52	65	0,2		8	

Die Größe des Widerstandes wird nach den VDE-Vorschriften bestimmt und nach der Höhe der Temperatur der abstreichenden Luft. Diese darf bei 35° C Raumtemperatur 235° C nicht überschreiten. Wird nun der Widerstand nicht so warm wie zugelassen, so ist eben mehr Material verwendet, als unbedingt erforderlich. Das ist meistens der Fall, wenn man gleiche Kästen zum Aufbau eines

Widerstandes verwendet. Die Erfahrungen haben gezeigt, daß die Berechnung der Temperatur der abstreichenden Luft außerordentlich schwierig ist und daß man nicht vermeiden kann, durch umfangreiche Versuche die Belastbarkeit einzelner Elemente festzustellen.

Nach den russischen Vorschriften wird nicht die Temperatur der abstreichenden Luft, sondern die maximale Elemententemperatur festgelegt. Diese darf bei eisernen Elementen 300° C nicht überschreiten. Widerstandselemente werden im allgemeinen in Kästen aus gelochtem Blech untergebracht, nur die Außenwände sind Vollblech bzw. Guß. Diese Kästen können mit einem Regenschutzdach versehen werden. Dies ist z. B. stets vorgeschrieben, wenn die Widerstände an Bord von Schiffen Verwendung finden sollen. An Bord von Schiffen gilt für die zulässige Temperatur der Widerstände das gleiche wie für normale Fälle. Nur nach den Vorschriften des russischen Seeregisters dürfen die Widerstände jedoch nur 125° Übertemperatur an der Außenfläche haben und nur 60° dann, wenn sie von Hand unbeabsichtigt berührt werden können. Dadurch werden die Widerstände wesentlich größer als dies normaler Weise der Fall ist.

Ein solches Regenschutzdach beeinträchtigt im allgemeinen die schnellere Abkühlung und man kann dabei im Überschlag rechnen, daß die einzelnen Elemente um etwa 10% weniger belastet werden können, als wenn die Luft nach oben abstreichen kann. Es ist ferner darauf zu achten, daß die Widerstände etwa 30—40 cm vom Boden abstehen, damit ein guter Durchzug stattfinden kann. In einem Kasten aus gelochtem Blech ist die Wärmeabgabeziffer α, die sich nach folgender Gleichung bestimmt

$$\vartheta_{max} = 300 = \frac{J^2 R}{\alpha F} .$$

F ist die wärmeabgebende Fläche (m²), etwa größenordnungsmäßig zwischen

$$\alpha = \frac{12{,}5 \text{ Watt}}{m^2 \ {}^\circ\text{C}} .$$

Hierbei gilt folgendes:

Man verwendet für höhere Stromstärken Elemente aus Gußeisen oder Stahlblech. Stahlblechelemente werden unter hohem Druck zusammengepreßt und verschweißt. Gußelemente werden auf mit Glimmer ummantelten Eisenstäben aneinandergereiht oder mittels Platten aus Schiefer aneinandergekittet. Die Stahlblechelemente haben allgemein etwas größere Oberfläche im Verhältnis zur Masse. Es bestehen mehr Schwierigkeiten, einzelne Elemente, die durchgebrannt sind, auszuwechseln, als bei Verwendung von Gußelementen. Dagegen haben Gußelemente den Nachteil, daß vor allen Dingen dünne Elemente (für hohe Ohmwerte) beim Transport brechen können. Die Vor- und Nachteile der beiden Ausführungsarten sind gegeneinander so gering, daß man grundsätzlich auf dem Standpunkt stehen kann, daß beide Formen die erforderlichen Bedingungen erfüllen, da bei einer sorgfältigen Verpackung Bruch am Transport im großen und ganzen vermieden werden kann und daß bei Verwendung von geschweißten Elementen die Auswechslung auch keine unüberwindlichen Schwierigkeiten macht. Auf die gesamte Größe von Widerstandskästen im Aussetzbetrieb hat die Wahl des Elementenmaterials (ob Guß oder Stahlblech) keinen Einfluß. Für hohe Ohmwerte und niedrige Ströme verwendet man Draht oder Band aus Widerstandsmaterial (WM 50, WM 30 oder WM 42 usw.), bekannt unter den verschiedenen Bezeichnungen wie Konstantan, Manganin, Isabellin usw. Unter WM 50 versteht man ein Material, dessen spezifischer Widerstand

$$\varrho = 0{,}5 \frac{mm^2}{m} \Omega$$

beträgt. Der Vorteil solchen Materials besteht darin, daß der spezifische Widerstand sich mit der Temperatur praktisch nicht ändert, was bei Gußeisen und Stahlblech der Fall ist. Der Draht wird entweder auf Rollen oder auf Reitern aufgewickelt. Die Verwendung von Widerstandslocken aus Draht oder Band ist im Hebezeugbetrieb unzweckmäßig, da eine solche Anordnung nicht erschütterungssicher ist und die Locken sich berühren könnten. Dagegen ist gegen die Verwendung von Rollen oder Reitern, die mit Draht oder Band bewickelt sind, nichts einzuwenden. Reiter sind im allgemeinen günstiger für den Dauerbetrieb, da das Widerstandsmaterial auf ihnen eine größere, wärmeabgebende Oberfläche hat. Dagegen bieten Rollen, die mit Draht umwickelt sind, im Anlaßbetrieb Vorteile, da der Zeitfaktor größer ist (ca. $^1/_3$ der Zeit bis zum Erreichen von 95% der Endtemperatur) und es infolgedessen länger dauert, bis der Draht die Ausgleichstemperatur erreicht. Im Aussetzbetrieb halten sich beide Systeme etwa die Waage. Die Wärmeabgabeziffer hängt nun davon ab, ob sich ein Element im Widerstandskasten oben oder unten befindet. Dies ist zwar nicht ganz korrekt, denn in Wirklichkeit ist die Umgebungstemperatur bei den oben liegenden Elementen höher, aber für die hier meist genügende Überschlagsberechnung ist es einfacher, oben mit etwas niedrigerer Wärmeabgabe zu rechnen. Für die Bestimmung der Größe des Widerstandes kann man mit Durchschnittswerten rechnen. An der heißesten Stelle bei der Abdeckung der Geräte aus gelochtem Blech kann man festlegen, daß sich die Wärmeabgabeziffer bei Veränderung des Elementenabstandes aus folgender Tabelle ergibt:

Elementenabstand (mm)	8	10	12	14	16	18	20	22
Wärmeabgabeziffer α	12	12,9	13,7	14,4	15	15,5	15,9	16,2
Belastung % im Verhältnis zum Abstand von 8 mm (dauernd)	100	108	115	121	126	130	133	135

woraus man ohne weiteres das Verhältnis des dauernden Belastungswertes des einzelnen Widerstandselementes abhängig vom Elementenabstand bestimmen kann. Dies ergibt z. B. etwa folgende Erfahrungstabelle für die dauernd mögliche Belastung von normalen Elementen mit Abmessungen lt. Zeichnung Abb. 79b.

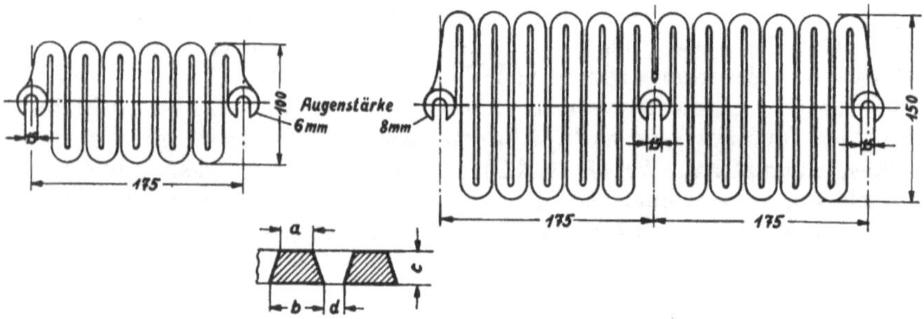

Abb. 79 b. Normalisiertes Widerstandselement (Grauguß)

Element Nr.		Widerstand Ω kalt gemessen	Zunahme 10 v.H. Anlass.	Zunahme 17 v.H. Regl.	Dauerbelast. in Amp. bei Watt	Abmessungen a	b	c	d	Querschn. mm²	Windgs.-zahl	Gewicht kg
					100	Kleine Gußelemente (mit 2 Augen)						
K	1	0,182	0,200	0,213	21,7	2,5	3,5	3,5	2,6	10,5	12	0,23
	2	0,13	0,143	0,152	25,7	3,0	4,0	4,0	2,6	14,0	11	0,27
	3	0,096	0,1065	0,112	30,0	3,5	4,5	4,5	2,9	18,0	10	0,29
	4	0,06	0,066	0,0703	38,0	4,5	5,5	4,5	3,5	22,5	8	0,32
	5	0,042	0,0462	0,0492	45,0	5,5	6,5	5,5	3,7	33	7	0,40
	6	0,0307	0,0338	0,0360	53,0	7,5	8,5	4,0	6,0	32	5	0,32
	7	0,023	0,0253	0,0270	61,0	7,5	8,5	5,5	6,0	44	5	0,40
					300	Große Gußelemente (mit 3 Augen)						
G	11	0,290	0,319	0,340	29,7	3,8	4,8	3,5	3,2	15	18	0,690
	12	0,190	0,209	0,222	36,8	4,7	5,7	3,8	4,3	19,7	14	0,770
	13	0,111	0,122	0,130	48	5,6	6,6	4,3	5,2	26,2	12	0,850
	14	0,071	0,078	0,083	60	8,2	9,2	4,2	4,9	36,5	10	1,00
	15	0,045	0,0495	0,0527	75	11	12	4,4	5,7	50,5	8	1,14
	16	0,022	0,0242	0,0257	108	17	18	4,3	5,0	75	6	1,21
	17	0,033	0,0363	0,0386	90	15,3	16,3	3,5	6,0	55,3	6	1,00

Tabelle 1

Für andere Abmessungen sind ähnliche Tabellen aufzustellen, die die Grundlagen für die praktische Widerstandsauslegung bilden. Aus solchen durch Versuche ermittelten Tabellen kann man ohne weiteres die Zahl und die Art der Widerstandselemente festlegen, die benötigt werden, um eine nach Ohmwert und Stromstärke berechnete Widerstandsstufe auszulegen (s. spätere Beispiele).

Die Wärmeabgabe erhöht sich um etwa 10—15%, wenn die Gußelemente nicht übereinander angeordnet sind und das gelochte Blech, das zur Abdeckung dient, sich so hoch über dem Widerstandselement befindet, daß keine große Wärmestauung stattfinden kann. Für Dauerbetriebe oder Aussetzbetriebe kann man auch eine ähnliche Tabelle für Rollen aus Porzellan mit aufgewickeltem Widerstandsdraht verwenden. Die Aufstellung von Tabellen für kurzzeitig belastete Widerstände kann ebenfalls aufgeführt werden. Hierbei wird man zu verschiedenen Ergebnissen kommen, je nachdem, ob man gußeiserne Elemente verwendet oder mit Draht umwickelte Porzellanrollen, da sich bei letzteren die Drahttemperatur wesentlich von der Porzellantemperatur bei kurzzeitiger Belastung unterscheidet. Um bei den folgenden Beispielen einen Anhaltspunkt zu haben, seien hier in 2 Tabellen die Belastbarkeit von Rollen gemäß Abb. 79c angegeben, und zwar für 8 mm Widerstandsteilung.

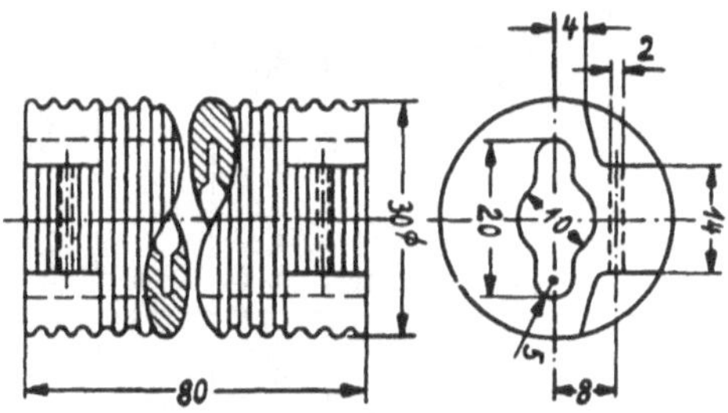

Abb. 79c. Normalisiertes Widerstandselement aus Porzellan (wird mit Draht umwickelt)

Die Rollen haben gleiche äußere Abmessungen und sind nur einmal ohne, dann mit 75, 40, 21 und 15 Rillen versehen. Es sei nun auf die verschiedenen Rollen Draht von verschiedener Stärke aufgewickelt. Hierbei ergeben sich die zulässigen Belastungen (A) und Widerstände (Ω) durch Versuche, z. B. wie Tab. 2 auf S. 124:

Die zulässigen Belastungen ändern sich bei verschiedenem Elementenabstand. Ebenso sei für zwei verschiedene Elemente aus Grauguß nach Abb. 79c, die verschiedene Stärke haben, je nachdem, welche Ohmzahl bzw. welche Belastung zulässig ist, eine Tabelle aufgestellt, die angibt, welche Dauerbelastung in Amp. zulässig ist, ohne daß die zulässige Temperatur überschritten wird. Hierbei ist festgelegt worden, daß die Temperatur beim Regelbetrieb höher ist als im Anlaßbetrieb, daher auch die größere Zunahme des Widerstandes. Für die normale Rechnung kann man dann festlegen, wie stark ein solches Element im Aussetzbetrieb überlastet werden kann, und zwar ergibt sich dies erfahrungsgemäß wie folgt:

ED	100%	40%	25%	20%	12,5%
p	1	2,8	4	6	9

Draht		Ω	J bei ED v. H. (A)					mm pro Rolle	Rolle mit Rillen
Ø	mm²		100	40	28	20	12,5		
0,2	0,031	220	0,475	0,80	1,05	1,3	1,54	13,8	
0,22	0,038	160	0,56	0,98	1,25	1,54	1,8	12,2	
0,25	0,049	110	0,675	1,18	1,5	1,85	2,2	10,8	
0,3	0,071	72	0,83	1,45	1,85	2,25	2,7	10,2	R/O
0,35	0,096	50	1	1,76	2,25	2,75	3,25	9,6	
0,4	0,126	35	1,2	2,1	2,7	3,3	3,9	8,8	
0,2	0,031	105	0,69	1,2	1,55	1,9	2,2	6,49	
0,22	0,038	85	0,76	1,32	1,7	2,05	2,45	6,5	
0,25	0,049	66	0,88	1,54	1,95	2,4	2,85	6,51	
0,3	0,071	46,1	1,04	1,82	2,3	2,85	3,35	6,52	
0,35	0,096	34,1	1,21	2,1	2,7	3,3	3,9	6,55	
0,4	0,126	26,1	1,38	2,4	3,1	3,8	4,45	6,58	R/75
0,45	0,159	20,8	1,55	2,7	3,45	4,25	5,0	6,61	
0,5	0,196	16,9	1,72	3	3,85	4,7	5,5	6,64	
0,55	0,236	14	1,89	3,3	4,25	5,2	6,1	6,67	
0,6	0,283	11,9	2,04	3,55	4,6	5,5	6,6	6,7	
0,65	0,33	10,2	2,21	3,85	4,95	6,0	7,1	6,73	
0,7	0,385	8,8	2,39	4,15	5,35	6,5	7,7	6,76	
0,5	0,196	8,35	2,45	4,25	5,5	6,7	7,9	3,27	
0,55	0,236	6,88	2,7	4,7	6	7,4	8,7	3,28	
0,6	0,238	5,84	2,93	5,1	6,6	8,0	9,5	3,3	
0,65	0,33	5	3,16	5,5	7,1	8,6	10,2	3,31	
0,7	0,385	4,32	3,41	5,9	7,6	9,3	11	3,33	
0,8	0,503	3,34	3,87	6,7	8,7	10,6	12,5	3,35	R/40
0,9	0,635	2,65	4,34	7,5	9,7	11,8	14	3,37	
1,0	0,785	2,16	4,8	8,4	10,8	13	15,5	3,39	
1,1	0,95	1,8	5,3	9,2	11,8	14,5	17	3,42	
1,2	1,13	1,52	5,76	10	12,8	15,7	18,5	3,45	
1,4	1,54	1,14	6,63	11,5	14,8	18,2	21,5	3,5	
0,9	0,635	1,4	5,0	10,5	13,5	16,5	19,5	1,78	
1,0	0,785	1,15	6,6	11,5	14,8	18	21	1,79	
1,1	0,95	0,95	7,2	12,5	16,2	19,6	23	1,8	
1,2	1,13	0,8	7,95	13,8	17,8	21,8	25,5	1,81	
1,4	1,54	0,595	9,16	16	20,5	25	29,5	1,83	
1,6	2,06	0,458	10,4	18	23	28,5	33,5	1,85	
1,8	2,55	0,366	11,6	20	26	31,8	37,5	1,87	R/21
2,0	3,14	0,3	12,9	22,5	29	35	41,5	1,89	
2,2	3,8	0,25	14,1	24,5	31,5	38,5	45,5	1,91	
1,4	1,54	0,393	11,3	19,5	25,5	31	36,5	1,21	
1,6	2,06	0,302	13,3	23	30	36,5	43	1,22	
1,8	2,55	0,241	14,4	25	32	39,5	46,5	1,23	R/15
2,0	3,14	0,197	16	28	36	44	52	1,24	
2,2	3,8	0,165	17,4	30	39	47,5	56	1,25	
2,5	4,9	0,13	19,6	34	44	53,5	63	1,27	

Tabelle 2

Mit diesen Wärmemessungsgrundlagen, die zwar nicht exakt berechnet sind, die aber einen Überblick geben, wie in der Praxis verfahren wird, kann man die Widerstandsgeräte ordnungsmäßig festlegen.

Die exakte Bestimmung der Temperatur von Widerstandselementen ist nur zum Teil möglich[1]).

Bremslüfter

Die Bestimmung der erforderlichen Hubarbeit des Bremsmagneten ergibt sich aus den Berechnungen mechanischer Bremseinrichtungen elektrischer Teile auf Seite 23.

Die Größe des Bremsmagneten selbst ist abhängig von der Einschaltdauer, der Schalthäufigkeit und der Hubarbeit der Bremse[2]).

Für Gleichstrom verwendet man im allgemeinen zwei Formen von Bremslüftmagneten. Bei der einen wird ein Solenoid angezogen, er bedient ein Bremsband oder einen Bremshebel, wie dies auf Seite 24 dargestellt ist. Dieser Magnet muß nach den VDE-Bestimmungen eine Dämpfung haben, und zwar soll je cm Hub die Dämpfungszeit 0,5—0,1 Sek. betragen. Über 50 cmkg Hubarbeit muß die Dämpfung einstellbar sein. Dies erfordert, daß der Magnet mit einer Dämpfungspumpe versehen wird, da bei größeren Bremsmagneten allein durch den remanenten Magnetismus einer in sich kurzgeschlossenen Sekundärwicklung, die z. B. eine Hülse aus Kupfer oder Messing sein könnte, die regelbare Dämpfungszeit nicht ausreicht, um die nach den VDE-Bestimmungen nötige Sekundenzahl zu erzielen.

Ein anderer Bremslüftmagnet wird wie ein Schuh ausgebildet. Eine Feder drückt die Bremsbacke gegen das zu bremsende Rad. Wird die Magnetspule an Spannung gelegt, so hält sie die Bremsbacke fest. Das Rad ist abgebremst (Abb. 80)[3]).

Die Schuhform wird für Gleich- und Wechselstrommagnete verwandt, wobei bei Wechsel- oder Drehstrom ein Tauchankermagnet mit einem Drehpunkt in Frage kommt. Diese Formen von Bremslüftmagnet haben besonders in USA eine weite Verwendung gefunden. Der Vorteil liegt darin, daß der Hub wesentlich kleiner ist als bei den deutschen Formen, was besonders bei Wechselstrommagneten für große Schalthäufigkeit von Vorteil ist, dagegen wird die Leistung bei geringer Schalthäufigkeit wesentlich schlechter ausgenutzt, da der Eisenquerschnitt viel stärker von der Kraft als vom Luftspalt abhängig ist. Er ist nur wegen der größeren Streuung bei größerem Hub bei gleicher Kraft größer (vgl. S. 126). Ein weiterer Vorteil der amerikanischen Form liegt darin, daß Magnet, Bremsbacken und Bremsrad ein einheitliches Ganzes bilden, während in Deutschland der Bau der

[1]) s. Kussy, Elektrische Niederspannungs-Schaltgeräte, Verlag Cram 1950, Wärmeuntersuchungen an inhomogenen Körpern ETZ S. 323, Bulletin des Schweizerischen Elektrotechnischen Vereins 1943 über Wärmeberechnungen an Drähten und Platten. Ferner „Wärmetheoretische Untersuchungen an Luft-Anlassern und Reglern" 1936.

[2]) S. S. 23.

[3]) Standard Handbook 1949 Sec. 17.

mechanischen Teile der Kranfirma überlassen bleibt. Im allgemeinen wählt man[1]) das Verhältnis Schuhbreite/Bremsraddurchmesser = 0,8. Der Druck des Schuhes per cm^2 beträgt etwa 5,5 kg. Die Schuhe umfassen je einen Winkel von etwa 90°, so daß also 180° des Bremsrades von den beiden Schuhen umfaßt werden. Der Durchmesser des Rades wird mit ca. $3{,}6 \sqrt[3]{M_R}$ gewählt. Hierin ist M_R das Reibungsmoment in cmkg und der Durchmesser in cm zu messen, der Reibungskoeffizient $\mu = 0{,}32$.

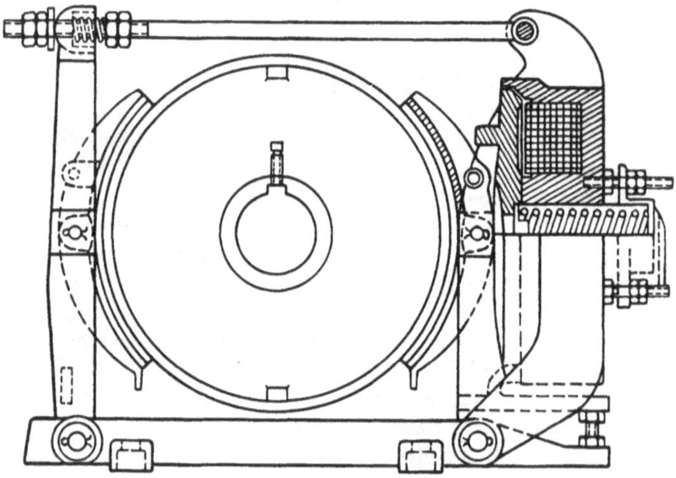

Abb. 80, Bremsmagnet mit Bremscheibe (amerikanische Konstruktion)

Die Induktion wird bei Gleichstrommagneten im allgemeinen wesentlich niedriger gewählt als im Elektromaschinenbau. Sie schwankt etwa zwischen 2800 Gauß bei 100% und 5600 Gauß bei 15% ED. Bei großen Schalthäufigkeiten wählt man noch kleinere Induktionen. Die Solenoide haben im allgemeinen als Ende einen abgestumpften Kegel. Hierdurch wird der Luftspalt kleiner als der Hub, was sich günstig auf den Magneten auswirkt. Die erforderliche Amperewindungszahl ergibt sich aus folgender Gleichung[2]):

$$\vartheta \cong \sigma\, d \frac{5000}{0{,}4} \sqrt{P/F}$$

σ ist der Streuungskoeffizient, ϑ sind die Amperewindungszahlen,
P ist die erforderliche Zugkraft einschließlich dem Ankergewicht in kg,
F ist die Fläche des Ankers, d ist der Hub (cm).

[1]) Controlers for electrical motors von James and Markle.
[2]) Kussy, Elektrische Niederspannungsschaltgeräte.

Hierbei ergibt sich der Wert von σ aus folgender Tabelle:[1])

F/d	Fall 1	Fall 2	Fall 3
1	1,53	1,46	1,37
3	1,30	1,17	1,19
6	1,19	1,17	1,13
10	1,13	1,13	1,07
20	1,07	1,07	107,

Fall 1: Magnete mit Luftspalt außerhalb der Spule.
Fall 2: Magnete mit Luftspalt innerhalb der Spule.
Fall 3: Magnete mit konischem Kernwinkel zwischen 40 und 60^0.

Bei Magneten mit einem kegelstumpfförmigen Ende muß für die Kraft der Wert $P^* = \frac{P}{\sin\alpha}$, wobei α der Neigungswinkel des Konus und für d der Wert d_k, das ist der kürzeste Luftspalt, einzusetzen ist.

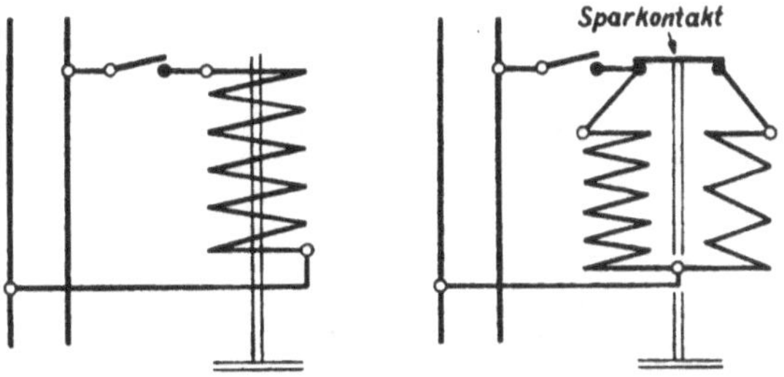

Abb. 81 a — Abb. 81 b
Schaltung eines Gleichstrombremsmagneten
ohne Sparschaltung — mit Sparschaltung

Man unterscheidet bei Gleichstrom grundsätzlich Hauptstrom- und Nebenschlußmagnete. Die Nebenschlußmagnete liegen parallel zum Motor und immer an der gleichen Spannung wie der Motor. Ihre Amperewindungszahl ist infolgedessen unveränderlich.

Hauptstrom-Magnete werden vom Motorstrom durchflossen. Bei Absinken des Motorstromes in bestimmtem Rahmen, meist auf etwa 30% des zum Anziehen erforderlichen Stromes, fallen die Magnete ab und es wird mechanisch gebremst.

Nebenschlußmagnete werden mit und ohne Sparschaltung (Abb. 81 a) ausgeführt. Die Ausführung mit Sparschaltung (Abb. 81b) hat den Vorteil, daß beim Anzug eine größere Zahl von Amperewindungen bei schwächerem Draht verwendet werden kann als für Dauerstrom, da beim Anzug der größere Luftspalt

[1]) s. Kussy, Elektrische Niederspannungsschaltgeräte S. 169.

überwunden werden muß. Bei größerer Schalthäufigkeit hat die Anwendung der Sparschaltung keinen Sinn, etwa von 240 Schaltungen pro Stunde an. Die Größe des Magneten wird auf Grund der Erwärmungsberechnung bestimmt. Bei Magneten ohne Sparschaltung ergibt sich dann der Ohmsche Widerstand einfach aus den Spulenabmessungen zu

$$R = \frac{\varrho \cdot L_m n}{q}$$

q = Drahtquerschnitt mm²,
L_m = mittlere Windungslänge (m),
n = Windungszahl.

Die Stromstärke ist dann $J = U/R$.

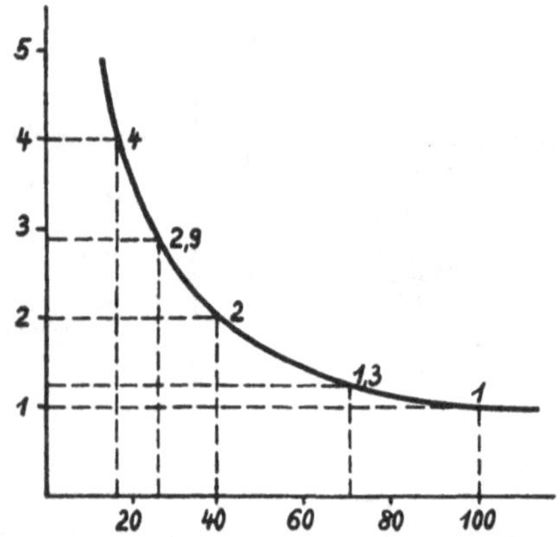

Abb. 82. Verhältnis der Leistungen eines Gleichstrombremsmagnetmodells in cm/kg abhängig von der Einschaltdauer (bei 100 % ED Leistungsverhältnis 1 angenommen)

Die in den Magneten vernichtete Wärmeleistung bestimmt dann die Größe des Magneten.

Bei intermittierendem Betrieb kann die Leistung etwa im Verhältnis folgender Kurve erhöht werden, sofern die Schalthäufigkeit nicht 150 pro Stunde übersteigt (Abb. 82).

Im anderen Falle müssen genaue Wärmeberechnungen durchgeführt werden, d. h. man muß den äquivalenten Dauerstrom J_d bestimmen, das ist der Strom, der die gleiche Endtemperatur bei Dauerbetrieb hervorbringt, wie der höhere Strom J bei intermittierendem Betrieb. $J_d^2 = J^2 t_2/t_3$, wobei t_2 die Einschaltdauer und t_3 die Spieldauer ist.

Wird eine Wicklung verschiedenen Strömen ausgesetzt, so gilt $J_d^2 = (J_1^1 t_1 + J_2^2 t_2) \frac{1}{t_3}$, wobei

t_3 die Spieldauer
t_2 die Einschaltdauer für J_2 und
t_1 die Einschaltdauer für J_1 ist,

(z. B. ein Magnet im angezogenen Zustand und im Anzug nicht vorgeschaltetem Widerstand).

Die Wärmeberechnung bei Hauptstrommagneten erfolgt in gleicher Form wie bei Nebenschlußmagneten. Bremsmagnete können aus Gußeisen oder Stahlrohr aufgebaut werden. Das Gewicht bei Magneten aus Stahl ist wesentlich kleiner. Bei großen Schalthäufigkeiten ist besonders darauf zu achten, daß die mechanische Beanspruchung der Magnete eine sehr bedeutende ist. Spulen und Spulenbefestigung müssen daher sehr solid ausgeführt werden.

Für Drehstrom und für Wechselstrom werden zur mechanischen Bremsung in den meisten Fällen ebenfalls Bremsmagnete verwendet. Diese haben den Vorteil der Einfachheit und sind verhältnismäßig preisgünstig. Ihr Nachteil besteht in dem verhältnismäßig hohen Einschaltstrom. Die Größe richtet sich auch hier nach Einschaltdauer, Schalthäufigkeit und verlangter Hubarbeit. Die Größe der Magnetfläche ergibt sich aus der folgenden Formel:

$$F = \frac{2}{3} \frac{25\ 10^6}{B'^2_{max}} \text{ für Drehstrom}$$

und

$$F = \frac{25\ 10^6}{B'^2_{max}} \text{ für Einphasenstrom,}$$

wobei Abb. 83a und b ein Maßstab dafür sind, wie sich bei Drehstrom-Magneten

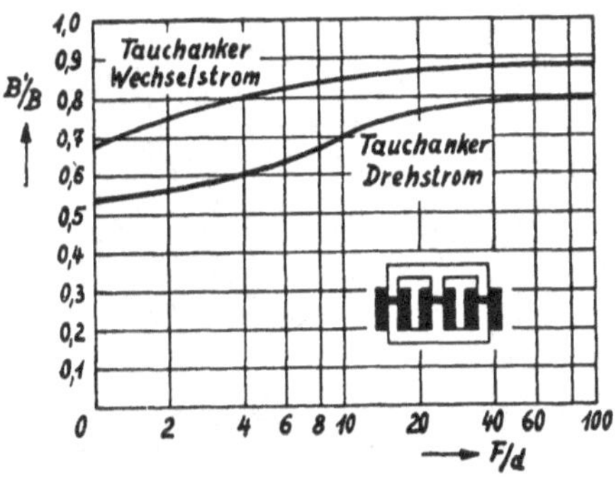

Abb. 83a. Verhältnis der wirksamen zur wirklichen Induktion eines Dreiphasenmagneten abhängig vom Verhältnis: Magnetfläche F/Luftspalt d

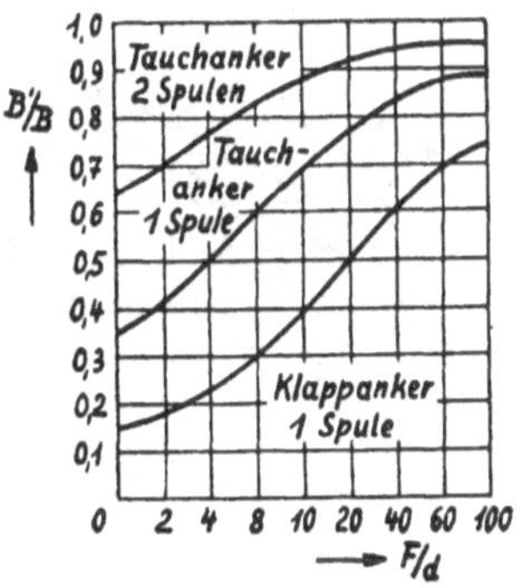

Abb. 83b. Abhängigkeit des Verhältnisses der wirksamen Induktion (B') zur wirklichen Induktion (B) abhängig von F/d bei einem Einphasenmagneten

die wirksame Induktion zur wirklichen Induktion verhält, und zwar abhängig vom Luftspalt. Hierbei errechnet man die wirkliche Induktion nach der bekannten Transformatorformel

$$n = \frac{U_{sp}\,10^8}{f\,4{,}44\,F\,B_{max}}$$

U_{sp} = Spulenspannung,
f = Frequenz,
n = Windungszahl,

während unter Berücksichtigung der Streuung nur ein Teil der Kraftlinien nutzbringend verwendet wird. Die Größe dieses Teils ist experimentell als das Verhältnis der wirksamen zur wirklichen Induktion anzusehen. Bei der Berücksichtigung der Wärmemessung ist zunächst der Strom zu bestimmen aus dem Verhältnis zwischen Spannung und induktivem Widerstand, wobei die Selbstinduktion sich nach folgender Formel bestimmt:

$$L' = \lambda' n^2\,0{,}4\,\pi\,10^{-8}$$

$$\lambda' = \text{magnetischer Leitwert} = \frac{\mu F}{\mu\,d + L_E}\ \text{für Dreiphasenstrom}$$

und

$$\frac{\mu F}{2\,\mu\,d + L_E}\ \text{für Einphasenstrom}$$

μ = die Permeabilität,
d = der Hub (cm),
L_E = der Eisenweg (cm).

Das Verhältnis der wirksamen zur wirklichen Selbstinduktion ergibt die folgende Kurve (Abb. 83c und d).

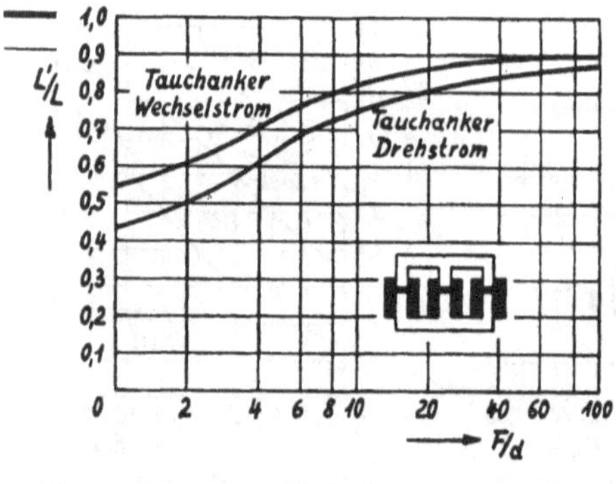

Abb. 83 c. Verhältnis wirksamer (L') Selbstinduktion zur wirklichen Selbstinduktion (L) bei einem Drehstrommagneten abhängig von F/d

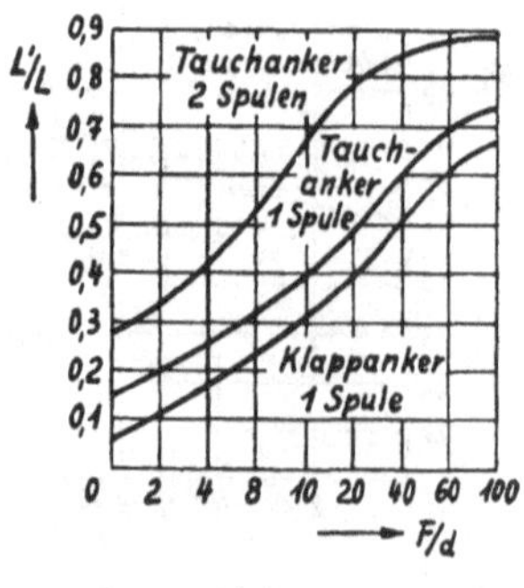

Abb. 83 d. Verhältnis wirksamer zur wirklichen Selbstinduktion bei einem Einphasenmagneten abhängig von F/d

Man erkennt, daß der Dauerstrom und Einschaltstrom verschieden sind. Der Einschaltstrom sinkt langsam auf den Dauerstrom ab. Setzt man näherungsweise an, daß die Stromabnahme linear erfolgt, so ergibt sich für den äquivalenten Dauerstrom der folgende Wert:

$$J_d^2 = \frac{1}{3}\left[(J_1^2 + J_2^2 + J_1 J_2)\, t_1 + J_2^2 t_2\right]\frac{1}{t_3}\,.$$

Das Quadrat dieses äquivalenten Dauerstromes multipliziert man mit dem Ohmschen Widerstand der Wicklung und erhält auf diese Weise die Kupferverluste. Darüberhinaus sind die Eisenverluste festzulegen. Diese ergeben sich aus der folgenden Formel:

$$V_{ED} = V_E \frac{t_1 + t_2}{t_2}$$

V_E sind die Eisenverluste Watt/kg,

V_{ED} sind die durchschnittlichen Eisenverluste

und man kann daraus die Endtemperatur eines Magneten bestimmen, wenn man die Oberfläche der Spulen bzw. die Gesamtoberfläche des Gesamtmagneten kennt, nach der Formel:

$$V = \frac{J_d^2 R + V_{ED}\, G}{F}$$

F ist die Oberfläche (m^2), R = Wirkwiderstand der Wicklung, G ist das Gewicht.

Diese gibt die Temperatur für den Dauerbetrieb in kg und die Wärmeübergangszahl an.

Bei der Wahl der Bremsmagnete ist besonders darauf zu achten, daß sie in keinem Falle wesentlich größer sein dürfen als die geforderte Hubarbeit, weil bei zu kräftigem Anzug die Magnetfläche zerschlagen wird. Drehstrom-Magnete benötigen keinen Kurzschlußring, d. h. keinen im Eisen eingelassenen Kupferring, der dazu dient, die Schwankungen des Wechselstromes auszugleichen, indem man ein phasenverschobenes Feld erzeugt, da in jedem Augenblick der Gesamtwert der Ströme = 0 ist. Dagegen müssen auch Drehstrommagnete eine Dämpfung haben, die den gleichen Bedingungen genügen wie Gleichstrom-Magnete. Besonders bei großen Schalthäufigkeiten über 300 Schaltungen pro Stunde ist auf eine sehr kräftige Ausführung zu achten, damit sich die Magnete nicht durchschlagen. Daneben werden noch Motorbremslüfter und sogenannte Eldrogeräte, elektrohydraulische Bremslüfter, verwendet. Die Anwendung eines Motorbremslüfters zeigt Abb. 84. Die Größe des Motors errechnet sich aus der folgenden Formel:

$$N_{KW} = \frac{M\,\omega}{102\,\eta} = \frac{M\,\pi\,n}{30\,102\,\eta}$$

wobei das maximale Motordrehmoment so groß ist wie die Lüftungsarbeit und diese so groß wie die Federarbeit. Die Drehzahl ergibt sich aus der Lüftungszeit, die sehr klein ist (s. S. 125). Beim Motorbremslüfter wird der Motor gegen eine Federkraft eingeschaltet. Bei Erreichen der Endstellung wird der Motor durch einen federnden Anschlag festgehalten. Er muß also ein Spezialmotor sein, der den Strom des festgebremsten Motors dauernd aushält (bzw. gemäß der vorgesehenen ED). Eine andere Möglichkeit besteht darin, den Motor mit einer Fliehkraftkupplung auszustatten. Wenn der Motor die volle Tourenzahl erreicht hat, ist die Bremse gelüftet. Beim Drehzahlabfall senkt sich die Kupplung und damit das Bremsgestänge. Die Motorleistungen werden dadurch kleiner, aber die Kupplung kommt hinzu. Ferner muß die Schaltung so vorgesehen werden, daß der Motor

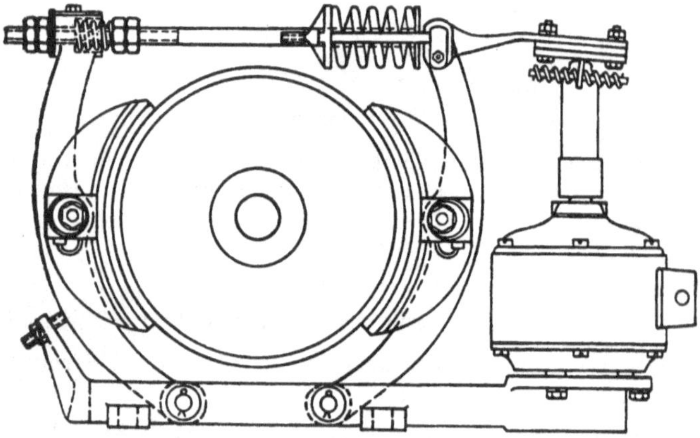

Abb. 84. Anordnung eines Bremslüftmotors (amerikanisch)

des Motorbremslüfters unabhängig von der Drehrichtung des Hauptstrommotors immer in der gleichen Richtung sich bewegt, d. h. die Abschaltung des Motorbremslüfters liegt vor den Umschaltkontakten des Hauptmotors. Der Bremsmotor wird vor allem für größere Bremsleistungen ($>$ 300 cmkg) und großen Schalthäufigkeiten angewandt. Eine andere Art besteht darin, daß der Motor des Bremslüfters seine Drehrichtung wechselt und in jedem Falle die Feder C gespannt wird und daß sie gespannt bleibt, bis der Motor ausgeschaltet wird. Gewählt wird ein Schleifringankermotor. Die Anordnung des Bremslüfters kann auch in gleicher Weise wie des Magneten erfolgen. Der Hub kann auch größer sein. Als Anhaltspunkt diene, daß ein Bremsluftmotor (SSW) für 610 cmkg Hub bei 40% ED bzw. bei 100% ED 340 cmkg und 760 cmkg bei 25% ED, etwa 1,26 bzw. 0,48 bzw. 1,28 KVA aufnimmt, die entsprechenden Werte sind für einen Bremslüftmotor für 1170 cmkg bei 40% ED bzw. 560 cmkg bei 100% ED oder 1640 cmkg bei 25% sind die Motorwerte 1,8 bzw. 1,03, 2,3 kVA.

Die elektrohydraulische Bremse[1]) ist in Abb. 85 dargestellt. Man bezeichnet sie als Eldro-Lüfter, da sie nicht nur als Bremse dient, sondern auch gleichzeitig zur Regelung der Bremskraft Verwendung findet. Die Wirkungsweise ergibt sich wie folgt:

Der Eldro-Lüfter besteht aus einer Flügelrad-Ölpumpe, bei der das Flügelrad (6) in den Druckkolben (9) eingebaut ist. Im Gehäuse (10) wird der Kolben durch Öldruck gehoben, sobald der Motor, dessen Leistung geringer als 1 PS ist, eingeschaltet wird. Das Flügelrad erreicht etwa in 0,1 Sek. die volle Drehzahl von 2700, die Pumpe fördert dann Öl von der Unterseite des Kolbens und erzeugt dort einen Überdruck, wodurch der Kolben gegen die Wirkung der Bremsfedern nach oben drückt. Die Bewegung des Kolbens wird durch die Steuerbolzen, die im Zylinderdeckel (1) parallel geführt sind, nach außen auf ein Joch zum Bremsgestänge übertragen. Die Flügelradwelle (4) hat eckigen Querschnitt und schiebt sich beim Hub an die Motorwelle (3). Nach dem Ausschalten des Motors wird das Flügelrad durch den Öldruck in einer Zehntel Sekunde abgebremst und der Kolben wird durch die Belastung, d. h. durch die Bremsfeder in seine Ausgangsstellung zurückgebracht, wobei das Öl

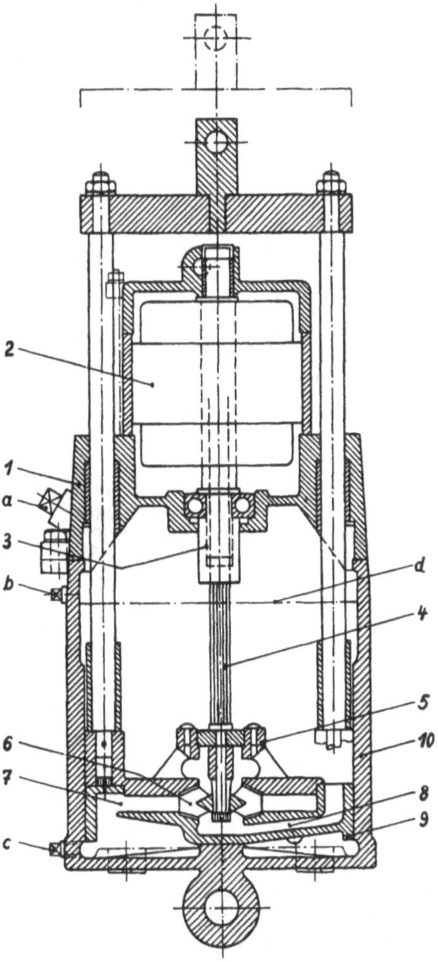

Abb. 85. Elektrohydraulischer Lüfter (AEG)
1 = Zylinderdeckel
2 = Antriebsmotor
3 = Motorwelle
4 = Antriebswelle
5 = Kugellager
6 = Flügelrad
7 = Verbindungsöffnung
8 = Kanal
9 = Kolben
10 = Gehäuse
a = Öl-Einguß
b = Öl-Überlauf
c = Öl-Ablaß
d = Öl-Spiegel

[1]) Eldrobremse und ihre Anwendung von Hoetz, AEG-Mitteilungen vom März 1939 Eldrobremssteuerung für Hebezeuge von C. Schiebeler. AEG-Mitteilungen Februar 1938.

durch die Kanäle (7 und 8) den Kolben (9) in den oberen Zylinderraum zurückströmt.

Die Wirkung der Eldro-Regelbremse zeigt Abb. 85 und die Federwirkung a, b, c wird durch die Abb. 86 dargestellt. Die Wirkung der Federkräfte ergibt die Abb. 87a und b.

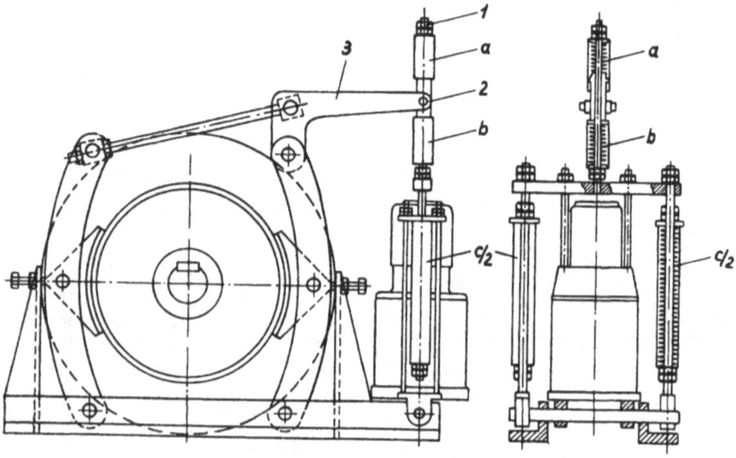

Abb. 86. Federanordnung bei einem elektrohydraulischen Lüfter

a = Schließfeder		1 = Bolzen	
b = Lüftfeder		2 = Kreuzkopf	
c/2 = Rückzugfedern		3 = Bremshebel	

Im Ruhezustand übertragen die beiden Rückzugfedern (c) einen Druck durch den Bolzen (1) und die Schließfeder (a) auf den Kreuzkopf. Nach Einschalten des Motors wird durch den Kolbenhub die Lüftfeder ent- und die Feder (a) gespannt. Der resultierende Druck (r) wird über dem Kreuzkopf auf den Bremshebel (3) übertragen. Erst wenn der Druck a und b gleich groß ist, wird die Bremse gelüftet. Von dem Gesamthub des Eldrogerätes ist etwa $^1/_3$ für den Verschleiß, $^1/_3$ für die Regelung und $^1/_3$ für die Freigabe der Bremse vorgesehen. Über die Steuerung mit Eldroreglern siehe S. 178.

Kleine Elektroseilzüge werden vielfach so ausgebildet, daß die Trommel im Innern den Kurzschlußankermotor hat, dieser wird mechanisch gebremst, indem sich in der Nullstellung der Anker etwas verschiebt und dabei eine Bremstrommel berührt oder durch Einbau einer Bremse in die Trommel, die magnetisch betätigt wird, indem ein magnetischer Teller eine Bremsscheibe in ausgeschaltetem Zustande durch eine Feder bremst.

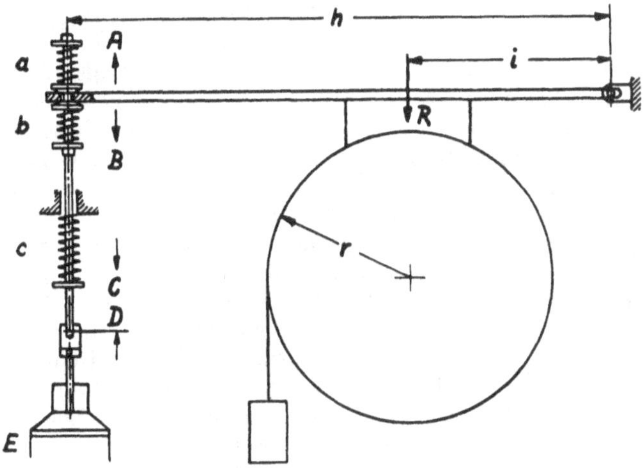

Abb. 87a. Federwirkung bei einem elektrohydraulischen Lüfter

A = Schließkraft der Feder *a*
B = Lüftkraft der Feder *b*
C = Rückzugkraft der Feder *c*
D = Lüftkraft des Eldro
E = Eldro
R = Resultierende Bremskraft

a = Schließfeder
b = Lüftfeder
c = Rückzugsfeder
r = Radius der Bremsscheibe

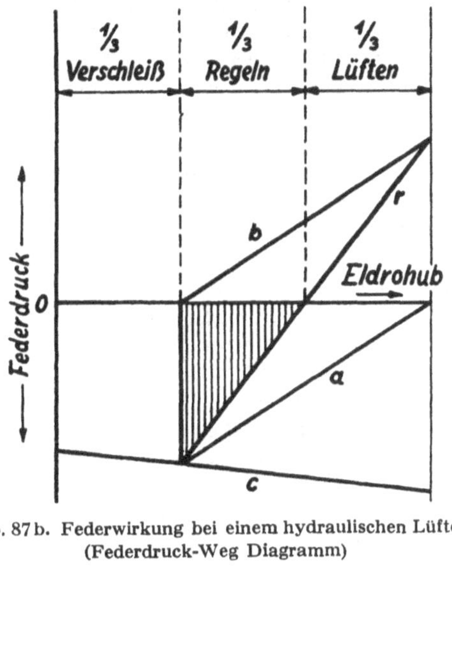

Abb. 87b. Federwirkung bei einem hydraulischen Lüfter (Federdruck-Weg Diagramm)

Der Motorschutz

Als weiteres wichtiges Element der Kranschaltanlage ist der Kranschaltkasten zu nennen. Dieser dient dazu dann, wenn ein Kurzschluß oder ein gefährlicher Überstrom (lang dauernde Überlast) auftritt, die Motoren vom Netz zu trennen. Er soll auch dazu verwendet werden, um im Falle des Ausbleibens einer Phase den Motor vom Netz fortzunehmen. Ferner wäre es zweckmäßig, den Nulllastzwang einzuführen, d. h. es muß dafür gesorgt werden, daß sämtliche Schleifringankermotoren nur dann eingeschaltet werden können, wenn der volle Anlaßwiderstand bei allen Motoren vorgeschaltet ist. Zu diesem Zwecke können entweder die Kontroller mit sogenannten Nullspannungskontakten ausgeführt werden, d. h. die Spannungsrückgangsspule des Hauptschalters bzw. wenn anstelle des Hauptschalters ein Schütz vorgesehen wird, die Betätigungsspule des Schützes, muß so geschaltet sein, daß sie nur dann einschalten kann, wenn sämtliche Kontroller in der Nullstellung einen Kontakt überbrücken. Man kann die Verriegelung an jeder einzelnen Schaltwalze sparen, wenn man den Motorschutzschalter nach Abb. 88 schaltet.

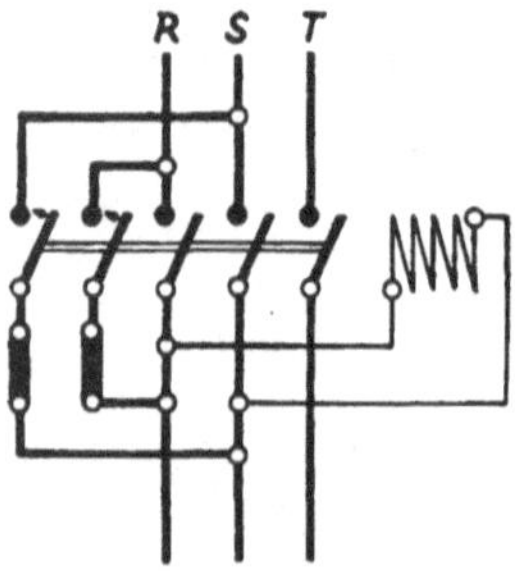

Abb. 88. Nullastzwangschaltung für einem Kranschaltkasten für mehrere Motore (Calor)

Dieser sogenannte Nullastzwang wird dadurch erreicht, daß bei Beginnen der Schließbewegung des Leistungsschalters ein zweipoliger Hilfsschalter die Zuleitung über einen Widerstand mit der Ableitung des Leistungsschalters verbindet. Solange der Stromkreis der Ableitung keine Last führt, erhält der unmittelbar an der Ableitung angeschlossene Spannungsrückgangsauslöser über Widerstand soviel Strom, daß er das Einschalten des Schalters ermöglicht. Ist jedoch die Ableitung über den eingeschaltet gebliebenen Motor geschlossen, so fließt der durch die Widerstände begrenzte Strom zum Teil über den parallel zur Spannungsrückgangsspule liegenden Stromkreis. Der Anker der Spannungsrückgangsspule wird dadurch festgehalten. Eine andere Möglichkeit des Nullastzwanges erfolgt nach Abb. 89.

Die beiden Spulenenden des Hilfsschützes liegen an der gleichen Phase, jedoch vor und hinter dem Hauptschalter. Gleichzeitig wird das Hauptschütz durch eine andere Phase in der Einschaltung überbrückt. Das Hauptschütz kann nur dann eingeschaltet werden, wenn das Hilfsschütz nicht eingeschaltet ist. Das Hilfsschütz kann nur eingeschaltet werden, wenn das Hauptschütz in der Nullstellung steht. Ist ein Motor nicht in der Nullstellung, so erhält das Hilfsschütz über die beiden Hilfsleitungen Spannung und das Hauptschütz kann nicht eingeschaltet werden. Bei der Verwendung von Schaltern anstelle von Schützen müssen zwei voreilende Hilfskontakte beim Einschalten die entsprechende Leitungsführung der Steuerleitungen für das Hilfsschütz vornehmen.

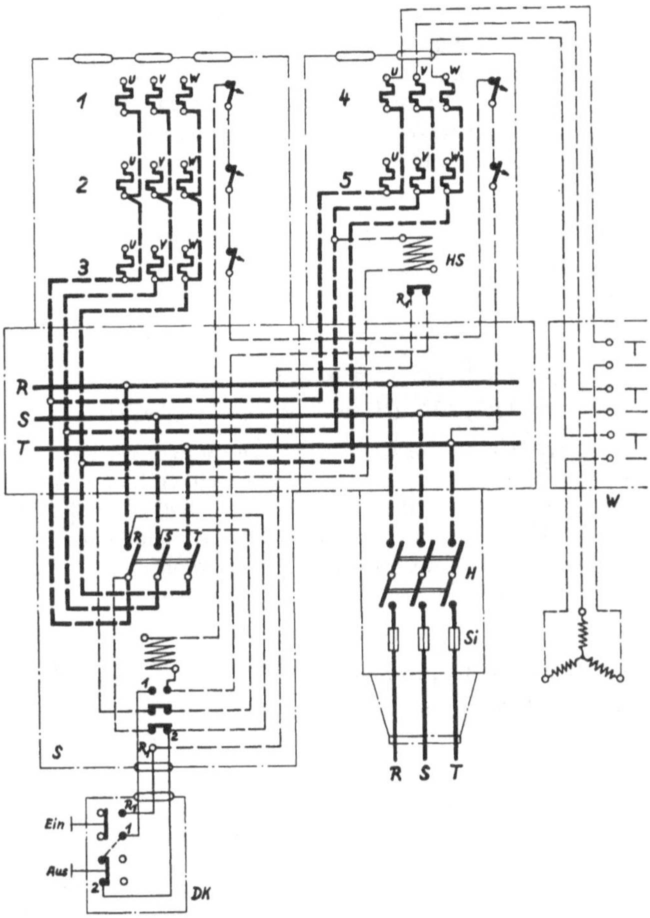

Abb. 89. Nullastzwang mit Schützensteuerung (Rheostat)

HS = Hilfsschütz		*Si* = Sicherungen	
W = Walze		*S* = Schütz	
H = Hebelschalter		*DK* = Druckknöpfe	

Die Kranschaltkästen sind weiter ausgestattet mit elektromagnetischer Schnellauslösung, d. h. bei Auftreten eines Kurzschlusses werden sämtliche Motoren abgeschaltet. Darüber hinaus werden sie allgemein mit thermischen Relais ausgeführt, und zwar entweder für jeden Motor eine Phase oder auch 2 oder 3 Phasen. Diese wirken auf die Spannung der Schützspule oder auf die Spannungsrückgangsspule des Schalters. Sobald ein Motor überlastet wird, verursacht der

Überlastungsschutz, z. B. ein Bimetallauslöser, eine Auslösung des Hilfskontaktes. Dies erfolgt in der Form, daß ein Bimetallstreifen zu warm wird, sich durchbiegt und hierbei eine Kontaktauslösung vornimmt. Anstelle von Bimetall sind auch andere Systeme üblich. Der Motorschutz ist normalerweise mit thermischen Relais möglich, wenn das Relais für aussetzenden Strom richtig eingestellt wird. Der Zeitfaktor T eines Bimetallstreifens ist etwa 6 min, d. h. im Verhältnis zur Einschaltzeit a groß. Die Überlastungsfähigkeit p ist dann $\left(\frac{a}{T} \sim 0\right) = 2{,}5$ bei 40% ED und $p = 2$ bei 25% ED. Es ist dann bei 1,7fachem Einschaltstrom der einzustellende Strom im Verhältnis zum Nennstrom des Motors zu berechnen nach der Formel

$$E = \sqrt{\frac{1{,}7^2\, t_1 + t_2}{t_1 + t_2}} \Big/ \sqrt{p} = \text{Einstellung}^{1)}$$

$$a = t_1 + t_2 = \text{Einschaltzeit.}$$

Dieser Wert ist z. B. 1 bei 40% ED nach dem Zyklus der VDE-Vorschriften.

Die Überlastbarkeit eines Auslösers oder eines Motors wird unter der Voraussetzung des Bestehens einer Zeitkonstante wie folgt bestimmt. Bezeichnet man mit ϑ_2 die Temperatur nach Abschluß der Einschaltzeit $t_1 + t_2$ und mit ϑ_1 die Temperatur am Ende eines Spieles mit der Spieldauer a, und mit ϑ_m die stationäre Temperatur, wenn der beheizte Körper mit dem Strome J, der während der Einschaltzeit herrscht, ständig belastet würde, so ist die Temperatur für den Fall der Erwärmung

$$\vartheta = \vartheta_m \,(1 - e^{t/T})$$

und für den Fall der Abkühlung $\vartheta = \vartheta_m\, e^{-t/T}$.

Im aussetzenden Betrieb gilt

Erwärmungsperiode $\vartheta_2 = \vartheta_m \left[1 - \left(1 - \frac{\vartheta_1}{\vartheta_m}\right) e^{-(t_1 + t_2)/T}\right]$

Abkühlungsperiode $\vartheta_1 = \vartheta_2\, e^{-\frac{r}{T}}$

Fr ist die Ruhezeit.

Diese Werte gelten nach dem Ablauf einer langen Zeit. Der Wert ϑ_2 ist kleiner als ϑ_m, das Verhältnis bezeichnet man mit p. Dieses ist ein Maß dafür, um wieviel mehr ein Körper belastet werden kann, um die Temperatur ϑ_m zu erreichen, wenn er im aussetzenden Betrieb gegenüber dem Dauerbetrieb belastet wird

$$p = \frac{1 - e^{-a/T}}{1 - e^{-\frac{t_1 + t_2}{T}}}$$

und für $\frac{a}{T} \sim 0$ gilt $p = \frac{a}{t_1 + t_2}$, d. h. wenn man mit $\frac{t_1 + t_2}{a}$ die Einschaltdauer bezeichnet, dann ist p eine Hyperbel, die Kurven für p ergeben Abb. 90 a.

1) Die Ableitung von E s. Kussy, Motorschutz für aussetzende Betriebe. ETZ 1953.

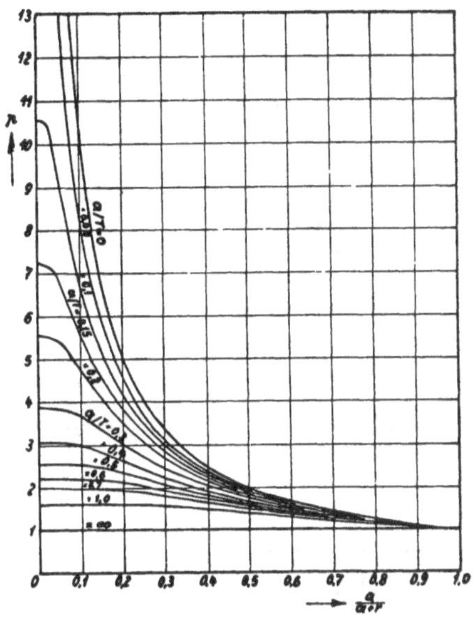

Abb. 90a. Abhängigkeit der Überlastbarkeit eines Motors von der Einschaltdauer und der Zeitkonstanten

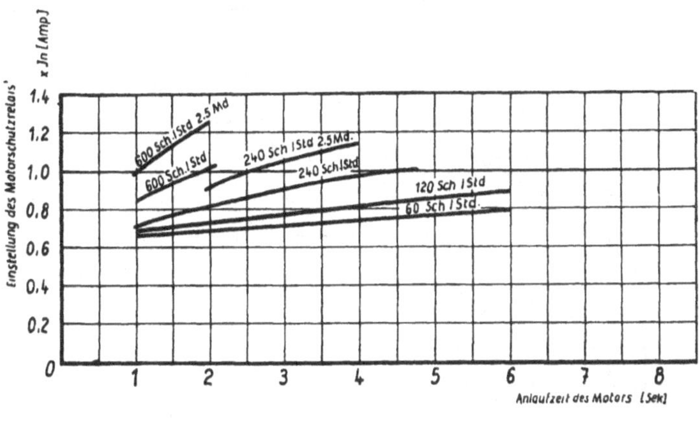

Abb. 90b. Einstellung $\left(\frac{\text{eingestellter Strom}}{\text{Nennstrom}}\right)$ eines Motorschutzauslösers bei intermittierenden Betrieb für einen Schleifringankermotor 40 % ED abhängig von der Anlaufzeit, Schalthäufigkeit und Anlaufschwere

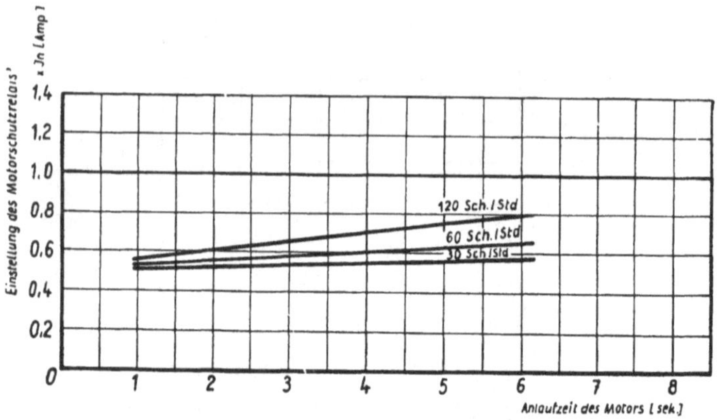

Abb. 90c. Einstellung eines Motorschutzauslösers für einen Schleifringankermotor 25 % ED

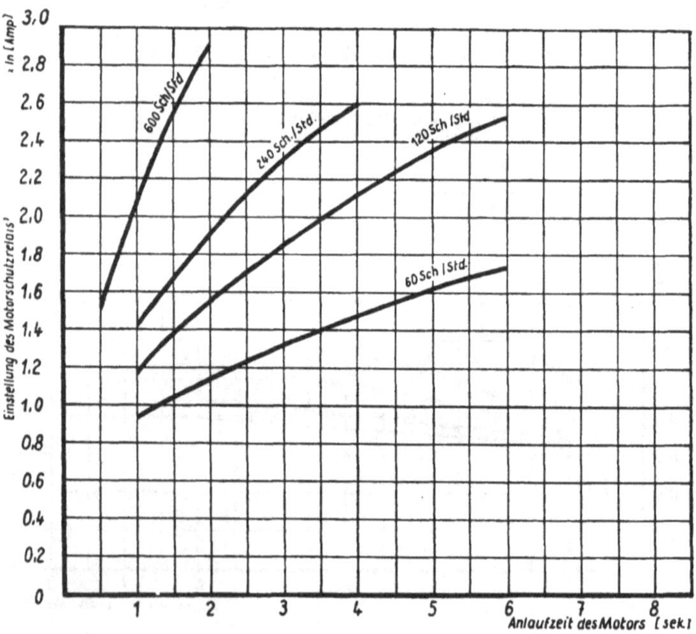

Abb. 90d. Einstellung eines Motorschutzauslösers für einen Kurzschlußankermotor ($Ja/Jn = 5$) 40 % ED

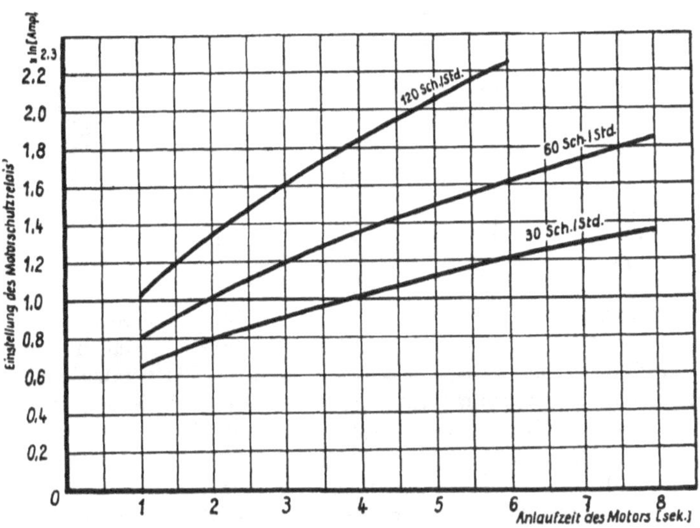

Abb. 90e. Einstellung eines Motorschutzauslösers für einen Kurzschlußankermotor ($Ja/Jn = 5$) 25% ED

Der Wurzelausdruck

$$\sqrt{\frac{1{,}7^2\, t_1 + t_2}{t_1 + t_2}}$$

ist der äquivalente (d. h. gleiche Erwärmung hervorbringende) Strom während der Einschaltdauer. Die Einzelwerte ergeben sich dann bei Schleifringankermotoren nach der Abb. 90b und 90c für 40% ED und 25% ED, abhängig von der Schalthäufigkeit und der Anlaufdauer. Für andere Anlaufspitzen (Kurzschlußankermotoren) ergeben sich entsprechende Werte nach der gleichen Formel und es ist für 1,7 der Wert 5 oder 6 einzusetzen[1]). Einstellkurven für $J_a = 5 J_n$ zeigen Abb. 90d und 90e.

Stromabnehmer und Endschalter

Die Zuführung geschieht bei den ortsbeweglich angebrachten Motoren durch Stromabnehmer von festverlegten Leitungen. Als Fahrleitungen kommen Runddrähte, Profildrähte oder Schienen in Frage. Die Festlegung der Stärke der Leitungen geschieht nach folgender Tabelle[2]):

---

[1]) Vgl. Kussy, Motorschutz für aussetzenden Betrieb, ETZ 1953.
[2]) s. Lehmann, Elektromotorische Antriebe S. 266.

Querschnitt mm²	zulässige 100% ED A	Stromstärke 40% ED A
35	140	220
50	180	280
65	220	345
80	250	390
100	295	465
120	340	530
150	415	655
480	1200	1900

Als Stromabnehmer kommen in erster Linie Rollenabnehmer und Schleifschuhabnehmer in Frage (s. Abb. 91a und b). Die Rolle wird auf die festverlegte Fahrleitung mittels einer Feder gedrückt. In neuerer Zeit werden auch Stromabnehmer aus Kohle verwendet. Eine fest verlegte Leitung ist eine am anderen Ende befestigte Fahrleitung mit Stützen in 8 m Entfernung. Bei loser Fahrleitung muß der Stromabnehmer eine Überhöhung über die Stütze bzw. über die Spannschraube haben, und zwar um einerseits sicher über die Stütze hinweg zu kommen und andererseits damit auch in der Nähe der Leitungsbefestigung ein sicherer Kontakt gebildet wird. Die Abnehmer müssen nicht unbedingt federnd sein, da die Leitung federt (Abb. 91c).

Die Übertragung von einer festen auf eine drehende Bewegung erfolgt mittels Schleifringkörper. Für jede Leitung drücken Bürsten an Schleifringe, wodurch die Übertragung erfolgt. Als Bürsten kommen in erster Linie Kohlebürsten in Frage. In Sonderfällen werden auch Schleifleitungen unterirdisch oder in Kanälen verlegt. Der Kontaktdruck bei Stromübergängen muß in jedem Falle etwa 25 gr pro Ampere betragen.

Als weiteres Schaltgerät im Kranbau ist noch der Endschalter zu nennen. Dieser dient zur Begrenzung beim Heben, Katz- und Kranfahren usw. Er ist ein Sicherheitsschalter und soll bei normalem Betrieb nicht ausschalten, jedoch soll er ein unbeabsichtigtes Überfahren der Endposition verhindern. Grundsätzlich gibt es zwei verschiedene Möglichkeiten, nämlich den Hauptstrom- und Hilfsstromendschalter. Der Hilfsstromendschalter wird dann verwendet, wenn zum Schalten eine Schützensteuerung dient. Beim Überschreiten der entsprechenden Endschaltung wird dann der Spulenstromkreis ausgeschaltet. Normalerweise findet ein Hauptstromendschalter Verwendung. Dieser muß notfalls die Leistung des entsprechenden Motors abschalten können. Als Bedienung kommt entweder eine Rolle oder eine Spindel in Frage. In einer Rolle wird durch ein am Hub-, Katz-, Kranfahrwerk oder bei einer anderen zu begrenzenden Bewegung ein Lineal angebracht. Dieses bewegt einen Schalter, der mit einer Rolle versehen ist. Bei dieser Bewegung erfolgt die Abschaltung in dem Moment, in dem das Lineal den Rollenhebel über eine bestimmte Endlage herausgebracht hat. Derartige Schalter werden in Luft oder Öl ausgeführt. Das Überfahren der Rollenhebel löst eine Schnappschaltung aus, so daß eine verhältnismäßig hohe Schaltleistung erzielt werden kann. Gegen die Verwendung von in Öl schaltenden Geräten bestehen hier, sofern sie völlig abgedichtet sind, keine Bedenken, da die Schalthäufigkeit in jedem Falle gering ist. Beachtet muß werden, daß der Rollenhebel einen bestimmten Nachlauf hat, d. h. nach dem Abschalten des Motors wird noch ein bestimmter Bremsweg zurückgelegt. Das Lineal läuft also an der Rolle vorbei. Der Rollenhebel wird sich noch etwas weiter bewegen. Dies muß er tun können,

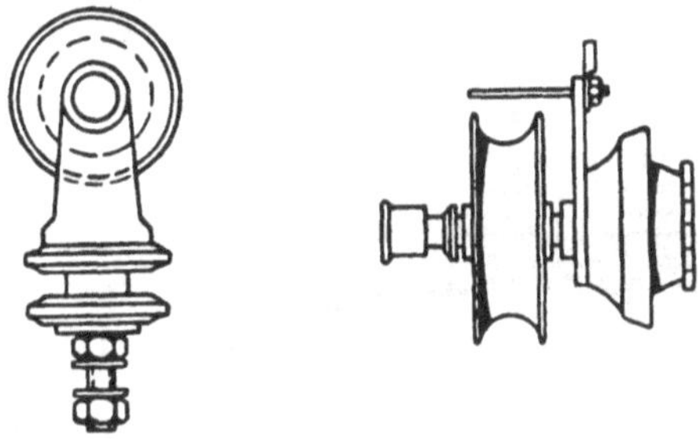

Abb. 91 a. Rollenabnehmer

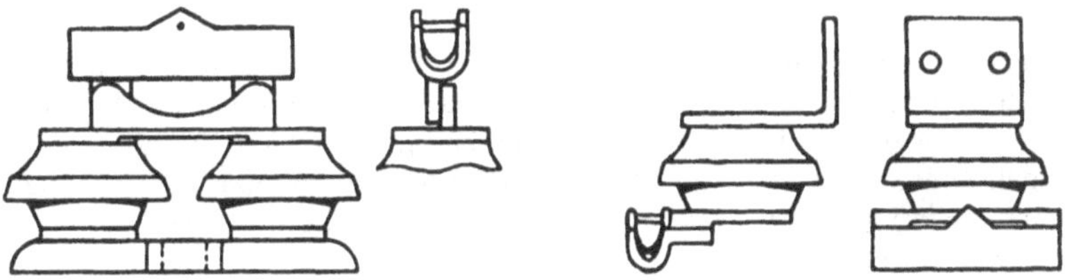

Abb. 91 b. Schleifschuhabnehmer

ohne daß der Schaltmechanismus Schaden erleidet. Anstelle des Rollenhebelendschalters werden auch Spindelendschalter gebraucht. In diesem Falle wird mit der Winde der Trommel über eine Zahnradübersetzung eine Spindel angetrieben. Durch deren Bewegung erfolgt über eine Geradführung eine Bewegung eines Schaltmechanismus. Sobald diese Spindel an den den Endstellungen entsprechenden Anschlag kommt, erfolgt die Ausschaltung des Motors. Auch in diesem Falle muß dafür gesorgt werden, daß die Ausschaltung durch einen Federmechanismus erfolgt. Darüber hinaus muß beachtet werden, daß auch ein weiteres Fortlaufen der Spindel nach der Abschaltung dem Mechanismus nicht schaden kann, d. h. auch die Spindel muß eine Anzahl Umdrehungen Nachlauf zulassen. Nach der Ausschaltung muß in jedem Falle die Schaltung so gewählt werden, daß eine Betätigung des betr. Kranmotors in umgekehrter Richtung möglich ist. Sobald der betreffende Bewegungsvorgang wieder in den zulässigen Grenzen stattfindet, also die zulässige Endstellung nicht mehr überfahren ist, muß der Endschalter wieder in den eingeschalteten Zustand versetzt sein, d. h. also die Rückschaltung muß automatisch erfolgen. Diese Forderung ist anders bei Aufzugsbetrieben. Hier muß jeweils die Rückschaltung von Hand erfolgen, damit der Aufzugsführer der Ursache nachgeht, warum ein Aufzug die Endstellung überfahren hat. Bei Kranen wäre die Handeinstellung und Zurückdrehen meist nicht möglich. Es ist dies auch nicht nötig, da Krane nur von geschultem Personal bedient werden und viele Bewegungen auch nur von der Last ausgeführt werden und nicht von der Kabine, in der sich der Kranführer befindet.

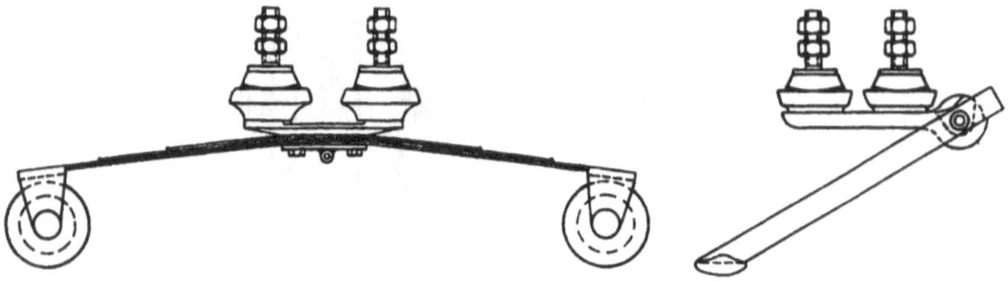

Abb. 91c. Federnder Stromabnehmer für eine feste Fahrtleitung

In einigen Fällen, in denen der Kranführer keine Übersicht über das zu bewegende Gut hat, sind darüber hinaus noch Leuchttafeln auf der Kranbühne angebracht, aus denen der Kranführer erkennen kann, wo sich das zu bewegende Gut befindet. Dies kommt z. B. bei großen Greiferkränen vor oder auch bei Verladebrücken. Jede Stellung wird dann durch ein Lämpchen, das von kleinen Schaltern ein- und ausgeschaltet wird, auf der Kranbühne angezeigt.

Bei dem Entwurf einer Krananlage ist die Zahl der Schleifleistungen mit festzulegen und im allgemeinen darauf zu achten, daß diese nicht allzu hoch wird, da die Unterbringung der Schleifleitungen oft Schwierigkeiten bereitet und auch höhere Montagekosten verursacht. Es ist auch ein Zeichen einer gut gewählten Schaltung, wenn die Zahl der Schleifleitungen klein ist.

4. Kransteuerungen für Drehstrom

Bei der Berechnung der Kransteuerungen ist davon auszugehen, daß man im allgemeinen für Hubwerke das 1½ bis 2fache, bei Katz- und Kranfahrwerken das 2½fache Drehmoment vorsieht. Sofern man nicht näher unterrichtet ist, wählt man im allgemeinen für Kranmotoren das 2fache Anlaufmoment. In den Kurven ist einerseits abhängig dargestellt das Drehmoment von der Drehzahl und der Verlauf des Ständer- und Rotorstromes bzw. der Verlauf des Ankerstromes bei Gleichstrommotoren abhängig vom Drehmoment, wobei jeweils die Abhängigkeit in Prozenten von dem Nenndrehmoment bzw. Nennstrom dargestellt ist. Die Ableitung, wie sich eine solche Abhängigkeit ergibt, ist in den folgenden Seiten jeweils dargestellt. In vielen Fällen ist es nötig, in den ersten Stufen sanfte Anlaufverhältnisse vorzusehen. Bei vielstufiger Anlaßschaltung beginnt man meist mit dem halben Nennstrom bei der Einschaltung.

Hat eine Kranschaltung nur 2 Vollstufen, wobei es gleichgültig ist, ob die Schaltung in symmetrischer oder unsymmetrischer (Kahlenberg) Form erfolgt, so muß im Anfang sofort mit einem großen Anlaufstrom begonnen werden. In den Vorstufen läuft der Motor bei voller Belastung nicht an. Bei einem Schleifringankermotor, der im allgemeinen im Kranbetrieb der verbreitetste ist, muß man beachten, daß bei unsymmetrischer Schaltung des Läufers auch die Läuferströme und die Ständerströme auf die Phasen nicht symmetrisch verteilt sind. Im allgemeinen genügt es aber, mit Durchschnittswerten dieser Ströme zu rechnen, da die Methode der genauen Berechnung dieser Ströme durch Aufteilung des unsymmetrischen Drehfeldes in ein synchrones und inverses Feld, was durch Zerlegung in symmetrische Komponente erfolgt, für die Widerstandsauslegung zu lange dauert. Dagegen muß für die Bestimmung der Charakteristik mit den Ersatzwiderständen gerechnet werden. Diese bildet man wie folgt:

Man bestimmt

$$R_{\text{voll}} = \Sigma \text{ der Widerstände der ersten Vollstufe,}$$
$$R_{\text{vorst}} = \Sigma \text{ der Widerstände der ersten Vorstufe.}$$

Hat man je Phase eine Vorstufe, so sind die Ersatzwiderstände festzulegen

$$R_{2e} = \frac{R_{2u}\,R_{2v} + R_{2v}\,R_{2w} + R_{2u}\,R_{2w}}{R_{2u} + R_{2v} + R_{2w}}$$

wobei R_{2u}, R_{2v}, R_{2w} die Phasenwiderstände sind.

Bei zweiphasigem Läufer ist

$$R_{2e} = \frac{R_{2u}\,R_{2v}}{R_{2u} + R_{2v}}.$$

Zu jedem der Ersatzwiderstände ist der zugehörige Strom festzulegen, und zwar wie folgt: (m = Phasenzahl des Läufers)

$$i_3 = i_{\max} \frac{R_{\text{voll}}}{mR_{e_3} + R_{\text{voll}}}$$

$$i_2 = i_3 \frac{mR_{e_3} + R_{\text{voll}}}{mR_{e_2} + mR_{e_3} + R_{\text{voll}}}$$

$$i_1 = i_{\min} = i_2 \frac{mR_{e_2} + m\,R_{e_3} + R_{\text{voll}}}{m(R_{e_2} + R_{e_1} + R_{e_3}) + R_{\text{voll}}}.$$

R_{e_1}, R_{e_2}, R_{e_3} sind die Ersatzwiderstände der ersten, zweiten und dritten Vorstufe.

Es seien nun in Folgendem die wichtigsten Schaltungen beschrieben und die Charakteristiken bestimmt:

Fahr- und verkürzte Senkschaltung

Die einfachste Schaltung ist die Fahrschaltung für Drehstromasynchronmotore, die auch in gleicher Weise für Hubwerke mit übersynchroner Bremsung Verwendung finden kann. Abb. 92a zeigt das Schaltbild eines fünfstufigen Kontrollers mit zweiseitiger Endschaltung.

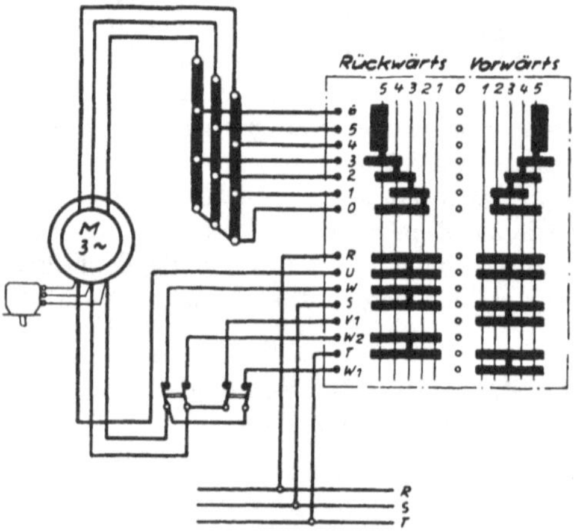

Abb. 92a. Fahrschaltung eines Asynchronmotors mit mechanischer Bremse

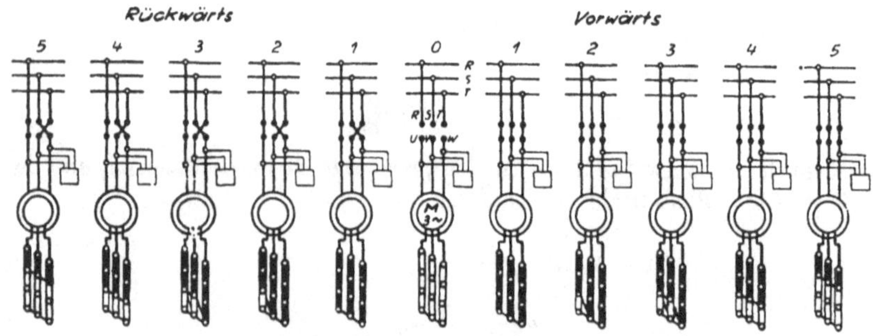

Abb. 92b. Stromlaufbild der Fahrschaltung nach Abb. 92a

Abb. 92b zeigt die Abwicklung des Kontrollers, d. h. das Stromlaufbild in jeder einzelnen Schaltung und Abb. 92c zeigt die Regelkurven, d. h. die Abhängigkeit der Drehzahl n, des Ständerstromes J und des Läuferstromes i in Prozenten vom Nennstrom als Funktion des Motordrehmomentes in Prozenten vom Nennmoment.

Die Fahrschaltung ist eine symmetrische Wendeschaltung. Die Drehrichtungsumkehr wird durch Vertauschen von 2 Ständerphasen herbeigeführt. In der Zuleitung zum Ständer sitzen die Endausschalter. Die Zu- und Abschaltung der Widerstände erfolgt entweder nach Kahlenberg oder in symmetrischer Schaltung. Die symmetrische Schaltung wird in jedem Falle angewandt, wenn eine Schützensteuerung mit Nockenschalter Verwendung findet.

Es kann auch die Schaltung so gewählt werden, daß der Anlasser teils symmetrisch, teils nach Kahlenberg geschaltet wird. Die Bremsung des Katzfahr- oder Kranfahrwerkes erfolgt mechanisch, meist durch Einbau eines Bremslüftmagneten, der in der Nullstellung abgeschaltet wird. Der Bremslüftmagnet sitzt

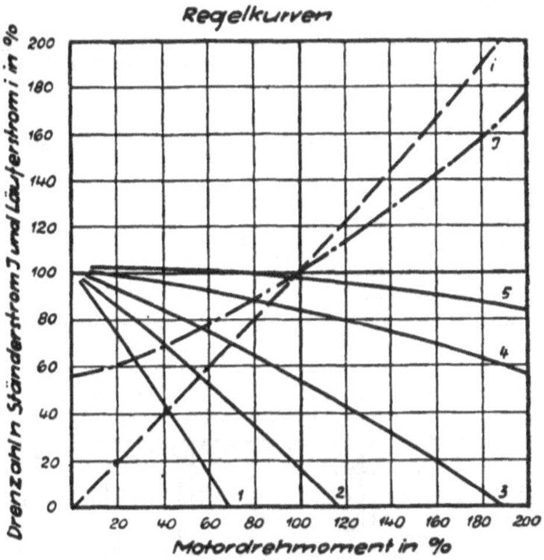

Abb. 92c. Regelkurven (Drehzahl — Drehmoment — Stromcharakteristik — Läuferstromcharakteristik) einer Fahrschaltung nach Abb. 92a

parallel zu den Motorklemmen des Ständers. Bei der normalen Fahrschaltung werden in der Regel nur zwei Widerstandsvollstufen vorgesehen. Die letzte Vollstufe wird symmetrisch kurzgeschlossen. Um ein sanftes, stoßfreies Anfahren auch bei kleiner Last zu ermöglichen, wird der Anlaßwiderstand mit einer Vorstufe und einem Dauerschlupf von etwa 5% ausgelegt. Bei einer vielstufigen Steuerwalze, die, abgesehen von der Stufenzahl, genau so geschaltet ist, wie die Walze mit weniger Stufen, ist ein Schlupfwiderstand im allgemeinen nicht erforderlich. Diese vielstufige Schaltung wird hauptsächlich angewandt für Schiebebühnen und Drehscheiben. Die übersynchrone Bremsschaltung kann außer nach der Schaltung nach Seite 145 auch als eine sogenannte verkürzte Senkschaltung ausgeführt werden. Dies ergibt Schaltbild Abb. 93a.

Die Regelkurven und die Stromlaufbilder sind in Abb. 93b und 93c dargestellt. Beim Heben ergibt sich eine günstige Drehzahlregelung bis zur Nenndrehzahl des Motors. Beim Senken der Lasten ist eine Herabregelung unter die synchrone Drehzahl nicht zu erreichen. Daher kann die übersynchrone Senkbremsschaltung in vielen Fällen nicht gewählt werden. Sie dient in der Hauptsache für Krane ohne

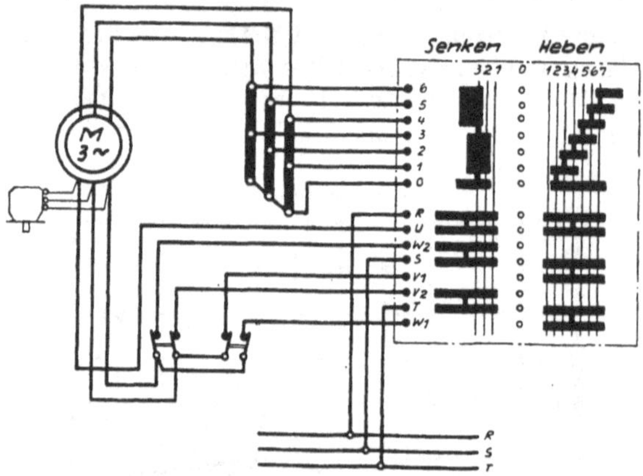

Abb. 93a. Verkürzte Senkschaltung eines Hubkontrollers

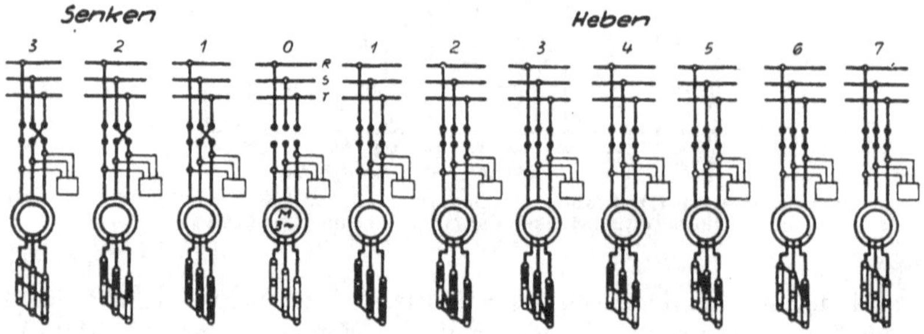

Abb. 93b. Stromlaufbild der verkürzten Senkschaltung nach Abb. 93a

besondere Regelanforderungen. Ein sanftes Absetzen der Last kann nur durch mehrfaches kurzes Einschalten und Abfangen mittels mechanischer Bremse erfolgen. Dadurch erfolgt ein erhöhter Verschleiß bei der durch den Bremslüftmagneten betätigten mechanischen Bremse.

Beim Senken leichter Lasten ist eine Senkdrehzahlregelung bis fast zur Nenndrehzahl des Motors möglich (Senkkraftstellungen). Sind dagegen schwere Lasten zu senken, so treibt die zu senkende Last den Motor an, der dabei als Asynchron-

Generator auf das Netz arbeitet. Die Drehzahl des Motors ist beim Senken von schweren Lasten größer, je größer der im Läuferstromkreis eingeschaltete Widerstand ist. Durch Kurzschließen des Widerstandes kann die Drehzahl herabgeregelt werden. Die Last wird abgefangen, indem man den Motor auf der letzten Stellung durch Kurzschließen des Widerstandes auf die Nenndrehzahl abbremst und durch rasches Überschalten der Schaltstellungen bis in die Nullstellung die mechanische Bremse einfallen läßt. Um diesen Schaltweg zu verkürzen, ist die Anzahl der Schaltstellungen auf der Senkseite durch symmetrische Abschaltungen der Schaltstufen verringert.

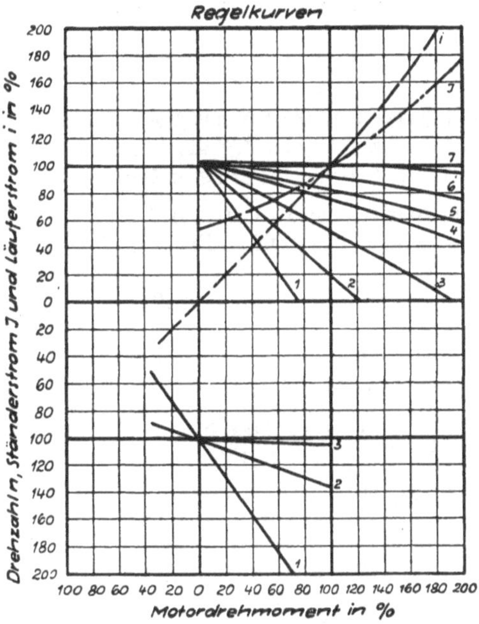

Abb. 93c. Regelkurven einer verkürzten Senkschaltung nach Abb. 93a

Von allen bekannten Senkschaltungen arbeitet die übersynchrone Senkschaltung mit dem geringsten Stromverbrauch. Die übersynchrone Senkschaltung wird auch bei Montagekränen vielfach angewandt, nämlich dann, wenn durch häufiges Hin- und Herschalten z. B. eine große Welle in eine Drehbank eingespannt werden soll.

Die Berechnung des Widerstandes und die Berechnung der Charakteristik sei hier einmal für eine Hubschaltung vorgenommen und einmal für eine siebenstufige Fahrschaltung. An einem Beispiel sei ausgeführt, wie eine solche Berechnung vor sich geht.

Für einen Hubmotor für 8 kW Leistung bei einer Rotorspannung U_2 bei stillstehendem dreiphasig gewickeltem Rotor von 178 V und einem Rotornennstrom von $i = 30{,}5$ A. Nennstromstärke für 40% ED ergeben sich folgende Werte:

Der Phasenrotorwiderstand R_{rt} kann errechnet werden, wenn man mit $p = 0{,}04$ den Rotorverlustfaktor bezeichnet:

$$R_{rt} = \frac{U_2 p}{\sqrt{3}\, i} = 0{,}135\,\Omega\,.$$

Der Anlaßwiderstand R_A je Phase ergibt sich dann, wenn man mit zweifachem Anlaßstrom ($i = 61\ A$) anfährt in der ersten Vollstufe zu

$$R_A = \frac{U_2}{\sqrt{3}\, i\, 2} = 1{,}68\,\Omega\,.$$

Da andererseits ein solcher Motor nur mit Vorstufen angelassen wird, ergeben sich folgende Ohmwerte bzw. Ströme für die Vorstufen, wobei die Berechnung nach der auf Seite 155 angegebenen Formel erfolgt.

In der ersten Einschaltstellung wird, da nur 2 Stufen vorhanden sind, $i_{\mathrm{min}} = 30{,}5$ A. Der entsprechende Widerstand je Phase

$$R_v = \frac{U_2}{\sqrt{3}\, i_{\mathrm{min}}} = 3{,}39\,\Omega$$

Die Summe der Ohmwerte der Widerstände je Phase für die erste Vorstufe und erste Vollstufe ergeben sich zu

$$R_{\mathrm{voll}} = 3\,R_A \cong 5{,}1\,\Omega$$
$$R_{\mathrm{vorst}} = 3\,R_v \cong 10{,}2\,\Omega.$$

Daraus ergeben sich die Ersatzwiderstände zu

$$R_v = R_{e_1} = 3{,}39\,\Omega$$
$$R_A = R_{e_4} = 1{,}68\,\Omega$$
$$R_{e_3} = \frac{2\;3{,}39\;1{,}68 + 1{,}68^2}{1{,}68^2} = 2{,}1\,\Omega$$
$$R_{e_2} = \frac{2\;3{,}39\;1{,}68 + 3{,}39^2}{8{,}46} = 2{,}7\,\Omega\,.$$

Die entsprechenden durchschnittlichen Ströme sind

$$i_{\mathrm{min}} = i_3 = 30{,}5\ \mathrm{A}$$
$$i_{e_2} = 30{,}5\,\frac{3{,}39}{2{,}7} = 38{,}5\ \mathrm{A}$$
$$i_{e_3} = 38{,}5\,\frac{2{,}7}{2{,}1} = 49{,}5\ \mathrm{A}$$
$$i_{e_4} = i_{\mathrm{max}} = 61\ \mathrm{A}.$$

Die Bestimmung der Größe des Widerstandes und der verwendeten Widerstandselemente unter Berücksichtigung der auf Seite 119 unter Abb. 79a gegebenen Widerstandselemente für jede Stufe kann wie folgt geschehen:

Für jede Stufe werden zunächst die Ströme und die Ohmwerte tabellarisch festgelegt. Der Strom ist in den Vorstufen niedriger, aber dann jeweils der doppelte Anlaufstrom. Man prüft nun an Hand der auf den Seiten 119 und 124 angegebenen Tabellen nach, wieviel Elemente man in Reihe und wieviel in Serie schalten muß, um in jeder Stufe die angegebenen Ohmwerte zu erhalten. Ist der Maximalstrom, der für ein Element unter der gegebenen Einschaltdauer zulässig ist, niedriger als der Anlaßstrom, müssen mehrere Elemente parallel geschaltet werden. Bezeichnet man nun die Zahl der parallel geschalteten Elemente mit P und die Zahl der in Serie geschalteten Elemente mit S, so muß man in der Tabelle angeben, welche Art von Elementen Verwendung findet, und zwar sowohl in Parallelschaltung als auch in Serienschaltung. Die Gesamtzahl der in einer Stufe dann verwendeten Elemente ergibt sich durch Multiplikation der in den Spalten S und P angegebenen Elemente. Die Form ist mit einer Kurzbezeichnung angegeben, wie sie sich aus den Tabellen auf den Seiten 119 und 124 ergibt. Es wird daher in einer neuen Spalte, die mit K bezeichnet wird, die in jeder Stufe nötige Form der Widerstandselemente zusammengefaßt. Auf Grund der nun gewählten Elemente, die teils in Serie, teils parallel geschaltet sind, wird nun in jeder Stufe der tatsächliche Widerstandswert in kaltem Zustand $R_{kst\,\text{tats}}$ von dem rechnerisch ermittelten abweichen. Der tatsächliche Ohmwert je Stufe im warmen Zustande ($R_{wst\,\text{tats}}$) soll nicht mehr als etwa 15% vom rechnerisch ermittelten Regelwiderstand abweichen. Es ergibt sich daher unter der Voraussetzung von 12 mm Elementenabstand und unter der Voraussetzung, daß der Widerstand mit gelochtem Blech abgedeckt wird, folgende Stufung je Phase unter Verwendung der Widerstandselemente auf Seite 119:

R sei der jeweilig rechnerisch ermittelte Rotorwiderstand je Phase (Ω),

R_{st} der jeweilig rechnerisch ermittelte Stufenwiderstand je Phase (Ω),

A die Gesamtanzahl der Elemente.

Stufe	i A	R Ω	R_{st} Ω	S	P	A	K[1])	R_{kst} tats Ω	R_{wst} tats Ω
0–1	30,5	3,39	1,71	9	1	9	K_1	1,65	1,91
0–2	38,5	3,39	1,71	13	1	13	K_2	1,7	1,98
0–3	49,5	3,39	1,71	13	1	13	K_2	1,7	1,98
1–u	61	1,68	1,55	16	1	16	K_3	1,54	1,8
2–v	61	1,68	1,55	16	1	16	K_3	1,54	1,8
3–w	61	1,68	1,55	16	1	16	K_3	1,54	1,8
R_{rt}[2])	–	0,13	–	–	–	–	–	–	–

[1]) K: Art der Elemente gem. Tabelle S. 119.

[2]) R_{rt}: Widerstand des Rotors je Phase.

Diese genaue Festlegung des Widerstandes für die Fabrikation dauert natürlich zu lange, wenn nur ein Widerstand projektiert werden soll. Dies kann wie folgt geschehen:

Man berechnet die Gesamtbelastung, indem man $i^2 R$ während der Regelung mit dem theoretisch richtigen Ohmwert für die einzelnen Stufen mit dem Anlaßstufenstrom multipliziert. Dieser beträgt bei dem oben genannten Beispiel in den Vorstufen 1,91 Ohm je Phase und in den Vollstufen 1,65 Ohm je Phase. Der Gesamtverlust im Widerstand ergibt sich also dann wie folgt:

$$\begin{aligned} i_{\max}^2\, R_A\, 3 &= 61^2\, 1{,}55\, 3 = 17500 \text{ W} \\ i_3^2\, (R_v - R_A) &= 49{,}5^2\, 1{,}71 = 4260 \text{ W} \\ i_2^2\, (R_v - R_A) &= 38{,}5^2\, 1{,}71 = 2560 \text{ W} \\ i_{\min}\, (R_v - R_A) &= 30{,}5^2\, 1{,}71 = \underline{1600 \text{ W}} \\ & \qquad\qquad\qquad\quad 25700 \text{ W} \end{aligned}$$

Man prüft nun an Hand der Tabelle auf S. 119 nach, wie hoch die Belastung eines einzelnen Elementes bei 12 mm Elemententfernung und 40% Einschaltdauer ist. Diese ergibt sich zu

$$115 \times 2{,}8 = 320 \text{ W}.$$

Daraus kann man errechnen, daß insgesamt ein Widerstand von

$$\frac{25700}{320} = 79 \text{ Elemente}$$

benötigt wird. Man sieht nun in einer Liste nach, welchen Widerstandskasten man wählen muß, der mindestens 79 + 10% (Sicherheit) = 87 Elemente umfaßt. In vielen Fällen genügt es, beim Heben mit dem 1½fachen Anlaufstrom zu rechnen. Man wird dann in der ersten Stellung das einfache Anlaufmoment vorsehen.

In ähnlicher Weise sei hier noch ein Katzfahrwerk berechnet, jedoch mit 3 Vollstufen, und zwar für 16,5 kW, dessen Rotorspannung U_2 416 Volt und dessen Rotorstrom $i = 24{,}5$ A. beträgt. Die Einschaltdauer sei 40%. Dieser gibt dann folgende Werte für den Rotorwiderstand pro Phase (R_{rt}), wobei ein dreiphasiger Läufer angenommen wurde,

$$R_{rt} = \frac{U_2}{\sqrt{3}\, i_2}\, p = 0{,}39\, \Omega$$

ferner für den gesamten Vorwiderstand R_v pro Phase, wobei angenommen ist, daß der Strom beim Einschalten der halbe Nennstrom sein soll.

$$R_v = \frac{U_2}{\sqrt{3}\, \frac{i_2}{2}} = 19{,}6\, \Omega.$$

Der Widerstand bei der ersten Vollstufe bei doppeltem Anlaufstrom (R_A) ergibt sich dann wie folgt:

$$R_A = \frac{U_2}{\sqrt{3}\, 2\, i_2} = 4{,}9\, \Omega.$$

In ähnlicher Weise sei der Vorwiderstand nach vorhergehendem Beispiel eingeteilt. Dies ergibt dann die folgenden Werte für den Strom und den Widerstand zwischen der ersten Hauptstufe und der Vorstufe:

	Ω		A
R_{vorst}	58,8	i_{min}	12,3
R_{vorst}	39,1	i_2	18,5
R_{vorst}	22,2	i_3	35
R_{voll}	14,7	i	49

Nachdem es sich hier um verhältnismäßig niedrige Rotorströme handelt, sei als Widerstandsmaterial Draht auf Porzellanrollen vorgesehen. Auch hier wird wieder durch Serien- und Parallelschaltung in den verschiedenen Tabellen S und P festgelegt, wieviel Widerstandselemente in Serie und wieviel parallel zu schalten sind, um je Stufe die geforderten Stromstärken und die geforderten Ohmwerte zu erreichen.

In einer weiteren Tabelle (Type) ist dann festgelegt, welche Rollentype gemäß Tabelle auf Seite 124 vorzusehen ist und welcher Draht auf diese Rolle gewickelt werden muß (∅).

Schließlich sei in den Endtabellen verglichen, wieweit je Stufe bzw. insgesamt der tatsächliche Ohmwert vom errechneten abweicht. Dies ergibt dann die folgende Tabelle:

Klemme	J A	R Ω	R_{st} Ω	P	S	A	Type	∅ mm	R_{tats} Ω	$R_{st\,\text{tats}}$ Ω
0—1	12,3	19,6	14,7	1	15	15	R 21	1,1	19,3	14,4
0—2	18,5	19,6	14,7	1	32	32	R 21	1,6	19,6	14,7
0—3	35	19,6	14,7	2	48	96	R 15	1,4	19,48	14,6
1—4	49	4,9	4,12	2	18	36	R 21	1,6	4,88	4,10
2—5	49	4,9	4,12	2	18	36	R 21	1,6	4,88	4,10
3—6	49	4,9	4,12	2	18	36	R 21	1,6	4,88	4,10
Schlupfwiderstand 4—u	49	0,78	0,39	3	3	9	R 15	1,4	0,78	0,41
Schlupfwiderstand 5—v	49	0,78	0,39	3	3	9	R 15	1,4	0,78	0,41
Schlupfwiderstand 6—w	49	0,78	0,39	3	3	9	R 15	1,4	0,78	0,41
R_{Rotph}	—	0,39	—	—	—	—	—	—	—	—
						278 Rollen				

A ist die Anzahl der Rolle,

R_{tat} der tatsächliche Widerstand (kalt = warm), da der Widerstand des Drahtes temperaturunabhängig ist, in Ohm je Phase,

$R_{st\,\text{tat}}$ ist der tatsächliche Widerstandswert je Stufe in Ohm.

Aus Abb. 94 erkennt man das Verhältnis zwischen Läuferstrom und Moment. Bis zu etwa 130 bis 140% des Nennmomentes besteht ungefähr Proportionalität. Das Drehmoment des Asynchronmotors $M \sim c i \Phi_{\text{sin}}$ $(\Phi\, i)$.

Für die Abhängigkeit des Läuferstromes i von M ergibt sich aus dem Kreisdiagramm. Einen Ausschnitt aus dieser Kurve im praktischen Bereich zeigt Abb. 94.

Da der Magnetisierungsstrom $J_\mu = \dot{J} + \dot{i}$ (vektorielle Addition), ist J für $i = 0$ so groß wie J_μ, also ergibt sich für große i in Prozenten vom Läufernennstrom ein niedrigerer Wert als für J in Prozenten zum Nennstrom, während es für kleine Läuferströme gerade umgekehrt ist.

J_μ ist für Kranmotore (großer Luftspalt) verhältnismäßig (zum Nennstrom) hoch.

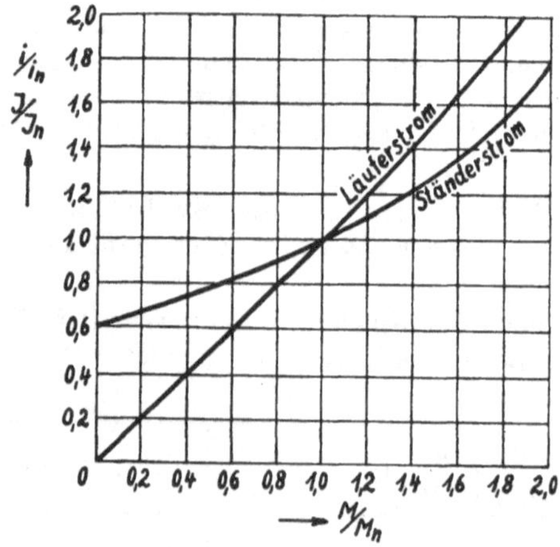

Abb. 94. Verhältnis zwischen Läuferstrom, Ständerstrom und Drehmoment bei einem Drehstromasynchronmotor

Der Asynchronmotor arbeitet nur unterhalb des Kippmomentes stabil. In der Praxis soll der Motor höchstens bis zu etwa 75% des Kippmomentes belastet werden.

Bei Vorschalten von Widerständen ist in diesem Teil die Charakteristik ($M = f(n)$) eine Gerade, die Neigung ist abhängig vom Läufer und Vorwiderstand, denn es gilt für symmetrische Widerstände nach dem Kreisdiagramm

$$M = k \frac{U_1^2 \, R_1/s}{(R_1 + R_2/s)^2 + X\sigma^2}$$

X_σ ist die Streureaktanz
U_1 die Ständerspannung
R_1 der ohmsche Ständerwiderstand
R_2 der Läuferwiderstand (auf den Ständer bezogen)
s der Schlupf.

Für großes R_2/s gilt $M = \text{konst.} \frac{s}{R_2}$, d. h. s/R_2 sind Gerade. Werden die Widertände nach Kahlenberg geschaltet, so gilt anstelle des Widerstandes R_2 einer Phase der Ersatzwiderstand

$$\frac{R_{2u}\,R_{2v} + R_{2u}\,R_{2w} + R_{2w}\,R_{2v}}{R_{2u} + R_{2v} + R_{2w}} = R_{2e}\,,$$

wobei R_{2u}, R_{2v}, R_{2w} die eingeschalteten Widerstände + Läuferwiderstände je Rotorphase sind.

Es sei nun berechnet, z. B. Klemme 1 $i = 12{,}3$ A.

$$M_1/M_n = J_1/J_n = \frac{12{,}3}{24{,}5} = 0{,}5$$

n_y/n_n berechnet man wie folgt, wobei n_y die Drehzahl beim Moment M_y (M_1, M_2, ... M_y) ist.

Die dem Läufer zugeführte Leitung N_L ist so groß wie die Summe der Verluste, im Läufer V_L und der mechanischen Leistung N_m. N ist die zugeführte Leistungs V_{st} sind die Ständerverluste, V_{Est} sind die Eisenverluste des Ständers, dann ist

$$\begin{aligned} N_L = V_L + N_m = N - V_{st} &= \sqrt{3}\,J_1\,U_1 \cos\varphi_1 - 3\,J_1^2\,R_1 - V_{Est} \\ &= 3 i_2^2\,R_2 + (1-s)\,N_L\,, \end{aligned}$$

daraus folgt

$$N_L = \frac{3\,i_2^2\,R_2}{s} = \frac{i_2^2\,R_2}{\frac{n_{id} - n_y}{n_{id}}}\,.$$

Es bedeutet: $N_L = N_2 + V_r$, worin
V_r die Reibungsverluste
N_2 die abzubremsende Leistung ist.

Aus dieser Gleichung folgt:

$$n_y = n_{id}\left(1 - \frac{3\,i_2^2\,R_L}{N_L}\right).$$

Bei Regelung mit konstantem Drehmoment bleibt i_2 sowie N_L konstant, somit ergibt sich

$$n_y = n_{id}\left(1 - \frac{3\,i_2^2\,R_2}{\sqrt{3}\,U_2\,i_2 \cos\varphi_2}\right).$$

Da $\cos\varphi_2 \sim 0{,}99$ im Lauf ist, gilt $U_x \approx n_{id}\left(1 - \frac{3 i_2\,R_2}{\sqrt{3}\,U_2}\right)$.

Es ist die Nenndrehzahl $n_n = 0{,}96\, n_{id}$, so daß gilt $\frac{n_y}{n_n} = 0{,}96\left[1 - \frac{\sqrt{3}\,i_2\,R_2}{U_2}\right]$.

Es ergibt sich also für die verschiedenen Widerstandswerte aus der vorgenannten Formel die folgende Tabelle:

	$R_e(52)$	$J_{1(A)}$	M_1/M_n	n_1/n_n	$J_{2(A)}$	M_2/M_n	n_2/n_n	$J_{3(A)}$	M_3/M_n	n_3/n_n
Stufe 1	19,3	12,3	1/2	0	6	0,25	0,50	3	0,125	0,75
Stufe 2	13	18,5	0,75	0	8	0,37	0,54	6	0,25	0,65
Stufe 3	7,4	24,5	1	0,28	12,3	0,50	0,59	6	0,25	0,78
Stufe 4	4,9	24,5	1	0,5	12,3	0,50	0,75	6	0,25	0,87
Stufe 5	2,9	24,5	1	0,68	12,3	0,50	0,84	6	0,25	0,92
Stufe 6	1,26	24,5	1	0,78	12,3	0,50	0,88	6	0,25	0,94

Schaltungen von Kurzschlußankermotoren im Kranbetrieb

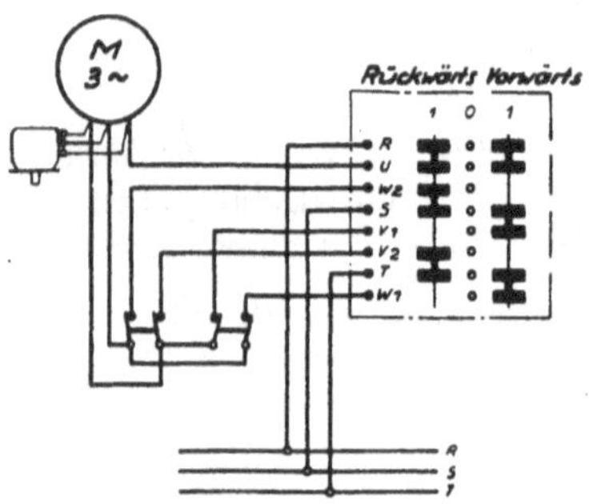

Abb. 95a. Dreipolige Umkehrschaltung eines Kurzschlußläufermotors mit zweiseitiger Endschaltung und mechanischer Bremse

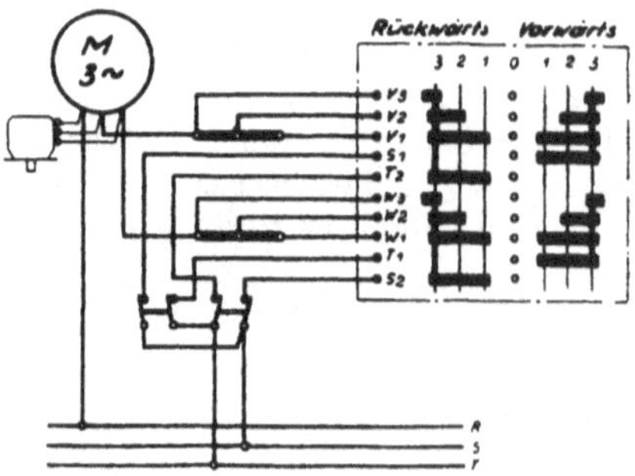

Abb. 95b. Zweipolige Umkehrschaltung eines Kurzschlußankermotors mit zweiseitiger Endschaltung, zwei Dämpfungsstufen und mechanischer Bremse

Kurzschlußläufermotoren werden dort verwendet, wo auf eine Drehzahlregelung verzichtet wird, z. B. bei Elektrozügen. Unter Umständen können auch polumschaltbare Motoren Verwendung finden, was aber im Hebezeugbau verhältnismäßig selten ist. Ist ein sanfter Anlauf erforderlich, so können die Walzen auch mit einer zusätzlichen Schaltstellung für getrennt angeordnete Nebenschlußwiderstände geliefert werden. Läßt man z. B. eine drei- oder vierfache Spitze zu, so errechnet sich der Dämpfungswiderstand je Phase nach folgender Formel:

$$R_{\mathrm{Dph}} = \frac{U_L}{\sqrt{3}\, 4\, i_2}\,.$$

Die Schaltung kann mittels Schütze oder mittels Walzenschaltern erfolgen. Abb. 95a zeigt einen Umkehrschalter mit zweipoliger Endschaltung.

Abb. 95b zeigt daneben noch zwei zusätzliche Stellungen rechts und links zum Einschalten eines Dämpfungswiderstandes.

Abb. 95c zeigt die Schaltung eines Wendeschützes mit Hilfsstromendschaltung, wie es bei großer Schalthäufigkeit Verwendung findet.

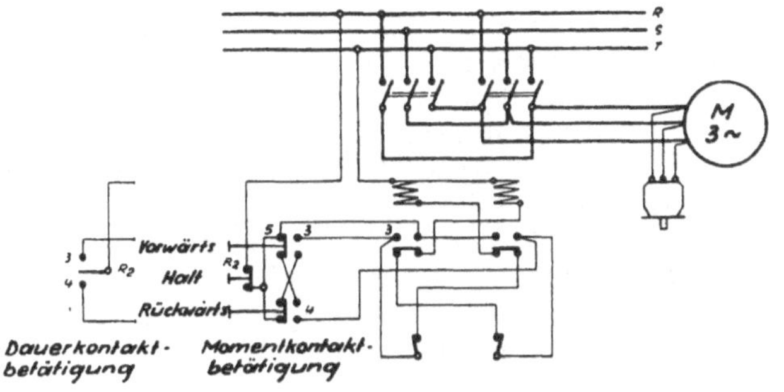

Abb. 95c. Fernschaltung: Umkehranlasser für Kurzschlußankermotor. mechanischer Bremse und zweiseitiger Hilfsstromendschaltung

Sicherheitsbremsschaltungen

a) Einphasige (SSW)-Schaltung

Die bisher besprochenen Bremsschaltungen sind für schnellaufende Kräne sowie für Ausleger von Wippwerken nicht geeignet. In diesem Falle muß eine Schaltstellung vorgesehen werden, bei der der Motor gebremst wird. Ebenso sind einfache Schaltungen nicht möglich für Montage-, Niet- und Gießerei-Kräne und ähnliche Fälle, bei denen ein sanftes Absetzen der Last und ein genaueres Einrichten erforderlich sind. In diesem Falle muß eine sogenannte Sicherheitssenkbremsschaltung Verwendung finden. Die Hauptforderungen, die an derartige Schaltungen gestellt werden, bestehen darin, daß auch bei größeren Momenten langsam gefahren werden kann und daß ferner eine Abbremsung elektrisch bis in die Nullstellung ermöglicht wird. Es gibt hierfür verschiedene Methoden.

Bei der Schaltung von SSW wird der Ständer einphasig beim Senken bzw. Bremsen gespeist und eine Wicklung wird kurz geschlossen. Im Stillstand kann bei einem Wechselfeld kein Drehmoment entstehen, infolgedessen kann der Motor nach dem Abbremsen nicht von selbst anlaufen. Er bleibt in der Nullstellung stehen. Durch den Kurzschlußstrom im Ständer, der vom Sekundärwiderstand abhängig ist, wird ein Bremsfeld erzeugt, das dem einen der beiden Drehfelder, in die das Wechselfeld im Ständer zerlegt wird, entgegengesetzt gerichtet ist. Das Bremsmoment ist praktisch nur vom Widerstand und der Drehzahl abhängig. Es gibt dann einen bestimmten Widerstand, bei dem bei einer bestimmten Drehzahl ein besonders günstiges Bremsmoment auftritt. Bei zu kleinem oder zu großem Widerstand wird das Bremsmoment verkleinert.

Man wählt in der letzten Stufe beim Heben im allgemeinen einen Schlupfwiderstand von 5% des Vorwiderstandes bei vollem Drehmoment. In der ersten Vorstufe beim Heben arbeitet man auch hier wieder wegen des sanfteren Anlaufs mit halbem Strom, während man am 2. Kontakt der Vollstufe, d. h. also am 4. bei Kahlenbergschaltung, mit doppeltem Strom rechnen soll. Hierbei sieht man einen Schlupf von etwa 50% bei normalem Strom vor. Im allgemeinen wählt man sogar verschiedene Anzapfungen, z. B. eine zweite Anzapfung für 35% Schlupf bei normalem Strom und bestimmt die richtige Anzapfung der ersten Widerstandsstellung erst bei der Montage. Dies erfolgt besonders mit Rücksicht auf die Charakteristiken beim Senken. Wird bei einer solchen Schaltung für die Senkstellung noch eine Gegenstrombremsung in der ersten Stellung vorgesehen, so soll für diese noch ein zusätzlicher Widerstand anzapfbar für einen doppelten und dreifachen Ohmwert des Widerstandes bei einfachem Moment vorgesehen werden. Es wird dann allerdings höchstens das halbe Moment auftreten. Dieser vergrößerte Gegenstrombremswiderstand ist beim Hub nicht eingeschaltet. Eine Sicherheitssenkschaltung mit untersynchroner Bremsung für einen 31 kW Motor 430 Volt und 45 Amp. Rotorstrom für 40% ED ergibt folgende Berechnung:

Ständerspannung 380 Volt, Ständerstrom $J_n = 60$ A.

Angenommen sei ein Hubwerk mit etwa 1,5fachem Drehmoment. Der Anlauf ist $0{,}5\, J_n$ in der ersten Stellung.

Hubwerk: Anlaufstrom etwa 70 A.

$$R_{\text{Rotph}} = \frac{430\,V}{45\,A\sqrt{3}}\,0{,}04 = 0{,}226\,\Omega \approx 0{,}23\,\Omega$$

$$5\%\ \text{Schl.} = \frac{430\,V\,0{,}05}{45\,\text{A}\sqrt{3}} = 0{,}276\,\Omega \approx 0{,}28\,\Omega$$

$$\text{bei } 50\% \text{ und einfachem Strom: } \frac{430\,V\,0{,}5}{45\,A\sqrt{3}} = 2{,}8\,\Omega$$

$$\text{bei } 35\% \text{ und vollem Strom: } \frac{430\,V\,0{,}35}{45\,A\sqrt{3}} = 1{,}93\,\Omega\,.$$

$$\text{Anlaufwiderstand bei halbem Strom: } \frac{430\,V}{\sqrt{3}\,22{,}5\,\text{A}} = 11\,\Omega\,.$$

Für die Vorstufen wird der Widerstand nach dem gleichen Verfahren wie bei der Fahrwalze bestimmt, und zwar der Gesamtwiderstand beträgt:

$$R_{\text{vorst}} = 33\,\Omega \qquad R_{\text{voll}} = 2{,}8 \cdot 3 = 8{,}4\,\Omega$$

$$R_{e_4} = 2{,}8\,\Omega \qquad i_4 = 70\ \text{A}$$

$$R_{e_3} = \frac{2\ 11\ 2{,}8 + 2{,}8^2}{11 + 5{,}6} = 4{,}15\,\Omega \qquad i_3 = \frac{2{,}8}{4{,}1}\,70 = 48\ \text{A}$$

$$R_{e_2} = \frac{2\ 11\ 2{,}8 + 11^2}{24{,}8} = 6{,}9\,\Omega \qquad i_2 = \frac{4{,}1}{6{,}9}\,48 = 28{,}5\ \text{A}$$

$$R_{e_1} = 11\,\Omega$$

Berechnung der Zwischenstufen

Klemme	% Schl. bei 1/1 Md.	J A	R Ω	R_{st} Ω	P	S	A	Type	Ø mm	R_{tat} Ω	R_{st} tats Ω
0–1		22	11	8,2	1	26	26	R 15	1,6	10,5	7,9
0–2		28,5	11	8,2	1	48	48	R 15	1,8	10,7	8,1
0–3		48	11	8,2	2	54	108	R 21	2,0	10,9	8,3
1–1 B	50	70	2,8	0,85	2	12	24	R 15	2,5	2,59	0,83
2–2 B		70	2,8	0,85	2	12	24	R 15	2,5	2,59	0,83
3–3 B		70	2,8	0,85	2	12	24	R 15	2,5	2,59	0,83
1 B–4	35	70	1,95	0,96	3	8	24	R 15	1,6	1,76	0,84
2 B–5		70	1,95	0,96	3	8	24	R 15	1,6	1,76	0,84
3 B–6		70	1,95	0,96	3	8	24	R 15	1,6	1,76	0,84
4–7		70	0,99	0,50	3	4	12	R 15	1,6	0,92	0,42
5–9		70	0,99	0,50	3	4	12	R 15	1,6	0,92	0,42
6–8		70	0,99	0,50	3	4	12	R 15	1,6	0,92	0,42
7–u	5	70	0,49	0,27	3	4	12	R 15	2,0	0,5	0,28
8–v		70	0,49	0,27	3	4	12	R 15	2,0	0,5	0,28
9–w		70	0,49	0,27	3	4	12	R 15	2,0	0,5	0,28
R_{Rotph}		—	0,22	—	—	—	—	—	—	—	—
							400 Rollen				

Die Auswahl der Drahtelemente auf Grund der vorgenannten Tabellen ist hier gleichzeitig mit angeführt. Der Widerstand hat in der ersten Stelle 2 bis 3 Anzapfungen. Hat die erste Senkstellung eine Gegenstrombremsstellung, so muß bei etwa 0,5fachem Strom statt des 2fachen 300 bis 400% Schlupf vorgesehen werden. Bei untersynchroner Bremsschaltung von Katz- und Kranfahrwerken ist mit 50% Schlupf bei 2fachem *Md* (Anlaufmoment) zu rechnen.

Die Berechnung der Stromstärke und der Drehzahl-Drehmoment-Charakteristik erfolgt nach der Theorie von Schuisky und Reiser[1]). Allerdings müssen die Gleichungen für den praktischen Gebrauch noch erheblich vereinfacht werden. Der Motor wird geschaltet gem. Abb. 96a, diese ist äquivalent der Abb. 96b.

Hierbei ist J_3 die Stromstärke in der kurzgeschlossenen Wicklung, die sich aus den Strängen 0b und 0c ergibt, während die Wicklung, zu der J_1 fließt, eine Einphasenwicklung ist, die sich aus der Hintereinanderschaltung der Stränge a0 und den parallel geschalteten Strängen 0c und 0b ergibt. Der Netzstrom J_1 bleibt nämlich unabhängig von der durch das Querfeld mit dem Strom J_3 in den Strängen 0b und 0c induzierten elektromotorischen Kraft und von den durch den Strom J_3 erzeugten Spannungsabfällen.

Wegen der gleichen Phase der Spannungen zwischen dem Strangpaar wird im Kurzschlußbügel b c kein Spannungsunterschied hervorgerufen. Andererseits fließt in Abb. 96b durch J_1 derselbe Strom wie durch den Strang a 0. Die beiden zerlegten Wicklungen sind Einphasenwicklungen.

[1]) Anm. Arch. der Elektrotechnik 1934 S. 447 und 1935 S. 552.

Von einem in Stern geschalteten Motor sei X_h die Hauptreaktanz, die von der Selbstinduktion der eigenen Wicklung und der Gegeninduktivität der anderen Wicklungen herrührt, R_1 sei der Ständerwiderstand, $R_2 = ü^2 r_2$ der auf den Ständer bezogene Läuferwirkwiderstand, wobei r_2 der Läuferwirkwiderstand je Phase in Ohm ist und $ü$ das Übersetzungsverhältnis $\frac{U_{st}}{U_L}$ ist. U_{st} ist die Ständerspannung, U_L ist die Läuferspannung.

$X_1\sigma$ und $X_2\sigma = ü^2\, x\sigma_2$ sind die entsprechenden Größen für die Streureaktanz, $X_1\sigma$ ist die Ständerstreureaktanz, $x\sigma_2$ ist die Läuferstreureaktanz, $X_2\sigma$ die auf den Ständer bezogene Läuferstreureaktanz.

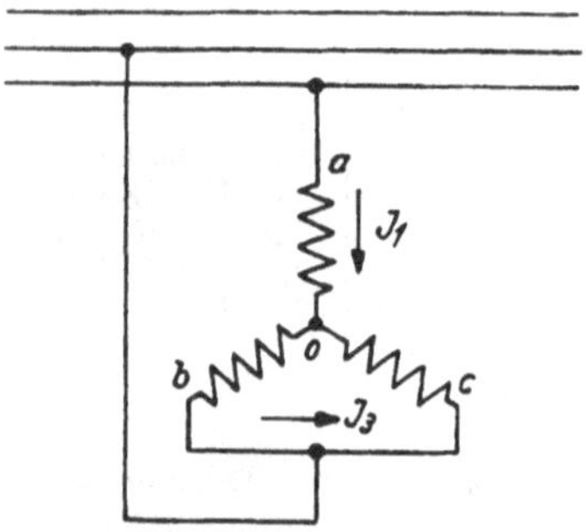

Abb. 96a. Untersychrone Sicherheits-Senkbremsschaltung (SSW). Ständer liegt einphasig am Netz

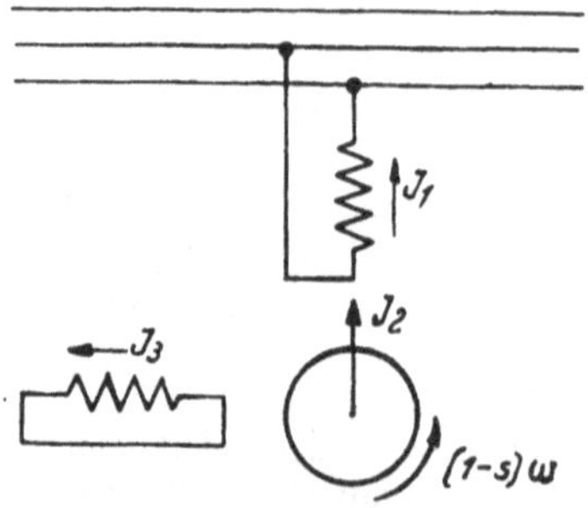

Abb. 96b. Zerlegung der Ständerschaltung nach Abb. 96a in die Längs- und Querkomponente (Schem. Darstellung) w = Winkelgeschwindigkeit

Die Längswicklung l (Strom J_l) besteht aus der Hintereinanderschaltung einer Phasenwicklung a0 und der beiden parallel geschalteten Phasen 0b und 0c. Ihr Ohmscher Widerstand ist deshalb $R_1' = \frac{3}{2} R_1$, ihre Hauptreaktanz $X_h' = \frac{3}{2} X_h$ $\left(X_h + \frac{X_h^2}{2 X_h}\right)$, die Querwicklung 3 mit dem Strom J_3 besteht aus der Hintereinanderschaltung zweier Wicklungen. Ihr Ohmscher Widerstand ist deshalb $R_1'' = 2 R_1$ und ihre Hauptreaktanz $X_h'' = 2 X_h$. Die entsprechenden Werte der auf den Ständer und Läufer bezogenen Läuferwirk- und Streuwiderstände sind $R_2' = \frac{3}{2} R_2$, $R_2'' = 2 R_2$, $X_2'\sigma = \frac{3}{2} X_2\sigma$ und $X_2\sigma = 2 X_2''\sigma$.

Das Übersetzungsverhältnis zwischen der Quer- und Längswicklung $\dot{U}$ ergibt sich, da sich die wirksamen Windungszahlen ungefähr wie die Wurzeln der Reaktanzen verhalten ($X = c\,L = c' w^2$)

$$\text{zu } \dot{U} = \frac{\sqrt{2}}{\sqrt{\frac{3}{2}}} = \frac{2}{\sqrt{3}} = \frac{\text{wirksame Windungszahl der Querwicklung}}{\text{wirksame Windungszahl der Längswicklung}}\,.$$

L ist die Selbstinduktion, w die Windungszahl.

Die beiden Ständerströme $\dot{J}_1$ und $\dot{J}_3$ werden durch Zerlegung in zwei symmetrische Komponenten einer Zweiphasenwicklung errechnet. Bezeichnet man den auf die Längswicklung bezogenen Strom der Querwicklung mit $\dot{J}_3' = \dot{U}\dot{J}_3$ und mit $\dot{J}_s$ und $\dot{J}_i$ die synchrone und inverse Komponente, in die dieser Strom zerlegt werden soll, so gilt:

$$\dot{J}_s = \frac{1}{2}(\dot{J}_1 + e^{-j\,180}\dot{J}_3') \qquad \dot{J}_i = \frac{1}{2}(\dot{J}_1 + e^{+j\,180}\dot{J}_3'),$$

denn man setzt:

$$\dot{J}_1 = \dot{J}_i + \dot{J}_s \qquad \dot{J}_3' = \dot{J}_i - \dot{J}_s \tag{1}$$

daraus ergibt sich:

$$\dot{J}_s = \frac{1}{2}(\dot{J}_1 - \dot{U}\dot{J}_3) \qquad \dot{J}_i = (\dot{J}_1 + \dot{U}\dot{J}_3)\frac{1}{2}.$$

Die absoluten Größen $|J_s| = |J_i|$ sind einander gleich. Das Verhältnis der Ströme der auf den Ständer bezogenen Läuferwicklung zur Ständerwicklung ist zu bilden und ergibt sich zu

$$\frac{\dot{J}_2}{\dot{J}_1} = \varrho - 1 \qquad \dot{J}_2\,\ddot{u} = i_2\,.$$

Betrachtet man die Ersatzbilder der Asynchronmaschine (Abb. 96c und 96d)

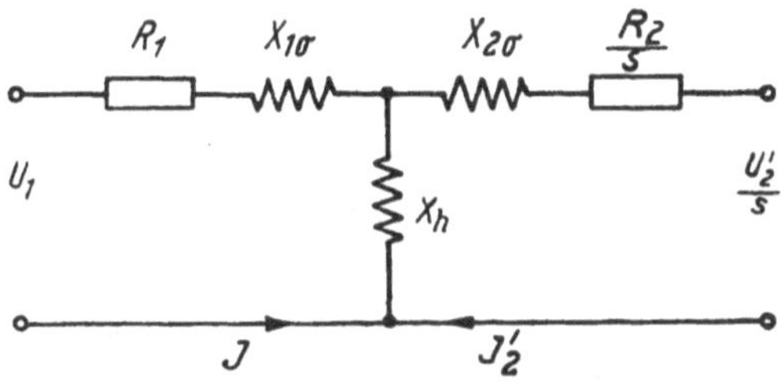

Abb. 96c. Ersatzschaltbild des synchronen Feldes einer Asynchronmaschine in Einphasenschaltung

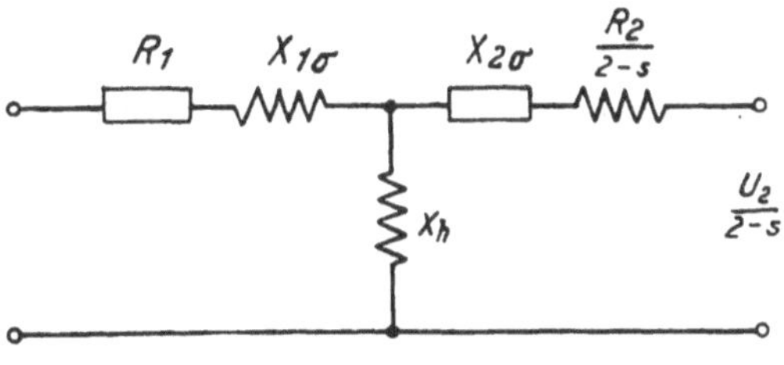

Abb. 96d. Ersatzschaltbild des inversen Feldes einer Asynchronmaschine in Einphasenschaltung

mit dem Schlupf s und $2-s$, die sich aus der synchronen und inversen Bewegung des Drehfeldes ergibt, so ist

$$\dot{J}_2' = \frac{-js\,X_h\,J_1}{R_2 + js\,(X_h + X_2\sigma)}$$

woraus folgt:

$$\frac{\dot{J}_2}{J_1} + 1 = \varrho_s = \frac{-jsX_h + R_2 + js\,(X_h + X_2\sigma)}{R_2 + js\,(X_h + X_2\sigma)} = \frac{R_2 + js\,X_2\sigma}{R_2 + js\,(X_h + X_2\sigma)} \tag{2}$$

entsprechend ist

$$\varrho_i = \frac{R_2 + j\,(2-s)\,X_2\,\sigma}{R_2 + j\,(2-s)\,(X_h + X_2\sigma)}\,.$$

Man bezeichnet ϱ_s und ϱ_i als synchronen und inversen Dämpfungsfaktor.

Für die Längswicklung kann jetzt folgende Gleichung aufgestellt werden:

$$\dot{U}_1 = (R_1' + jX_1'\sigma)\,\dot{J}_1 + j\,X_h'\,\dot{J}_1 + j\,X_h'\,\dot{J}_{2s} + j\,X_h'\,\dot{J}_{2i}\,.$$

Hierin ist $\dot{U}_1$ die Netzspannung,

$\dot{J}_{2s}$ ist der durch den Läuferstrom des synchronen Drehfeldes im Ständer erregte Strom,

$\dot{J}_{2i}$ der durch den Läuferstrom des inversen Drehfeldes im Ständer erregte Strom.

Hieraus ergibt sich folgende Gleichung:

$$\dot{U}_1 = R_1'\dot{J}_1 + jX_1'\sigma\,\dot{J}_1 + jX_h'\,\dot{J}_1 + jX_h'\,\dot{J}_s\,(\varrho_s - 1) + j\,X_h'\,\dot{J}_i\,(\varrho_i - 1)$$

$$\dot{U}_1 = \frac{3}{2}\,(R_1 + j\,X_1\sigma)\,\dot{J}_1 + j\,X_h'\varrho_s\,\dot{J}_s + j\,X_h'\varrho_i\,\dot{J}_i \tag{3}$$

Für die Querwicklung ist folgende Gleichung aufzustellen:

$$0 = (R_1'' + j\,X_1''\sigma)\,\dot{J}_3 + j\,X_h''\,\dot{J}_{2s}e^{-j\,90^\circ} + j\,X_h''\,\dot{J}_{2i}e^{+j\,90^\circ} + j\,X_h''\,\dot{J}_3$$

Die Faktoren $e^{-j\,90^\circ}$ und $e^{+j\,90^\circ}$ werden gebildet, weil die Querwicklungsstränge um $\pm 90^0$ je nachdem, ob es sich um das inverse oder synchrone Feld handelt, verschoben sind.

$$0 = (R_s'' + j\,X_1''\sigma)\,\dot{J}_3 + j\,X_h''\,\dot{J}_3 - j\,X_h''\,(\varrho_s - 1)\,\dot{J}_s + j\,X_h''\,\dot{J}_i\,(\varrho_i - 1)$$

$$0 = 2\,(R_1 + j\,X_1\sigma)\,\dot{J}_3 - \ddot{U}^2 X_h'\,\varrho_s\,\dot{J}_s + j\,\ddot{U}^2\,\dot{J}_i\,\varrho_i\,X_h'\,. \tag{4}$$

Die Gleichungen 1, 2, 3 und 4 ergeben aufgelöst folgende Werte:

$$\dot{U}_1 = \frac{3}{2}\,(R_1 + j\,X_1\sigma)\,\dot{J}_1 + j\,X_h'\,(\dot{J}_s\,\varrho_s + \dot{J}_i\,\varrho_i)$$

$$\frac{4}{3}\,\dot{U}_1 = 2\,(R_1 + j\,X_1\sigma)\,\dot{J}_1 + 2j\,X_h\,(\dot{J}_s\,\varrho_s + \dot{J}_i\,\varrho_i)$$

$$X_h' = \frac{3}{2}\,X_h$$

$$0 = 2\,(R_1 + j\,X_1\sigma)\,(\dot{J}_1 - \dot{J}_s) + 2\,X_h\,j\,(\dot{J}_i\,\varrho_i - \dot{J}_s\,\varrho_s)$$

daraus folgt: $$\dot{J}_s = \frac{\dot{U}_1}{3(R_1 + jX_1\sigma + jX_h\varrho_s)}$$

$$\dot{J}_1 = \frac{\dot{U}_1}{3(R_1 + jX_1\sigma + jX_h\varrho_i)}.$$

Hiermit läßt sich leicht J_1 und J_3 bestimmen. Diese Formel ist für die praktische Berechnung zu umständlich, läßt sich aber noch vereinfachen, wenn man folgende Voraussetzungen trifft:

$$X_h \gg R_2 \qquad R_2 \gg X_1\sigma \qquad R_2 \gg X_2\sigma \qquad R_2 \gg R_1$$

$$\frac{R_2}{X_h} \cong 0 \qquad \frac{X_2\sigma}{X_h} \cong 0 \qquad X_h \to \infty,$$

wenn der Magnetisierungsstrom J_μ vernachlässigt ist, da bei offener Läuferwicklung bzw. sehr großem R_2 $U_1 \cong jX_hJ_\mu$.

Diese Voraussetzungen sind deshalb zulässig, weil nur unter der Voraussetzung eines großen sekundären Widerstandes die Schaltung ein Bremsmoment ergibt. Die beiden Drehmomente des synchronen und inversen Feldes ergeben folgende Formel:

$$M_s = \frac{2p}{\omega} J_s^2 \frac{R_2}{s} = \frac{\text{Konst.}}{3} \frac{R_2 s}{(R_1 + R_2/s)^2 + (X_1\sigma + X_2\sigma)^2}$$

wobei zu beachten ist, daß die Zerlegung in Zweiphasensystemen stattgefunden hat und daher als Phasenzahl 2 einzusetzen ist.

$$M_i = \text{Konst} \frac{R_2/2-s}{\left(R_1 + \frac{R_2}{2-s}\right)^2 + (X_1\sigma + X_2\sigma)^2}$$

$$M = M_s - M_i$$

während bekanntlich das Drehmoment des Asynchronmotors dreimal so groß wie das des synchronen Feldes ist, d. h. man sieht die Bremswirkung ist bei geringen Geschwindigkeiten gering und für $s = 1$ ist das Bremsmoment 0. Bestimmt man nun die Summe des inversen und synchronen Feldes abhängig von der Summe der Widerstände, so ergibt sich, daß nur bei einem größeren Werte von $R_2/X_2\sigma$ als 4 nennenswerte Bremsmomente auftreten. Man kann ferner X_h als groß gegenüber den anderen Größen annehmen, unter der Voraussetzung, daß der Magnetisierungsstrom klein ist. Führt man daher die oben erwähnte Vereinfachung ein, so ergeben sich folgende einfache Formeln:

$$J_3 = (J_s - J_i)\frac{\sqrt{3}}{2} \qquad X_h\varrho_s = \frac{R_2}{js}$$

$$X_h\varrho_i = \frac{R_2}{j(2-s)} \qquad J_s \approx \frac{U_1 s}{3R_2}$$

$$J_i = \frac{U_1(2-s)}{3R_2} \qquad J_1 = \frac{2U_1}{3R_2}$$

$$J_3 = \frac{2U_1(1-s)\sqrt{3}}{6R_2} = \frac{U_1(1-s)}{\sqrt{3}R_2}.$$

Man erkennt, daß der aufgenommene Strom nur von der Größe des Sekundär-Widerstandes, der Primärspannung und dem Übersetzungsverhältnis abhängig ist. Hat man den Ständerstrom J_1, so bestimmt man gem. Abb. 97 den dazugehörigen auf den Ständer bezogenen Läuferstrom J'_2. Der tatsächliche Läuferstrom i_2 ist dann nur $\sqrt{3}$te Teil, da die Energie im Läufer in 3 Phasen und von dem Ständer, der bei dieser Schaltungsweise Einphasenschaltung besitzt, in einer Phase vernichtet wird. Denn hätten die Läufer und Ständer gleiche Phasenzahl, so würde zu jedem Läuferstrom der entsprechende Ständerstrom gehören.

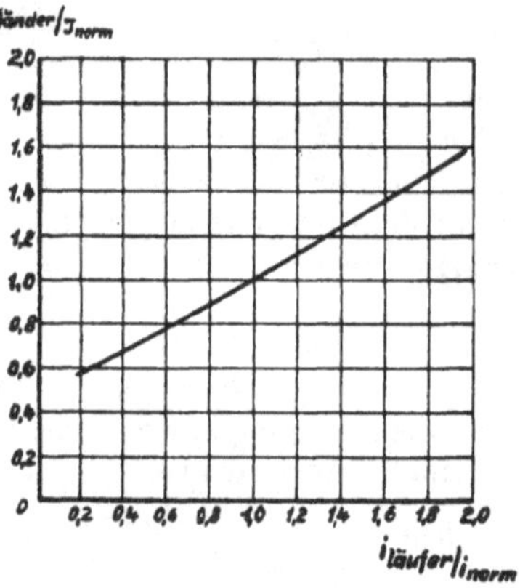

Abb. 97. Abhängigkeit des relativen Ständerstromes vom relativen Läuferstrom bei einer Asynchronmaschine

Für das resultierende Moment M_n des normalen Asynchronmotors ergibt sich unter den oben genannten Vereinfachungen folgende Gleichung: (R_2 groß, U_1 = konstant)

$$M_n \cong \frac{k\,s}{R_2}\,.$$

M_n ist das normale Moment eines Asynchronmotors bei großem Läuferwiderstand R_2. M_n ist das Moment des untersynchron geschalteten Motors.

$$M_r = k\left(\frac{2-s}{3\,R_2} - \frac{s}{3\,R_2}\right) = \frac{2\,k\,(1-s)}{3\,R_2}\,.$$

Für $s = 1$ gilt also $M_n = \frac{k}{R_2}$.

Zu jedem r_2 ergibt sich bei normaler Ständerschaltung

$$J_L = \frac{U_L}{\sqrt{3}\,r_2}\,,$$

U_L = Läuferspannung J_L = Läuferstrom bei normaler Schaltung

woraus das zugehörige M_n bestimmt werden kann durch Umrechnung r_2 in R_2.

$$k = M_n\,R_2\,.$$

Mit Hilfe des Wertes von k kann dann M_r für jeden angenommenen Schlupf bestimmt werden. Der Momentlinienverlauf ergibt sich als Gerade, die durch den Nullpunkt geht.

Für das obige Beispiel ergeben sich jetzt folgende Größen:

$$\text{das Übersetzungsverhältnis } \ddot{u} = \frac{U_{st}}{U_L} = \frac{380}{430} = 0{,}88 \,.$$

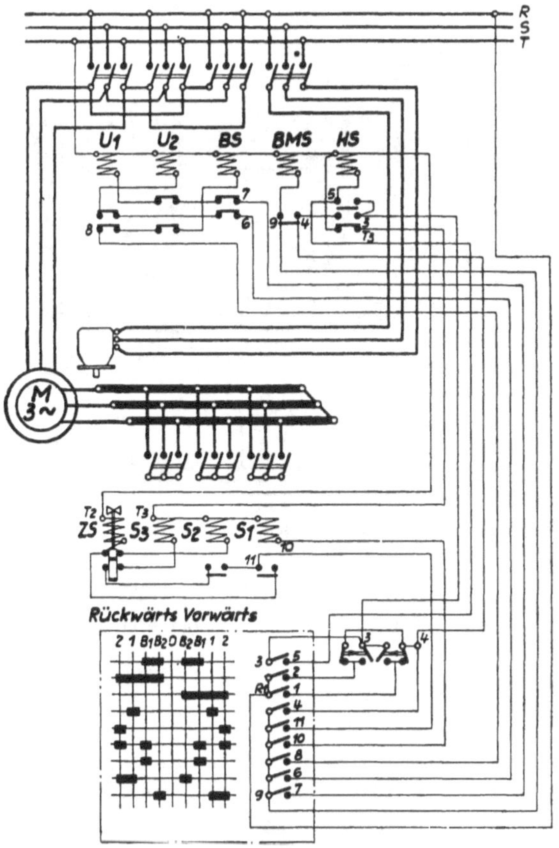

Abb. 98.

Drehstrom-Fahrbremsschaltung mit einer Gegenstrom- und einer untersynchronen (einphasig am Netz) Bremsschaltung mit 2 Hilfsstromendschaltern mit Meisterschaltersteuerung und automatischer Stufenschaltung

Daraus ergibt sich folgendes:

r_2/ph	11	6,9	4,1	2,8 Ω
$(r_2 ü^2) = R_2$	8,5	5,7	3,2	2,2 Ω
J_1	29,5	44	79	116 A
J_{st}/J_n	0,49	0.73	1,3	1,9
$J_n = 60$ A				
J_2'/J_{Ln}	klein	0,5	1,45	2,7
i_2/J_{Ln}	klein	0,29	0,84	1,58 A
i_2	klein	13,2	38	72 A.

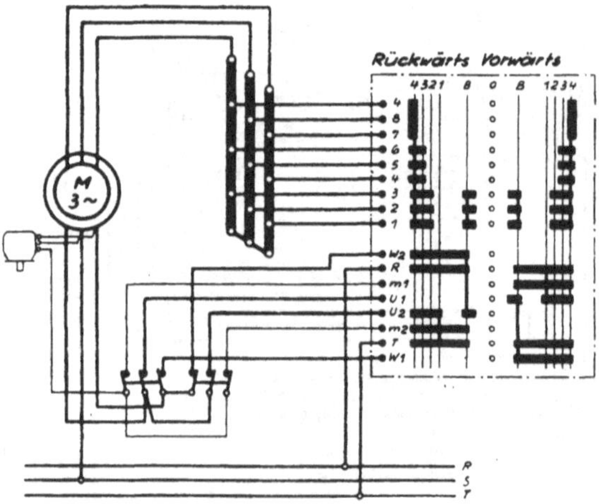

Abb. 99a. Drehstromfahrbremsschaltung mit untersynchroner Bremsstellung (SSW-Schaltung) mit 2 Endschaltern (Kontroller)

Bei einem normal geschalteten Motor würde bei gleichen Rotorwiderständen ungefähr der folgende Rotorstrom sich ergeben für $s = 1$:

$$J_L\,(s = 1)\,\frac{430}{\sqrt{3}\, r_2} \quad 21{,}2 \qquad 35{,}4 \qquad 60 \qquad 88 \text{ A.}$$

Das normale Moment des Motors M im Verhältnis zum Nennmoment ergibt sich aus der $J_L = f(M)$-Charakteristik des Asynchronmotors, wobei $J_{Ln} = 45$ A ist.

M/M_n	0,47	0,78	1,25	1,8 .

Die Konstante $k = R_2\, M/M_n s$ kann, da $s = 1$ gewählt wurde, leicht gebildet werden.

k	4,1	4,4	4,0	4,0

Damit kann man für jeden Widerstandswert je 2 Punkte der $M_r/M_n = f(n)$ bzw. $f(s)$-Kennlinie (Gerade) bestimmen, da

$$M_r/M_n = \frac{2}{3}\,\frac{k\,(1-s)}{R_2}\,.$$

$M_r/M_n\,(s=0)$	0,32	0,47	0,85	1,2
$M_r/M_n\,(s=0{,}5)$	0,16	0,235	0,425	0,6 .

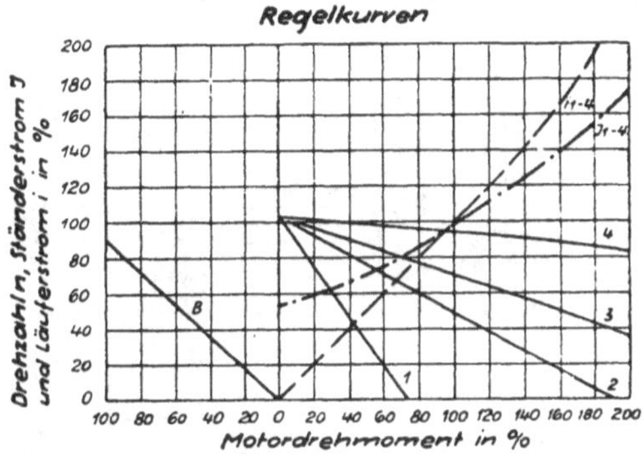

Abb. 99b. Regelkurven der Schaltung nach Abb. 99a

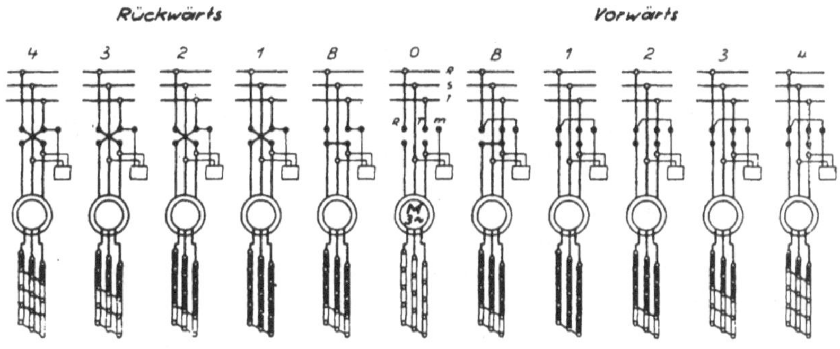

Abb. 99c. Stromlaufbild der Schaltung nach Abb. 99a

Die untersynchrone Bremsung wird angewandt bei der Fahrbremsschaltung und bei der untersynchronen Sicherheitssenkbremsschaltung mit und ohne Gegenstrombremsung. Das Beispiel einer untersynchronen Fahrbremsschaltung mit Nockenschalter und Schützensteuerung, bei der die erste Schaltstellung beiderseits der Nullstellung als Gegenstromsteuerung und die zweite als untersynchrone Bremsstellung ausgebildet ist, zeigt Abb. 98.

Die Regelkurve einer solchen Steuerung als Kontrollersteuerung nebst deren Schaltung zeigt Abb. 99a, b und c.

Bei der Kontrollerschaltung ist zwischen der Nullstellung und der ersten Schaltstellung eine Bremsstellung angebracht. Bei der Schützensteuerung erfolgt die Weiterschaltung in der Stellung 2 der Stufenschütze durch einen Zeitschalter, der nach Einschaltung des Schützes 1 über den Schalter 11 ans Netz geschlossen wird. Bei der Schaltung durch die Schaltwalze erfolgt die Weiterschaltung bis in die Endstellung durch Handschaltung. Um den Schaltweg zwischen der Nullstellung und der Bremsstellung möglichst klein zu halten, wird die symmetrische

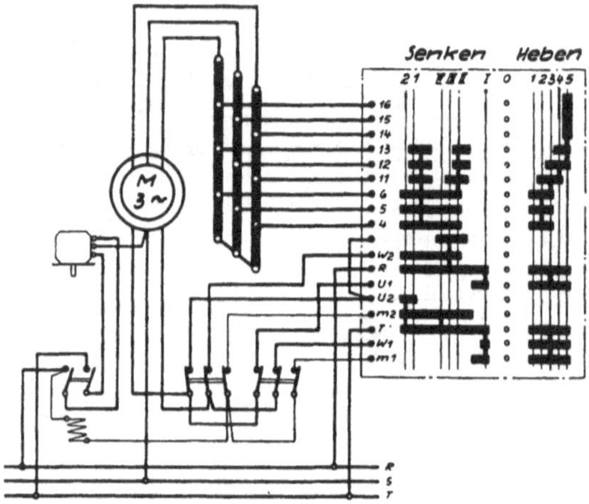

Abb. 100a. Hubkontroller mit einer Gegenstrom- und drei untersynchronen Senkbrems- sowie zwei Senkkraftstellungen, mechanischer Bremse und zweiseitiger Endschaltung (einphasiges untersynchrones Bremsen)

Stufenschaltung gewählt. Für die Endschaltung wird für jede Fahrtrichtung je ein dreipoliger Ausschalter benötigt. Für Hubwerke verwendet man die untersynchrone Sicherheitssenkbremsschaltung bei Kranen, bei denen ein sanftes Absetzen der Last und ein genaues Einrichten wichtig ist, wie z. B. bei Montage-, Niet-, Greifer- und Gießereikränen. Die Schaltung eines Kontrollers für untersynchrones Senkbremsen mit einer Gegenstromstellung zeigt Abb. 100a.

Abb. 100b zeigt die Regelkurven und Abb. 100c das Stromlaufbild.

Zum Senken des leeren Hakens und zum Senken von Lasten mit übersynchroner Drehzahl sind anschließend an die Senkbremsschaltung noch 2 Senkkraftschaltungen vorgesehen.

Die Ausführung einer Hubwerkssteuerung mit untersynchroner Schaltung, Meisterwalze und Schützensteuerung zeigt Abb. 101.

Wenn für große Lasten ganz geringe Senkgeschwindigkeiten gefordert werden, so wird eine Gegenstromstellung vorgesehen, und zwar zwischen der Nullstellung und der ersten Senkbremsstellung. Die Steuerung mit Gegenstrombremsung hat

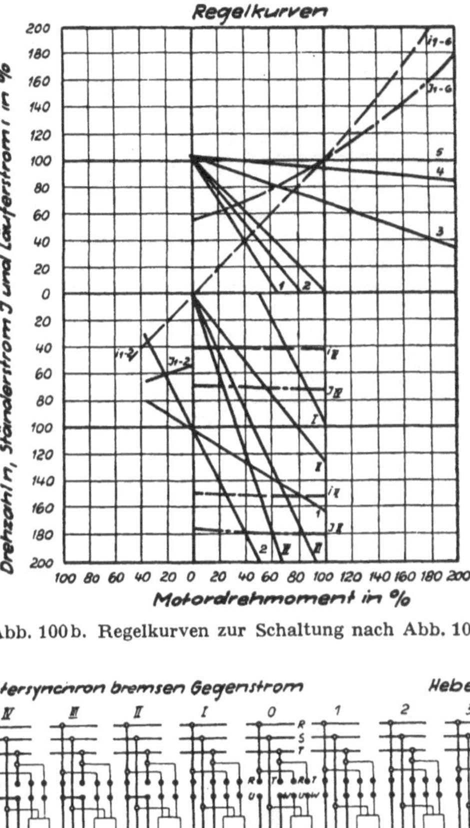

Abb. 100b. Regelkurven zur Schaltung nach Abb. 100a

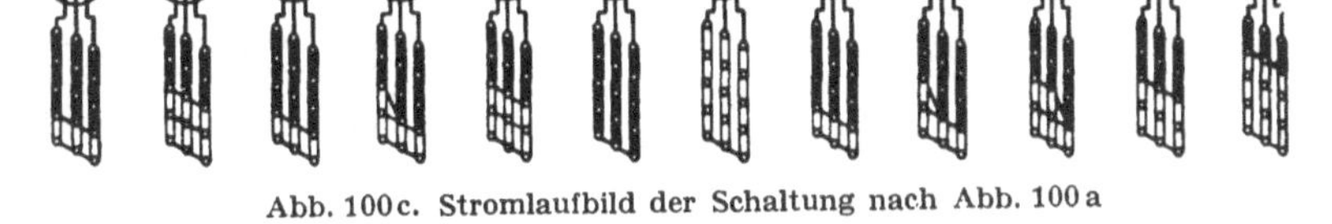

Abb. 100c. Stromlaufbild der Schaltung nach Abb. 100a

aber auch bestimmte Gefahren, da insbesondere leicht eine Hubbewegung eintreten kann, wenn der zusätzliche Widerstand zu klein gewählt wird. Er ist daher an Ort und Stelle auszubilden. Diese Gefahr kann insbesondere bei kleinen Lasten auftreten. Man wird insbesondere bei Wippkränen und Greiferkränen, überhaupt bei größeren Kraneinrichtungen, bei denen der Kranführer nicht genau die Last aus der Nähe beobachten kann, auf die Gegenstromsteuerung verzichten. Bei Montagekränen ist sie in vielen Fällen zum Zwecke der genauen Regelung erforderlich. Der Bremslüftmagnet muß bei der beschriebenen Schaltung getrennt

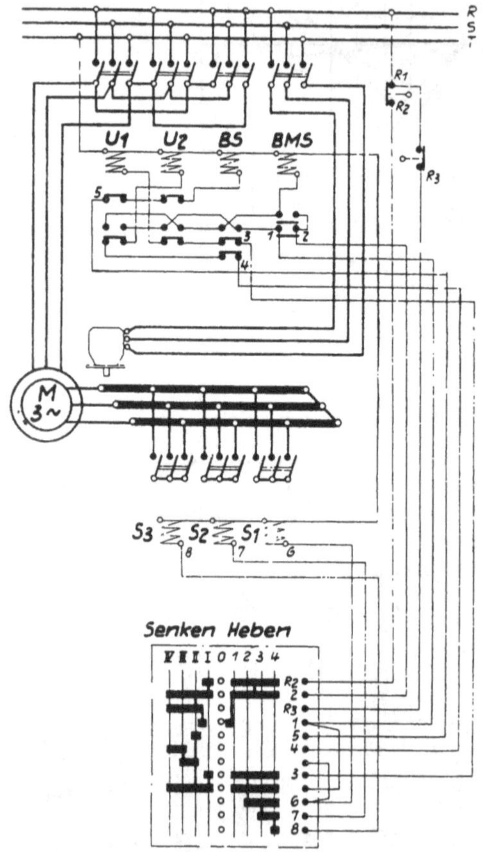

Abb. 101. **Einphasige untersynchrone Sicherheitssenkbremsschaltung mit Meisterwalze, Schützen, mechan. Bremse mit einer Gegenstromstellung**

geschaltet werden, da der Ständer in der untersynchronen Senkbremsstellung nur einpolig an das Netz geschaltet ist. Es ist also stets noch ein gesondertes Schütz erforderlich.

b) umgekehrte Ständerphase (BBC)

Eine weitere untersynchrone Bremsschaltung ist die Schaltung von BBC. Bei dieser wird eine Phase des in Dreieck geschalteten Ständers beim untersynchronen

Bremsen umgekehrt. Hierdurch entsteht ein Bremsmoment. Beachtet muß werden. daß beim Umschalten von Motorbetrieb auf untersynchrones Bremsen alle Netzanschlüsse geschlossen bleiben und die umzukehrende Ständerphase mit Hilfe des Steuergerätes von dem Eckpunkte des Dreiecks gelöst, umgeschaltet und neu eingeschlossen wird, so daß während der Umschaltung bis zum neuen Anschluß des Motors das Magnetfeld erhalten bleibt[1])[2]).

Abb. 102 zeigt das Schaltbild für eine derartige Anlage. Hier-

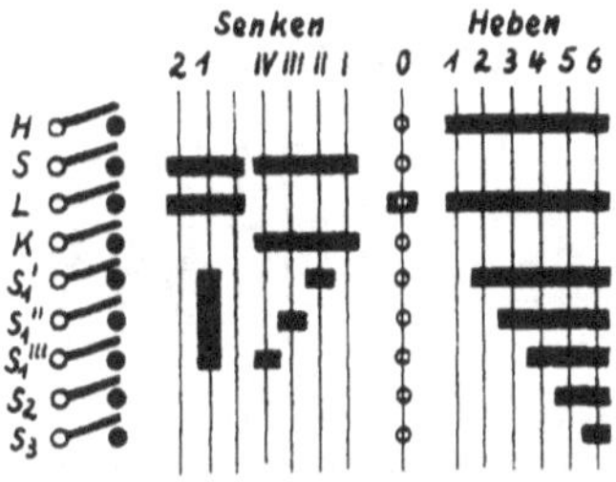

Abb. 102. Meisterschalter (Nockenschalter) für untersynchrone Sicherheitssenkbremsschaltung (Ständer Abb. 102a) Läufer, 6 Hubstufen, 4 Senkbremsstellungen, 2 Senkkraftstellungen

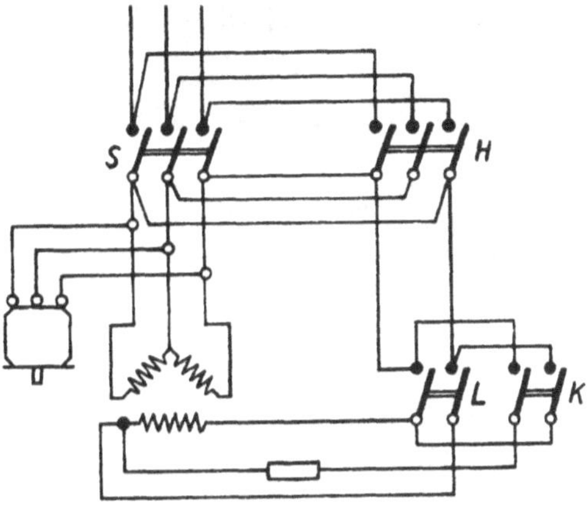

Abb. 102a. Untersynchrones Bremsen durch Umkehrung einer Ständerphase (BBC)

bei ist die Hubschaltung in gewöhnlicher Form ausgebildet, während 4 Senkstellungen untersynchrones Bremsen und 2 Senkstellungen Senkkraftstellungen sind. Die Umkehrung der einen Ständerphase erfolgt gegenüber der Senkkraftschaltung. Bei der Berechnung einer derartigen Schaltung geht man am besten von der Bestimmung einer unsymmetrischen Schaltung mittels Auflösung in symmetrische Komponente aus. Gemäß dieser Methode kann jedes unsymmetrische Dreiphasensystem aufgelöst werden, und zwar in ein synchrones Drehfeld, ein inverses Drehfeld und in ein Nullsystem.

Für einen normal geschalteten Motor ergibt sich gemäß Abb 103, daß

$$\dot{U}_{12} = \dot{U}_1 - \dot{U}_2$$
$$\dot{U}_{23} = \dot{U}_2 - \dot{U}_3$$
$$\dot{U}_{31} = \dot{U}_3 - \dot{U}_1 \text{ (vektoriell).}$$

Hierbei gilt

$$\dot{U}_2 = \mathfrak{t}\dot{U}_1$$
$$\dot{U}_3 = \mathfrak{t}\dot{U}_2 = \mathfrak{t}^2\dot{U}_1.$$

---

[1]) Kussy, Elektrische Niederspannungs-Schaltgeräte S. 143.
[2]) Dr. Schuisky. Elektromotoren S. 293.

Hierbei ist

$$\mathfrak{k} = e^{j\,120^\circ} = \cos 120^0 + j \sin 120^0 = -0{,}5 + j\,0{,}866$$
$$\mathfrak{k}^2 = e^{j\,240^\circ} = -0{,}5 - j\,0{,}866$$
$$\mathfrak{k}^3 = e^{j\,360^\circ} = 1\,.$$

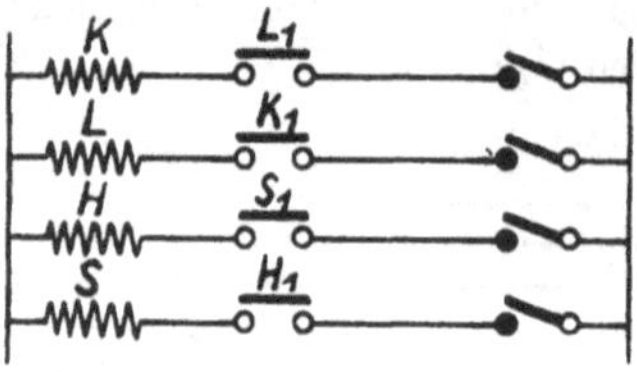

Abb. 102b. Verriegelungsschaltbild für die Ständerschützen für eine Ständerschaltung nach Abb. 102a nebst Meisterschalter nach Abb. 102

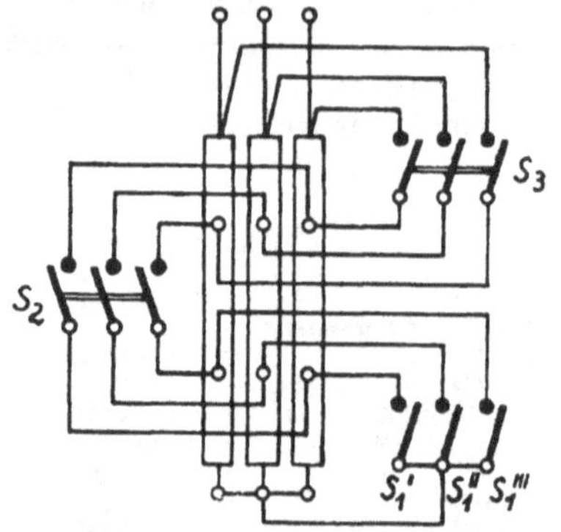

Abb. 102c. Läuferschaltung zur Ständerschaltung nach Abb. 102a und Meister schalter nach Abb. 102 (Beachte, daß das untersynchrone Bremsen nur mit großem Sekundärwiderstand möglich ist)

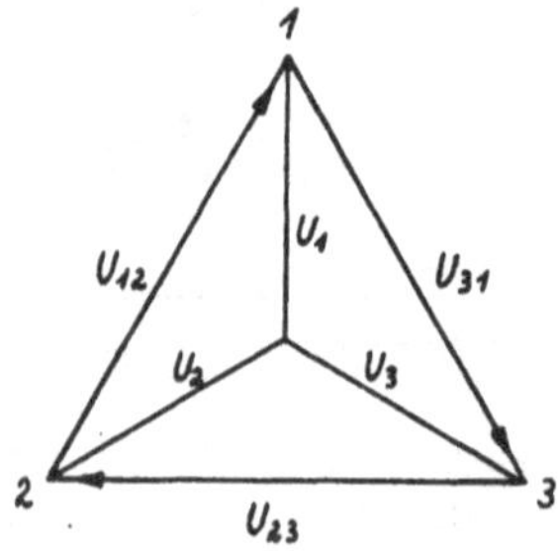

Abb. 103. Vektordiagramm eines Asynchronmotors

Danach ergibt sich, daß

$$\dot U_s = \frac{1}{3}(\dot U_1 + \mathfrak{k}\dot U_2 + \mathfrak{k}^2 \dot U_3)$$
$$\dot U_i = \frac{1}{3}(\dot U_1 + \mathfrak{k}^2 \dot U_2 + \mathfrak{k}\dot U_3)$$
$$\dot U_0 = \frac{1}{3}(\dot U_1 + \dot U_2 + \dot U_3).$$

Hierbei sind $\dot U_s$ bzw $\dot U_i$ die symmetrischen Spannungskomponenten des synchronen und des inversen Drehfeldes und U_0 ein System von drei gleichphasigen Spannungen, das sogenannte Gleichsystem oder Nullsystem Bei einer solchen Schaltung, wie sie von BBC vorgesehen ist, ist

$$\dot U_2 = \mathfrak{k}^2\, \dot U$$
$$\dot U_1 = \dot U$$
$$\dot U_3 = -\mathfrak{k}\dot U\,.$$

Setzt man diese Werte in die obigen Gleichungen ein, so erhält man für

$$\dot U_s = \frac{1}{3}\dot U\,(1 + \mathfrak{k}^3 - \mathfrak{k}^3)\,\dot U/3$$
$$\dot U_i = \dot U/3\,(1 + \mathfrak{k}^4 - \mathfrak{k}^2) = \dot U/3\,(1 + \mathfrak{k} - \mathfrak{k}^2) = (1 - j\sqrt{3})\,\dot U/3$$
$$\dot U_0 = \dot U/3\,(1 + \mathfrak{k}^2 - \mathfrak{k}) = \dot U/3\,(1 + j\sqrt{3})\,.$$

Der Betrag des Vektors $1 - j\,3$ bzw $1 + j\sqrt{3} = 2$, woraus sich ergibt:

$$U_s = U/3$$
$$U_i = 2/3\,U$$
$$U_0 = 2/3\,U\,.$$

Für den Fall, daß der Sekundärwiderstand R_2 (Rotor + Vorwiderstand) groß ist, kann man festlegen, daß für das Drehmoment des normal schaltenden Asynchronmotors abhängig von dem Schlupf folgende Gleichung gilt:

$$M = \frac{K\,U^2\,s}{R_2}\,.$$

Für das Drehmoment eines mit umgekehrter Phase geschalteten Drehstrommotors gilt dann folgende Gleichung:

$$M = M_i - M_s = \left(\frac{4}{9}(2-s) - \frac{1}{9}\,s\right) K\,\frac{U^2}{R_2} = \frac{8-5s}{9}\,K\,\frac{U^2}{R} = \frac{k}{R_2}\,\frac{3+5^n/n_{sd}}{9}\,.$$

Hierbei ist M_i das Drehmoment des inversen Feldes bei der Schlüpfung $2 - s$,

M_s das Drehmoment des synchronen Drehfeldes bei der Schlüpfung s,

R_2 der Widerstand des Läufers und Regelwiderstand je Phase in Ω,

bezogen auf den Ständer $= \ddot{u}^2 r_2$.

Aus dieser Gleichung ergibt sich, daß das Drehmoment 0 bei der Schlüpfung $s = 1{,}6$ herrscht.

Die M—$f(n)$-Kennlinien sind also Gerade, die sich auf dem Punkt $s = 1{,}6$ mit der M-Achse schneiden (Abb 104). Abhängig vom Widerstand ist nun die Neigung

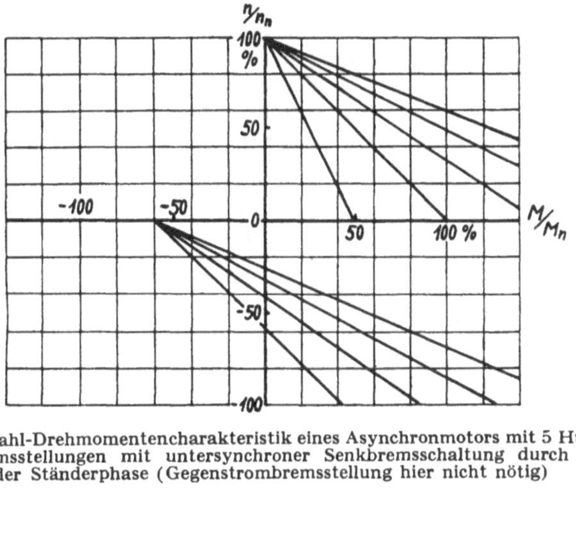

Abb. 104. Drehzahl-Drehmomentencharakteristik eines Asynchronmotors mit 5 Hubstellungen und 4 Senkbremsstellungen mit untersynchroner Senkbremsschaltung durch Umkehrung der Ständerphase (Gegenstrombremsstellung hier nicht nötig)

dieser Geraden verschieden. Die Konstante k kann man bestimmen aus Kenntnis der Konstante bei normal geschaltetem Motor nach Gleichung

$$\text{konst} \cong \frac{M_n r_2}{s_n}$$

s_n = Schlupf bei Nenndrehzahl
r_2 = Läuferwiderstände je Phase.

Auf diese Weise lassen sich die $M-f(n)$-Charakteristiken aufstellen, z. B. für $r_2 = \frac{U_2 2}{i_2 \sqrt{3}}$ ergibt sich bei normal geschaltetem Motor

$$\frac{M}{M_n} = 1/2 \text{ für } s = 1 \; (n = 0)$$

setzt man diesen Wert in die Gleichung für M/M_n ein, so gilt für $s = 1$ $k = 1/2\, R_2$ und für den gleichen Widerstand und die gleiche Ständerspannung bei der untersynchronen Schaltung

$$\frac{M}{M_n} = \frac{3 + \frac{5n}{n_{id}}}{18} \text{ also für}$$

$$n = n_{id} = 1{,}04\, n_n \text{ gilt:}$$

$$M/M_n = \frac{8{,}2}{18} = 0{,}46$$

und für $r_2 = U_2/\sqrt{3}\, i_2$ ist bei normal geschaltetem Motor

$$M/M_n = 1$$

für $s = 1$ ist $k = R_2$ und für die untersynchrone Schaltung wird $M/M_n = 0{,}92$.

Bisher wurde bei unseren Betrachtungen der Widerstand vernachlässigt, der gemäß Abb. 102 noch in der umgekehrten Phase eingeschaltet ist. Durch diesen Widerstand wird die Neigung der Bremsgeraden stark vermindert, ebenso auch die Stromaufnahme in der umgeschalteten Phase.

Wird durch den Widerstand die Spannung in der umgekehrt geschalteten Phase vermindert, so gilt anstelle des Wertes $\dot{U}_3 = \mathfrak{k}\dot{U}$ der Wert $\dot{U}_3 = -\mathfrak{k} a U$, wobei a das Spannungsverhältnis der umgekehrt geschalteten Phase ist mit zu ohne Vorwiderstand. Dieses Spannungsverhältnis ändert sich natürlich abhängig von der Belastung, da im Widerstand ein Spannungsabfall von der Größe $J_{23}\mathfrak{R}_{23}$ stattfindet, wobei $\mathfrak{R}_{23}$ der komplexe Vorwiderstand in der Phase ist. Es ergibt sich jetzt für $\dot{U}_s$ der folgende Wert:

$$\dot{U}_s = \frac{2-a}{3}\dot{U}$$

und für $\dot{U}_i$ der folgende Wert:

$$\dot{U}_i = \frac{1+a}{3}\dot{U}\,.$$

Bezeichnet man mit γ das Verhältnis der inversen zur synchronen Spannungskomponente, so gilt für das Drehmoment folgende Gleichung:

$$M = K \frac{U^2}{R_2} [s - \gamma^2 (2 - s)] = \frac{\text{konst.}}{R_2} [s - \gamma^2 (2 - s)] \,.$$

Auf diese Weise lassen sich dann genaue $M - f(n)$-Charakteristiken darstellen, die wesentlich günstiger sind als die nach Abb. 64. Beträgt z. B. $\gamma = 1$ (also $a = 0{,}5$), so ist $M = \frac{\text{konst.}}{R_2} 2 (s - 1)$, d. h. für $s = 1$ ist $M = 0$. Die Bremskurven gehen durch den Nullpunkt, der Punkt $M = 0$ kann aber auch weit herausgehoben werden. Zur Bestimmung des Läuferverlustes gilt nach Schuisky die folgende Gleichung:

$$V_L = \frac{U_2^2}{R_2} [s^2 + \gamma^2 (2 - s)^2] \,.$$

Hierbei ist U_2 die auf den Läufer bezogene Stillstandsspannung. Je Phase wird der Verlust je ein Drittel von V_L. Daraus sind die Läuferströme bestimmbar.

Hat man die Widerstände festgelegt auf Grund dessen, daß man in gewöhnlicher Form die Hubschaltung gebildet hat, so kann man aus der Bestimmung des Läuferverlustes pro Phase ohne weiteres die Höhe des Läuferstromes errechnen.

Der Ständerstrom im Vorwiderstand, den man für dessen Dimensionierung kennen muß, wird folgendermaßen bestimmt: Man zeichne das synchrone, inverse und Nullsystem der auf den jeweiligen Ständer bezogenen Läuferströme auf (Abb. 105).

$$i'_{2s} = \frac{U_s}{U_2} i'_2$$

$$i'_{2i} = \frac{U_i}{U_2} i'_2$$

$$i'_{20} = \frac{U_0}{U_2} i'_2 \,.$$

Aus der Summe (geometrisch) dieser drei Ströme für jede Phase bildet man die Ströme i'_2, i''_2, i'''_2. Diese sind die auf den Ständer bezogenen Läuferströme je Phase. Sie können dann mit Hilfe der Abb. 97 auf die Ständerströme je Phase umgerechnet werden. Für maximalen Bremsstrom ist die Rechnung für die Dimensionierung des Vorwiderstandes durchzuführen.

Eine weitere untersynchrone Bremsschaltung, die in Amerika angewandt wird, ist die folgende nach Abb. 106[1]), bei der auch die erste Hubstellung anders ist als bei der Schaltung nach Abb. 93c.

Bei dieser Schaltung wird im Rotor anstelle des bisher beschriebenen Vorwiderstandes beim Einschalten und Heben nur in 2 Phasen der Rotorwiderstand in der ersten Stellung vorgeschaltet. Erst in der zweiten Stellung wird sofort auf

[1]) s. Standard Handbook 1949 Sec. 17—576.

volles Moment ohne Vorwiderstand der Dreiphasenwiderstand vorgesehen. Diese Charakteristik hat zwei Vorteile:

1. Der Vorwiderstand kann wegfallen, wodurch der gesamte Einschaltwiderstand etwas kleiner wird,
2. in der ersten Stufe kann bei kleinem Moment langsamer gefahren werden, als dies bei den bisherigen Schaltungen der Fall war.

Eine solche Schaltung läßt sich auch bei den anderen Hub- und Fahrwerkschaltungen anbringen.

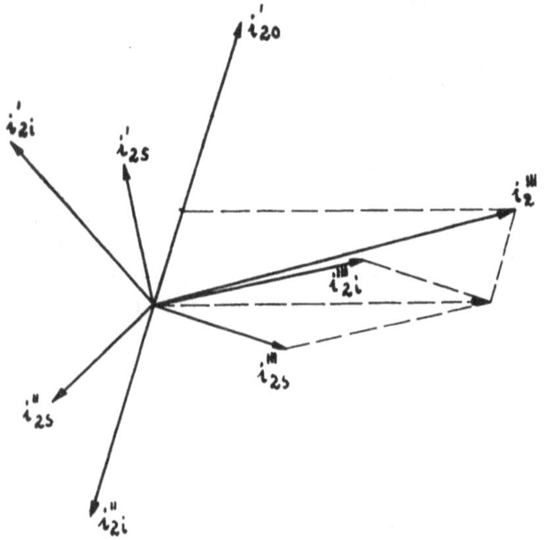

Abb. 105. Vektordiagramm zur Bestimmung der Ständerströme eines Asynchronmotors beim Senkbremsen (gemäß Schaltung 102 a). Zerlegen des unsymmetrischen Systems in symmetrische Komponenten bei Vorhandensein eines Ständerwiderstandes

c) Spartransformator

Die untersynchrone Bremsung wird dadurch erzielt, daß beim Abwärtsschalten ähnlich wie bei dem vorigen Beispiel die Spannung ungleichmäßig verteilt wird. Dies geschieht in diesem Falle durch einen Spartransformator. Bei fast allen Senkstellungen wird die erste Stufe des Rotorwiderstandes abgeschaltet, so daß der Rotorwiderstand insgesamt nur einen Wert hat von etwa

$$R_{ph} = \frac{0{,}5\, U_2}{\sqrt{3}\, i_2}\,.$$

In der ersten Stellung ist das Schütz $1L$ geschlossen. Die Statorspannungen betragen jetzt etwa 5,110 und 115% der Linienspannungen an den Klemmen T_3T_2, T_2T_1 und T_1T_3. In der zweiten Stellung wird $2L$ geschlossen und $1L$ geöffnet.

Hierdurch werden die Spannungen etwa 12. 110 und 140% der Linienspannung. In der dritten Stellung ist $2L$ geöffnet und $3L$ geschlossen und die Spannungen werden 30, 110 und 95% der Linienspannung. In der vierten Stellung ist $3L$ geöffnet und $4L$ geschlossen, wodurch die Spannungen 120, 110 und 100% der Linienspannung betragen. In der fünften Stellung bleiben die Spannungen die

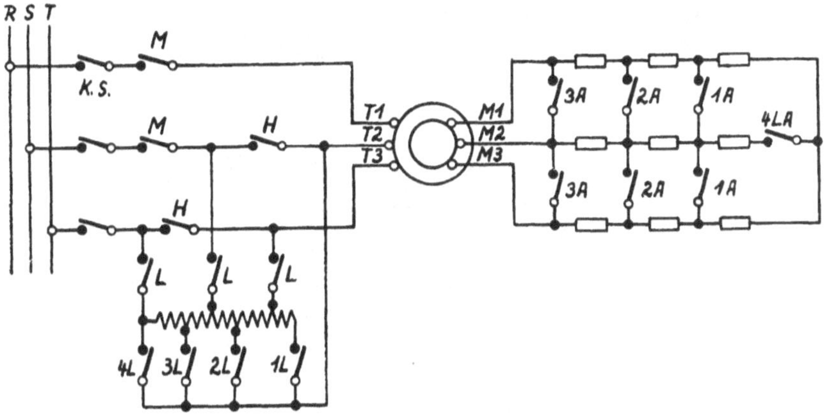

Abb. 106a. Untersynchrone Senkbremsschaltung mit einem Spartransformator

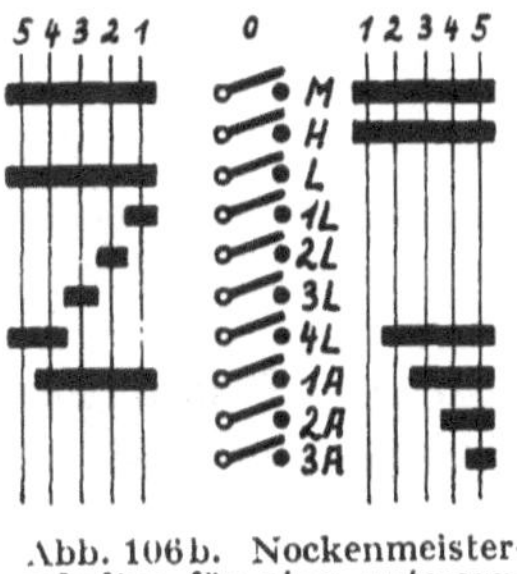

Abb. 106b. Nockenmeisterschalter für eine untersynchrone Senkbremsschaltung nach Abb. 106a

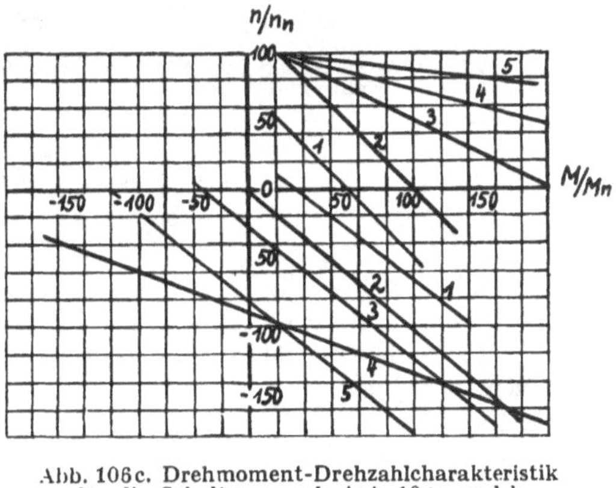

Abb. 106c. Drehmoment-Drehzahlcharakteristik für die Schaltung nach Abb. 106a und b

gleichen, aber es wird das Rotorschütz $1A$ geöffnet. Hierdurch steigt der Rotorwiderstand auf etwa den Wert von $\frac{U_2}{\sqrt{3}\, i_2}$. Hierdurch ergibt sich dann die folgende Charakteristik:

d) Eldrosteuerung

Die bisher besprochenen untersynchronen Bremseinrichtungen hatten alle den Nachteil, daß die Senkgeschwindigkeit in jeder Stellung abhängig von der Last war. Wenn auch in fast allen Fällen eine solche Einrichtung genügt, so hat man doch versucht, ähnlich wie bei der Leonard-Steuerung eine Einrichtung zu treffen, bei der die Senkgeschwindigkeit nahezu unbeeinflußt von der Last ist. Hierzu dient z. B. die sogenannte Eldro-Steuerung[1]).

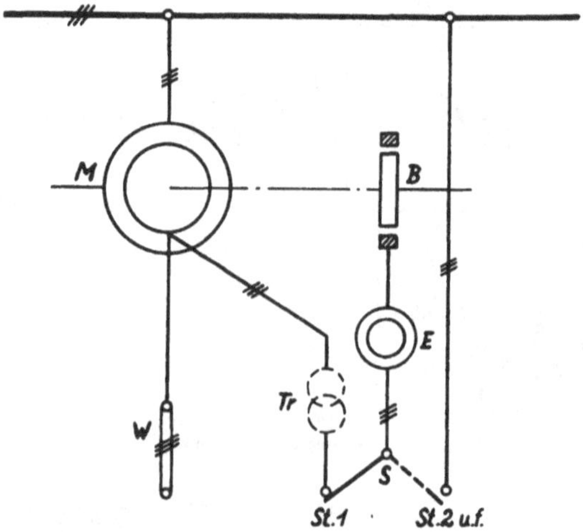

Abb. 107, Schaltung einer Eldrosteuerung (untersynchrones Bremsen mit elektrohydraulischen Mitteln [Schleifen eines Lüfters])

B = Bremse
E = Eldrogerät
M = Arbeitsmotor
Tr = Umspanner (falls Läuferspannung $\lesseqgtr$ Netzspannung)
S = Steuergerät
St = Stellungen
W = Anlaßwiderstand

Die Selbstregelung der durch den Eldro-Lüfter gesteuerten Schleifbremse erfolgt durch Regelung der Drehzahl des kleinen Eldro-Motors, in Abhängigkeit von der Lastgeschwindigkeit. Je langsamer der Eldro-Motor läuft, umso geringer wird seine Lüftkraft.

Der Eldro-Motor wird also in allen Stellungen bis auf die Haltstellung und die Stellung, in der der Lüfter reguliert, an die volle Netzspannung gelegt. Solange der Eldro-Motor an der vollen Netzspannung liegt, bleibt die Bremse gelüftet. Überwiegt die Schließkraft der Bremse die Lüftkraft, so schleift die Bremse. Es muß sich also die Drehzahl des Eldro-Motors umgekehrt ändern wie die Drehzahl

[1]) Die Eldro-Steuerung für Bremsmagnete von C. Schiebeler, AEG-Mitteilungen 1938, S. 76. Der Eldro-Bremslüfter ist auf S. 133 bereits beschrieben worden.

des Arbeitsmotors. Dies erfolgt dadurch, daß man den Eldro-Motor an die Schleifringe des Arbeitsmotors legt (Abb. 107).

Da die Frequenz der Läuferspannung sich umgekehrt verhält wie die Drehzahl, wobei sie bei idealer Drehzahl Null und bei Stillstand Netzfrequenz ist, so ist die Schließkraft umso größer, je geringer die Geschwindigkeit des Arbeitsmotors ist.

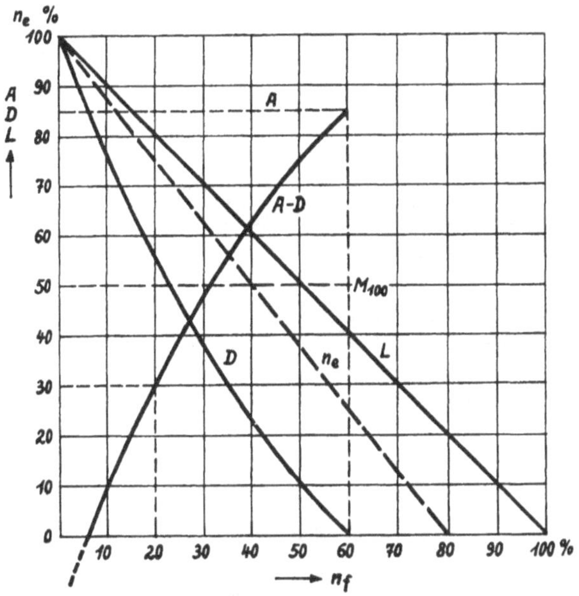

Abb. 108

n_f = Drehzahl des Frequenzgebers
n_e = Drehzahl des Eldromotors
M_{100} = Motorkraft bei Vollast
A = Schließkraft der Bremse bei $D = 0$,
D = Lüftkraft des Eldro,
$A—D$ = Resultierende Bremskraft,
L = Läuferspannung und Frequenz des Frequenzgebers (z. B. des Hubmotors) in % des Wertes bei $n_f = 0$,

Abb. 108 stellt die Schließkraft der Bremse dar, die Lüftkraft des Eldro-Motors sowie die Motorkraft bei Vollast in Abhängigkeit von der Drehzahl n_f des als Frequenzgeber bezeichneten Arbeitsmotors.

Der Wert A entspricht der Kraft der Rückzugsfeder C. Solange die Lüftkraft D größer ist als die Schließkraft der Bremse A, ist die Bremse voll gelüftet. Mit abnehmender Lüftkraft steigt die Bremskraft $A—D$ an, bis ein Gleichgewicht zwischen den treibenden und bremsenden Kräften hergestellt ist.

Für die Ermittlung der einem bestimmten Bremsmoment zugeordneten Schleifdrehzahl gilt, daß ein der Schließkraft A und der Lüftkraft D entsprechendes Moment in Prozenten des Motorvollastmomentes ausgedrückt wird.

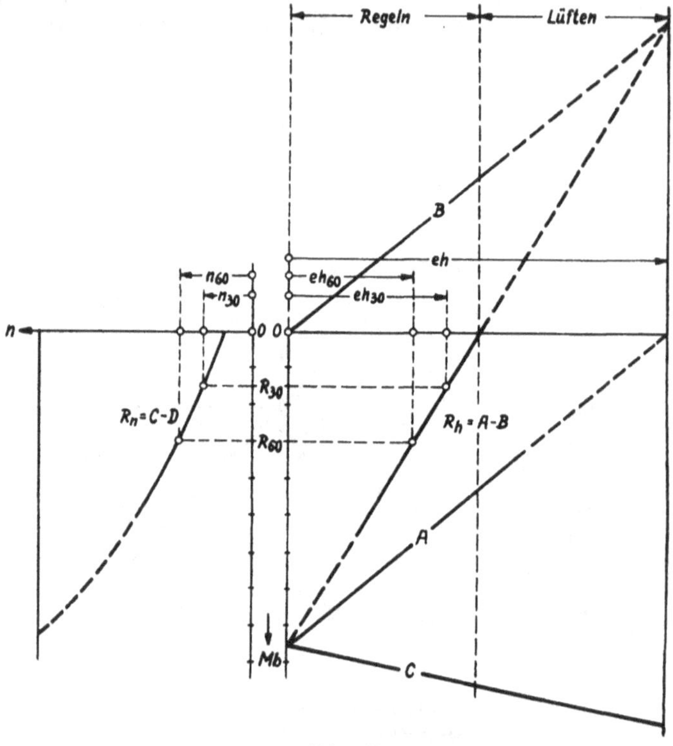

Abb. 109

eh = Eldrohub

n = Drehzahl des Arbeitsmotors, z. B. Hubmotors

$R_h = A—B$ = Resultierende Bremskraft aus der Schließfederkraft A und der Lüftfederkraft B in Abhängigkeit von eh

$R_n = C—D$ = Resultierende Bremskraft aus der Rückzugsfederkraft C und der Eldrolüftkraft D in Abhängigkeit von n

M_b = Schleifbremsmoment

R_{30} = Bremsmoment 30% des Motor-Vollastmoments

R_{60} = Bremsmoment 60% des Motor-Vollastmomentes

Federdiagramm zu Abb. 87 b

Ist das Motorvollastmoment z. B. 200%, so ist, wie Abb. 108 zeigt, bei $n_f = 20\%$ der vollen Motordrehzahl das Bremsmoment der Schleifbremse $A—D = 60\%$ des Motorvollastmomentes.

Die Abhängigkeit der Bremsmomente der Eldro-Regelbremse vom Eldro-Hub und der Geschwindigkeit des Eldro-Motors zeigt Abb. 109, die aus den Abb. 87 b und 103 abgeleitet ist.

Die $M = f(n)$-Kennlinie mit einer Eldro-Regelstellung $(1 + 2)$ zeigt Abb. 110. Man erkennt, daß sowohl beim „Heben" wie beim „Senken" in der Eldro-Stellung mit kleinen Geschwindigkeiten unabhängig vom Moment gefahren werden kann. Durch Verwendung eines getrennten Frequenzgebers anstelle des Arbeitsmotors kann man auch die Schleifdrehzahl erhöhen oder erniedrigen.

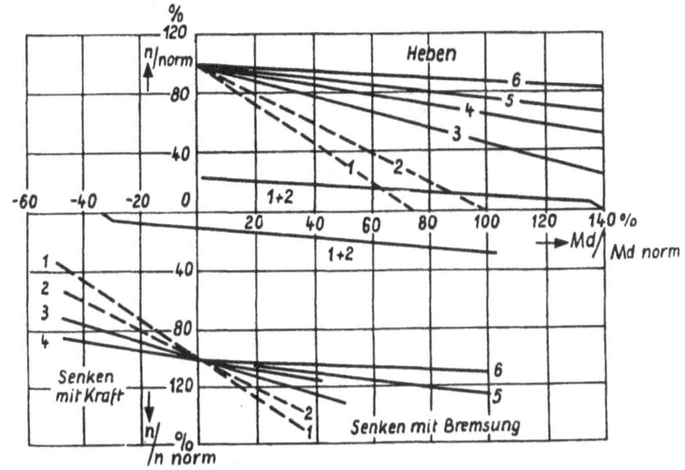

Abb. 110. Drehmoment-Drehzahlcharakteristik eines Asynchronmotors in Fahrschaltung (nach Abb. 92 c) mit je einer Eldrostellung im Heben und Senken

Man kann z. B. auf diese Weise hohe Geschwindigkeiten bei stromlosem „Senken" sicher begrenzen (Vergütekrane). Bei der Schaltung einer solchen Eldro-Steuerung wird gewöhnlich in der gleichen Weise verfahren wie bisher, d. h. es wird in normaler Schaltung gehoben und übersynchron oder untersynchron gesenkt, oder es wird in normaler Schaltung nach rechts und links gefahren. Die erste Stellung beim Senken und Heben oder die erste Stellung „vorwärts und rückwärts fahren" wird als Eldro-Stufe gebaut. In dieser schleift die Bremse und hierdurch wird die entsprechende Charakteristik (vgl. Abb. 110) erzielt. Ein Umspanner zwischen Eldro-Motor und dem Läufer ist notwendig, falls sich die Läuferspannung von der Netzspannung wesentlich unterscheidet. Die Anordnung mit Hauptstrom-Endschaltung zeigt Abb. 111.

Die Umschaltung mit der Hilfsstrom-Endschaltung zeigt Abb. 112.

Anstelle des Umschaltschützes S können auch zwei Schütze verwendet werden, die gegeneinander elektrisch verriegelt sind, jedoch wird dann eine Schleifleitung mehr gebraucht. Man kann auch den Nachlaufweg noch dadurch verkürzen, daß zwangsläufig mit verminderter Geschwindigkeit in die Endlage gehoben bzw. gefahren wird. Beim Einfahren in die Verzögerungsendstrecke wird ein Vorend-

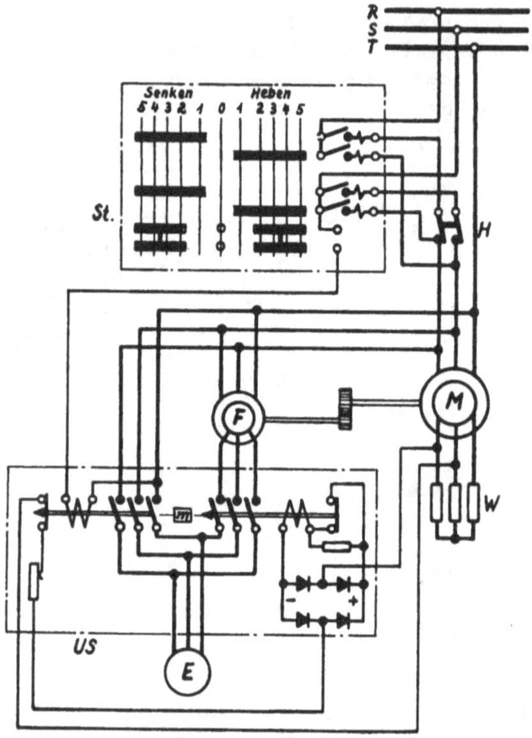

Abb. 111. Eldromeisterschaltersteuerung (Ständerschaltung) mit einseitiger Endschaltung (H), in der Stellung 1 (Eldrostellung) ist der Frequenzgeber eingeschaltet, das Einschaltschütz erhält eine Gleichstromspule

St = Steuerschalter
D = Druckknopf
E = Eldrobremslüfter
F = Frequenzgeber
H = Endschalter
M = Motor
m = mechanische Verriegelung

schalter betätigt, durch den der Antrieb stillgesetzt wird, sofern nicht auf die erste Steuerwalzenstellung mit Eldro-Regelbremsung zurückgeschaltet wurde. Das Einfahren in die Endstrecke erfolgt somit unabhängig von der Belastung mit kleiner Geschwindigkeit. Erst der endgültige Endschalter schaltet dann ab, wenn in der Stellung 1 aus langsamer Geschwindigkeit in die Endstellung gefahren wird.

e) Zwei Motoren starr gekuppelt

Eine weitere Möglichkeit mit geringer Geschwindigkeit fast unabhängig von der Last zu senken, besteht darin, daß man zwei Schleifringankermotoren für den Hubmotor verwendet und diese beiden Motoren starr miteinander kuppelt.

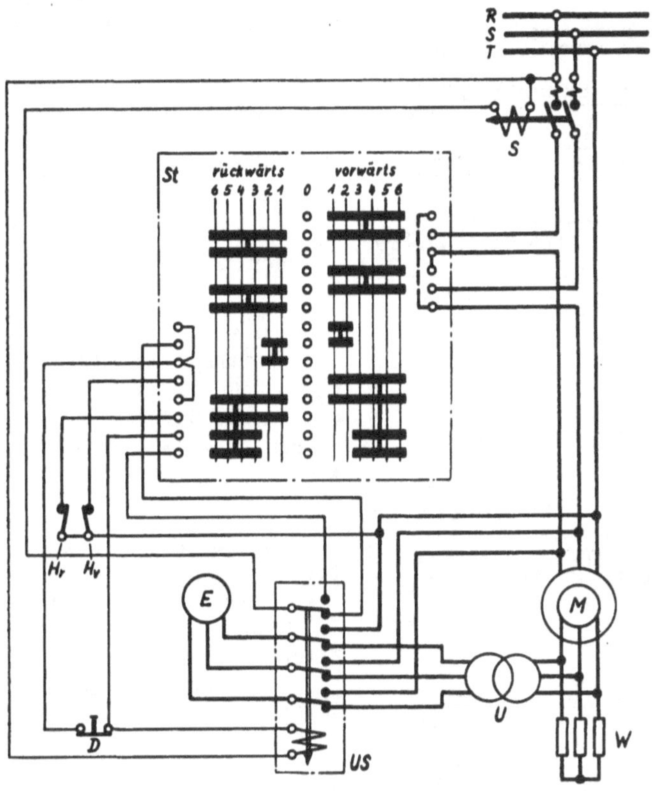

Abb. 112. Kontrollereldrosteuerung mit Umschaltschütz mit zweiseitiger Hilfsstromendschaltung und Umspanner (Ständerschaltung)

S = Ständerschütz		*US* = Umschaltschütz	
Hs = Endschalter, rückwärts		*W* = Eldroregelbremswiderstände	
Hv = Endschalter, vorwärts		*m* = mechanische Verriegelung	
St = Steuerwalze		*M* = Motor	
U = Umspanner			

Abgesehen von der ersten Schaltstellung sind beim Heben diese beiden Motoren gleichsinnig geschaltet. Sie wirken dann wie ein Motor, während in der ersten Hubstellung und in allen Senkbremsstellungen die Motoren gegenläufig geschaltet sind. Das Stromlaufbild zeigt Abb. 113.

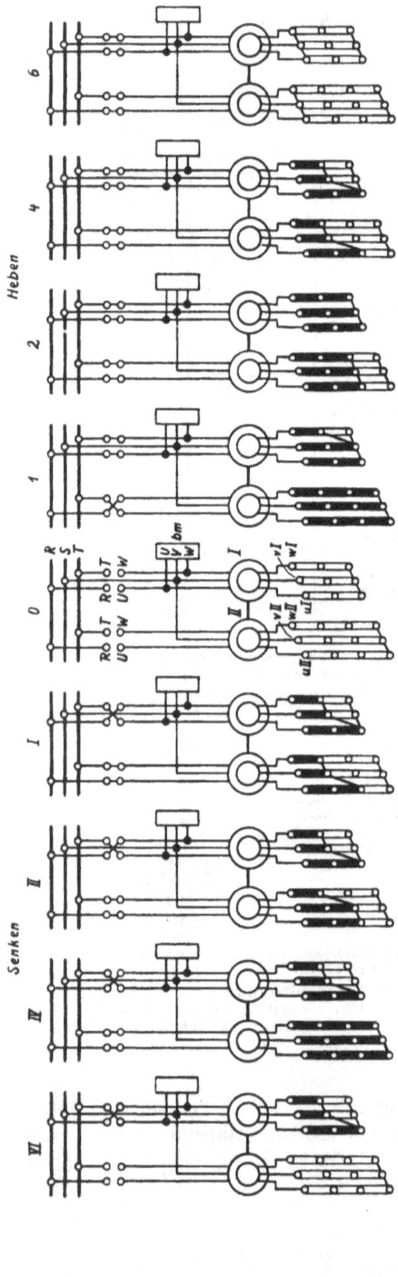

Abb. 113. Stromlaufbild zweier starr gekuppelter Drehstromasynchronmotoren in starrer Kupplung (untersynchrones Senkbremsen)

In den Senkkraftstellungen für Senken des leeren Hakens sind wieder beide Motoren gleichsinnig im Senksinn geschaltet. In den Senkbremsstellungen und in der ersten Hubstellung ist jeder Läufer der starr gekuppelten Motoren mit einem Widerstand ausgestattet, der z. B. so bemessen ist, daß bei Belastung jedes Motors mit seinem Nenndrehmoment $M = 100\%$ die Drehzahl $n = 0$ auftritt[1]).

Die Senkcharakteristik aus den beiden gegensinnig geschalteten Motoren erfolgt gemäß Abb. 114 wie folgt:

Der Motor 1 hat die Charatkeristik 1, wenn sein Vorwiderstand so ausgelegt ist, wie oben angegeben, d. h. bei vollem Moment hat er die Drehzahl 0. Der Motor 2 ist gegensinnig geschaltet und hat infolgedessen die Charakteristik 2', d. h. bei vollem Gegenmoment hätte er die volle Drehzahl.

Bei Moment $2 M_n$ des ersten Motors hat dieser die Drehzahl —100%; bei der gleichen Drehzahl hat der zweite Motor das Moment 0. Die Differenz dieser beiden Momente ist 200%. Es ist also in diesem Falle ein Punkt der Charakteristik

$$n : n_{id} = -1 \qquad M : M_n = 2$$

Man bildet also zu jeder Drehzahl bei jeder Widerstandsstufe die Drehmomentendifferenz und erhält bei jeweils gleichem Vorwiderstand des Motors 2 und bei Wechseln des Vorwiderstandes des Motors 1 mit den Charakteristiken 1'

[1]) Vgl. Weiler, Siemens Fahr- und Hubschaltungen der Hebezeuge sowie Schuisky, Elektromotoren 1950.

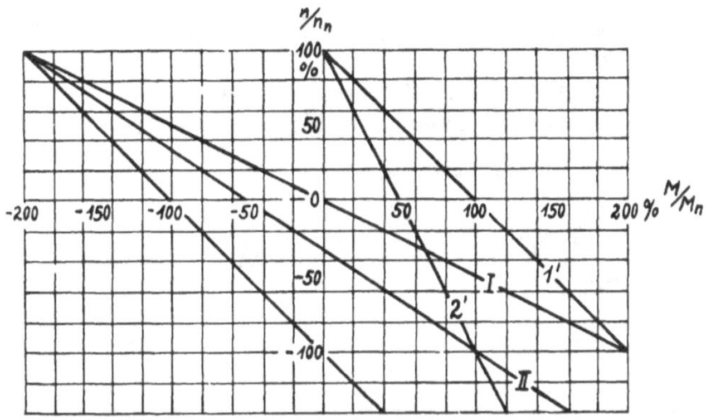

Abb. 114. Bestimmung der Drehmomenten-Drehzahlcharakteristik für zwei starr gekuppelte Asynchronmotoren (Senkstellung)

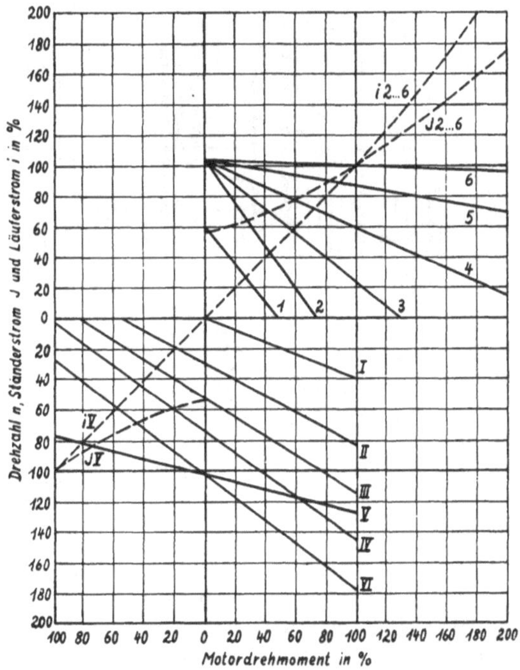

Abb. 115a. Regelkurven (Drehmoment, Läuferstrom, Ständerstrom-Drehzahl-Verlauf) zweier starr gekuppelter Asynchronmaschinen

und 2', die Drehzahlcharakteristiken I und II, die sich in einem Punkte schneiden für die Gesamtanordnung.

Bei Auswahl der Motoren ist stets zu beachten, daß die Nennleistung eines Motors = 100% = die halbe gesamte Hubleistung der Anordnung ist. Die volle

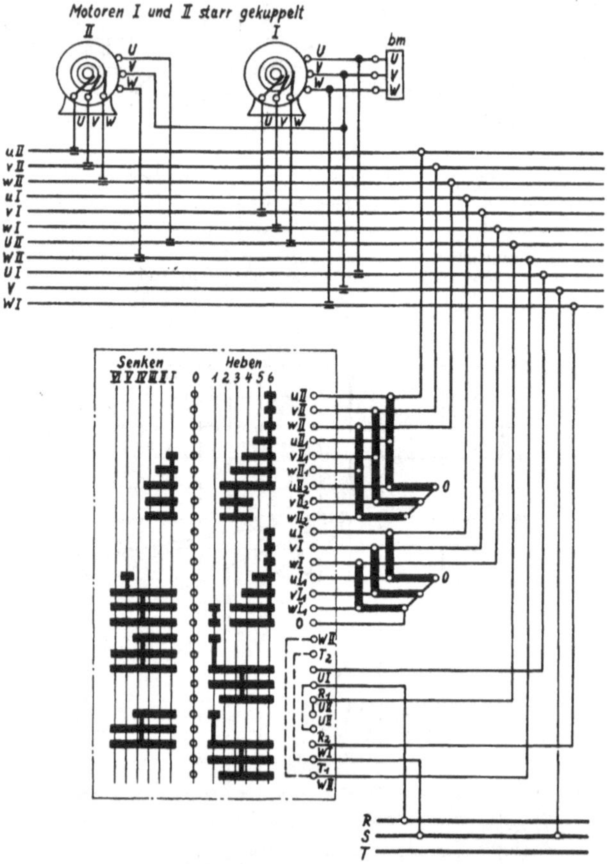

Abb. 115b. **Schaltbild für zwei Motorenschaltung (untersynchrones Senkbremsen) (SSW)**

Last beansprucht also den beim Senken entgegen seinem Drehfeld durchgezogenen Motor mit 200% × $0{,}8^2$ = 130%, wobei der Wirkungsgrad η im Getriebe mit 0,8 angenommen ist. Abb. 115a zeigt die Drehzahl-Drehmomentencharakteristik, Abb. 115b das Schaltbild einer derartigen Anordnung. Eine Veränderung der Widerstände der beiden Motoren kann aus der Charakteristik der Hubschaltungen abgeleitet werden.

f) Drehstromreihenschlußmotor

Eine geringere Bedeutung für den Kranbetrieb haben die Wechselstrom-Kommutator-Motoren, da diese verhältnismäßig teuer sind. Sie haben allerdings den Vorteil der verlustlosen Regelung und des daher geringen Stromverbrauches. Es lassen sich auch mit Drehstrom-Kommutatormotor schwer günstige Senk-Charakteristiken erzielen. Dagegen sind seine Hub-Charakteristiken, die ähnlich der des Gleichstrom-Hauptschlußmotors sind, günstig.

Ein weiterer Vorteil liegt in der stetigen Regelung, die durch Bürstenverschiebung erfolgt, während ein Nachteil darin besteht, daß der Motor in unmittelbarer Nähe des Kranführers untergebracht werden muß, sofern nicht die Bürstenverstellung durch Fernsteuerung erfolgt.

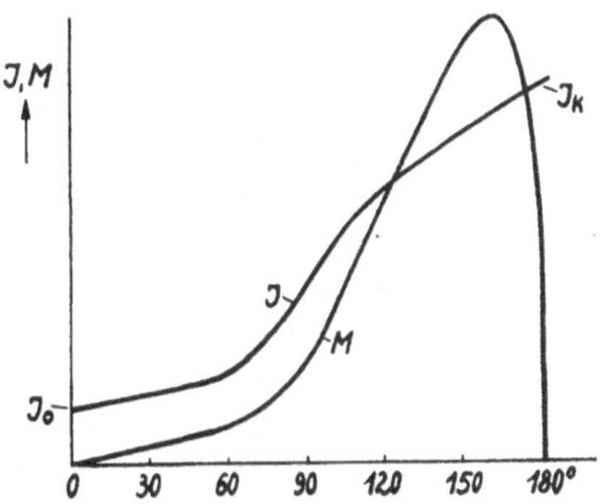

Abb. 116. **Abhängigkeit des Momentenverlaufs und Stromes vom Bürstenverschiebungswinkel (el. Grade) bei einem Drehstromreihenschlußmotor**

J_k = **Kurzschlußstrom** $\cong \frac{U}{X\sigma}$ **(induktiv)**

Der Reihenschlußkommutatormotor hat folgende Wirkungsweise: Er hat zwei Drehfelder, und zwar ein Läufer- und ein Ständerdrehfeld, deren Lage gegeneinander durch die Stellung der Bürsten bestimmt sind. Das Motordrehmoment ist 0, wenn die Achsen dieser beiden Drehfelder gleichsinnig liegen. An dieser Stelle ist die Nullstellung des Motors, es entsteht wohl ein starkes Feld, da die Durchflutung des Ständers und Läufers in gleicher Richtung wirkt, da aber das Feld symmetrisch zu den Strömen liegt, kommt ein Drehmoment nicht zustande. Werden die Bürsten aus dieser 0-Stellung herausgehoben, so entsteht ein Drehmoment, dessen Richtung entgegengesetzt der Bürstenverschiebung ist. Bei einer Bürstenverschiebung um 180 elektrische Grade, sind Ständer- und Läuferdrehfeld entgegengerichtet und das Drehmoment ist wieder 0. Die Verschiebung um elektrische Grade ist gleich der um räumliche Grade, wenn die Maschine zwei Pole hat. Bei vier Polen sind 180 elektrische räumliche Grade = 90 räumliche, bei 8 Polen 45 räumliche. Bei etwa 160° (elektrisch) Bürstenverschiebung ist das Drehmoment ein Maximum (Abb. 116).

Werden die Bürsten von der Nullstellung aus nach der entgegengesetzten Richtung verschoben, so kehrt der Motor seine Drehrichtung um, unabhängig vom Drehsinn des Ständerdrehfeldes. Man polt allerdings den Ständer um, da Kommutierung günstiger ist, wenn die Drehrichtung des Motors mit dem Drehsinn des Drehfeldes übereinstimmt. Ebenso würden sonst die Eisenverluste hoch werden, da die Läuferfrequenz hoch wäre.

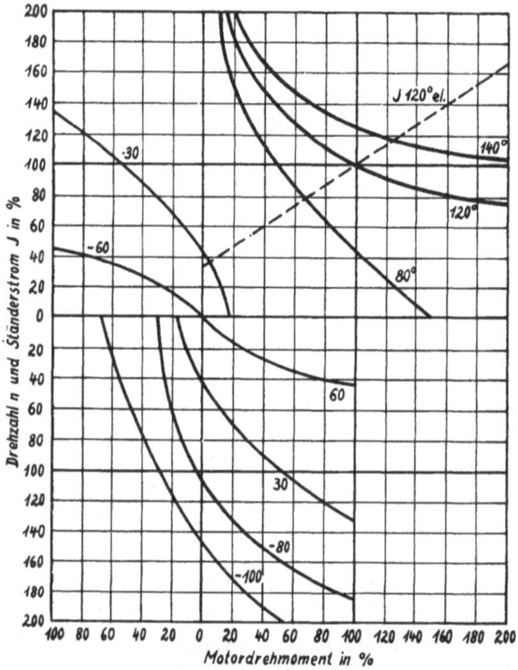

Abb. 117. Regelkurven (Drehmoment-Strom-Drehzahl) abhängig vom Bürstenverschiebungswinkel (el. Grade) von einem Drehstromreihenschlußmotor

Schließt man die Bürsten in der Nullstellung kurz oder schaltet man in der Nullstellung zu den Bürsten Widerstände parallel, so erzeugt der Motor auch in der Nullstellung der Bürstenbrücke ein Drehmoment, dessen Richtung durch die Ständerdrehfeldrichtung bestimmt ist. Verschiebt man nun die Bürsten von der Nullstellung aus in der einen oder anderen Richtung, so wird dieses Drehmoment verstärkt oder vermindert. Hierdurch ist eine Bremsung des Kommutator-Motors möglich. Man erzielt dadurch Bremscharakteristiken gemäß Abb. 117 für verschiedene Bürstenverschiebungen α.

Eine Sicherheits-Senkbremsschaltung kann erzielt werden gemäß Abb. 118, wobei das gleiche Prinzip angewandt wird.

Die Gefahr beim Bremsen besteht darin, daß eine Selbsterregung mit netzfremder Frequenz eintritt. Dies kann eintreten, wenn die Maschine von außen

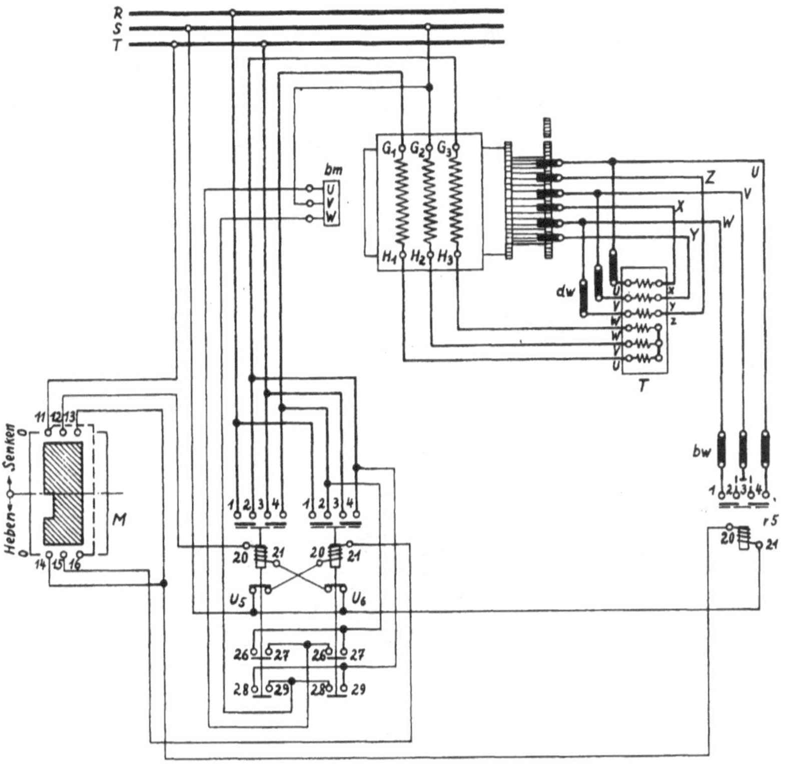

Abb. 118. Sicherheitssenkbremsschaltung von einem Drehstromreihenschlußmotor (SSW)

M = Meisterwalze	r_5 = Bürstenschütz
T = Zwischentransformator	dw = Dämpfungswiderstände
U_5, U_6 = Ständerschütze	bw = Bürsten-Parallelwiderstände

entgegen ihrer eigentlichen Drehrichtung angetrieben wird. Die Bedingung für die Selbsterregung besteht darin, daß die Summe der Spannungen in dem Läuferkreis Null wird. Es muß also ein Wirkleistungsgenerator vorhanden sein, der beim Bremsen tatsächlich vorhanden ist, um den ohmschen Spannungsverlust in dem Widerstand zu decken und die induktiven Widerstände müssen durch kapazitive aufgehoben werden.

Die Berechnung der Charakteristiken ist aus dem Vektordiagramm möglich. Bezeichnet man mit $\ddot{u}_T$ das Übersetzungsverhältnis des Zwischentransformators, mit $\ddot{u}_M$ das der Maschine, so ist das Gesamtübersetzungsverhältnis

$$\ddot{u} = \ddot{u}_M \ddot{u}_T .$$

Man bilde das Vektor-Diagramm, dann ist

$$\dot{U}_1 + \dot{E}_{1r} + \dot{E}_{2r} + \dot{E}_{1\sigma} + \dot{E}_{2\sigma} + \dot{E}_{1g} + \dot{E}_{2g} = 0$$

hierin sind

$$\dot{E}_{1r} = -\dot{J} r_1 \qquad \dot{E}_r = \dot{E}_{r1} + \dot{E}_{r2} \text{ und}$$

$$\dot{E}_{2r} = -\dot{J}_{r2} \text{ die ohmschen Spannungsabfälle}$$

$$\dot{E}_{1\sigma} = -j X_{1\sigma} \dot{J}_1$$

$$\dot{E}_{2\sigma} = -j X_{2\sigma} \dot{J} .$$

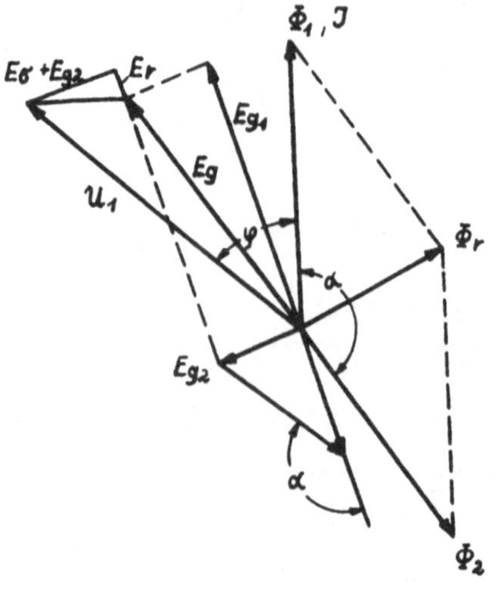

Abb. 119. Vektorschaubild eines Drehstromreihenschlußmotors

$\dot{E}_{1\sigma}$ und $\dot{E}_{2\sigma}$ sind die elektromotorischen Kräfte der Streuung, $X_{1\sigma}$ und $X_{2\sigma}$ sind die Streureaktanzen vom Ständer und Läufer.

$$\dot{E}_{1g} = j \dot{J} (k_{11} - k_{21} e^{-j\alpha})$$

$$s \dot{E}_{2g} = j s \dot{J} (k_{22} + k_{12} e^{-j\alpha})$$

sind die in Ständer- und Läuferwicklung induzierten elektromotorischen Kräfte, k_{11} und k_{22} sind die Ständer- und Läuferreaktanzen, k_{12} und k_{21} sind die von der Gegeninduktion herrührenden Reaktanzen (Abb. 119).

α ist der Bürstenverschiebungswinkel.

Setzt man diese Werte ein, so ist

$$\dot{U}_1 = \dot{J}[(r_1+r_2)+j\,(X_{1\sigma}+k_{11}+X_{2\sigma}+k_{22})]+k_{12}\dot{J}[\,(1-s)\sin\alpha \cdot j(1+s)\cos\alpha]$$

denn $e^{-j\alpha} = \sin\alpha - j\cos\alpha$ und $e^{j\alpha} = \sin\alpha + j\cos\alpha$.

Die Wirkleistung einer Phase ist der reelle Teil multipliziert mit dem Strom, also

$$N = 3\,\dot{U}_{ph}\,\dot{J}\cos\varphi = 3\,J^2\,(r_1+r_2) + 3\,k_{12}\,(1-s)\,J^2\sin\alpha\,.$$

Der erste Teil enthält die Wirkverluste im Läufer und Ständer, der zweite die mechanische Leistung.

$$N_{\text{mech}} = C_1'\,M\,(1-s) = 3\,J^2\,k_{12}\,(1-s)\sin\alpha$$

$$M = C_2'\,J^2\ddot{u}\sin\alpha$$

$$k_{12} = X_h\ddot{u}$$

X_h ist die Hauptreaktanz.

C_1' C_2' sind Konstanten

Drückt man den Strom durch die elektromotorischen Kräfte aus, so gilt

$$E_{g1} = C_1\Phi_r = J\,C_2\sqrt{1+\ddot{u}-2\,\ddot{u}\cos\alpha}$$

(unter Anwendung des cos-Satzes, wenn $\Phi_2 = \ddot{u}\,\Phi_1$).

Ferner gilt, wenn E_2 die auf die Ständer bezogene Läuferspannung ist

$$E_{g2} = s\,\ddot{u}\,E_{1g} \text{ (s. Abb. 80)}$$

$$\dot{E}_g = \dot{E}_{g1} + \dot{E}_{g2} = \dot{E}_{g1}\sqrt{1+s\,\ddot{u}-2\,s\,\ddot{u}\cos\alpha}\,.$$

Hieraus folgt

$$M = E_g^2\,\frac{\ddot{u}\sin\alpha}{(1+\ddot{u}-2\,\ddot{u}\cos\alpha)\,(1+s^2\,\ddot{u}-2\,s\cos\alpha)}\text{ konst.}$$

Da es einen Nennstrom J_n, Nennwinkel α_n, ein Nennmoment M_n und Nenndrehzahlen n_n gibt, lassen sich die Ströme und Momente bei anderen Winkeln und die Drehzahlen bestimmen. Für E_g kann ungefähr U gesetzt werden.

Ein Gegenmittel gegen die Selbsterregung besteht darin, daß Dämpfungswiderstände verwandt werden, wodurch etwa 5% Leistung verloren werden. Nachdem der Leistungsverlust so gering ist, bleibt der Dämpfungswiderstand immer eingeschaltet.

g) DERI-Motor

Für Einphasen-Wechselstrom wird auch noch der DERI-Motor verwendet. Dieser Motor ist ein Repulsionsmotor mit doppeltem Bürstensatz gemäß Abb. 120.

Die im Schaltbild dargestellten Spulen sind Schützspulen, die obere bedient den Kontakt, der den Dämpfungswiderstand überbrückt, die untere bewirkt das Einschalten des Motors und hält sich über den Hilfskontakt und über den Fliehkraftschalter selbst. Durch Bewegen des Hebels aus der Nullstellung wird der Dämpfungswiderstand überbrückt, das Hauptschütz eingeschaltet und die

Bürsten verschoben. Der Nullstellung benachbart ist die Stellung für die größten Bremsmomente, an den äußersten Stellungen werden die größten Kraftmomente entwickelt. Bei Geschwindigkeiten unter 10% der Normalgeschwindigkeit und bei zu großer Geschwindigkeit schaltet der Fliehkraftschalter ab.

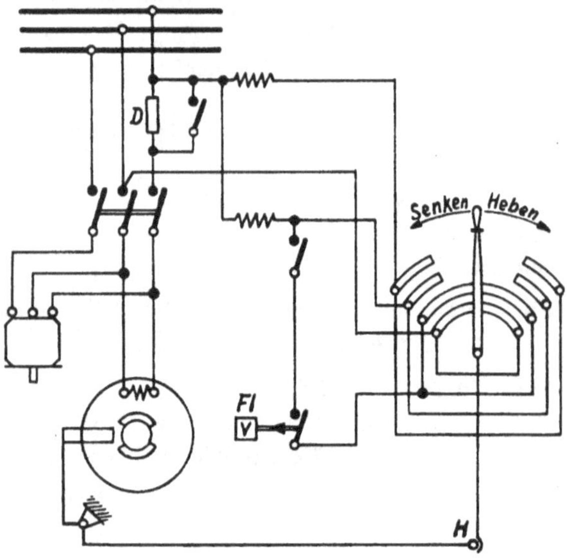

Abb. 120. DERI-Motor (Schaltbild). Hubschaltung zur Erzeugung von untersynchronem Bremsen
D = Dämpfungswiderstand
Fl = Fliehkraftschalter
H = mechanische Hebelübertragung

Ein paar Bürsten stehen fest, die anderen können verschoben werden. Es können auch DERI-Motoren mit zwei beweglichen Bürstensätzen verwendet werden. Die Charakteristiken des DERI-Motors sind ähnlich denen des Drehstrom-Reihenschlußmotors (s. Abb. 121).

Wie bei allen Kommutator-Motoren werden auch bei DERI-Motoren Transformatoren vielfach zwischen Ständer und den Läufer eingeschaltet, um eine günstige Kommutierung zu erzielen, damit die Kommutierungsspannung möglichst niedrig ist.

Der DERI-Motor wird vielfach mittels Öldruckregler[1]) ferngesteuert, die Steuerventile werden vom Steuerhebel bedient. Gegen unzulässige Drehzahl-

[1]) Vgl. Widmann BBC-Nachrichten 1938 S. 109 1937 S. 77. Betrachtungen und Erfahrungen über Entwurf, Bestellung und Betrieb von Hebezeugausrüstungen, insbesondere mit DERI-Motoren.

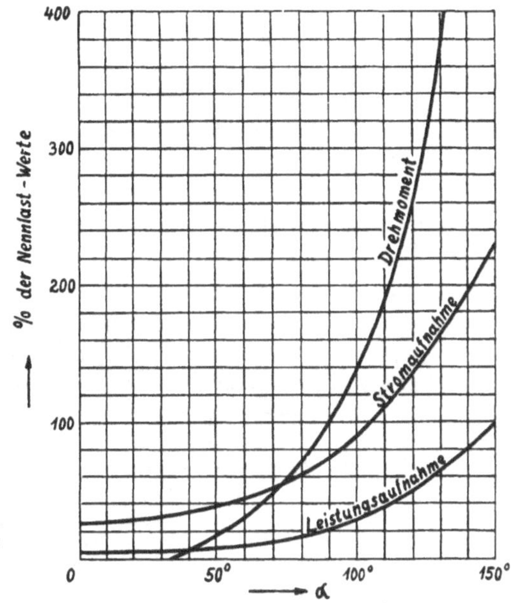

Abb. 121
Abhängigkeit von Leistungsaufnahme, Stromaufnahme und Drehmoment vom Bürstenwinkel (el. Grade) eines Derimotors

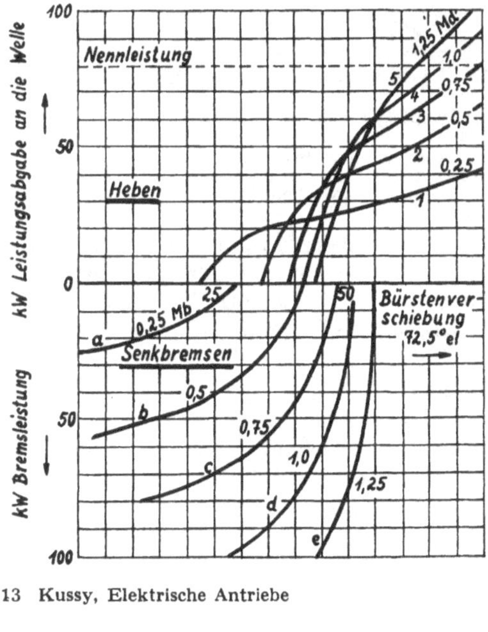

Abb. 122
Stromaufnahme eines Derimotors abhängig vom Bürstenverschiebungswinkel (el. Grade) und Drehmoment

1—5 Leistungsabgabe (beim Heben
a—*e* Bremsleistung als Generator (Senkbremsen) bei einem mechanischen Wirkungsgrad von 0,9

steigerung wird in den DERI-Motor ein Zentrifugalschalter eingebaut, der bei 160% der Nenndrehzahl ausschaltet und bei 10 bis 20% ebenfalls unterbricht, d. h. der letzte Rest der Bremsung erfolgt mechanisch durch einen Lüfter (Abb. 122). Die Drehzahl-Charakteristik abhängig von der Bürstenstellung bei verschiedenen Momenten zeigt Abb. 122, die dazugehörigen Leistungen der Motoren (Stromaufnahme) Abb. 123.

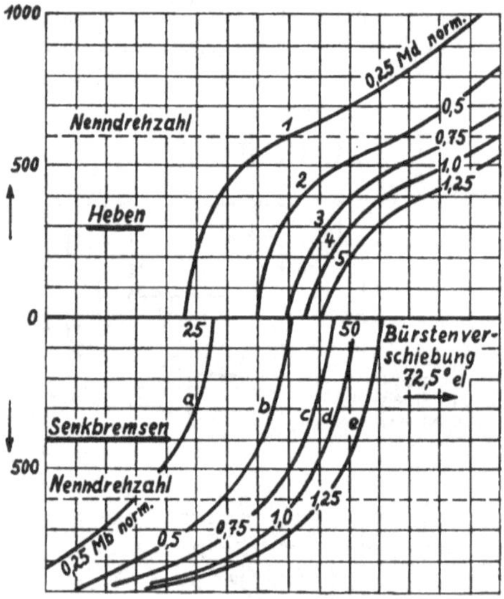

Abb. 123. Drehzahl des Derimotors abhängig vom Bürstenverschiebungswinkel und Belastungsmoment
1—5 motorisches Arbeiten im Hubbereich.
a—e generatorisches Arbeiten im Senkbremsbereich bie einem mechanischen Wirkungsgrad von 0,9.

Der DERI-Motor braucht ebenfalls einen Dämpfungswiderstand zur Vermeidung der Selbsterregung bei Antrieb durch Last beim Senken in Höhe von 5% der Leistung in der der Nullstellung benachbarten Stellung. Bei der Berechnung der Drehmomentenkurven des DERI-Motors gilt ebenso wie beim Repulsionsmotor, der nur einen Bürstensatz hat,

$$M = k E J_2 \cos (E J_2)$$
$$E = k_n J_1 \cos \alpha$$
$$E = \text{EMK der Drehung}$$
$$J_1 \cos \alpha = k \Phi,$$

das ist der erregende Teil der Amperewindungen,

$$J_2 = \text{prop } J_1 \cos \alpha,$$

wenn man den Magnetisierungsstrom vernachlässigt, woraus sich ergibt, da Ständer und Läuferstrom in Gegenphase sind,

$$M = C' J_1^2 \cos \alpha \sin \alpha = C' J_1^2 \sin 2 \alpha .$$

Da die Ströme in der Kurzschlußspule bei kleinem α groß sind, wird der Motor erst bei $\alpha \sim 40^0$ eingeschaltet.

Die elektrische Welle[1])

Elektromotoren, die Maschinen antreiben, sind mit der Arbeitsmaschine durch eine Welle verbunden. Ist die Arbeitsmaschine jedoch weit vom Motor entfernt, nehmen die mechanischen Wellen sehr großen Umfang an, so daß es günstiger ist,

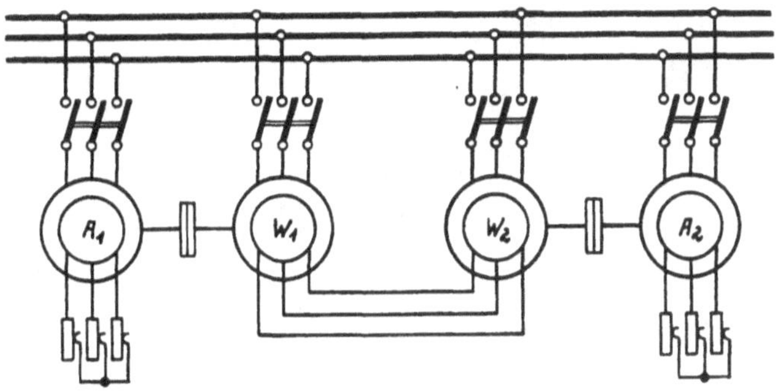

Abb. 124. Elektrische Welle (2 Hintermaschinen)
A_1 A_2 = Antriebsmotoren W_1, W_2 = Wellenmotoren

anstelle der mechanischen Welle mehrere Motoren, die eine elektrische Welle bilden müssen, zu verwenden. Das gleiche gilt, wenn mehrere elektrische Maschinen im Gleichlauf arbeiten sollen. Mit Hilfe der elektrischen Welle soll erreicht werden, daß zwei Motoren gleiche Drehzahlen aufweisen, so daß die angetriebenen Maschinen oder Motoren gleich laufen. Im Prinzip wird dies so erreicht, daß man gem. Abb. 124 von zwei oder mehreren Asynchronmaschinen die Läufer miteinander verbindet und diese Maschinen als Hintermotoren, sogenannte Wellenmotoren, zur Erzielung eines Gleichlaufs anwendet.

Die Untersuchungen über den Vergleich von mechanischen mit elektrischen Wellen zeigen bei Vernachlässigung der Wirkwiderstände folgendes:

Der Läuferstrom der Wellenmaschine 1 beträgt

$$\dot{J}_2 = \frac{U''_2 - U'_2}{j \cdot X_{2\sigma}}$$

[1]) Jordan, Über Gleichschaltungen der Asynchron-Maschinen, Zeitschrift für Elektrotechnik 1949 S. 33. Schuisky, Elektromotoren. Lehmann, Elektrotechnik und Elektromotorische Antriebe.

hierin sind U''_2 und U'_2 die Läuferstillstandsspannungen. Die Spannungsdifferenz zwischen den beiden Läuferspannungen hängt vom Verdrehungswinkel (in elektrischen Graden) α beider Läufer ab

$$2\alpha = p(\varphi_1 - \varphi_2)$$

p ist die Polpaarzahl, φ_1 und φ_2 sind die Winkel zwischen Strom und Spannungsvektor.

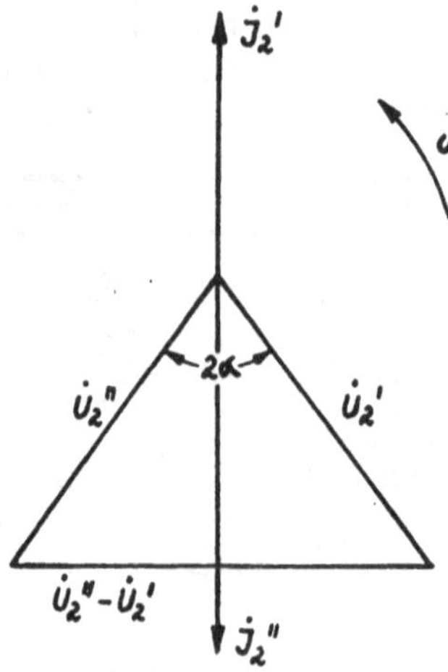

Abb. 125. **Vektordiagramm zweier Läufer in elektrischer Wellenschaltung unter Vernachlässigung der Verluste**

Daraus folgt

$$\dot{U}''_2 - \dot{U}'_2 = -j\,\frac{\dot{U}_2}{2}\sin\alpha$$

$$\dot{U}''_2 = \dot{U}_2\, e^{-j\alpha}$$

$$\dot{U}'_2 = \dot{U}_2\, e^{j\alpha}.$$

Hierin ist U_2 die Läuferstillstandsspannung.

$$\dot{J}'_2 = -\dot{J}_2 = -\frac{U''_2}{X_{2\sigma}}\sin\alpha\,.$$

Der Läuferstrom ist also um so größer, je größer der Verdrehungswinkel zwischen den beiden Läufern ist. Beim Läuferkurzschluß ist der Läuferstrom am größten $J_k = \frac{U_2}{X_{2\sigma}}$, der Verdrehungswinkel ist 180°.

Die Wellenmaschine 1 gibt beim Schlupf s an den Schleifringen die elektrische Leistung ab:

$$N'_2 = -3s\, U_2\, J'_2 \cos\alpha = -3s\, U_2\, J_k \sin\alpha \cos\alpha = \frac{-3s}{2} U_2\, J_k \cos\frac{\alpha}{2}$$

und die mechanische Leistung

$$N'_{2\,\mathrm{mech}} = \frac{1-s}{s} N'_2 = -(1-s)\frac{3\,U_2 J_k}{2} \sin 2\alpha \cong -(1-s)\, M_k \sin 2\alpha$$

M_k ist das Kippmoment $\qquad M' = -M_k \sin 2\alpha$

$M'' = +M_k \sin 2\alpha$ sind die Drehmomente der Ausgleichsmaschinen.

Man unterscheidet 3 Fälle:

a) Lauf gegen das Drehfeld ($s > 1$).

In diesem Falle eilt das Drehfeld nach ($2\alpha > 0$). Die stärker belastete Maschine eilt dem Drehfeld um weniger nach, sie wird zum Motor, denn wenn die äußere Leistungsdifferenz ΔL ist, so muß die mechanisch als Motor arbeitende Wellenmaschine dem stärker belasteten Antrieb die Leistung $\frac{\Delta L}{2}$ abgeben und der Wellenmaschine des schwächer belasteten Antriebes wird die Leistung $\Delta L/2$ zugeführt. Bei $s > 1$ wird die Wellenmaschine 1 abgebremst, daher eilt das Drehfeld vor. Den Schleifringen der Wellenmaschine 1 wird die Leitung $\Delta L \cdot s$ zugeführt und die mechanische Leistung $N_m = (1-s)\,\Delta L$ abgegeben $\frac{\Delta L}{2} s > \frac{\Delta L}{2}(1-s)$. Es wird die elektrische Leistung $\frac{\Delta L\, s}{2\,(1-s)}$ den Schleifringen zugeführt. $\Delta L/2$ wird vom Motor direkt und $\frac{\Delta L\, s}{2\,(1-s)} - \frac{\Delta L}{2} = \frac{\Delta L}{2\,(1-s)}$ über den Luftspalt dem Ständer der Wellenmaschine 2 zugeleitet.

b) Normaler untersynchroner Lauf ($1 > s > 0$).

Die stärker belastete Maschine 1 eilt dem Drehfeld nach ($2\alpha < 0$), da sie abgebremst wird. Die dem Ständer der Maschine zugeführte Leistung $= \frac{\Delta L}{2\,(1-s)} > \frac{\Delta L}{2}$.

Von der Welle wird die Leistung $\Delta L/2$ abgegeben, und der Maschine 2 wird über die Schleifringe die Leistung $\frac{\Delta L}{2\,(1-s)} - \frac{\Delta L}{2} = \frac{s\,\Delta L}{2\,(1-s)}$ von der Maschine 1 zugeführt.

c) Übersynchroner Lauf $s < 0$.

Die stärker belastete Maschine 1 eilt dem Motor mehr nach, also $2\alpha < 0$. Die dem Ständer der Maschine 1 zugeführte Leistung $= \frac{\Delta L}{2\,(1-s)} < \frac{\Delta L}{2}$. Von der Welle wird $\frac{\Delta L}{2}$ abgegeben und über die Schleifringe der Maschine 1 die Leistung $\frac{\Delta L}{2\,(1-s)} - \frac{\Delta L}{2} = \frac{s\,\Delta L}{2\,(1-s)}$ zugeführt.

Bezeichnet man mit L' und L'' die Lastmomente an den Motoren 1 und 2, so ist klar, daß die Drehmomentdifferenz $|(M'-L') - (M''-L'')| < 2 M_k$ sein muß, d. h. die Anordnung wird unstabil, wenn die Belastungsdifferenz der beiden Motoren größer als das doppelte Kippmoment eines Motors ist. Im stationären Betrieb muß sein $(M'-L') + (M''-L'') = 0$, d. h. die Summe der Kräfte auf die Welle von der Maschine 1 muß ebenso groß sein wie die der Maschine 2. Solange dies nicht der Fall ist, verändert sich der Winkel α.

Bei allen Krananlagen sind die $M-f(n)$-Kennlinien praktisch Gerade, d. h. $M = M_0 + M_{01} \frac{d\varphi}{dt}$, wobei $\frac{d\varphi}{dt}$ die Winkelgeschwindigkeit ist, entsprechend ist $L = L_0 + L_{01} \frac{d\varphi}{dt}$.

Im stationären Betrieb gilt für die erste Maschine

$$M' + M' - L' = -M_k \sin p\,(\varphi_1 - \varphi_2) + (M'_{01} - L'_{01})\,(\dot\varphi_1 - \dot\varphi_0) + M'_0 - L'_0$$

$$M'' + M'' - L'' = + M_k \sin p\,(\varphi_1 - \varphi_2) + CM''_{01} - L''_{01})\,(\dot\varphi_2 - \dot\varphi_0) + M''_0 - L''_0.$$

Im ausgeglichenen Zustand ergeben sich, daß

$$M' + M' - L' = M'' + M'' - L''$$

daraus folgt, da $\dot\varphi_1 = \dot\varphi_2 = \dot\varphi_0$

$$-2 M_k \sin p\,(\varphi_1 - \varphi_2) + (M'_0 - L'_0) - (M''_0 - L''_0) = 0$$

$$p\,(\varphi_1 - \varphi_2) = 2\alpha_0 = \arcsin \frac{(M'_0 - L'_0) - (M''_0 - L''_0)}{2 M_k}.$$

Dieser Wert hat zwei Lösungen, stabil ist nur der Wert $2\alpha < 90^0$, da nur in diesem Falle $(M'-L') - (M''-L'') < 2 M_k$. Stellt man das Vektordiagramm unter Berücksichtigung der Leerlauf- und Wirkverluste auf, so ergibt dies Abb. 126.

Hierin ist 2α der Winkel, um den die Läuferachsen gegeneinander verdreht sind gemessen in elektrischen Graden. E' und E'' sind die vom Drehfeld induzierten elektromotorischen Kräfte der beiden Maschinen.

$$E = \left(\frac{R_2}{s} + j X_{2\sigma}\right) J_2$$

Die Läuferspannung U_2/s ergibt folgenden Wert:

$$\frac{U_2}{s} = |E'| \cos\alpha = |E''| \cos\alpha = |E| \cos\alpha$$

der Ausgleichsstrom J_2 den folgenden:

$$J_2 = \frac{E' \sin\alpha}{\sqrt{(R_2/s^2 + X_{2\sigma}^2}}$$

unter der Annahme, daß $R_1 = 0$, $X_h \to \infty$ und $J_1 = -J_2$ und $X_{1\sigma} + X_{2\sigma} = X_\sigma$ gilt angenähert

$$J_2 = \frac{U_1 \sin \alpha}{\sqrt{\left(\frac{R_2}{s}\right)^2 + (X_\sigma)^2}}$$

ebenso gilt unter dieser Voraussetzung $\frac{U_2}{s} \sim U_1 \cos \alpha$.

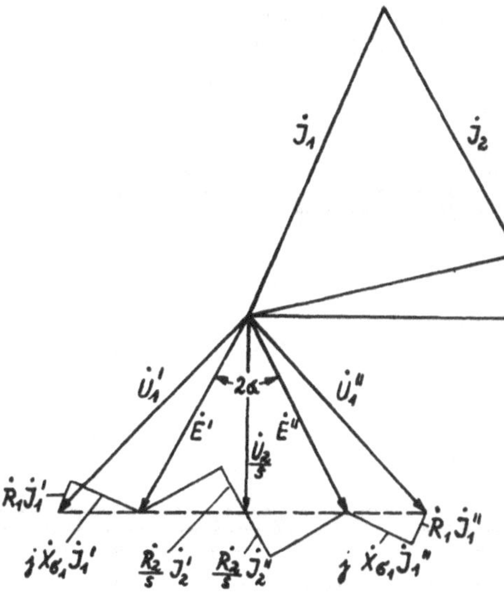

Abb. 126. Vetordiagramm zweier Motoren in elektrischer Wellenschaltung unter Berücksichtigung der Leerlauf- und Wirkverluste

Die Maschinen müssen also eine Leistung aufweisen, die insgesamt um etwa 15% größer ist als ohne Ausgleichswelle (da $\cos\alpha < 1$). Der Gleichlauf kann nur erzielt werden, wenn die Drehfelder der Ausgleichsmaschine eine genügend hohe Spannung in den Läufern erzielen, d. h. also, im Synchronismus kann kein Ausgleich erfolgen. Es ist daher zur Erzielung eines Gleichlaufs in weiten Grenzen erforderlich, daß die Polzahl der Ausgleichsmaschine niedriger ist als die des Antriebsmotors, während die Leistung der Antriebsmaschine, wie eben dargelegt, etwa 10 bis 15% kleiner sein kann als die der Hintermaschine. Geiler[1]) hat experimentell untersucht, welche Ständerschaltungen besonders günstige Charakteristiken der Elektrowelle ergeben. Er unterscheidet hierbei:

[1]) Geiler, Elektrowellen für Drehstrom in den Elektroantrieben der spanabhebenden Werkzeugmaschinen aus „Die Elektrizität" 1952 S. 24–31.

1. die statische Charakteristik, die das Verhältnis des Fehlwinkels bei verschiedenen Momenten bei stehender Welle angibt,
2. hat er die dynamischen Eigenschaften untersucht, um festzustellen, bei welchen Grenzbelastungen und Grenzdrehzahlen die Wellen aus dem synchronen Lauf bei statischer und stoßweiser Belastung fallen und
3. hat er untersucht die Änderung des Fehlwinkels bei stoßweisem Verändern und Ausschalten der Belastung.

Die experimentelle Untersuchung von verschiedenen Schaltungen hat ergeben, wobei ständerseitig Gleichstrom, Drehstrom und Wechselstrom untersucht wurden, daß die zweckmäßigste Schaltung für elektrische Wellen die normal Dreiphasenschaltung und die Einphasenschaltung mit parallel geschalteten Phasen (s. Abb. 96) darstellt.

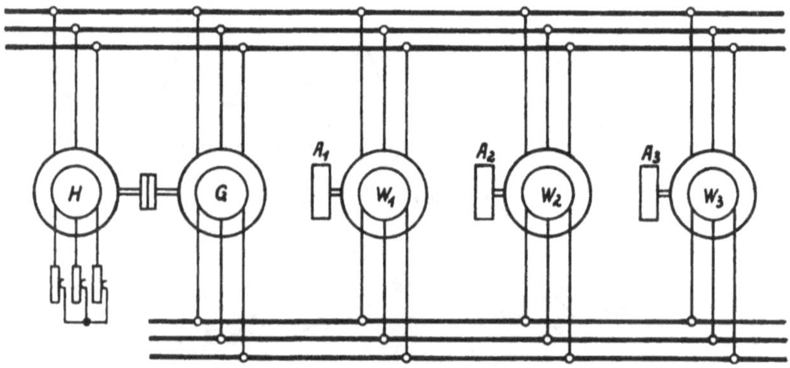

Abb. 127. Elektrische Arbeitswelle mit 3 Wellenmotoren
W_1, W_2, W_3 = Wellenmotore G = Steuergenerator
A_1, A_2, A_3 = Arbeitsmaschinen H = Hauptmotor

Von ihm ist eine untersynchrone Schaltung mit umgekehrter Phase nicht untersucht worden. Die statische Charakteristik wies die günstigsten Ergebnisse bei der Dreiphasenschaltung auf, d. h. bei 100%iger Belastung war der Fehlwinkel noch ein sehr geringer. Nicht viel schlechter waren die Verhältnisse bei der Einphasenschaltung mit parallel geschalteten Phasen. Es ergab sich ferner, daß bei stoßweiser Belastung der Fehlwinkel am geringsten beim normalen Dreiphasenmotor war. Die Einphasenschaltung im Ständer weist ihr gegenüber den Vorteil auf, daß sowohl bei der Drehung im Feldsinn als auch gegen das Feld übereinstimmende statische Charakteristiken vorliegen. Man muß bei Einphasenschaltungen Asynchronmaschinen wählen, die etwa ein 2 bis $2\frac{1}{2}$faches größeres Nennmoment haben als das Belastungsmoment. Der Schlupf von Asynchronmaschinen muß mindestens 0,33 betragen. Dies ist wichtig für die Auswahl der Polzahl der

Asynchronmaschine. Man kann mehrere gesteuerte Maschinen parallel schalten, muß aber die Steuerungsmaschine nach der Gesamtleistung der gesteuerten Maschinen bemessen. Diese Schaltung nennt man die elektrische Arbeitswelle (Abb. 127). Eine Grundbedingung für die Asynchronmaschine der Elektrowelle

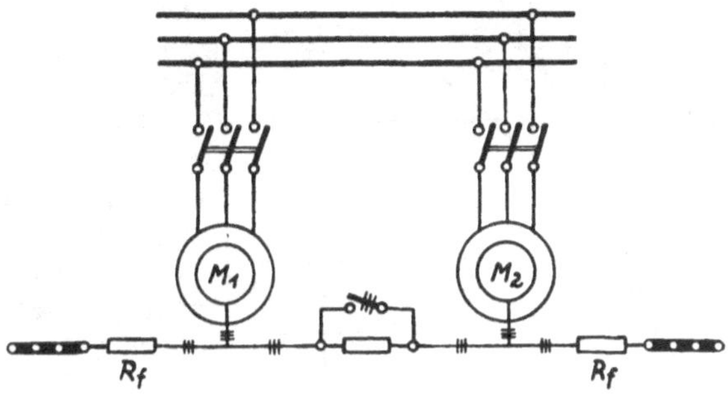

Abb. 128. Elektrische Welle mit abschaltbarem Ausgleichswiderstand zwecks Aufhebung des Ausgleichs

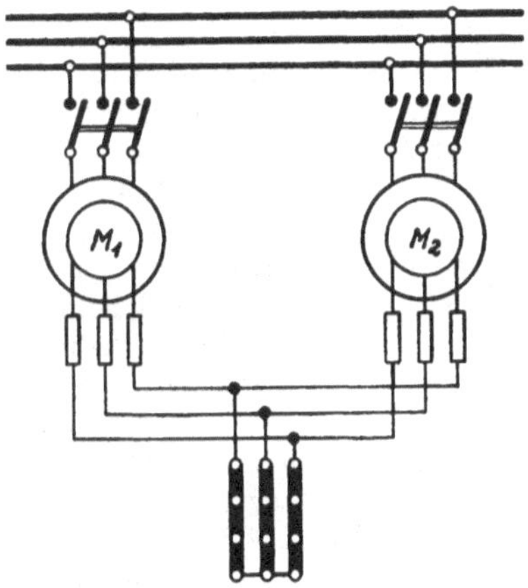

Abb. 129. Elektrische Welle mit Ausgleichswiderstand

besteht darin, daß die Spannungsverhältnisse in ihren primären und sekundären Wicklungen gleich sind. Dagegen ist es nicht unbedingt erforderlich, daß alle Maschinen der Elektrowelle die gleiche Polzahl besitzen, besondere Maschinen sind jedoch nicht erforderlich, da die Genauigkeit der serienmäßigen Maschinen für die Elektrowelle genügt. Bei der elektrischen Arbeitswelle treiben verschiedene Wellenmotore, die sich in Gleichlauf befinden, jeweils Triebwerke an. Diese Triebwerke sind dann untereinander alle in Gleichlauf.

Einen für viele Fälle ausreichenden Gleichlauf kann man in einfacher Form finden, indem man die Schaltung Abb. 128 mit gemeinsamen Anlaßwiderständen oder Abb. 129 mit getrennten Anlaßwiderständen anwendet.

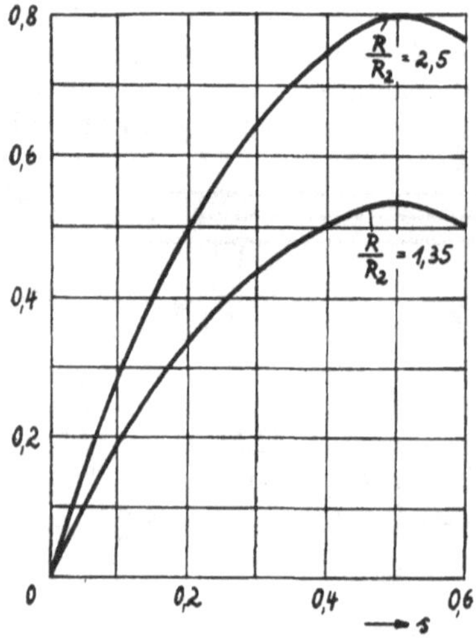

Abb. 130. Unsymmetriegrad Δ abhängig vom Schlupf bei zwei Werten des Ausgleichswiderstandes R (Abb. 129) (gemessene Werte von Schuisky)

Bei Verwendung von getrennten Anlaßwiderständen wird in einem festen Schlupfwiderstand R_f 25% der Leistung eines jeden Motors vernichtet, der Anlaßwiderstand ist normal zu bewerten. Im Dämpfungswiderstand (Abb. 128) werden ca. 3% bis 5% zusätzlich vernichtet. Bei Verwendung eines Anlaßwiderstandes darf dieser nicht bis in die letzte Stellung gebracht werden, da sonst der Gleichlauf aufgehoben wird. Auch hier kann nur dann ein Gleichlauf erzielt werden, wenn ein entsprechend großer Schlupf vorhanden ist, so daß eine Läuferspannung entsteht, durch die ein ausreichender Ausgleichstrom auftreten kann. Es ist also erforderlich, daß man in dem Widerstand mindestens 25% der Leistung eines jeden Motors vernichtet, und zwar ca. 5% im festen Schlupfwiderstand und 20% im dauernd eingeschaltet gebliebenen Teil des Anlaßwiderstandes (nicht abgeschaltete letzte Stufe). Dies ist die Voraussetzung dafür, daß ausreichende Synchronisierungs - Drehmomente auftreten. Der Synchronisierungsstoß und daher auch der Stromstoß ist am allergrößten beim Einschalten. Der Nachteil einer solchen Gleichlaufeinrichtung besteht in den großen Zusatzverlusten. Ferner wird bei ungleichmäßiger Belastung der beiden Motore kein vollkommener Ausgleich der Drehzahlen stattfinden. Es ist also eine gewisse Unsymmetrie vorhanden, die elektrische Welle arbeitet nicht so exakt wie eine starre mechanische Welle oder

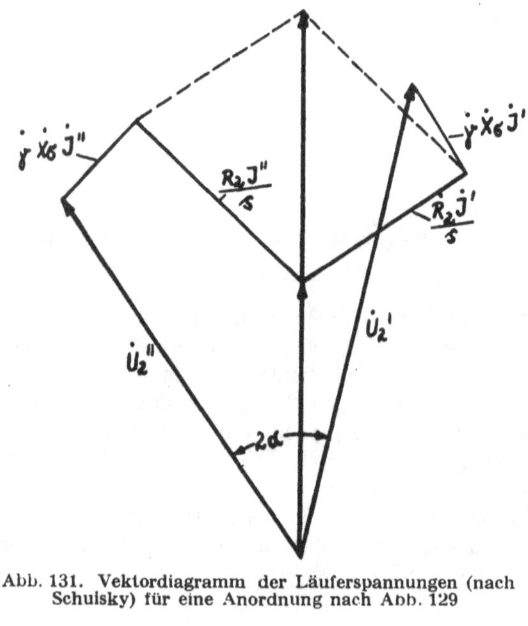

Abb. 131. Vektordiagramm der Läuferspannungen (nach Schuisky) für eine Anordnung nach Abb. 129

eine elektrische mit Hintermaschine. Für die meisten praktischen Verhältnisse ist aber die Ausführung ausreichend.

Schuisky hat experimentell untersucht, welcher Belastungsunterschied bei dieser Anordnung noch zulässig ist. Abhängig vom Verhältnis des Ausgleichswiderstandes (R) in Ohm zum ohmschen Widerstand des Läufers (R_2) als Funktion des Schlupfes sind die Drehmomente der beiden Motoren M' und M'', so gilt, wenn Δ der Unsymmetriegrad der Momente ist,

$$\Delta = \frac{M' - M''}{M' + M''}.$$

Die Größe des Stromes J, der für die Dimensionierung maßgebend ist, ergibt sich nach Schuisky für die Schaltung aus folgender Betrachtung:

Vernachlässigt man den Ständerwiderstand $R_1 = 0$ und den Magnetisierungsstrom, so ergibt sich ($X_h \to \infty$) das Vektordiagramm nach Abb. 131.

Da bei gleichen Motoren $|U''_2| = |U'_2|$, gelten folgende Gleichungen:

$$\dot{U}'_2 - \dot{J}'(R_2/_s + jX_\sigma) = \dot{U}'_2 e^{j2\alpha} - \dot{J}''(R_2/_s + jX_\sigma) = (\dot{J}' + \dot{J}'')\frac{R_2}{s}.$$

Hierbei sind U'_2 und U''_2 die Läuferstillstandsspannungen.

5. Steuerungen von verschiedenen Transporteinrichtungen

Einrichtungen für Greiferkrane

Drehstrom-Einmotorensteuerungen

Einmotorensteuerungen können entweder als Zweiseil- oder Einseilgreifer ausgeführt werden. Bei Zweiseilgreifern erfolgt die Verwendung der Schließseil- und der Halteseiltrommel durch einen gemeinsamen Motor.

Abb. 132 zeigt eine solche Einrichtung mit untersynchroner Steuerung. Die Schließseiltrommel wird von dem Motor über ein Vorgelege angetrieben, das dauernd mit der Trommel in Eingriff bleibt. Die Halteseiltrommel wird dagegen nur beim Heben und Senken des Greifers durch eine Reibungskupplung mit der Schließseiltrommel gekuppelt. Zum Festhalten der Halteseiltrommel in entkuppeltem Zustande dient eine Haltebremse. Kupplung und Bremse werden vom Führerstand aus betätigt, und zwar in der Form, daß der Führer nur einen Steuerhebel zu bedienen hat. Ein besonderer Umschalter dient zur Betätigung der Magnete, während die mit ihr durch Universalsteuerung[1]) verbundene Schaltwalze das Heben und Senken bewirkt.

[1]) Siemens-Zeitschrift April 1951, Heft 2, Neuzeitliche Steuerungen für Greiferkrane von Enke. AEG Februar 1931, Drehstrom-Einmotorensteuerungen für Kübel- und Greiferkrane von Aumund und Knaust. Springer-Verlag 1950, S. 137, Hebe- und Förderanlagen. Elektrotechnik und elektromotorische Betriebe, Lehmann S. 283ff. Kussy, Elektrische Niederspannungs-Schaltgeräte, S. 145.

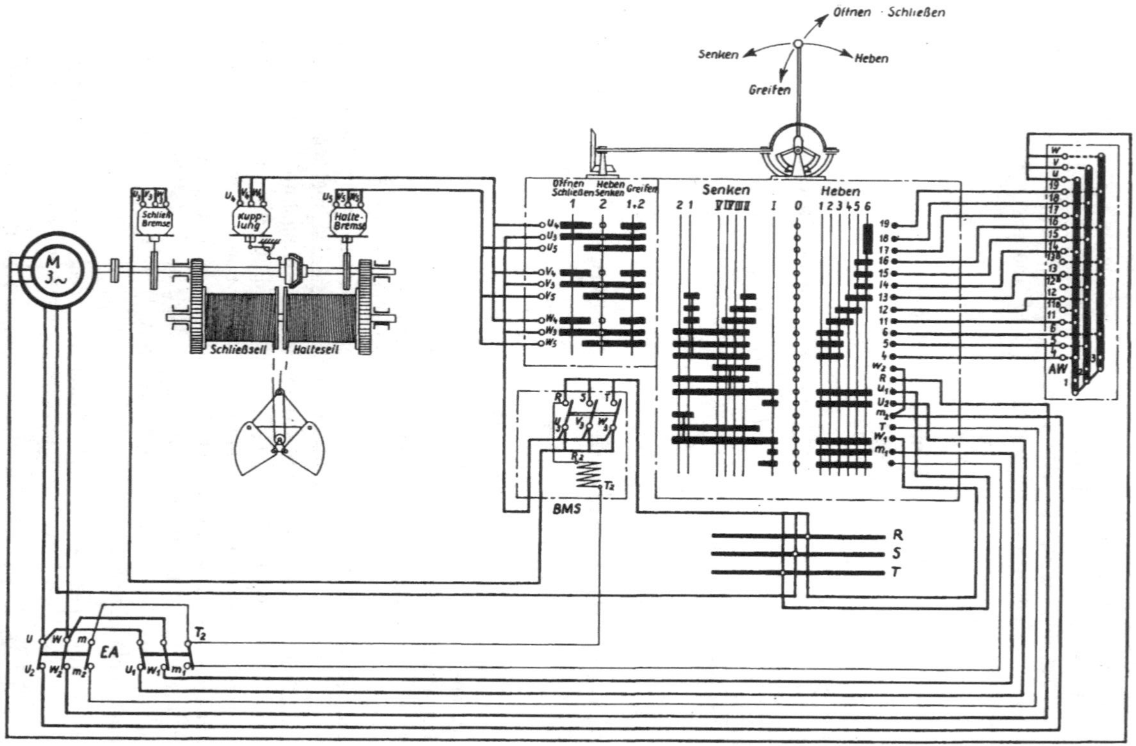

Abb. 132. Drehstrom-Einmotorensteuerung für Zweiseilgreifer in Sicherheitssenkbremsschaltung in einphasiger untersynchroner Bremsung. Durch verlegen der 0-Verbindung innerhalb der Klemmen 0, 1, 2, 3, 4, 5, 6 kann der günstigste Wert für die Stellung I (Gegenstrom) bei der am häufigsten zu senkenden Last gefunden werden. Die Bremswirkung wird verstärkt durch verlegen der Anschlüsse von 11, 12, 13 nach 11 *B*, 12 *B*, 13 *B*.

AW = Anlaßwiderstand *BMS* = Bremslüft-Magnet-Schütz *EA* = Endausschalter

Unter Universalsteuerung wird eine Steuerung verstanden, bei der zwei Walzen mit einem Hebel bedient werden. Die Bewegung des Hebels erfolgt in zwei Ebenen, je nach dem, welche Walze bewegt wird. Bei Schrägbewegung werden gleichzeitig beide Schaltwalzen bewegt. Bei den Umschalterstellungen ist entweder die Kupplung geschlossen oder die Halteseiltrommel abgebremst, d. h. nämlich die Gefahr, daß Kupplung und Bremse der Halteseiltrommel bei offenen, frei hängenden Greifern gleichzeitig gelüftet werden und dann der Greifer in die Seile stürzt, wird vermieden. Man kann die in der Schaltung angegebene Förderleistung des Greiferkranes noch erhöhen, indem man einen polumschaltbaren Motor verwendet, der für zwei Geschwindigkeiten gebaut ist und bei höherer Drehzahl die gleiche Leistung hat wie bei der niedrigeren. Durch Benutzung dieses sogenannten Doppelkranmotors kann daher der leere Greifer mit etwa doppelter Geschwindigkeit gehoben werden als der volle. Das Senken des vollen Greifers, ebenso wie das Öffnen, erfolgt dann mit erhöhter Geschwindigkeit.

Anstelle der untersynchronen Steuerung kann auch eine Eldro-Steuerung Verwendung finden. In diesem Falle ist die Haltebremse beim Heben und Senken gelüftet. Der Kupplungsmagnet und der Magnet für die Haltebremse und Schließbremse ist ein Eldro-Lüfter und die Steuerung erfolgt durch eine Eldro-Regelbremse. Hubsteuergerät und Eldro-Umschalter sind elektrisch miteinander verriegelt, wodurch ein betriebssicherer Übergang vom Greifen auf Heben bzw. vom Senken auf Entleeren erzielt wird, da er nur bei geringer Geschwindigkeit möglich ist. Ein vorsichtiges Absetzen des leeren Greifers auf entleerten Waggons ist möglich. Bei ganz großen Senkgeschwindigkeiten kann eine untersynchrone Steuerung, die den Motor elektrisch abbremst, mit der Eldroregelung kombiniert werden.

Eine weitere Einmotorensteuerung, die allerdings geringere Bedeutung hat, ist die Steuerung eines Einseilgreifers. Dieser wird vorwiegend für Krane im Stückgutbetrieb verwandt. Das Zugseil wird hier zum Zusammenziehen der Schaufeln benutzt, während eine besondere Einrichtung für das Entleeren vorhanden sein muß. Die Entleerung des Greifers wird dadurch bewirkt, daß eine Ausklinkvorrichtung angebracht ist, die durch ein Seil betätigt werden kann. Durch diese Ausklinkvorrichtung wird erreicht, daß die Greiferschalen infolge ihres eigenen Gewichtes ausschwenken und sich entleeren. Dann kann der Greifer nur in geöffnetem Zustande gehoben und gesenkt werden. Ein Schließen ist dann erst wieder möglich, wenn der Greifer auf das Ladegut aufgesetzt ist, und zwar dadurch, daß das Hubseil gelockert wird, wodurch dann durch das eigene Gewicht der Greifer herabsinkt und eine Verklinkung mit dem Querträger, der zur Abstützung dient, erfolgt, so daß daraufhin beim Anziehen des Hubseils der Greifer schließt. Vielfach wird auch ein besonderer Kurzschlußläufer zum Öffnen und Schließen in den Greiferkopf eingebaut, der durch ein gesondertes Umkehrschütz bedient wird. In diesem Falle wird eine normale Hubwinde verwandt mit einer der vorgesehenen untersynchronen Steuerung, durch die dann das Heben und das Senken erfolgt.

Zweimotoren-Steuerungen

Einmotorische Greifer haben den Nachteil, daß beim Übergang von Greifen oder Öffnen auf Heben oder Senken ein- und ausgeschaltet wird, damit das Ein- und Ausrücken der Kupplung im Stillstand erfolgt und Schläge im Getriebe und im mechanischen Teil vermieden werden. Es sei denn, daß eine schleifende Kupplung Verwendung findet, wie sie die elektro-hydraulischen Kupplungen darstellen.

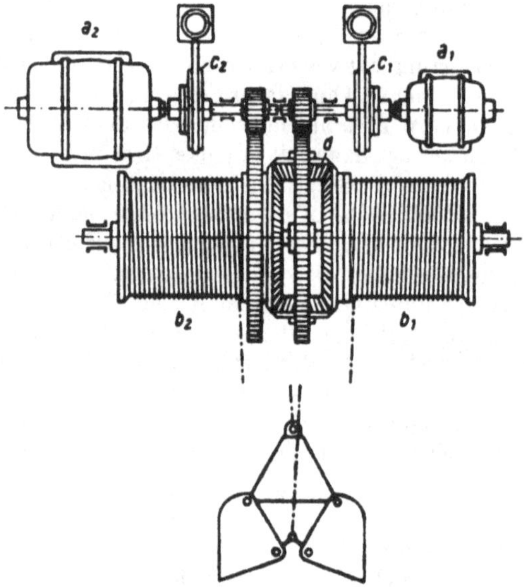

Abb. 133. Zweiseilgreifer mit Antrieb durch zwei Motoren und Planetengetriebe[1]

a_1 Schließmotor	c_1 Schließbremse
a_2 Hubmotor	c_2 Haltebremse
b_1 Schließtrommel	d Planetenräder
b_2 Haltetrommel	

Bei Greifersteuerungen mit 2 Motoren werden im allgemeinen auch untersynchrone Schaltungen verwendet, um die Last und die Schwungmassen elektrisch oder elektro-hydraulisch abzubremsen und nur einen Teil davon dem Bremsmagnet zuzumuten. Nur in Sonderfällen für große Hubhöhen, bei denen es auf genaues Arbeiten nicht ankommt, kann, wenn ein gut geschultes Bedienungspersonal zur Verfügung steht, man übersynchrone Bremsung vorsehen, wenn man die starke Beanspruchung der Magnete in Kauf nehmen will. Es kommt dies nur bei verhältnismäßig langsam laufenden Kranen in Frage. Man unterscheidet bei Zweimotorensteuerungen:

[1]) SSW.

a) Zweimotorensteuerungen mit Planetengetriebe,
b) Zweimotorensteuerungen mit mechanischer Kupplung,
c) Zweimotorensteuerungen ohne mechanische Kupplung.

Bei Zweimotorensteuerungen mit Planetenbetrieb wird zur Bedienung eine Universalsteuerung verwendet, d. h. also nur ein Bedienungsgriff ist erforderlich. Meist werden heute Meisterschalter in Verbindung mit Schützensteuerungen angewandt, da die Schalthäufigkeit so groß ist, so daß bei Verwendung von Hauptstromnockenschaltern der Kranführer sich zu sehr anstrengen müßte. Bei Zweiseilgreiferwinden mit Antrieb durch Zweimotoren- und Planetengetriebe gem. Abb. 133 erfolgt die Kupplung über ein zwischengeschaltetes Umlaufgetriebe, so daß beim Einschalten des Hubmotors a_2, der etwa doppelt so groß ist wie der Schließmotor a_1, beide Windentrommeln synchron laufen.

Durch den Schließmotor a_2 wird nur die Schließtrommel b_1 angetrieben, so daß der Greifer durch den Schließmotor geöffnet oder geschlossen werden kann. Es sind infolgedessen die Bewegungen Öffnen und Schließen und Heben und Senken voneinander unabhängig. Anstelle des einen Hubmotors a_2 können auch 2 Motore von je halber Leistung verwendet werden, so daß dann 3 gleiche Motoren benötigt werden. Die Bedienung erfolgt also durch 2 Meisterschalter, die durch eine Universalsteuerung miteinander verbunden sind, die beide eine untersynchrone Bremsung haben. Der Nachteil des Planetengetriebes liegt in seinem außerordentlich schlechten Wirkungsgrad.

Bei der Zweihebelsteuerung mit mechanischer Kupplung werden 2 Steuerwalzen oder Steuerschalter verwendet, die ihre Bedienungshebel so gegeneinander gerichtet haben, daß sowohl der Motor, der die Haltetrommel, als der, der die Schließtrommel antreibt, einzeln eingeschaltet werden kann und daß durch die Bedienung beider Griffe mit einer Hand diese gleichzeitig bedient werden können (Abb. 134).

Das Prinzip beruht darauf, daß die Greifertriebwerke 2 Windentrommeln haben. Auf der einen ist das Halteseil aufgewickelt, das mit dem Greiferkopf fest verbunden ist, auf der anderen Trommel läuft das sogenannte Schließseil, das den im Greifer zum Schließen der Greiferschalen untergebrachten Flaschenzug betätigt. Eine gemeinsame, gleichlaufende Bewegung der Trommeln wird bewirkt, wenn man beide Meisterschalter gleichzeitig bedient. Die Kupplung wird beim Heben und Senken eingerückt und durch einen Bremsmagnet oder Motorbremslüfter betätigt. Der Kupplungsbremslüfter schließt die Kupplung zwischen den beiden Trommeln beim Einschalten, er liegt parallel zum Halteseilmotor. Damit der Kranführer beim Übergang vom Greifen auf Heben einen Seilausgleich bewirken kann, ist ein Fußtrittschalter vorgesehen, durch dessen Betätigung die Kupplung der Trommel aufgehoben werden kann. Anstelle der mechanischen Kupplung werden vielfach auch Haltemotor und Schließmotor durch eine elektrische Welle miteinander verbunden, so daß sie im Gleichlauf arbeiten. In diesem Falle ist die mechanische Kupplung nicht nötig. Zum Zwecke des Seilausgleichs

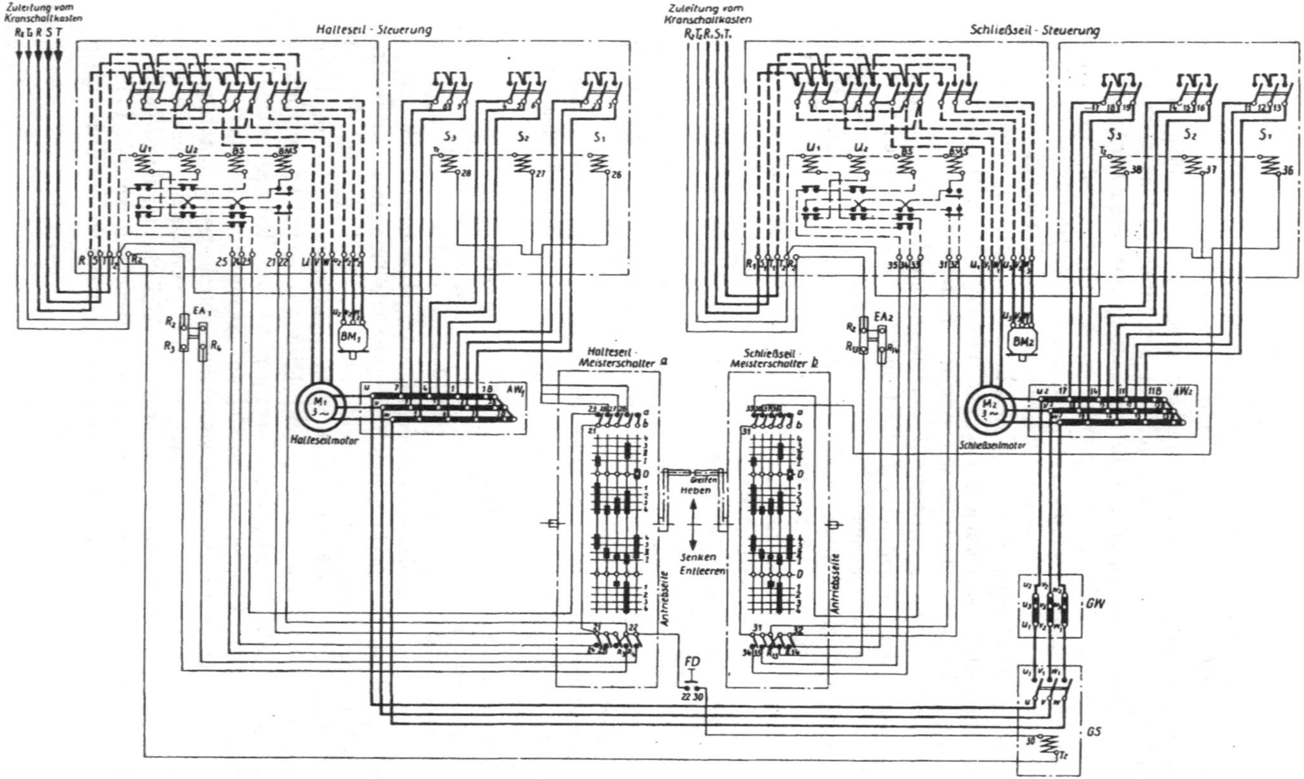

Abb. 134. Drehstrom-Zweimotoren-Greifersteuerungen mit Zweihebelbedienung (untersynchrone einphasige Bremsung) 2 Meisterschalter als Betätigungsorgane die miteinander gekuppelt oder einzeln bedient werden können

BM_{1-2} = Bremslüftmagnet BMS = Schütz für BM BS = Bremsschütz EA_{1-2} = Endausschalter FD = Fußkontakt
GS = Gleichlaufschütz GW = Gleichlaufwiderstand M_{1-2} = Motor S_{1-4} = Stufenschütz U_{1-2} = Wendeschütz

ist aber auch hier ein Fußtrittschalter erforderlich, durch den der Gleichlaufwiderstand überbrückt werden kann. Derartige Zweitrommelwinden haben zwei gleiche Motoren. Die Ausführung ist erheblich billiger und der Wirkungsgrad günstiger als bei Anwendung von Planetengetrieben. Dagegen ist die Umschlagleistung im allgemeinen etwas kleiner, da die Unabhängigkeit der beiden Bewegungen voneinander nicht so groß ist, wie bei der Verwendung von Planetengetrieben und die Zweihebelbedienung etwas langsamer vor sich geht als die Einhebelbedienung. Beim Heben und Senken des geschlossenen oder geöffneten Greifers müssen beide Motoren laufen, damit ein unbeabsichtigtes Öffnen oder Schließen nicht eintreten kann. Beim Öffnen oder Schließen betätigt der Kranführer nur die rechte Walze für den Schließmotor. Es kann sich u. U. sogar die Haltewalze noch gegenläufig bewegen. Beim Heben des geschlossenen Greifers wird die Zugkraft an beiden Seilen ungefähr so ausgeglichen, daß ein schlaffes Seil nicht auftritt. Ist keine Gleichlaufsteuerung vorhanden, so kann u. U. ein Motor der Zugkraft etwas stärker belastet werden. Man muß infolgedessen in diesem Falle beide Motoren um etwa je 25 bis 30% größer wählen als die halbe Leistung. Bei Verwendung eines Ausgleichswiderstandes ist es aber ebenfalls erforderlich, daß die Motoren um etwa 25% größer gewählt werden als die halbe Leistung, da im Ausgleichswiderstand etwa 25% der Leistung vernichtet werden. Nur bei Verwendung einer Kupplung, die aber die Unannehmlichkeit hat, daß sie nur im Ruhezustand bedient werden darf, können die beiden Motoren mit je etwa 50% der Gesamtleistung gewählt werden.

Senken bei geöffnetem Greifer kann nur in der Weise erfolgen, daß die Haltewalze in den Bremsstellungen 2—5 liegt, während die Schließwalze in den Senkstellungen 1 oder 2 zu schalten ist, weil das Gewicht des geöffneten Greifers in den Halteseilen liegt und die Schließseile entlastet. Ein übersynchrones Senken des geöffneten Greifers ist aber bei dieser Schaltung nicht möglich.

Bei Verwendung von Klappkübeln ist es notwendig, eine einrückbare Kupplung vorzusehen, weil der im Greifer eingebaute Flaschenzug für das Schließseil wegfällt. Es könnte daher der Klappkübel beim Heben oder Senken geöffnet werden. Dies verhindert die Kupplung.

In der letzten Zeit ist man dazu übergegangen, eine Einhebelsteuerung für 2 Trommelwinden zu verwenden. SSW führt dies mit einem sogenannten Differentialendschalter durch, der zwischen den beiden Winden angeordnet ist und der die Relativbewegung der beiden Windentrommeln und damit den Öffnungszustand des Greifers kontrolliert. Der Endschalter schaltet durch die Wirkung des vorgeschalteten Differentialgetriebes in jeder Höhenlage des Greifers die Öffnungs- oder Schließbewegung selbsttätig ab, so daß ein Schlaffseil nicht entstehen kann. Bei dem Kommando „Öffnen“ der beiden Meisterschalter, die durch einen Universalantrieb miteinander gekoppelt sind, wird nur die Schließwinde im Senksinne eingeschaltet bis bei geöffnetem Greifer der Schließmotor durch den Differentialendschalter abgeschaltet wird. Wird jetzt der Hebel senkrecht hierzu bewegt, so wird bei geöffnetem Greifer der Kran gehoben oder gesenkt, da jetzt beide Trommeln laufen. Hierbei ist die Geschwindigkeit abhängig von den Schaltstellungen. Wird der Hebel des Universalantriebes auf „Schließen“ gestellt, so wird dadurch die Schließwinde im Hubsinne eingeschaltet und der Greifer geschlossen. Nach beendetem Schließvorgang schaltet der Differentialvorschalter den Schließmotor ab. Durch Bewegung des Hebels senkrecht zur Ebene Öffnen — Schließen aus der Lage „Greifer geschlossen“, kann der Greifer je nach Richtung in geschlossenem Zustande gehoben oder gesenkt werden. Wird der Hebel aus der Nullage für Heben und Senken schon bevor der Greifer vollkommen geöffnet oder geschlossen ist, im Hub- oder Senksinne bewegt, so wird durch den dabei erzielten Gleichlauf der Seile, was in gleicher Weise wie oben beschrieben vor sich geht, bei halb geöffnetem Greifer der Kran gehoben oder gesenkt werden. Die Einstellung des Differentialendschalters muß in der Form vor sich gehen, daß bei leicht schlaffem Seil an der Haltewinde noch selbsttätig die Haltewinde soweit ausgefahren wird, bis sich beide Motoren gleichmäßig am Hubvorgang beteiligen. Ein gleicher Universalantrieb wie für den Greifer kann auch für Kranfahren und Drehen vorgesehen werden. Bei modernen Einrichtungen kann die gesamte Bedienung mit kleinem Nockenschalter im Sitzen erfolgen.

Lokomotivkran

Eine wichtige Anwendung findet die elektrische Welle bei Lokomotivkranen. Eine Lokomotive enthält auch meist zu große Abmessungen, als daß sie mit einem Hubwerk, das nur von einer Welle angetrieben wird, gehoben werden kann. Man verwendet hier einen Ausgleichswiderstand. Es ist im allgemeinen ausreichend, hierfür einen Widerstand von etwa 25% für den Läuferstromkreis vorzusehen, da eine exakte Bedienung nicht erforderlich ist. Beim Kranfahren ist dagegen ein absoluter Gleichlauf oft erwünscht. Man wird also hier eine elektrische Ausgleichswelle vorsehen.

Verladebrücken und Bagger

Elektrische Ausgleichswellen finden nicht nur bei Greifersteuerungen Anwendung, sondern auch bei Verladebrücken, Bockkranen, Lokomotivkranen, Portalkranen usw. Unter einem Bockkran versteht man einen Laufkran mit seitlichen Stützen, mit denen zusammen der Kran auf Schienen zu ebener Erde bewegt wird. Unter Umständen kann ein solcher Kran nach Drehung seiner Fahrgestelle auf zueinander rechtwinklig angeordneten Schienenpaaren laufen. Infolge der großen Abmessungen dieser Kräne ist es notwendig, daß die einzelnen Antriebsmotoren für jedes Fahrwerk in vollkommenem Gleichlauf arbeiten. Die Anbringung von Widerständen im Rotorstromkreis ist nicht ausreichend, vielmehr muß entweder eine elektrische Arbeitswelle oder eine elektrische Welle zur Anwendung kommen. Die AEG hat für Bockkräne die elektrische Arbeitswelle vorgesehen,

d. h. außer dem Wellenmotor ist noch eine Wellenleitmaschine (Steuergenerator) angebracht. Dieser ist mit den Fahrmotoren sowohl ständer- wie läuferseitig gekuppelt. Um die Drehrichtung und Drehzahl der einzelnen Fahrmotoren zu ändern, muß nur die Drehrichtung und die Drehzahl des Antriebsmotors geändert werden, was durch Einschalten von Widerständen im Läuferstromkreis des Antriebsmotors erfolgt. Eine Bremse am Steueraggregat stoppt alle 4 Motoren ab. Ähnliche Eigenschaften werden auch von großen Kabelkränen, Hubbrücken und Verladebrücken gefordert. Auch hier wird meist die elektrische Arbeitswelle in gleicher Weise wie bei Bockkränen benutzt. In vielen Fällen ist es allerdings hierbei üblich, daß man den Gleichlauf, z. B. ähnlich wie bei Greifersteuerungen, durch Betätigung eines Fußdruckknopfes oder in anderer Weise mittels eines Schützes für einen Motor aufheben kann. Dann muß allerdings ein überbrückbarer Widerstand im Läufer einer jeden Gleichlaufmaschine angebracht werden können. Die Steuerung erfolgt in jeder Weise mittels Schützen vom Schalthaus aus. Der Zweck liegt darin, daß, wenn durch äußere Hemmnisse eine der Stützen gegen die andere zurückgeblieben ist, man vom Führerhaus aus eine der Stützen allein auf der Schienenbahn fahren lassen kann.

Eine Vorrichtung im Schalthaus (s. S. 221) zeigt dem Kranführer an, daß die Brücke oder das Kabel nicht genau im rechten Winkel zu den Schienen zueinander stehen. Um ein sanftes Absetzen der Brücke auf den Unterbau zu erreichen, ist von der AEG eine gesonderte Leonard-Schaltung mit Dämpfungsmaschine entwickelt worden. Hierdurch wird eine ruckartige Bremsung vermieden. Im Prinzip arbeitet sie gemäß Abb. 135 wie folgt:

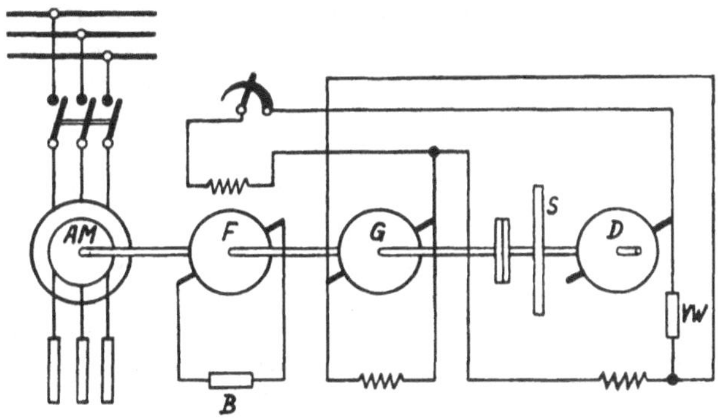

Abb. 135. Leonardsteuerung mit Dämpfungsmaschine zum sanften Absetzen und Bremsen einer Verladebrücke

B	= Bremswiderstand	*G*	= Generator
D	= Dämpfungsmaschine	*S*	= Schwungrad
F	= Fahrmotor	*VW*	= Vorschaltwiderstand
		AM	= Antriebsmotor

Beim Kommando „Bremsen“ wird ein Schwungrad, das mit dem Anker einer Dämpfungsmaschine, die parallel zum Feld eines Generators liegt, gekuppelt ist, mit der Hauptwelle verbunden und der Fahrmotor wird abgeschaltet. Der Widerstand des ruhenden Ankers dieser Dämpfungsmaschine ist im Vergleich zum Widerstand des Generatorfeldes klein, so lange die Dämpfungsmaschine noch keine Gegenspannung entwickelt hat. Das Generatorfeld ist daher kaum erregt und der gesamte durch den Feldregelwiderstand begrenzte Strom fließt durch den Anker der Dämpfungsmaschine. Mit dem Hochlaufen der Dämpfungsmaschine wird der Generator erregt und bremst, da nunmehr eine Gegenspannung entsteht. Die Bremsenergie des Generators wird in einem Bremswiderstand vernichtet. Man erkennt, daß die Bremsung außerordentlich weich vor sich geht. Eine solche Einrichtung kann auch mit einer Leonardsteuerung verbunden werden. Dann ist der Steuergenerator elektrisch mit dem Antriebsmotor verbunden und der Hauptmotor dient nur zum Antrieb des Steuergenerators.

Der Steuerschalter besitzt für den Leonard-Antrieb mit Dämpfungsmaschine nur 2 Stellungen, nämlich

langsame Fahrt und
schnelle Fahrt.

Auf der ersten Stellung ist im Generatorfeld der gesamte Bremswiderstand vorgeschaltet, während in der zweiten Stellung das Anlassen mit Hilfe der Dämpfungsmaschine automatisch erfolgt. In den Endstellungen erfolgt über einen Endschalter eine starke Geschwindigkeitsverminderung und die Brücke fährt langsam ein. Darüber hinaus wird bei Anwendung der Leonard-Steuerung ein kleiner Gleichstrom-Generator vom Leonard-Umformer mit angetrieben, der vom Ankerstrom der Hubmotoren erregt wird und das Feld des Leonard-Generators zusätzlich verstärkt. Dieser Generator dient dazu, bei schwankender Belastung die Spannungsunterschiede im Leonard-System auszugleichen (vgl. S. 66).

Eine andere Möglichkeit, eine solche weiche Bremsung zu erzielen, besteht darin, daß man einen Frequenzwandler in den Bremsstellungen vorsieht. Dieser Frequenzwandler ist eine im Läufer erregte Nebenschluß-Kommutatormaschine gemäß Abb. 136.

Sie wird durch Widerstände im Ständerkreis angelassen bzw. die Drehzahl wird entsprechend geregelt und damit die Sekundärfrequenz, die wie die Ständerwicklung Schlupffrequenz hat. Auf diese Weise kann in einigen Stellungen eine starke Herabsetzung der Drehzahl erzielt werden. In allen Stellungen ist eine Drehzahländerung im Verhältnis 1 : 10 durch Umschaltung von einem Netz auf das andere möglich. Im übrigen handelt es sich um eine reine Fahrschaltung (Abb. 137).

Bei der Verwendung eines Frequenzwandlers wird mit Hilfe von Endschaltern ebenfalls eine Umschaltung kurz vor dem Einfahren in die Endschaltungen vorgenommen, wodurch ein sanftes Einfahren ermöglicht wird.

Werden auf einem Kabelkran mehrere Laufkatzen untergebracht und diese unabhängig voneinander gesteuert, so muß darauf geachtet werden, daß die Laufkatzen nicht aneinander stoßen. Dies kann z. B. dadurch geschehen, daß in einer besonderen Schleifleitung in kurzen Abständen überbrückbare Widerstände eingebaut sind. Nähern sich jetzt die beiden Katzen in unzulässiger Weise, so wird der Widerstand in dieser Fahrleitung kleiner. Unterschreitet er einen bestimmten Wert, so kann er ein Warnsignal zur Auslösung bringen. Wird dies nicht beachtet und nähern sich dabei die beiden Laufkatzen weiter, so bringt er ein Relais zum Anzug, durch das die Laufkatzen abgeschaltet werden. Sie sind dann nur in umgekehrter Richtung zu bedienen.

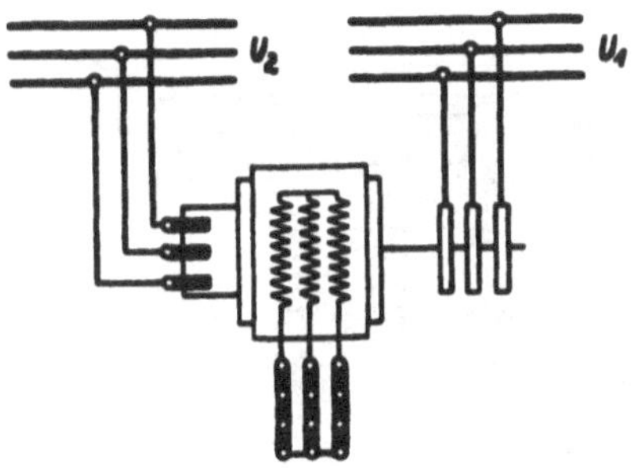

Abb. 136. Frequenzwandler zwecks sanften Absetzen und Bremsen einer Verladebrücke für ein zweites Netz mit kleiner Frequenz

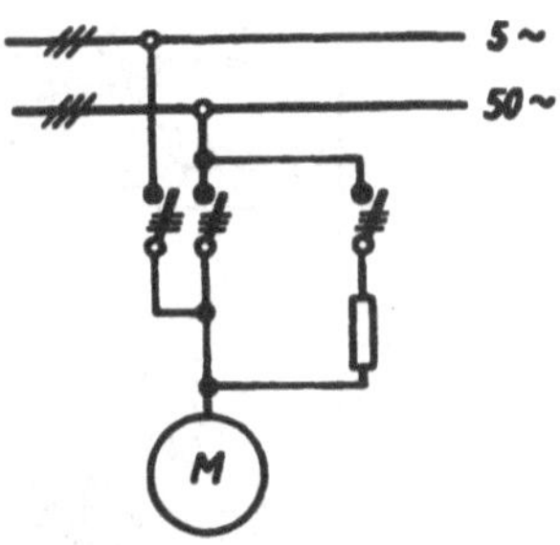

Abb. 137. Umschaltung eines Asynchronmotors auf ein Netz geringerer Frequenz (durch Frequenzwandler erzeugt)

Ebenso wichtig wie bei den Verladebrücken ist für die Fahrschaltung von Baggern, und zwar sowohl für die bei Gleisanlage als für Raupenfahrzeuge, die sanfte Bremsung. Mit Rücksicht darauf, daß die Fahrwerke und Schwenkwerke größere Bagger in weiten Grenzen regulierbar sein müssen, werden heute die Räder bzw. die Raupenbänder von Motoren angetrieben, die in Leonardschaltung geschaltet werden. Dies gilt ganz besonders für die Fahr- und Drehwerke von Eimerkettenbaggern und Schaufelradbaggern. Größere Bagger haben 16 bis 20 Räder, wobei für jedes Rad ein Motor nötig ist für die Gleisfahrt oder etwa 3 bis 4 Antriebe bei Verwendung von Raupenbändern und etwa 4 bis 6 Motoren nötig für den Antrieb der Räder des Bagger-Schwenkwerkes. Die Regulierung bei den Fahrwerken ist deshalb in so weiten Grenzen erforderlich, weil die Baggerleistung erheblich von der Fahrgeschwindigkeit abhängig ist. Darüber hinaus wird durch das Baggern das Gelände beansprucht. Deshalb ist die Regulierung der Fahrgeschwindigkeit abhängig von dem Zustand der Gleisanlage. Besteht die Gefahr, daß die Gleisanlage versinkt, muß der Bagger mit verhältnismäßig großer Geschwindigkeit bis zu 10 oder 12 Metern in der Sekunde abfahren können (sogenannte Fluchtgeschwindigkeit). Grundsätzlich zeigt das Schaltbild 138 an, wie ein solches Fahrwerk mit 8 Fahrwerksmotoren bei einem Raupenbagger arbeiten soll. Die Regu-

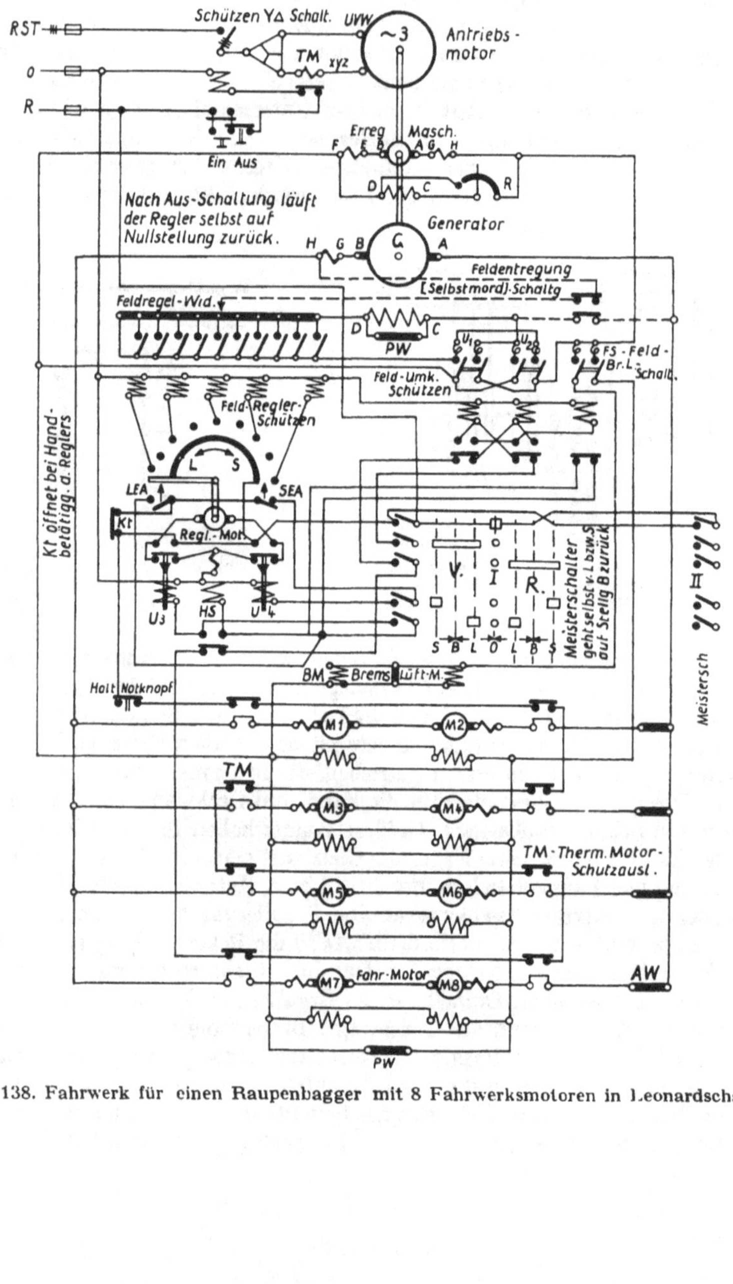

Abb. 138. Fahrwerk für einen Raupenbagger mit 8 Fahrwerksmotoren in Leonardschaltung

lierung erfolgt durch den Feldregelwiderstand. In diesem Falle sind für jede einzelne Feldstufe kleine Schützen vorgesehen, weil die Abschaltleistung auf der Kontaktplatte selbst zu groß geworden wäre. Nachdem es sich um eine Umkehrsteuerung handelt, muß der Generator eine Selbstmordschaltung aufweisen. Mittels Meisterschalter wird der Hilfsmotor für den automatischen Feldregler eingeschaltet, und zwar sowohl für Vorwärts-, als auch für Rückwärtsfahrt.

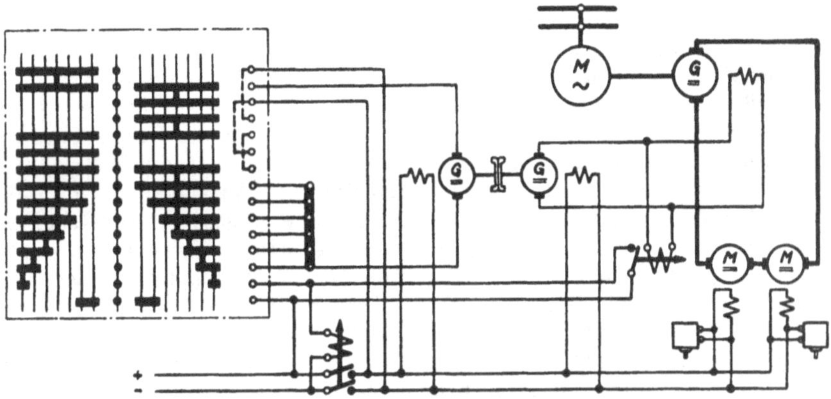

Abb. 139. Leonardsteuerung mit einstellbarer Beschleunigung und Verzögerung, um sanftes Halten unabhängig von dem Bedienenden zu erzielen

Auf der Stellung L wird die Fahrt verlangsamt, auf der Stellung S wird die Geschwindigkeit erhöht. Mittels einer Rückzugsfeder wird erreicht, daß nur solange der Meisterschalter gehalten wird, die Motoren beschleunigt oder verzögert werden, während auf Stellung B der Regler gerade in der Stellung bleibt, die vorher eingeschaltet worden ist. Endschalter auf der Platte des Flachbahnreglers sorgen dafür, daß der Regler nicht die Endstellungen überfährt. Bei Gleisbaggeranlagen wird vielfach noch sanfteres Bremsen in der Gleichvorrichtung gewählt. Darüber hinaus ist es vielfach erwünscht, daß die Beschleunigung und Verzögerung der Motoren beim Zu- und Abschalten unabhängig von der Bedienung in bestimmten einstellbaren Grenzen vor sich geht[1]).

Abb. 139 zeigt das Schaltbild einer Leonardsteuerung mit Regelmaschine für sanften An- und Auslauf, die eine Kombination der Abb. 133 und 138 ergibt.

Das Wesen dieser Schaltung besteht darin, daß die Erregerwicklung des Leonardgenerators nicht über einen Regelwiderstand an ein Gleichstromnetz konstanter Spannung angeschlossen wird, sondern an die Klemmen eines kleinen Hilfsgenerators. Dieser Hilfsgenerator wird konstant erregt und von einem Gleich-

[1]) BBC-Nachrichten 1939 S. 63. Jäger, Neuzeitliche Steuerungen für Abraumfördergeräte.

strommotor angetrieben, dessen Drehzahl durch veränderlichen Ankerwiderstand variiert wird. Da die Erregung des Hilfsgenerators konstant ist, ist also die Klemmspannung und damit die Spannung an der Erregerwicklung des Leonardgenerators unmittelbar im Verhältnis gleich der Drehzahl des Gleichstrom-Hilfsumformersatzes. Infolge der Massenträgheit ändert sich die Drehzahl des Umformersatzes und damit die Erregerspannung des Leonard-Generators nur langsam, wenn auch die Ankerwiderstände des Gleichstrommotors des Umformersatzes sehr rasch geändert werden. Ein besonderes Unterspannungsschütz, das im Anlauf überbrückt wird, sorgt dafür, daß beim Abschalten die Bremslüfter der Fahrwerksmotoren erst dann einfallen, wenn die Motordrehzahl soweit gesunken ist, daß durch das Schließen der Bremsen kein merklicher Stoß mehr hervorgerufen werden kann. Also auch in Gefahrfällen, in denen der Baggerführer den Leonardsteuerschalter unwillkürlich so rasch wie möglich in die Nullspannung zurückfährt, ist das Stillsetzen sanft und stoßfrei. Eine Veränderung der zusätzlichen Schwungmassen auf den Umformersatz erlaubt noch bei der Inbetriebnahme in einfacher Weise die Massenträgheit zu verändern und dadurch ein sanftes Bremsen zu ermöglichen. Legt man den Anker des Antriebsmotors für den Hilfsmaschinensatz an eine Summenspannung, die sich aus einer konstanten Klemmspannung und einer mit dem Motor selbst veränderlichen Spannung, z. B. mit der Leonardspannung, zusammensetzt, ergibt sich eine Auslaufkurve, die fast geradlinig auf und absteigt. Wesentlich ist ferner, daß auch beim Ausbleiben der Drehstromspannung ein sanftes Stillsetzen des Gerätes eintritt. Normalerweise wird die konstante Gleichspannung, an die die Gleichstromfelder und Bremslüfter angeschlossen werden, durch einen Generator erzeugt, der unmittelbar mit dem Leonardsatz gekuppelt ist. Wenn auch die Spannung des Leonardantriebmotors weg bleibt, so reichen doch die natürlichen Schwungmassen des Leonardsatzes aus, die Gleichspannung noch eine verhältnismäßig kurze Zeit hindurch aufrecht zu erhalten. Dieselbe Schaltung wird auch bei Schwenkwerken angewandt. Der Fahrwiderstand der Förderbrücken und Bagger ist nicht an allen Fahrgestellteilen gleich. Die Ungleichmäßigkeit tritt z. B. ein, wenn die Gleisverlegung, was bei fortschreitendem Abbau geschieht, nicht einwandfrei ist. Auch die ungleichmäßige Spurkranzabnutzung der Laufräder bedingt dies. Ferner muß bei Fahrt auf einer Kurve auf dem Außengleis eine höhere Geschwindigkeit herrschen als am Innengleis. Die Steuerung muß also in der Kurve entsprechende Drehzahldifferenzen der Motoren ermöglichen, wobei trotzdem die Belastungen auf den einzelnen Rädern nicht allzu ungleich werden dürfen. Dies erfolgt z. B. dadurch, daß vor das Feld eines jeden Fahrmotors ein einstellbarer Widerstand angebracht wird. Durch den kann erreicht werden, daß die Leerlauf-Drehzahlen, die bei den Motoren nicht gleich sind, verschieden eingestellt werden. Darüber hinaus können durch mehrere Vorschaltwiderstände bei den Fahrmotoren die Motoren auf gleiche Drehzahl bei Vollast einreguliert werden und die unterschiedlichen Spannungsabfälle bei verschieden langen Ankerzuleitungen der Motoren werden dadurch ausgeglichen (vgl. Abb. 140)[1]). Um auch Unterschiede der Belastung der Räder bei Außen- und Innenfahrt bei Kurven in Gleisanlagen ausgleichen zu können, kann man darüber hinaus die Motoren, die die Räder des Innengleises und die, die die Räder des Außengleises antreiben, für jeweils gegenüberliegende Achsen in Serie am gleichen Strang des Leonardgenerators schalten und hierbei sowohl den Feldeinstell-, als auch den Ankerausgleichswiderstand, der etwa für 5 bis 10% Spannungsabfall bei Vollaststrom bestimmt sein muß, vorsehen. In diesem Falle werden bei Geradfahrt die Lasten auf beide Motoren gleichmäßig verteilt. Bei Kurven-

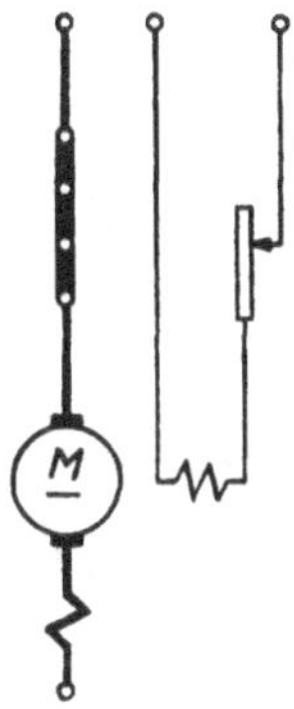

Abb. 140. Schaltung eines jeden Motors eines Fahrwerks in Leonardsteuerung, die Motoren haben Ausgleichswiderstände, die Erregungen Justierwiderstände

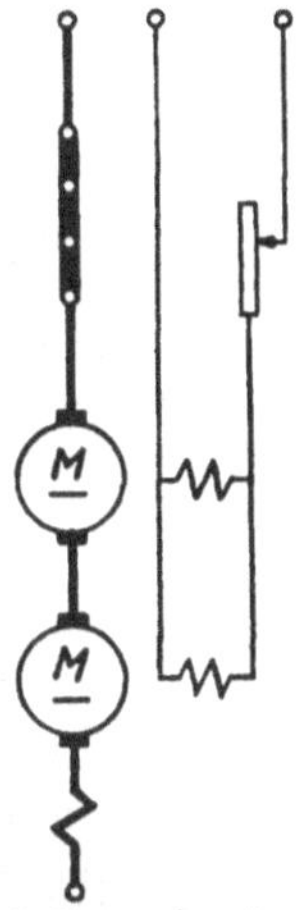

Abb. 141. Schaltung je eines Räderpaares bei nicht zu großer Entfernung zwischen Gegengewichts- und Eimerleiterseite (sonst ungünstige Leitungsführung) (je Rad ein Motor) am Leonardgenerator (Erregerkreis und Lastkreis getrennt); je Räderpaar eine Parallelschaltung obiger Schaltung

fahrt wird der Motor am Außengleis einen höheren Anteil der Spannung übernehmen und infolgedessen schneller laufen können. Die Belastung bleibt dagegen auf beiden Seiten des Baggers (Eimerleiter- und Gegengewichts- oder Ballastseite) gleichmäßig verteilt, da alle Motoren einer Gruppe vom gleichen Strom durchflossen werden und die beiden Seiten durch die Feldeinstell- und Ankerausgleichswiderstände vorher aufeinander abgestimmt werden. Als Motor wird im Interesse des guten Anzugs je ein Kompoundmotor gewählt (vgl. Abb. 141)[1]).

Eine solche Schaltung läßt sich auch anwenden, wenn an der Gegengewichtsseite weniger Fahrmotoren vorhanden sind als an der Eimerkettenseite. Eine noch bessere Regelung besteht aber darin, indem man die beiden Motoren nicht in Reihe schaltet, sondern die Gegengewichtsseite und Eimerleiterseite trennt, aber abhängig vom Winkel bei Kurven einen Feldregler einbaut, der von einer

[1]) Heidebroek, Fördertechnik für Massengüter, Verlag Knapp 1952.

Kurve gesteuert wird, die abhängig von der Krümmung des Gleises den Feldregler bedient. Je größer nun die Krümmung des Gleises ist, umso größer muß der Unterschied sein der Geschwindigkeit der Räder an der Außenseite gegenüber denen an der Innenseite, d. h. umso mehr Widerstand muß im Feld der Motoren an der Außenseite verhältnismäßig gegenüber denen an der Innenseite zugeschaltet werden.

Eine andere Möglichkeit, die Unterschiede in der Geschwindigkeit zwischen Außen- und Innengleisen bei Kurven zu regulieren, besteht darin, daß man durch ein Differentialrelais einen automatischen Feldregler bedient, der den Feldstrom der Motoren an der Gegengewichtsseite reguliert. Dieses Differentialrelais muß wie folgt arbeiten:

Der gesamte Motorstrom muß bei Geradfahrt auf die Motoren gleichmäßig verteilt sein, die die Räder auf beiden Seiten der Gleise antreiben. Wird eine Kurve durchfahren, so müssen die an der Außenseite liegenden Motoren die größere Geschwindigkeit haben. Dies ist nur dadurch möglich, daß die auf dem Innengleis laufenden Motoren stärker belastet werden. Durch die Entlastung in der Außenseite wird die Spannung ebenfalls im Ankerausgleichswiderstand vermindert. Dadurch wird das Verhältnis der Stromaufnahme der beiden Motoren ungleich. In die Zuleitung zu den beiden Motorgruppen sind nun die beiden Spulen dieses Differentialrelais eingeschaltet. Sobald nun ein Strom den anderen überwiegt, betätigt das Differentialrelais einen Hilfsmotorantrieb, durch den der Regler bedient wird. Durch diesen wird die Geschwindigkeit der Motoren am Außengleis größer als die an der Innenseite.

Auf großen Baggeranlagen und Verladebrücken befinden sich nun außer den Fahrwerks- und Schwenkwerksmotoren noch eine Fülle anderer Antriebe. Der wichtigste Antrieb ist der Eimerkettenantrieb. Hierzu werden bei großen Leistungen, die oft zwischen 500 und 1500 kW liegen, Hochspannungsmotore verwendet, die mittels Ölanlasser oder Schützenanlasser eingeschaltet werden. Darüber hinaus wird ein sogenannter Eimer-Ketten-Hilfsantrieb von verhältnismäßig kleiner Leistung verwandt, der dazu dient, um im Falle des Bruches eines Gliedes der Eimerkette oder zu Prüfungszwecken einen Notantrieb bei ungefüllten Eimern durchzuführen. Ein solcher Antrieb wird sowohl für Eimerketten als auch für Schaufelradbagger, die wesentlich beweglicher sind als Eimerkettenantriebe, verwandt. Schaufelradbagger werden bei Verwendung im Hochschnitt, bei dem der Bagger vor der abzutragenden Böschung steht, heute in erster Linie verwandt. Bei der Baggerung im Tiefschnitt befindet sich der Bagger über der Arbeitsböschung mit nach unten gerichteter Eimerleiter. Hierfür müssen die wesentlich teureren Eimerkettenbagger Verwendung finden. Bei diesen ist durch den Vieleckantrieb die Eimerkette erheblichen Drehmomentenschwankungen ausgesetzt. Die Gefahr besteht bei allen Baggern, daß durch große Steine oder andere Hindernisse plötzlich eine so starke Belastung auftritt, daß erhebliche Beschädigungen eintreten können. Durch Verwendung der Lamellenkupplung wird bei Überschreiten eines bestimmten Momentes des Schaufelradbaggers Motor und Bagger getrennt. Bleibt bei Überlastung infolge des Ansprechens der Kupplung dann das Schaufelrad stehen, so wird der Motor ausgeschaltet. Dies erreicht man dadurch, daß unmittelbar mit dem Schaufelrad eine kleine Dynamomaschine gekoppelt wird. Geht die Spannung dieser Maschine zurück, so wird das

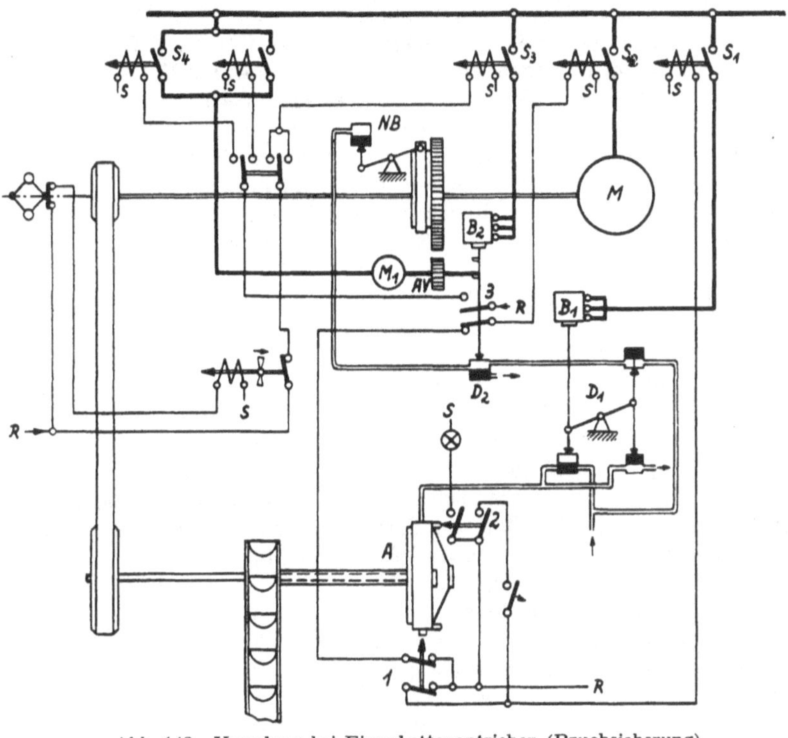

Abb. 142. **Kupplung bei Eimerkettenantrieben (Bruchsicherung)**

Hauptschütz des Baggermotors ausgeschaltet. Bei Eimerkettenbaggern hat man allerdings ein Interesse, daß die Kupplung auch stoßdämpfend wirkt. Hierzu wird die Schaltung nach Abb. 142 angewandt[1]).

Bei normalem Betrieb wird das Gehäuse, das das Planetengetriebe A umschließt, durch eine pneumatische Rollensicherung am Umlauf gehindert. Die treibende Kraft des Motors M wirkt sich auf die im Innern umgehenden Planetenräder aus und treibt die Eimerkette an. Bei einer auftretenden Überlastung und der hieraus

[1]) BBC.

sich ergebenden Steigerung der Umfangkraft im Planetengetriebe sucht die Rollensicherung auszuweichen, wobei der Hilfsschalter 1 auslöst und der Haltestromkreis des Schützes S 1 für den Bremslüfter B 1 unterbrochen wird. Der Bremslüfter B 1 fällt ab und schaltet das Druckluftumschaltventil D 1 so um, daß die Druckluft aus dem Druckluftzylinder der Kupplung entweicht und die Rollensicherung abgeschaltet wird, worauf anstelle des überlasteten Eimerkettenantriebes das die Planetenräder umschließende Gehäuse umläuft. Gleichzeitig wird durch den Hilfsschalter 1 die Zugspule des Schützes S 2 für den Eimerkettenantriebsmotor M spannungslos gemacht, so daß dieser Motor sowie in Abhängigkeit davon Fahrwerks- und Schwenkwerksantrieb stillgesetzt werden. Gleichzeitig wird durch den Bremslüftmagneten B 1 und das Druckluft-Umschaltventil D 1 erreicht, daß Druckluft auf einen Bremszylinder wirkt und die Nachlaufbremse NB geschlossen wird. Die Rollensicherung muß zum Wiedereinschalten so geschaltet werden, daß die Rollen im Eingriff sich befinden. Dies geschieht durch die Andrehvorrichtung AV. Ein Ritzel wird durch Betätigung eines gedämpften Lüfters B 2 zum Eingriff mit einem auf der Turasmotorwelle aufgesetzten Zahnrad gebracht, was allerdings nur möglich ist, wenn der Hauptmotor vollständig stillgesetzt ist, was durch einen Fliehkraftschalter oder einen Steuerdynamo überwacht werden kann. Aus dem Bremslüfter B 2 wird ein Druckluftventil D 2 betätigt und durch dieses die Bremse NB freigegeben, indem die Druckluftzuleitung gesperrt wird. Sobald das Ritzel durch die Andrehvorrichtung eingerückt wird, wird durch einen Hilfsschalter 3, der seinerseits gleichfalls durch den Bremslüfter B 2 betätigt wird, das Wendeschütz S 4 zur Betätigung des Antriebsmotors M 1 freigegeben. Sobald die Rollensicherungen beim Drehen in Eingriff kommen, d. h. die Kupplung durch Einleiten von Druckluft wieder betriebsbereit gemacht werden kann, schließt sich ein Hilfsschütz 2 und bringt eine Glühlampe im Führerstand zum Aufleuchten. Das Wiedereinschalten der Kupplung kann jetzt vom Baggerführer mit einem Druckknopf vorgenommen werden.

Nachdem die Druckluft ein so außerordentlich wichtiges Element ist, müssen Kompressoren auf dem Bagger angebracht werden. Sobald die Kompressoren aus irgendeinem Grunde ausfallen oder Druckluft nicht mehr genügend vorhanden ist, muß der gesamte Bagger stillgesetzt werden. Man verwendet im allgemeinen zwei Kompressoren, von denen jeder für die volle Leistung ausgelegt ist, um einen Ausfall unter allen Umständen zu vermeiden. Darüber hinaus bedarf ein Bagger der Motoren für die Bewegung des Eimerleiters bzw. der Eimerrinne, wobei man unter Eimerleiter den Teil versteht, der zur Führung der Eimerkette außerhalb und unter Eimerrinne, der zur Führung der Eimerkette innerhalb des Baggerhauses erforderlich ist. Diese werden durch Winden angetrieben, die bei großen Baggern ebenfalls keine unbeträchtlichen Leistungen aufweisen. Darüber hinaus bedarf es bei Baggern noch der sogenannten Planierstücke. Das Planierstück dient dazu, um an der Baggergrube eine ebene Fläche zu erzeugen. Das Baggergleis wird auf dem Grunde der Baggergrube gelegt und kann nur um ein solches Stück vorgerückt werden, wie der Boden planiert wird. Das Planierstück wird durch eine elektrisch betriebene Winde jeweils betrieben. Es hat ebenfalls nicht unbeträchtliche Leistungen und u. U. werden an einem Bagger mehrere Planierstücke verwandt. Weiterhin muß die Eimerkette verspannt werden können. Fernerhin gehört eine Fangvorrichtung dazu, daß bei Bruch eines Kettengliedes sofort der Bagger zum Ausschalten kommt. Weiterhin gehören auch Hubwerke zu größeren Baggerauslegern. Diese müssen untersynchron gesteuert werden und haben darüber hinaus einen Fahr- und einen Schwenkmotor. Auf Baggern und Verladebrücken befindet sich eine große Anzahl Bänder, um den Abraum weg zutransportieren. Der Abraum wird gewöhnlich von einem Band zum anderen geschüttet. Sie müssen insofern in Abhängigkeit voneinander geschaltet sein, daß beim Aufhören des Baggers oder Verladebetriebes diese Bänder ausgeschaltet werden. Daneben befindet sich noch auf dem Bagger eine kleine Anzahl von Motoren für Ölpumpen usw. Die gesamte Steuerung erfolgt von einem Führerstand aus. Infolge des Umfanges der Anlage kommen nur Fernsteuerungen in Frage. Leuchtschaltbilder geben an, welche Motoren und Förderbänder eingeschaltet sind. Da Drehbewegungen vorkommen, bedarf es auch der Schleifringkörper. Darüber hinaus müssen große Förderbrücken und Bagger noch mit Sicherungen ausgestattet werden, und zwar insbesondere gegen Sturmschaden, was z. B. dadurch geschieht, daß man Windmeßgeräte baut. Diese bestehen z. B. aus großen Schaufeln in Form von Hohlkellen, die durch den Wind gedreht werden und hierbei einen kleinen Steuergenerator in Drehung setzen. Überschreitet der Wind eine bestimmte Geschwindigkeit und damit die Spannung des Steuergenerators einen bestimmten Wert, so wird zunächst ein Warnsignal (18 kg/cm^2 Staudruck) ausgelöst und dann die Brücke und Bagger zum Stehen gebracht (Ausschaltung bei 25 kg/cm^2). Darüber hinaus befindet sich auf dem Windmeßgerät eine Windfahne zur Messung der Windrichtung. Ein Schreibgerät notiert Winddruck und Windrichtung.

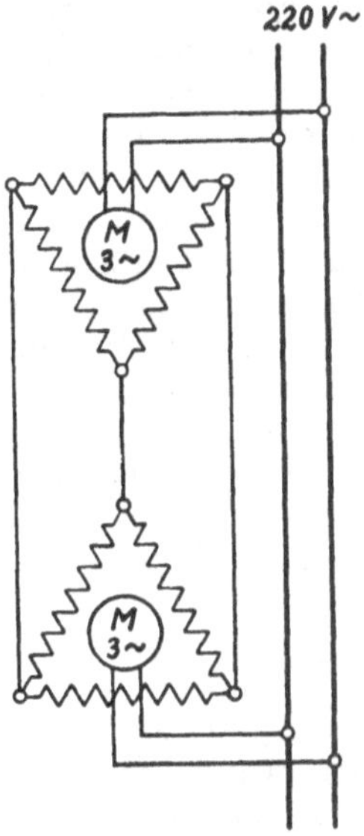

Abb. 143. Meßeinrichtung zur Feststellung der rechtwinkligen Stellung einer Förderbrücke

Eine weitere Meßeinrichtung ist die Ablesung der Rechtwinkligkeit der Fahrräder gegeneinander in Bezug auf die Fahrbahn. Dies wird gemessen durch eine elektrische Welle (s. Abb. 143).

Geber und Empfänger sind gleiche Drehstrommotoren mit 2 Schleifringen. Die Ständer werden miteinander verbunden, die Läufer an gleiche Phase eines Einphasenwechselstromnetzes gelegt. Die beiden Systeme drehen sich nicht.

Wird dagegen ein System gegen das andere um eine Anzahl elektrischer Grade gegeneinander mechanisch verschoben, was bei schiefer Stellung der Förderbrücke (ungleichmäßiger Stellung der Laufräder) erfolgt, so dreht der Empfänger dem Geber nach. Diese Drehbewegung wird auf ein Meßinstrument auf den Kommandostand übertragen, das die Abweichung der beiden Seiten voneinander anzeigt, worauf der Brückenführer die zurückgebliebene Seite nachkommen läßt. Darüber hinaus sind selbstverständlich Endschalter und ähnliche Einrichtungen erforderlich[1]).

Neben dem Schaufelradbagger und Eimerkettenantrieb wird auch der Löffelbagger verwendet. Dieser kommt hauptsächlich im kleinen Betrieb vor. Er ist im allgemeinen nichts weiter als ein Drehkran mit einem Kübel oder Greifer, der fahrbar angeordnet ist. Er besitzt drei Motoren, nämlich den Schwenkmotor, den oder die Hubmotore, je nachdem, in welcher Form das Greiferwerk arbeitet und den Vorstoß-Motor, durch den der Arm nach vorn gestoßen wird. Zur Steuerung werden im allgemeinen drei Schaltwalzen oder Nockenschalter oder wegen der großen Schalthäufigkeit auch vielfach Schützensteuerungen mit Meisterschaltern verwandt. Der Löffelbagger weist selbst gegenüber den normalen Kransteuerungen keine besonderen Merkmale auf. In ähnlicher Form wie Löffelbagger gibt es auch Krane, die auf Automobilen untergebracht sind, in denen ebenfalls ein Hubwerk und ein Schwenkwerk und ein Vorstoßwerk untergebracht sind. Die Schalthäufigkeit ist nicht in jedem Falle so groß wie bei den Löffelbaggern.

In USA werden auch Löffelbagger für sehr große Leistungen gebaut, die bis zu 4 cbm Löffelinhalt aufweisen und deren Gesamtmotorleistung für Drehen, Kippen und Heben bis zu 1000 Ps ist. Derartige Ausrüstungen werden auch mit Leonardsteuerung in Verbindung mit Rototrol oder Amplidyne (vgl. S. 66) ausgestattet, so daß für alle drei Bewegungen vom Drehmoment unabhängige Drehzahlregulierung durchgeführt werden kann.

Schrägaufzug

Ein weiterer wichtiger Antrieb für Massengüter ist der Schrägaufzug. Sein hauptsächliches Anwendungsgebiet findet er für die Begichtung von Hochöfen. Aber auch bei anderer Förderung von Massengütern hat er eine häufige Verwendung. In seiner einfachsten Form hat er eine normale Umkehrsteuerung. Bei Begichtungsanlagen für Hochaufzüge werden in Anbetracht der Wichtigkeit des Betriebes stets zwei gleiche Motoren verwandt, die jeder für sich die volle Leistung aufbringen können. Jeder dieser Motoren kann infolgedessen bei Ausfall sofort den Betrieb übernehmen. Die Motoren können im Hinblick auf ein sanftes Arbeiten gegeneinander geschaltet werden, wie dies auf S. 185 geschildert ist. Es kann aber auch eine sonstige untersynchrone Bremsschaltung Anwendung finden. Für große Begichtungs-Schrägaufzüge ist die Leonardsteuerung der ideale An-

[1]) Daneben gibt es noch andere Systeme, die z. B. auf dem Prinzip der Wheatoneschen Brücke beruhen. Bei schiefer Stellung schlägt ein entsprechend geeichtes Voltmeter.

trieb. Sie wird in dem Beispiel auf S. 38 beschrieben. Wenn die Geschwindigkeit sehr stark variiert werden muß, weil der Schrägaufzug über eine Strecke mit vielen Kurven läuft, in denen er gleichförmig beschleunigt und verzögert werden muß, so kann dies entweder vom Führerstand aus erfolgen oder, wie es meist geschieht, automatisch. In diesem Falle wird mit der Winde ein Kopierwerk verbunden. Durch dieses Kopierwerk wird der Feldregelwiderstand des Leonardaggregats geändert, und zwar abhängig vom Ort, an dem sich gerade der Schrägaufzug befindet. Das Kopierwerk ist ein Nockenschaltwerk ohne Rastung mit zwei an den Enden herausgehenden Wellen. Diese Wellen werden mit Übersetzung von der Winde her angetrieben, und zwar in der Weise, daß die gesamte Anzahl der Umdrehungen der Winde maximal eine Umdrehung des Kopierwerkes erzeugt. Verschiedene Nockenschalter sind so eingestellt, daß gerade an dem Punkt, an dem eine Beschleunigung oder Verzögerung stattfinden soll, ein Kontakt zur Schaltung kommt, durch den der Widerstand verkleinert oder vergrößert werden muß. Bei einem Schrägaufzug sind noch eine ganze Anzahl Verriegelungen, mit der Trichtersteuerung und dem Zubringerwagen erforderlich, d. h. daß er in den Endstellungen eingefahren sein muß, wenn er Gut empfängt oder daß der Gichtverschluß geöffnet sein muß, wenn Kohle oder Erze in den Hochofen geschüttet werden. Dies sind allgemein übliche Hilfsstrom-Endschalterschaltungen, wobei im allgemeinen die Endschalter im Hochofenbetrieb besonders kräftig und gut abgedichtet ausgeführt sein müssen.

Seilbahn

Werden zum Transport von Massengütern Seilbahnen verwendet, so ist im allgemeinen eine Regelung nicht erforderlich. Nur wenn mehrere Seilbahnen hintereinander arbeiten, muß dafür gesorgt werden, daß diese nicht aneinander stoßen. Dies kann entweder in der Form geschehen, wie dies bei den Katzen auf Verladebrücken auf S. 113 beschrieben ist oder aber in der Form, daß eine Weichenschaltung ausgebildet ist, daß innerhalb von bestimmten Streckenabschnitten durch einen besonderen Schalter auf eine Umgehungsleitung umgeschaltet wird. Die Zuführung erfolgt über einen Umschalter auf einzelne Streckenabschnitte, die voneinander isoliert sind. Dieser Umschalter wird am Ende eines jeden Streckenabschnittes vom Wagen umgeschaltet. Vor dem Wagen stehen alle Umschalter in Stellung 1, hinter dem Abschnitt, auf dem der Wagen gerade fährt, stehen alle Umschalter auf Stellung 2. Auf der Teilstrecke, die der Wagen gerade verlassen hat, herrscht kein Strom, denn die Umschalter stehen nicht auf gleichen Stellungen und sind dann nicht verbunden. Alle anderen Teilstrecken stehen nicht unter Spannung. Kommt nun ein weiterer Wagen in einem geringen Abstand als die Teilstrecke groß ist an, so empfängt er erst dann wieder Strom, wenn die Umgehungsstrecke nach der nächsten Teilstrecke wieder außer Betrieb gesetzt ist und sein Teilabschnitt mit der Stromquelle verbunden ist.

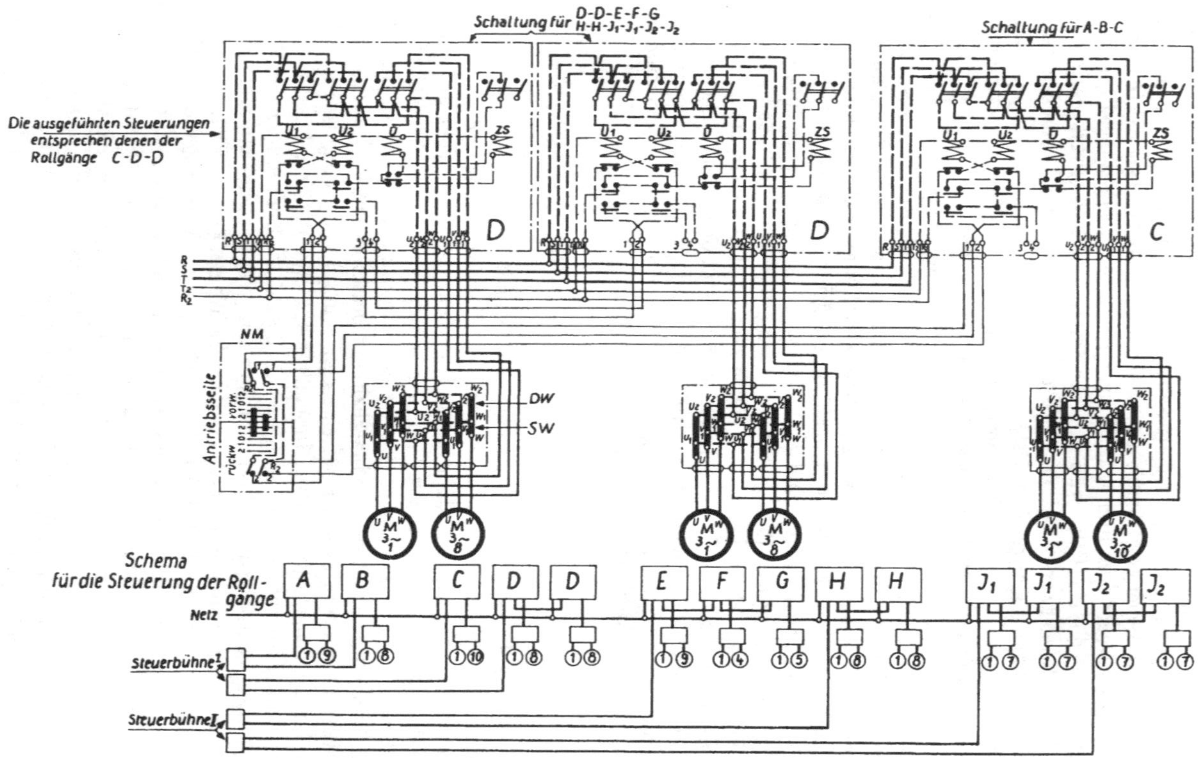

Abb. 144. Antriebe von Rollgängen mittels Kurzschlußankermotoren und Ausgleichswiderständen

DW = Dämpfungswiderstand NM = Nocken-Meisterschalter U_{1-2} = Wendeschütz
$\ddot{U}$ = Überbrückungsschütz ZS = Stufenzeitschalter SW = Schlupfwiderstand

Rollgänge

Im Walzwerksbau wird zum Transport in vielen Fällen ein Rollgang verwendet. Vergleiche Beispiel 5 und Abb. 144.

Bei Rollgangsmotoren ist es heute im allgemeinen üblich, eine große Anzahl von Kurzschlußankermotoren zu wählen, und zwar unter jeder Rolle einen, die unabhängig voneinander geschaltet werden sollen. Um die Rutschgefahr zu vermeiden, die bei der Bewegung leicht entstehen kann, weil eine Rolle schneller laufen kann als die andere, wird zwecks weicherer Schaltung am zweckmäßigsten vor alle Motoren ein Ausgleichsständerwiderstand, in dem etwa 5% der Leistung eines jeden Motors vernichtet werden, geschaltet (vgl. Abb. 144). Man kann auch, um die verschiedenen Längen der Zuführung auszugleichen, die Motoren in einer Ringleitung schalten, so daß zu jedem Motor vom Schalter aus der gleiche Leitungswiderstand eingeschaltet ist. Aber auch in diesem Falle ist es zweckmäßiger,

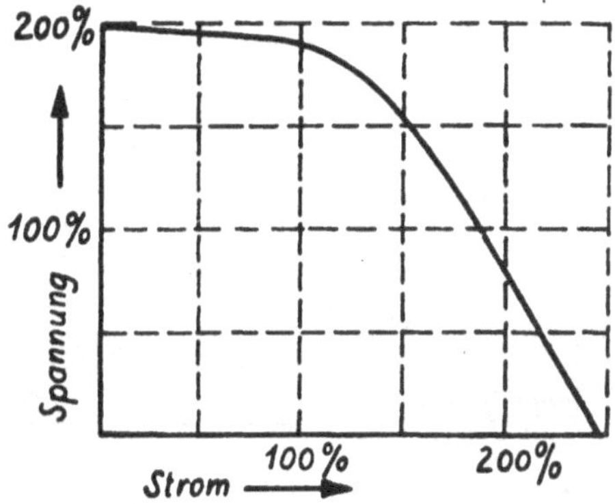

Abb. 145. Abhängigkeit der Walzgeschwindigkeit (Spannung des Leonardgenerators) von der Belastung (vgl. Abb. 146) eines Rototrolsystems für Walzwerkhilfsantriebe

zwecks weicherer Schaltung Vorwiderstände einzuschalten. Auf S. 61 Abb. 31 ist dargestellt, welche Schaltung gewählt werden muß, wenn die Rutschgefahr infolge zu großer Beschleunigung eintreten kann. Dies muß dann vom Führerstand aus verfolgt werden. Alle Rollgangsmotoren werden vom Führerstand aus durch einen gemeinsamen Nockenschalter durch Schütze bedient. Die Schütze müssen größten Schalthäufigkeiten gewachsen sein. Es ist auch möglich, den Rollgang bei einem voll automatisierten Walzwerk abhängig von der Stellung der Blöcke bzw. der Walzenstraße automatisch ein- und auszuschalten.

In den letzten Jahren wurde die Walzgeschwindigkeit immer mehr gesteigert, so daß insbesondere bei den in USA errichteten großen Walzwerken auch für die Hilfsantriebe die Leonardsteuerung mit schnellster Ansprechmöglichkeit verwendet wird. Zu diesem Zwecke werden zwei Motoren und zwei Generatoren, so daß ein Ausfall vermieden wird, mit Rototrolsystem (Westinghouse), oder Amplidyne (Gen. El.) verwendet.

Bei plötzlicher abnorm großer Belastung soll für Bruchteile von Sekunden plötzlich die Walzgeschwindigkeit und auch die Geschwindigkeit der Rollen nach einem bestimmt vorgeschriebenen Programm herabgesetzt werden, zu diesem Zweck wird vom Wechselstromnetz über einen oder mehrere Gleichrichter

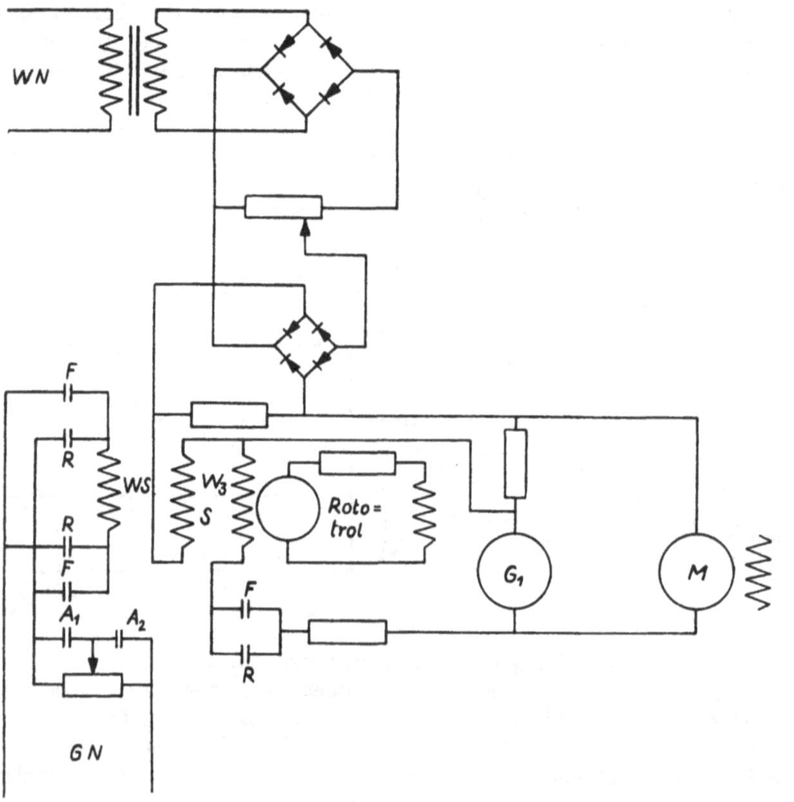

Abb. 146. Rototrolsystem für Walzwerkhilfsantriebe für besonders große Beschleunigung
R, *F*, *A* = zusammenschaltende Schützkontrolle. *WN* = Wechselstromnetz. *GN* = Gleichstromnetz. *WS* = Sollwertwicklung. *S* = Strombegrenzungsfeld. W_3 = Istwertwicklung

ein Strombegrenzungsfeld erzeugt, das wirksam wird, beim Überschreiten eines bestimmten Generatorstromes. Durch dieses Feld, das ebenfalls der Sollwertspule entgegenwirkt, kann eine Charakteristik nach Abb. 145 erzeugt werden. Das Rototrolsystem von Westinghouse zeigt Abb. 146. Hierbei werden für sämtliche Rollen zwei Leonardsteuerungen je für die volle Leistung ausgewählt. Die Bedienung erfolgt durch Meisterschalter. Die Startzeit bis zur Vollgeschwindigkeit konnte bis zu ½ sek, die Umkehrung bis zu 1 sek herabgesetzt werden[1]).

Schmiede-, Chargier-, Gieß- und andere Hüttenkrane

Will man z. B. einen Kran von verschiedenen Kommandostellen dirigieren, von denen z. B. eine ortsfest und eine andere beweglich angeordnet sein soll, wie z. B. bei Schmiedekranen, bei denen das zu schmiedende Gut von einem besonderen Stand am Schmiedestück beobachtet werden soll, während der Kranführer das Schmiedegut an die Schmiede heranzubringen hat, so kann man die Kommandowalzen durch Gleichstell-Steuerungen miteinander verbinden. In diesem Falle wird jede Walze durch einen Asynchronmotor bewegt. Dieser Asynchronmotor treibt über ein Getriebe die Welle des Nockenschalters oder Kontrollers an. Bei der Schaltung des Kontrollers ist streng darauf zu achten, daß dieser niemals in einer Zwischenstellung oder nur auf den markierten Stellungen stehen bleiben kann. Dies ist z. B. dadurch möglich, daß auf der Kontrollerwalze Segmente zwischen allen Stellungen angebracht sind und daß der Hilfsmotor nicht ausgeschaltet werden kann, solange die Kontrollerwalze auf diesen Segmenten Kontakt gibt. Da diese Segmente jedes Mal zwischen zwei Stellungen im Eingriff liegen und in den Schaltstellungen nicht, bildet man sie der einfacheren Herstellung wegen kammartig aus.

Die Asynchronmotoren (Gleichstellmotoren) sind durch Läuferwiderstände miteinander verbunden. Durch diese elektrische Welle ist der Gleichlauf der beiden Kontroller gesichert und die Bedienung erfolgt automatisch von dem einen oder anderen Stand. Bei reinen Schützensteuerungen, die in immer stärkerem Maße zur Anwendung kommen, sind im allgemeinen derartige Gleichstellvorrichtungen nicht nötig, da Verriegelungen eine ungewünschte Bedienungsweise verhindern können. Bei Schmiedekranen kommt man auch mit einem Stand aus, wenn der Kranführer auf einer beweglichen Kranbühne sich befindet und diese ähnlich einem Aufzug beim Schmieden durch Druckknöpfe nach unten bewegt werden kann. Der Kranführer kann dann von der Nähe das Schmiedegut während des Schmiedevorganges beobachten. Er bewegt sich dann wieder mittels Druckknopfbetätigung nach oben und fährt dann in dieser Stellung in die Halle (s. Abb. 147), wenn er das zu bringende Gut beobachten will.

Der Schmiedekran nach Abb. 147 benötigt das Haupthubwerk und die Hauptkatze für das Heben des Pratzengehänges. Zum Drehen der Blöcke können die Pratzen durch den Blockwendermotor mitsamt der Zangensäule gedreht werden.

Der Blockwendemotor wird nur in geringem Maße geschwenkt. Als Zufuhr zu ihm genügt ein loses Kabel oder eine Kabelschere. Hilfshub- und Hilfskatzfahr-

[1]) Westinghouse Eng. 1952, S. 187 Regulating systems of steel ind.

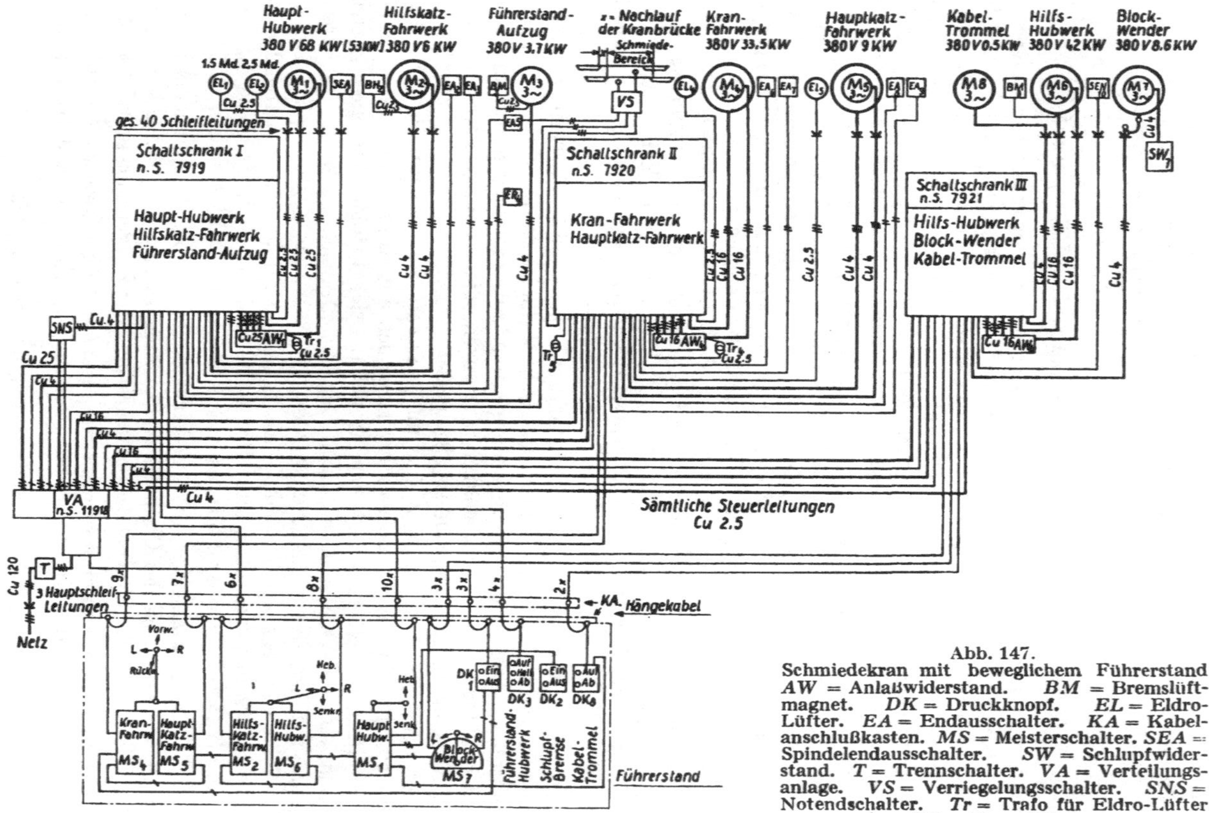

Abb. 147.
Schmiedekran mit beweglichem Führerstand
AW = Anlaßwiderstand. BM = Bremslüftmagnet. DK = Druckknopf. EL = Eldro-Lüfter. EA = Endausschalter. KA = Kabelanschlußkasten. MS = Meisterschalter. SEA = Spindelendausschalter. SW = Schlupfwiderstand. T = Trennschalter. VA = Verteilungsanlage. VS = Verriegelungsschalter. SNS = Notendschalter. Tr = Trafo für Eldro-Lüfter BH_2 = Bremslüfter

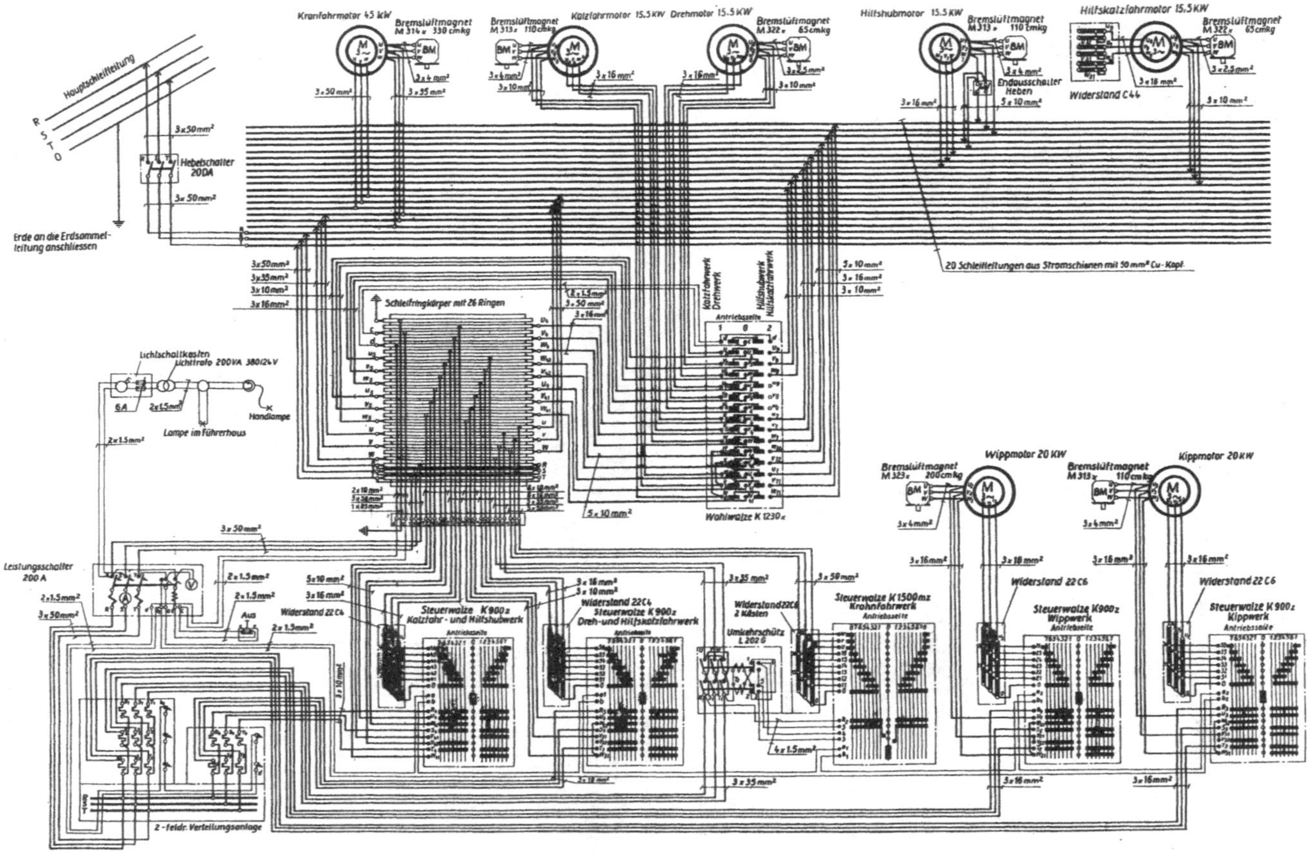

Abb. 148. Muldenchargierkran: Gesamtschaltbild

Leitungen: Drehen 16 mm² Katzfahren 16 mm² Kippen 16 mm² Wippen 16 mm² Kranfahren 50 mm²

werk sind nötig, da die Blöcke in verschiedener Richtung gedreht werden. Das Haupthubwerk greift an der Mitte der Zangensäule, während das Hilfshubwerk am Ende der Säule angreift und so eine Schwenkbewegung der Zangensäule bewirkt. Der Kabel-Trommelmotor ist notwendig, um das Kabel, das zum beweglichen Führerstand führt und von der Trommel abgewickelt wird, straff zu halten, in welcher Lage sich auch der Blockwendemotor befindet. Die Steuerung ist als Eldrosteuerung ausgeführt.

Das Zusammenarbeiten verschiedener Kranmotoren und die Zusammenstellung der notwendigen Schleifleitungen sei an dem Beispiel eines Mulden-Chargierkranes geklärt (s. Abb. 148). Dieser besitzt einen Kranfahrmotor, Katzfahrmotor und Hilfshubmotor; daneben ist noch Hilfskatzfahren, Drehen, Kippen und Wippen vorgesehen. Der Muldenchargierkran dient dazu, um die Charge am Martinofen zu beschicken. Die Pfanne mit dem Beschickungsgut (z. B. Schrott) kann mit Hilfe des Drehmotors so gedreht werden, daß sie vom Magnetkran beladen werden kann einschließlich des Schaftes, an dem die Mulde nebst dem Führerstand befestigt ist. Der Drehmotor dient zum Drehen der Mulde. Der Kippmotor dient zum Drehen der Mulde um ihre Achse. Das Beschickungsgut nebst der Pfanne wird im Ofen gedreht (aus der Pfanne gekippt). Das Beschikkungsgut kann im Ofen gleichmäßiger verteilt werden, wenn die Mulde senkrecht auf und nieder gewippt werden kann, was durch den Wippmotor geschieht, der ebenfalls auf dem beweglichen Führerstand angebracht wird. In manchen Fällen kann auch noch die ganze Pfanne nebst dem Führerstand gehoben und gesenkt werden. Dieser Hubmotor ist bei vorliegender Kranausrüstung nicht nötig gewesen, dagegen haben diese Chargierkrane eine gesonderte Hilfskatze, auf der ein Flaschenzug befestigt ist. Diese Hilfskatze mit dem Hubwerk dient z. B. dazu, um die Rinne, aus der das flüssige Roheisen, das aus der Mulde kommt, und durch die es in die Pfanne fließt, zu bewegen. Die beiden Motoren auf der Hilfskatze sind elektrisch vom Führerstand aus zu bedienen. Da der Führer selbst auf einem drehbaren Teil steht, ist ein Schleifringkörper notwendig. Der Übergang von dem drehbaren Führerstand zur Katze erfolgt über den Schleifringkörper. Dieser benötigt 26 Ringe, und zwar für das Katzfahr- und Hilfshubwerk:

3 Ringe für den Läufer,
3 Ringe für den Ständer,

für das Dreh- bzw. Hilfskatzfahrwerk:

3 Ringe für den Läufer,
3 Ringe für den Ständer,

für das Kranfahrwerk:

3 Ringe für den Läufer,
3 Ringe für den Ständer,

Ferner werden benötigt:

3 Schleifringe für die Zuführung,
1 Schleifring für die Erdung,
2 Schleifringe für die Verbindung mit der Nullspannungsspule des Kranschalters, der für die Erzielung eines brauchbaren Nullastzwanges (s. S. 130) dient.

Weiter sind vorgesehen:

2 Schleifringe,

da der Chargierkran mit einer Walze versehen ist, durch die entweder das Katzfahr- und Drehwerk oder das Hilfshub- bzw. Hilfskatzwerk gemeinsam eingeschaltet ist. Diese sind notwendig in Verbindung mit Schaltern der Endschaltung des Hilfshubwerkes. Für den Katzfahrmotor wären sie nicht nötig. Wäre ein solcher Wahlschalter nicht auf dem Führerstand, könnte das Hilfshubwerk und das Hauptwerk gleichzeitig bedient werden, aber es wäre ein Schleifringkörper mit 6 Schleifringen mehr erforderlich. Es ist selbstverständlich, daß für den Kipp- und Wippvorgang keine Schleifringe erforderlich sind, da diese Motoren mit dem Führerstand fest verbunden sind.

Der Hilfskatzmotor ist ein Motor mit festem Schlupfwiderstand (ca. 20% Schlupf), auf eine Regelung ist verzichtet worden. Die Zahl der Schleifleitungen ergibt sich aus der Zahl der Anschlüsse der beweglichen Motoren. Für den Kranfahrmotor werden 6 Schleifleitungen benötigt.

Der Katzfahr- und Drehmotor bewegt sich, ebenso wie der Wipp- und Kippmotor, mit der Mulde. Für ihn sind keine besonderen Schleifleitungen erforderlich, vielmehr wird die Zuleitung über den Schleifringkörper zum Kranschaltkasten gebracht und von diesem gehen feste Leitungen zu den Motoren. Zwar ist der Drehmotor nicht fest mit dem Führerstand verbunden. Die Leitung macht aber nur geringe Drehbewegungen. Dies wird dadurch ermöglicht, daß er entweder am Kabel nicht fest verlegt wird oder über eine Kabelschere, d. h. ein Gelenkstück mit 2 Armen, auf dem die Leitung befestigt ist. Oberhalb des Gelenkstückes bildet das bewegliche Kabel eine Schlaufe. Es werden, da der Hilfskatzmotor nur einen festen Widerstand hat, für ihn nur 3 Schleifleitungen benötigt, dagegen für den Hilfshubmotor im Hinblick auf die Endschaltung 8. 3 Schleifleitungen dienen als Hauptschleifleitung für die gesamte Stromzufuhr. Insgesamt sind also 20 Schleifleitungen erforderlich. Im Schaltbild sind gleichzeitig die Querschnitte der verlegten Leitungen mit angegeben, ferner der Lichtstrom für die Lampe im Führerhaus und der Schalter mit Nullastzwang.

Der Kranfahrmotor, der besonders groß ist, wird im Ständer durch Schütz umgeschaltet.

Bei der Dimensionierung der Geräte für Chargierkräne ist zu beachten, daß diese hohen Temperaturen ausgesetzt sind und die Geräte für eine Raumtempera-

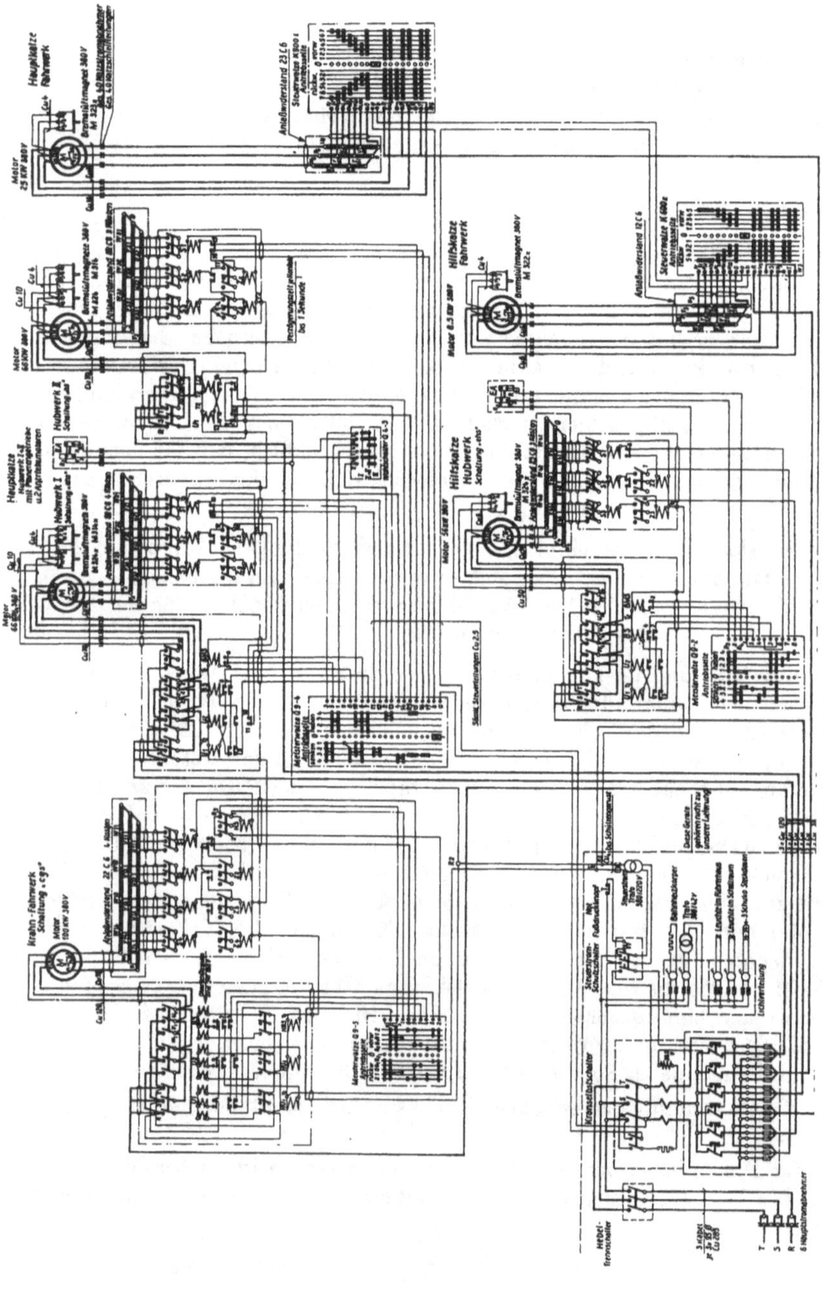

tur von mindestens 60 ° ausgelegt sein müssen, d. h. Motoren und Magnete müssen im allgemeinen Drähte mit Glasseide oder Asbestgewebe haben.

Das Schaltbild für einen Gießkran zeigt Abb. 149.

Der Gießkran dient dazu, um flüssiges Roheisen in den Mischer, in dem verschiedene vom Hochofen kommende Roheisen gemischt, aufbewahrt und warmgehalten werden sollen, einzuführen. Zum Kippen der Pfanne dient ein Hilfshubwerk, das unter synchrone Bremsschaltung aufweisen muß. Dieses Hilfshubwerk greift am Boden der Pfanne an und bewirkt dadurch die Kippung der am Schwerpunkt durch das Haupthubwerk hochgezogenen Pfanne. Das Hubwerk muß ebenfalls eine untersynchrone Bremsschaltung haben, da unter allen Umständen mit aller Vorsicht langsam gegossen werden muß. Bei vorliegendem Beispiel wird eine ganz besonders feine Regelung erzielt, indem ein Planetengetriebe mit 2 Antriebsmotoren zum Heben der Gießpfanne verwandt wird. Diese Motoren können einzeln umgeschaltet werden, d. h. durch eine Wahlschaltung kann entweder der eine oder der andere, oder auch beide Motoren zur Bedienung der Pfanne eingesetzt werden. Ein Motor hat untersynchrone Schaltung, der andere Motor übersynchrone Bremsschaltung. Bei Stellung des Wahlschalters auf I wird beim Heben Stellung I die Bremse gelüftet, das Schütz ½ geschlossen. Der Motor I wird eingeschaltet bzw. hebt die leere Pfanne. Auf Stellung 2, 3 und 4 wird der Läuferwiderstand durch ein Zeitwerk, das für große Schalthäufigkeit geeignet sein muß und kurze Zeit eingeschaltet ist (ca. 1 sek in 4 Stufen) abgeschaltet. Stellung 2, 3 und 4 ist gleichwertig. Beim Senken wird in Stellung 1 durch die Bremse gelüftet (Einschaltung von BMS), ferner wird das Bremsschütz eingeschaltet. Hierdurch wird die untersynchrone Bremsung eingeschaltet, ebenso das Läuferschütz S_1, wodurch der Anlaßwiderstand verkürzt wird. Die Stellungen 2 und 3 sind Senkkraftstellungen mit 2 Vorwiderständen. Bei Stellung 4 ist der Vorwiderstand der Senkkraftschaltung groß. Bei Wahlschalterstellung II tritt nur Wirkung bei Meisterschalterstellung 3 und 4 ein. Beim Heben Schalterstellung 3 ist ein großer Widerstand vorgeschaltet. In Schalterstellung 4 tritt die automatische Widerstandsabschaltung in Kraft. Beim Senken sind in Schalterstellung 3 2 Widerstandsstufen abgeschaltet, in Stellung 4 sind alle Stufen abgeschaltet, also der volle Widerstand eingeschaltet. Ist der Wahlschalter auf I und II gestellt, so laufen beide Achsen des Planetengetriebes und der Flaschenzug wird von beiden Motoren gehoben. Das Drehzahlverhältnis eines dreiachsigen Getriebes ergibt sich wie folgt (vgl. Abb. 150). Bezeichnet man mit n_1 und n_2[1]) die Drehzah, der Motorwellen, mit n_3 die des Flaschenzuges und mit n_0 die der Umlaufräder und mit D die entsprechenden Durchmesser, so ist $n_3 = c\ (n_1 - n_2)$. Das Übersetzungsverhältnis

$$\ddot{u} = \frac{D_2}{d_1}.$$

---

[1]) Kussy, Elektrische Niederspannungs-Schaltgeräte.

Hierin ist D_2' der Radius der Planetenräder.

$$n_3 = \left(1 - \frac{1}{ü}\right)(n_1 - n_2)\,\frac{D_2}{D}$$

Die M/n-Kennlinien sind Gerade, außerdem es gilt die Leistungsgleichung:

$$M_1\,n_1 + M_2\,n_2 = M_3\,n_3\,.$$

Die Geraden können mit Hilfe dieser beiden Gleichungen durch Probieren gefunden werden.

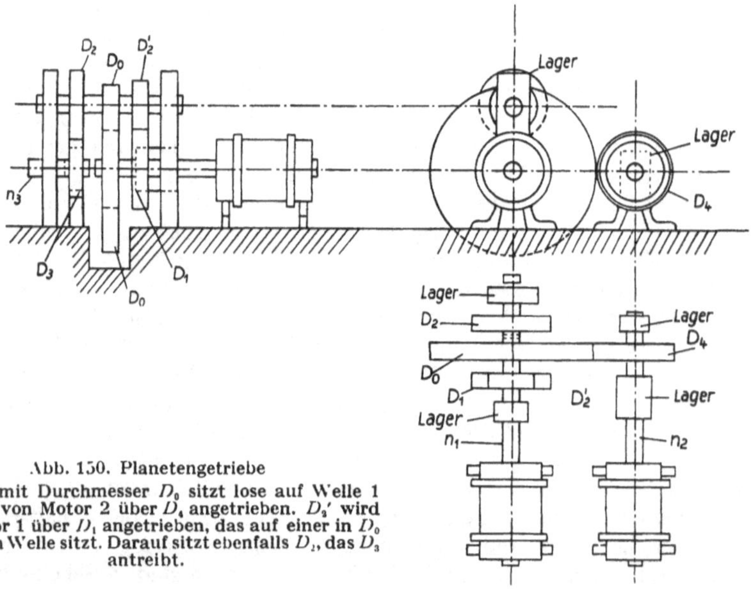

Abb. 150. Planetengetriebe

Zahnrad mit Durchmesser D_0 sitzt lose auf Welle 1 und wird von Motor 2 über D_4 angetrieben. D_2' wird vom Motor 1 über D_1 angetrieben, das auf einer in D_0 gelagerten Welle sitzt. Darauf sitzt ebenfalls D_2, das D_3 antreibt.

Es arbeiten also auf der Kranbahn einmal die Pfanne und, angetrieben von einer besonderen Hilfskatze, der Kranführer, damit er sowohl das Gießgut als auch die Pfanne beobachten kann.

Die hier angeordnete automatische Läuferschaltung macht die Meisterwalze einfacher, außerdem werden unzulässige Stöße auf Motor und Netz vermieden. Auch hier muß dafür gesorgt werden, daß die Geräte hohen Temperaturen, unter Umständen bis 80° Raumtemperatur ausgesetzt werden können. Die Wicklung der Motoren und Magnete muß daher hitzebeständig (z. B. Glasseide oder Asbestgewebe) sein. Da hier wegen der auftretenden hohen Temperatur und der großen Schalthäufigkeit ein Magnet zu klein war, wurden vielfach je Bremse zwei Magnete gewählt. Neben dem Gieß- und Muldenchargierkran ist im Hüttenbetrieb noch der Stripperkran wichtig. Dieser hat eine besondere Vorrichtung zum Bewegen seiner Zangen, des sogenannten Strippers, die dazu dient, mittels eines Stempels die Kokillen zu transportieren und die heißen Blöcke aus der Kokille zu stoßen. Derartige Krane ohne Stempel bezeichnet man als Pratzen oder Blockkräne, die zum Erfassen, Transportieren und Drehen von Blöcken dienen. Ferner ist ein Motor notwendig zur Bewegung des Drehwerkes, mit dem notfalls die Zangen nebst dem Stiel gedreht werden können.

Der Kranführer ist bei allen diesen Kranen so untergebracht, daß er die Zangen beobachten kann. Er kann entweder unmittelbar auf dem Gestell, auf dem auch die Zangen gelagert sind, untergebracht werden oder mittels Hilfskatze einen besonderen Führerstand haben. In einem solchen Falle sind mehr Schleifleitungen erforderlich.

Außer den obengenannten Kranarten gibt es noch andere für besondere Zwecke, z. B. Vergütekrane, bei denen ein schnelles Senken des Werkstückes erforderlich ist und die dann plötzlich abgebremst werden müssen. Eine solche Schaltung ist mit einer Eldrosteuerung oder einer Gegenstrombremsung, bei der der Motor durch einen Zentrifugalschalter rechtzeitig abgeschaltet wird, möglich.

Diese Kranmotoren sind meist sehr hohen elektrischen Beanspruchungen ausgesetzt. Es sind daher Schützensteuerungen für hohe Schaltmöglichkeiten zu wählen.

Bei Anlagen für höchste Walzgeschwindigkeit oder Schmieden bzw. Gießereien mit sehr großen Arbeitsleistungen können die wichtigsten Antriebe mit Leonardsteuerungen u. U. auch mit den auf S. 65 ff. beschriebenen Verstärkereinrichtungen ausgestattet werden. Es kann auch die Arbeitsgeschwindigkeit in einer bestimmten Weise von der Last abhängig gemacht werden (vgl. S. 227).

6. Transportanlagen für Gleichstrom

Krananlagen

Beim Kranbau findet der Hauptschlußmotor sein hauptsächlichstes Anwendungsgebiet. Ist die Charakteristik der betreffenden Maschine nicht bekannt, so ist grundsätzlich die folgende Drehmoment-Strom-Charakteristik anzunehmen (Abb. 151 a):

$$M = c\Phi J_a .$$

Weiterhin hat jeder Motor eine E/n-Charakteristik abhängig vom Erregerstrom.

E = die EMK,
n = die Drehzahl der Maschine.

Sind die Maschinendaten, insbesondere die Leerlaufcharakteristik nicht bekannt, so muß man die folgende E/n-Charakteristik annehmen (Abb. 151 b), denn für E/n gilt folgende Formel:

$$E/n = k\Phi$$
$$\Phi = f(J'_{err}) .$$

Weiterhin muß für jeden Motor eine n/M-Charakteristik gegeben sein. Im anderen Falle ist dieselbe nach Abb. 152 anzunehmen.

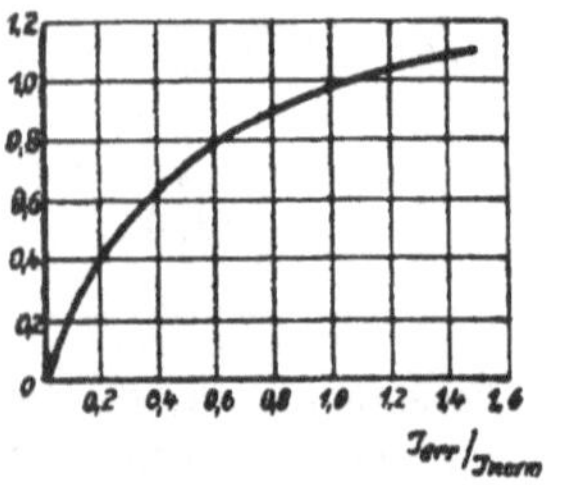

Abb. 151 a. Abhängigkeit des Momentes vom Motorstrom bei einem Hauptschlußmotor

$$n = \frac{k' \, Ja \, E}{M} .$$

Es sollen nun anhand der wichtigsten Kranschaltungen die Widerstände, Ströme und die n/M-Charakteristiken in jeder Stellung bestimmt werden. Hierbei ist zu beachten, daß in jeder Stufe der dort maximal auftretende Strom die Größe des Widerstandes bestimmt. Es wird nicht in jedem Falle erforderlich sein, die Charakteristiken aufzuzeichnen. An den hier vorliegenden Beispielen werden aber immer jeweils einige Punkte der Charakteristik errechnet.

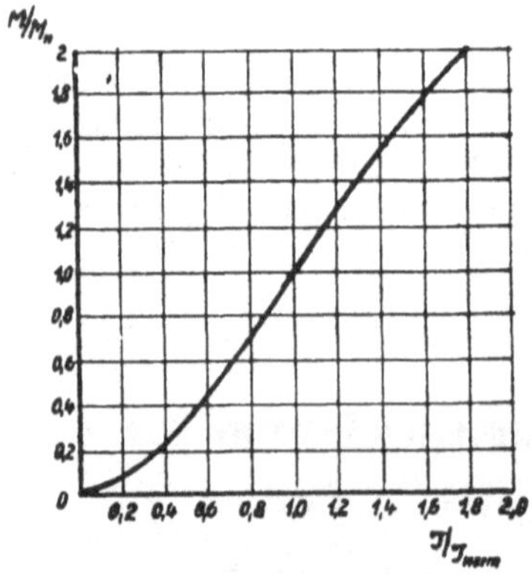

Abb. 151 b. Abhängigkeit der Größe E/E_{norm} : n/n_{norm} J_{err}/J_{norm} bei einem Gleichstromhauptschlußmotor

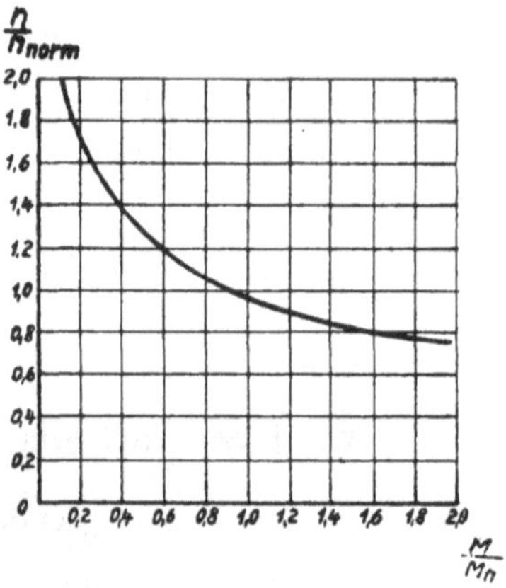

Abb. 152. n/M-Charakteristik bei einem Hauptstrommotor

a) Normale Fahrschaltung

Abb. 153 zeigt das Schaltschema für die normale Fahrschaltung, sowie Stromlaufbild und Regelkurven. Bei Motoren ohne Wendepole und ohne Kompensationswicklung kann man diese aus dem Schaltschema weglassen.

Zu berechnen sei ein Motor für 440 V, 5,5 kW, 15 A. Fahrschaltung mit zweifachem Anlaufmoment. Der zum Anlaufmoment gehörige Strom ist gemäß Abb. 150 der 1,8fache des Nennstromes, also 27 A. Es ergibt sich ein Widerstand (Anker + Wendepole + Kompensationswicklung) von

$$\frac{U_n}{J_n}\,0{,}03 = 1{,}1\,\Omega$$

U_n = Netzspannung
J_n = Nennstrom

Der Leistungsverbrauch in Feld und Anker beträgt bei dieser Motorgröße etwa 3% der Motorleistung. Die Feldwicklung kann mit 1,1 Ω angenommen werden. Für den Anlauf wird man in der ersten Stufe eine Vorstufe vorsehen, so daß der Motor nur bei halbem Nennmoment zum Anlaufen kommt. Von der zweiten bis zur letzten Stufe wird

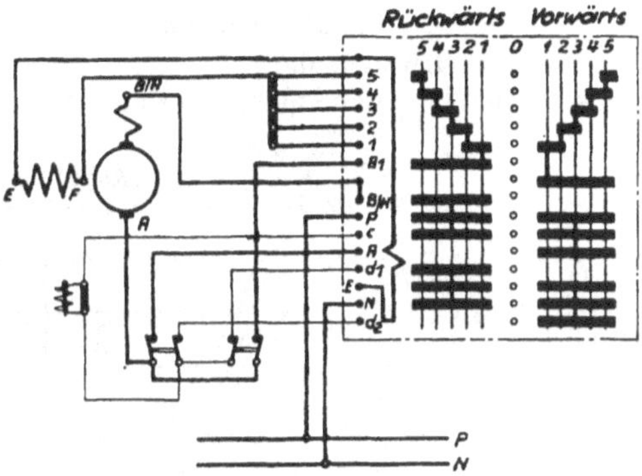

Abb. 153. Fahrschaltung mit zweiseitiger Endschaltung und Nebenschlußbremsmagnet (Hauptstrommotor)

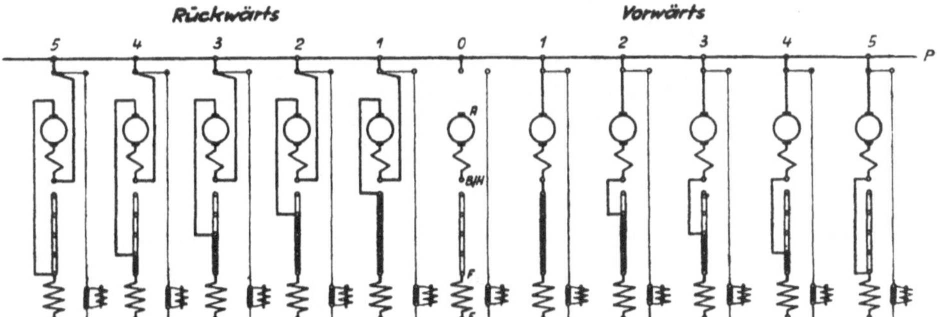

Abb. 154. Stromlaufbild zu Abb. 153

dann der Widerstand nach einer geometrischen Reihe abgestuft. Es sind dann jeweils zwei Punkte der Charakteristik noch zu bestimmen. Man wählt willkürlich zwei verschiedene Nennströme und erkennt hieraus aus der $J = f(M)$-Charakteristik die dazu gehörigen Momente. Nachdem in diesem Falle der Nennstrom gleich dem Erregerstrom ist, kann man die dazu gehörigen Werte $\frac{E}{n}$ festlegen, während man E durch folgende Gleichung bestimmen kann:

$$U = J_a\,(R_a + R_s + R_v) + E.$$

Ist $\frac{E}{n} = 1$, dann gilt die folgende Formel:

$$\frac{n}{n_{id}} = \frac{E}{E_0} = \frac{E}{U_n + J_a\,(R_a + R_s)}$$

R_s = Widerstand der Feldwicklung
R_v = Vorschaltwiderstand
R_a = Widerstand des Ankers (+ Kompensationswicklung + Wendepole).

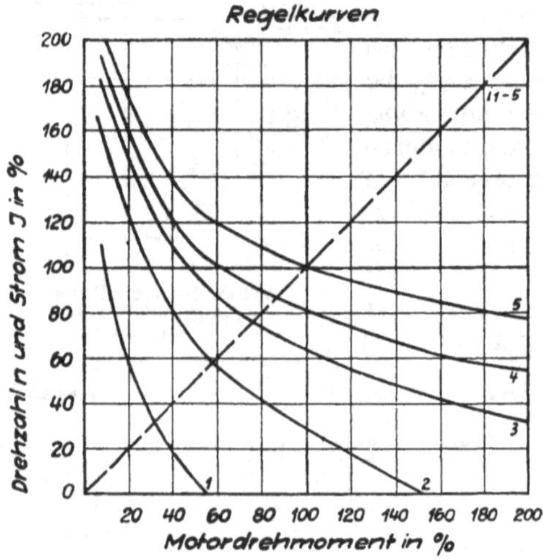

Abb. 155. Regelkurven zu Abb. 153

Unter Berücksichtigung des dazu gehörigen $\frac{E}{n}$ Faktors kann man dann die zu der betreffenden Stromstärke gehörende Geschwindigkeit bestimmen. Man beachte, daß das Verhältnis sich nicht auf die Nenndrehzahl, sondern auf die ideale Drehzahl bezieht. Unter diesen Voraussetzungen ergibt sich jetzt für die Widerstandsauslegung folgende Tabelle:

Klemme	R_{ges} Ω	J_{max} A	R_{st} Ω	J_1 A	M_1/M_n	$\frac{E_1/n_1}{E_n/n_{id}}$	E_1 V	n_1/n_{id}	J_2 A	M_2/M_n	$\frac{E_2/n_2}{E_n/n_{id}}$	E_2 V	n_2/n_{id}
P_1-P_2	59	7,5	41,4	5	0,18	0,5	145	0,66	7,5	0,38	0,25	—	—
P_2-P_3	17,6	25	8,8	5	0,18	0,5	352	1,60	25	2	1,1	—	—
P_3-P_4	8,8	25	4,4	5	0,18	0,5	396	1,78	25	2	1,1	220	0,45
P_4-P_5	4,4	25	2,2	5	0,18	0,5	418	1,89	25	2	1,1	330	0,68
R_a+R_s	2,2	25	—	5	0,18	0,5	429	1,96	25	2	1,1	385	0,77

Die Abfallstromstärke des Bremsmagneten, falls ein Hauptstrommagnet verwendet wird, hängt davon ab, welche maximale Drehzahl zulässig ist. Man wählt im allgemeinen die doppelte Nenndrehzahl. Im oben genannten Beispiel muß der Hauptstrommagnet bei etwa 5 A abfallen. Da es sich fast stets um Tauchankermagnete handelt, ist das Verhältnis[1] $\frac{\text{Anzugstr.}}{\text{Abfallstr.}} \simeq 2/1$, d. h. der Hauptstrommagnet muß bei etwa 10 A = $^2/_3$ des Nennstromes anziehen. Wird daher ein Hauptstrommagnet als Bremsmagnet verwandt, muß die erste Stufe für mindestens 10 bis 12 A. (man wählt zur Sicherheit 12 A.) vorgesehen werden. Der Widerstand ist nicht 59 Ω, sondern $\frac{440}{12} = 36{,}5\,\Omega$.

Will man den Motor statt durch mechanische Bremsen durch eine Ankerkurzschlußbremsung abbremsen, so sind noch 1 oder 2 Bremsstellungen einzufügen, die die ersten Stellungen bilden. Hierbei ist die Bremsung mit dem kleineren Widerstand der Nullstellung näher als die mit dem größeren. Man wählt als Bremswiderstand den vollen Vorschaltwiderstand und als zweite Bremsstufe, wenn man diese einfügt, den vollen Vorwiderstand, abgesehen von der letzten Stufe. Bei dem oben genannten Beispiel ergeben sich jetzt für

$$R = 59\,\Omega \text{ und}$$
$$R = 17{,}6\,\Omega$$

die folgenden Tabellen, wobei als Bremsschaltung Abb. 156 Verwendung finden kann.

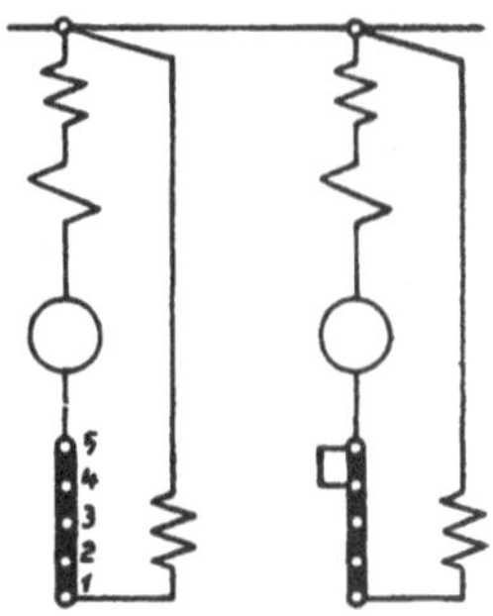

Abb. 156. Ankerkurzschlußbremsstellungen (1. und 2. Stellung) als Ergänzung zur Fahrschaltung

	R Ω	J A	JR_a V	E/n / E_n/n_{id}	n/n_{id}	M/M_n
1. Stufe	59	15	885	1	2	1
	59	7,5	445	0,75	1,31	0,45
2. Stufe	17,6	15	265	1	0,6	1
	17,6	7,5	132	0,75	0,4	0,45

Man sieht daraus, falls der Motor mit Ankerkurzschlußbremsung ausgestattet werden soll, daß man für den gesamten Widerstand nicht 59 Ω wählen würde, weil sonst die Bremsdrehzahl bei normalem Strom zu hoch wäre, sondern man würde wahrscheinlich mit $J_{\max}$ = etwa 12 A $R = \frac{440}{12} = 37\,\Omega$ für die erste Stufe beim Heben wählen. Als maximal vorkommende Stromstärke kann man im allgemeinen die Nennstromstärke ansehen.

[1]) Kussy, Elektrische Niederspannungs-Schaltgeräte.

Versieht man den Anker des Motors noch mit einem Anker-Parallelwiderstand, um in den ersten Stellungen auch bei kleinen Momenten mit geringen Geschwindigkeiten fahren zu können, so wird in der ersten und zweiten Stellung die Schaltung nach Abb. 157 vorgesehen.

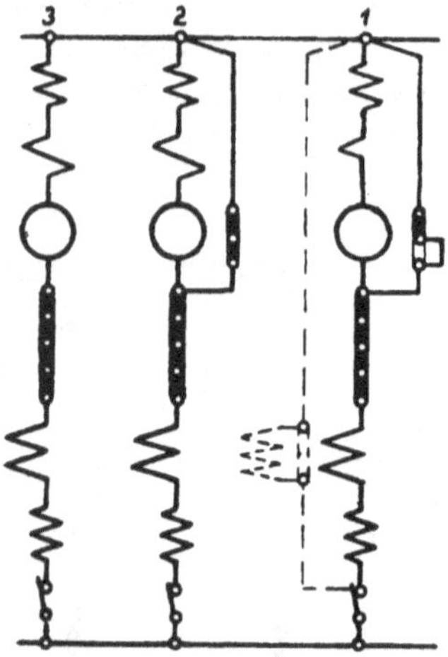

Abb. 157. Erste Stellung mit Ankerparallelwiderstand als Ergänzung zur Fahrschaltung

Die Nullstellung kann dabei dann als Ankerkurzschlußbremsung ausgebildet sein. Man wählt dann in der ersten Stufe ohne Ankerparallelwiderstand, d. h. also bei obigem Beispiel in der dritten Stellung den Vorschaltwiderstand so groß, daß der Motor gerade beim Nennstrom zum Anlaufen kommt. Es ergibt sich dann als Vorwiderstand

$$U_n/J_n = R_v + R_{a+s}\,.$$

An einem Beispiel sei nun der Gang der Rechnung erklärt:

Ein Motor von 200 V Spannung und 100 A Nennstromstärke soll in den ersten Stellungen mit Anker-Parallelwiderstand versehen werden. Es ergeben sich jetzt folgende Werte, wobei

R_a der Ankerwiderstand

R_s der Spulenwiderstand ist[1]).

Es ergeben sich folgende Gleichungen:

$$U_n - J_{err}\,(R_v + R_s) - J_p\,R_p = 0$$
$$J_p\,R_p = E + J_a\,R_a$$
$$J_{err} = J_a + J_p$$
$$R_{a+s} = \frac{200\;\;0{,}05}{100} = 0{,}1\,\Omega$$
$$R_s = 0{,}04\;(2\%)$$
$$R_a = 0{,}06\;(3\%)$$
$$R_v + R_s + R_a = \frac{U_n}{J_n} = 2{,}0\,\Omega$$
$$R_v + R_s = 1{,}94\,\Omega\,.$$

---

[1]) Kussy, Elektrische Niederspannungs-Schaltgeräte.

R_p Ω	J_a A	J_{err} A	J_p A	M/M_n	E V	$\frac{E/n}{E_n/n_{id}}$	n/n_{id}
2	0	52	52	0	104	0,7	0,75
2	20	60	40	0,16	78,2	0,8	0,48
2	100	101	1	1,0	−4	1,0	−0,02
2	−20	40	+61	−0,16	124	0,6	1,04
1	−20	61	81	−0,16	82	0,8	0,51
1	0	68	68	0	68	0,87	0,39
1	50	83	33	0,46	30	0,92	0,16
1	100	102	2	1,0	−4	1,0	−0,02

Hierbei ist jetzt zu beachten, daß der Erregerstrom nicht gleich dem Ankerstrom ist, daß die E/n-Charakteristik abhängig ist vom Erregerstrom und daß man das zu jedem Anker- und Erregerstrom gehörige Moment wie folgt bestimmen kann:

$$M = c\Phi J_a$$
$$\Phi = f(J_{err})$$

Φ/Φ_n ersieht man aus der Erregercharakteristik

$$M_n = c\Phi_n J_n .$$

Die Charakteristik $\Phi = f(J_{err})$ zeigt Abb. 158.

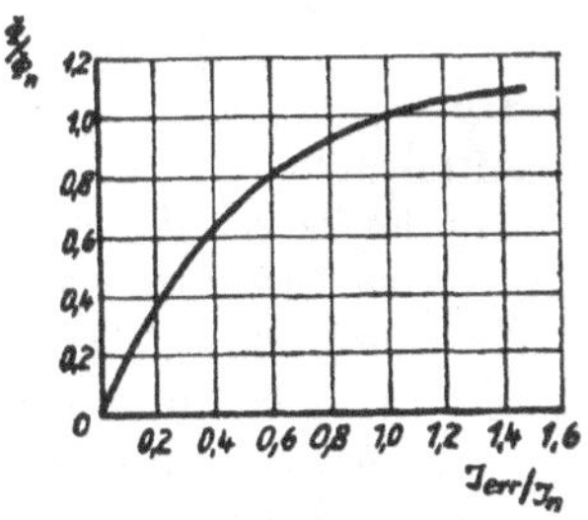

Abb. 158. $\Phi = f(J_{err})$ für einen Hauptschlußmotor

Der im Vorwiderstand auftretende maximale Strom $J_{\max}$ ist auch derjenige Strom, der maximal aus dem Netz entnommen wird. Der im Parallelwiderstand auftretende maximale Strom hängt davon ab, welches maximale Bremsmoment und welche maximale Bremsgeschwindigkeit man zulassen will. Im allgemeinen wird man bei sanfter Bremsung etwa die Größe des Parallelwiderstandes so groß wählen, wie die des Vorwiderstandes und unter Umständen eine zweite schärfere Bremsstufe einführen, bei der der Parallelwiderstand etwa halb so groß ist. Für den kleineren Parallelwiderstand kann man als maximale Stromstärke, wenn keine besonderen Wünsche gegeben sind, etwa die 1,2fache Nennstromstärke ansehen und für den größeren etwa die 0,6fache. Auch hier ist in der Zeichnung sowohl Hauptstrom-, als auch Nebenschlußmagnet vorgesehen (gestrichelt gezeichnet). Durch den Parallelwiderstand wird die Stromstärke, bei der der Hauptstrommagnet abfallen soll, nicht beeinflußt.

b) Senkbremsschaltung

Das Wesen der Senkbremsschaltungen besteht darin, daß in allen Senkbremsstellungen Generatorbremsung herrscht, nur in den ersten Senkbremsstellungen ist ein Fremderregungswiderstand angebracht, damit die Feldstärke schon von

Anfang an ausreicht, um eine genügende Bremsung zu bewirken. Ohne diesen Widerstand würde erst bei größeren Senkgeschwindigkeiten gebremst werden.

Für das Senken, zunächst ohne Fremderregungswiderstand, ergeben sich zwei Möglichkeiten:

Man kann den Anlaßwiderstand zum Bremsen benutzen, dann wird, da der Bremswiderstand allgemein klein ist, die Kontrollerwalze komplizierter, weil nicht die erste Stufe zum Bremsen benutzt werden kann, da der Widerstand auf der ersten Stufe meistens zu groß ist und auch nur geringerer Strom hier auftritt als beim Bremsen. Man müßte also mehrere Stufen des Anlaßwiderstandes dafür verwenden. Deswegen wird es vielfach vorgezogen, einen besonderen Bremswiderstand einzufügen, der in der ersten Stellung zusätzlich angebracht ist. Dieser Bremswiderstand wird gewöhnlich mit 2 Anzapfungen versehen, um an Ort und Stelle festzustellen, bei welchem Bremswiderstand die günstigsten Verhältnisse auftreten.

In den Senkkraftstellungen liegt der Motor in Reihe mit dem Brems-, Anker- und Fremderregungswiderstand. (Die richtige Einstellung des Ankervorschaltwiderstandes erfolgt bei der Montage mit dem leeren Haken.)

Ein Beispiel soll auch hier den praktischen Berechnungsgang und die notwendigen Angaben darlegen, die man bei der Berechnung durchführen muß. Die Senkbremsschaltung wird also mit Fremderregungswiderstand in der 1. Senkstufe (Abb. 159) und ohne Fremderregungswiderstand in der 2. Senkstufe durchgeführt werden.

Als Beispiel sei ein Motor gewählt von 90 A Nennstrom und 220 V Spannung. Die Hub-Charakteristik errechnet man genau wie bei der normalen Schaltung. Man muß beachten, daß, außer in der ersten Stufe, im allgemeinen die Hub-Charakteristik für die Widerstandsauslegung maßgebend ist. Anker- und Feldwiderstand ergeben dann folgende Werte:

Anlauf: 2faches *Md*, d. h. 1,7facher Anlaufstrom = 150 A.

$$R_{a+s} = 0{,}05 \frac{220}{90} = 0{,}12\,\Omega$$
$$R_s = 0{,}05\,\Omega$$
$$R_a = 0{,}07\,\Omega\,.$$

Man sieht im allgemeinen vor, daß bei Nennstrom entweder 15% oder 25% der Nennspannung im Widerstand vernichtet werden und errechnet dadurch die folgenden beiden Widerstandsstufen. Werden nicht mehrere Anzapfungen vorgesehen, so rechnet man, daß bei Nennstrom etwa 20% der Nennspannung vernichtet werden. Es ergibt sich daher folgende Formel:

$$(R_B + R_s) J_a = 0{,}15\, E_n \cong 0{,}15\, U_n$$
$$R_s + R_{B_1} \approx \frac{0{,}15\, U_n}{J_a} = \frac{0{,}15 \cdot 220}{90} = 0{,}37\,\Omega$$

$$R_s + R_{B_2} \approx \frac{U_n\, 0{,}25}{J_n} \cong 0{,}61\,\Omega$$

$$R_{B_1} = 0{,}32\,\Omega$$

$$R_{B_2} = 0{,}56\,\Omega\,.$$

Beim Senken kann in der ersten Stellung ein verhältnismäßig hoher Bremsstrom auftreten. Man rechnet, daß beim Senken ein Strom auftreten kann, der gleich dem 1,7fachen Nennstrom ist.

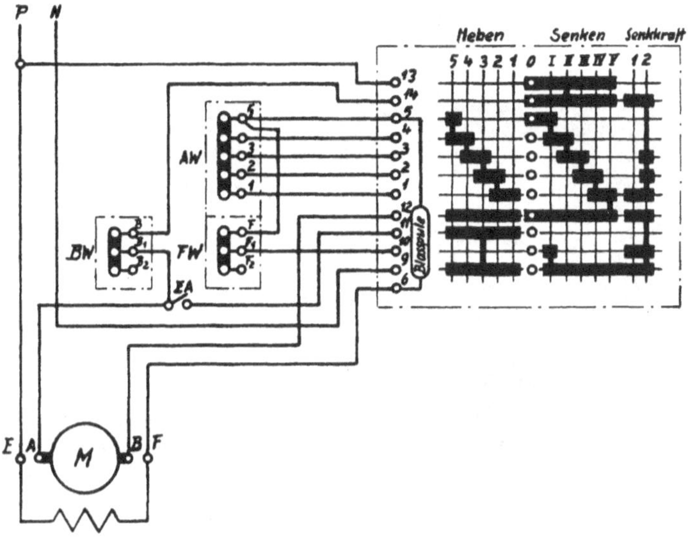

Abb. 159. **Senkbremsschaltung (Hauptstrommotor)**
AW = **Anlaßwiderstand**
BW = **Bremswiderstand**
FW = **Fremderregungswiderstand**
EA = **End-Ausschalter**

Verwendet man noch in der ersten Stellung einen Fremderregungswiderstand, so versieht man auch diesen meist mit mehreren Anzapfungen, um die günstigen Senkverhältnisse vorzusehen. Im allgemeinen ist es grundsätzlich zu empfehlen, einen solchen Fremderregungswiderstand vorzusehen. Es sei hier der zahlenmäßige Einfluß der Größe des Fremderregungswiderstandes noch festgelegt, und zwar einmal, daß der Feldstrom 33%, einmal 25% und einmal 16,6% des Nennstromes beträgt. Unter dieser Voraussetzung kann man dann den im Feldwiderstand auftretenden Strom unter Zuhilfenahme der genannten Formel berechnen. In dem oben genannten Beispiel ergeben sich dann die folgenden Werte:

$$U_n - J_{err}\, r_{err} + J_{Fr}\, R_{Fr} = 0$$

$$J_{Fr} = -J_{err} + J_a$$

$$(J_{Fr} - J_a)\, r_{err} + J_{Fr}\, R_{Fr} = 0$$

$$J_{Fr} = \frac{-U_n + J_a r_{err}}{r_{err} + R_{Fr}} \approx \frac{-U_n}{R_{Fr}}$$

$$R_{Fr_1} = \frac{220}{90\ 0{,}33} = 7{,}4$$

$$R_{Fr_2} = \frac{220}{90\ 0{,}25} = 10\,\Omega$$

$$R_{Fr_3} = \frac{220}{90\ 0{,}166} = 14{,}6\,\Omega$$

$$J_1 = \frac{220}{7{,}4} = 30\ \mathrm{A}$$

$$J_2 = \frac{220}{10} = 22\ \mathrm{A}$$

$$J_3 = \frac{220}{14{,}6} = 15\ \mathrm{A}.$$

Es sei nun die Charakteristik festgelegt:

1. für den Fall, daß die erste Senkstufe einmal mit einem Widerstand von $0{,}32\,\Omega$ und mit einem Bremswiderstand von $0{,}56\,\Omega$ ohne Fremderregungswiderstand vorgesehen ist,
2. unter Verwendung der drei verschiedenen Anzapfungen für Fremderregungswiderstand und 15% Spannungsverlust im Bremswiderstand. Dies ergibt die folgenden Werte:

Hubcharakteristik ohne Ankerparallelwiderstand

Klemme	R_A Ω	J_{max} A	R_{st} Ω
1—2	5	45	3,5
2—3	1,5	150	0,85
3—4	0,65	150	0,37
4—5	0,28	150	0,16
$R_a + R_s$	0,12	150	—

Die letzten Stufen sind nach einer geometrischen Reihe abgestuft, während die erste als reine Vorstufe gedacht ist.

Senken ohne Fremderregungswiderstand:

$R_B + R_S$ Ω	J_1 A	$\frac{E_1/n_1}{E_n/n_{id}}$	$\frac{M_1}{M_n}$	$\frac{E_1}{V}$	n_1/n_{id}	J_2 A	$\frac{E_2/n_2}{E_n/n_{id}}$	$\frac{M_2}{M_n}$	$\frac{E_2}{V}$	n_2/n_{id}
0,37	100	1,02	1,12	37	0,164	45	0,8	0,35	17	0,098
0,61	700	1,02	1,12	61	0,27	45	0,8	0,35	27	0,15

$R_B + R_S$ Ω	J_3 A	$\frac{E_3/n_3}{E_n/n_{id}}$	$\frac{M_3}{M_n}$	$\frac{E_3}{V}$	n_3/n_{id}
0,37	18	0,35	0,1	7	0,09
0,61	18	0,35	0,1	11	0,14

Senken mit Fremderregungswiderstand:

$R_B + R_S$ Ω	Fr_R Ω	J_{Fr_1} A	J_{err1} A	J_{a1} A	$\frac{M_1}{M_n}$	$\frac{E_1}{V}$	$\frac{E_1/n_1}{E_n/n_{id}}$	n_1/n_{id}
0,37	7,4	−29	+74	45	0,48	14	0,95	0,07
0,37	10	−22	67	45	0,47	14	0,92	0,07
0,37	14,6	−15	60	45	0,43	14	0,86	0,08

$R_B + R_S$ Ω	Fr_R Ω	J_{Fr_2} A	J_{err2} A	J_{a2} A	$\frac{M_2}{M_n}$	$\frac{E_2/n_2}{E_n/n_{id}}$	$\frac{E_2}{V}$	n_2/n_{id}
0,37	7,4	−29	59	30	0,28	0,86	11	0,06
0,37	10	−22	52	30	0,27	0,83	11	0,06
0,37	14,6	−15	45	30	0,26	0,8	11	0,06

Man rechnet mit J_{Fr} für $J_a = 0$, also $\frac{220}{7,4}$ bzw. $\frac{220}{10}$ bzw. $\frac{220}{14,6}$. Man sieht, daß trotz verschiedener Stromaufnahme-Charakteristiken die $M = f(n)$ Kennlinien für verschiedene Fremderregungswiderstände in dem üblichen Rahmen fast gleich sind.

Daneben sei nun noch die Charakteristik berechnet in der 2., 3., 4. und 5. Senkstufe, sowie in der 1. und 2. Senkkraftstellung, wobei in der ersten Senkkraftstellung der gesamte Widerstand eingeschaltet wird, während man in der 2. Kraftstellung nur 2 Widerstandsstufen läßt. Auf der Walze werden Segmente vorgesehen, daß 2—3 Senkkraftstellungen eingeschaltet werden können, um beim Einregulieren des Kranes den richtigen Widerstand beim Senkkraftfahren wählen zu können. Es wird unter Umständen, wenn der Widerstand in der zweiten Stufe zu klein war, d. h. wenn der leere Haken zu schnell nach abwärts geht, der Widerstand vergrößert. Die Auslegung nach der maximalen Stromstärke kann bei Abwärtskraft unterbleiben, da ja derselbe Widerstand wie für aufwärts gewählt wird und hierbei wesentlich größere Momente auftreten als beim Abwärtsfahren.

Stellung	R_2 Ω	J_{a_1} A	M_1/M_n	E_1 V	$\frac{E_1/n_1}{E_n/n_{id}}$	n_1/n_{id}	J_{a_2} A	M_2/M_n
Senkbremsstellung	0,655	90	1	39	1	0,27	45	0,35
Senkbremsstellung	5,37	90	1	485	1	2,2	45	0,35
Senkkraft	5,37	45	0,35	242	0,8	1,5	30	0,18
Senkkraft	1,02	45	0,35	46	0,8	0,26	30	0,18

Stellung	E_2 V	$\frac{E_2/n_2}{E_n/n_{id}}$	n_2/n_{id}	J_{a_3} A	M_3/M_n	E_3 V	$\frac{E_3/n_3}{E_n/n_{id}}$	n_3/n_{id}
Senkbremsstellung	29	0,8	0,16	30	0,18	20	0,55	0,16
Senkbremsstellung	242	0,8	1,4	30	0,18	14	0,55	1,3
Senkkraft	161	0,55	1,3	15	0,05	80	0,3	1,2
Senkkraft	31	0,55	0,26	15	0,05	15	0,3	0,22

Der Bremswiderstand von 0,37 Ω wird noch zu dem Widerstand, der beim Hubbetrieb eingeschaltet ist, hinzugeschlagen.

c) Senkkraftschaltung

Wird eine sehr feinfühlige Regelung (z. B. Gießkrane) verlangt, so daß beinahe eine beliebige Drehzahl zu einem beliebigen Moment erreicht werden kann, so wählt man eine Senkkraftschaltung. Der Stromverbrauch ist hoch, aber sie steht nur wenig einer Leonardschaltung in der Unabhängigkeit der Drehzahl vom Drehmoment nach.

Bei der Senkkraftschaltung wird beim Heben eine normale Schaltung verwandt, jedoch wird man in der ersten Hubstellung einen Parallelwiderstand zum Anker legen, der auch beim Senken Verwendung findet. Es sei hier ein Erfahrungswert angegeben, wie am zweckmäßigsten die Widerstände je Stufe eingeteilt werden:

Klemme	$\frac{R/U}{J_{norm}}$ Gesamtwert	$\frac{R/U}{J_{norm}}$ Stufe
P_1-P_2	1,6	0,7
P_2-P_3	0,9	0,3
P_3-P_4	0,6	0,2
P_4-P_5	0,4	0,2
P_5-P_6	0,2	0,2
P_7-P_8	0,4	0,4

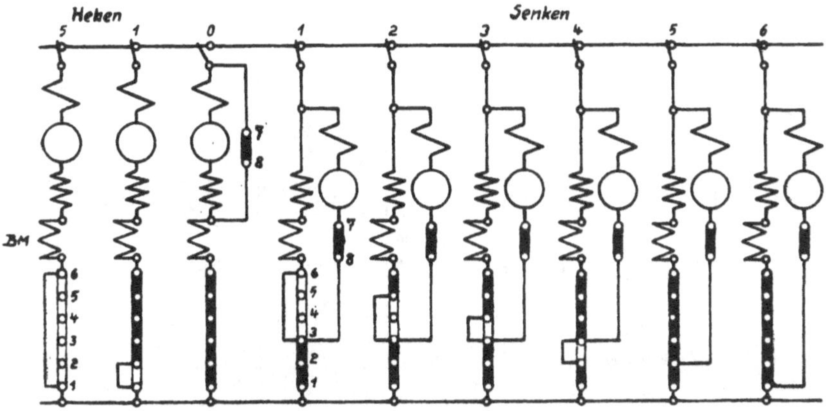

Abb. 160. Senkkraftschaltung I. Stromlaufbild

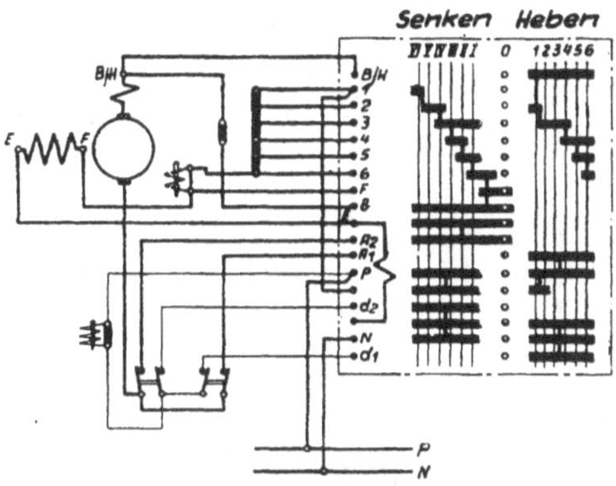

Abb. 161. Senkkraftschaltung II

Die Stufung mit Hauptstrommagnet hierbei zeigt Abb. 160.

Der Bremsmagnet kann sowohl als Hauptstrom-, als auch als Nebenschlußmagnet ausgebildet werden. Stromlaufbild, Regelkurven einer anderen Senkkraftschaltung mit Nebenschlußmagnet und Schaltbild zeigen Abb. 161.

Es sei eine Charakteristik nach Abb. 161 berechnet, und zwar für einen Kontroller bis zu etwa 40 kW. Bei Leistungen über 40 kW wird man eine Stufe mehr wählen, das bedeutet, daß man den Widerstand P_1—P_3 statt in 2, in 3 Stufen aufteilt. Es würde dann zwischen der jetzigen 4. und 5. Stellung noch eine Zwischenstufe gewählt werden. Bei kleineren Kontrollern, als etwa 20 kW wird man eine Stufe weniger wählen, und zwar den Widerstand P_3—P_3 anstelle in 3 Stufen in 2 Stufen abschalten. Unter der Voraussetzung der obigen Widerstandsstufung ist nun die Berechnung der Senkcharakteristiken verhältnismäßig einfach. Es sei nun ein Beispiel berechnet:

Gegeben ist ein Motor 440 V Gleichstrom 95 A 2,2facher Anlauf, $N = 36\frac{1}{2}$ kW. Berechne die Widerstandsstufung für eine Schaltung nach Abb. 160. Unter Verwendung der oben genannten Ohmzahlen ergibt sich jetzt folgende Tabelle:

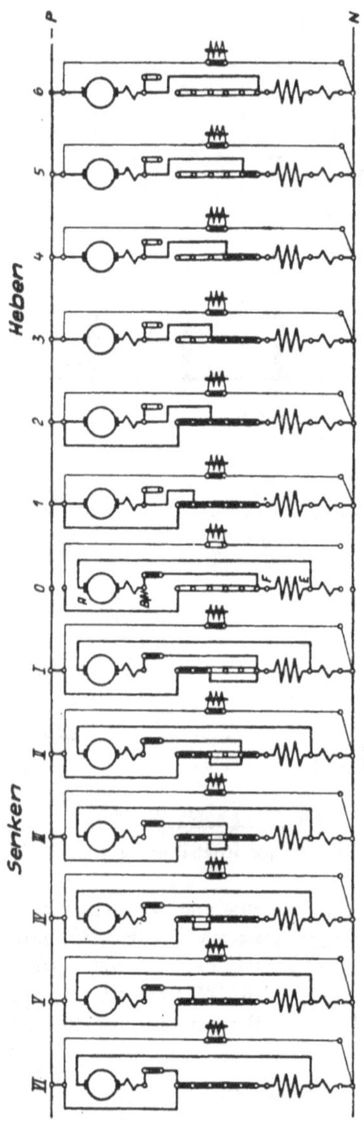

Abb. 162. Senkkraftschaltung II. Stromlaufbild

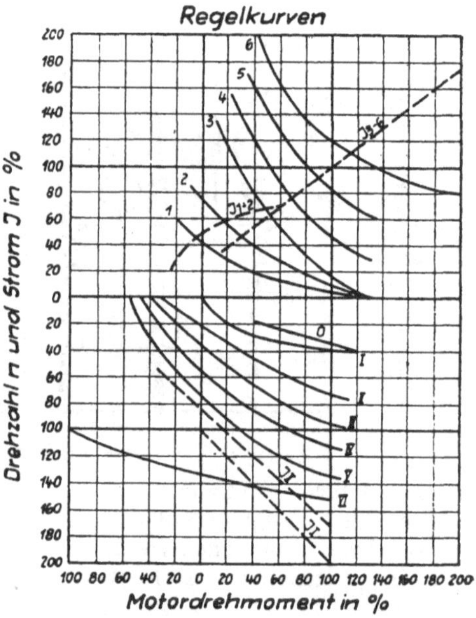

Abb. 163. Senkkraftschaltung II Regelkurven.

$$J_{\max} = 190 \text{ A}$$

$$R_a + R_s = 0{,}04 \frac{440}{95} = 0{,}18\ \Omega$$

$$R_a \sim 0{,}11\ \Omega$$

$$R_s \sim 0{,}07\ \Omega$$

$$U/J_n = \frac{440}{95} = 4{,}6 .$$

Klemme	R_{st} Ω	Strom b. Hubmotor A
$P_1 - P_2$	3,2	59
$P_2 - P_3$	1,4	103
$P_3 - P_4$	0,9	152
$P_4 - P_5$	0,9	190
$P_5 - P_6$	0,9	190
$P_7 - P_8$	1,8	95

Berechnungen der Senkstellungen:

1. $P_{13} J_v + R_s J_s = U_n$
$E - J_a (R_a + P_{78}) - J_s R_s = 0$
$J_v + J_a = J_s.$

2. $P_{13} J_v + J_s (R_s + P_{56}) = U_n$
$E - J_a (R_a + P_{78}) - J_s(R_s + P_{56}) = 0$
$J_v + J_a = J_s.$

3. $P_{13} J_v + J_s (R_s + P_{46}) = U_n$
$E - J_a (R_a + P_{78}) - J_s (R_s + P_{46}) = 0.$

4. $P_{12} J_v + J_s (R_s + P_{36}) = U_n$
$E - J_a (R_a + P_{78}) - J_s (R_s + P_{36}) = 0.$

5. $P_{12} J_v + J_s (R_s + P_{26}) = U_n$
$E - J_a (R_a + P_{78}) - J_s (R_s + P_{26}) = 0.$

6. $J_s (R_s + P_{16}) = U_n$
$E - J_a (R_a + P_{78}) - J_s (R_s + P_{16}) = 0.$

Die Ströme müssen sowohl in der Hub-, als auch in den Senkstellungen für jede einzelne Widerstandsstufe bestimmt werden, da bei der Senkkraftschaltung es durchaus möglich ist, daß beim Senken in einer Stufe ein höherer Strom auftritt als beim Heben. Im allgemeinen kann davon ausgegangen werden, daß der höchste Strom auftritt bei $U \cong 0$. Man muß also für jede Stufe den hierbei auftretenden Strom in den Stromkreisen J_s, J_a, J_p und J_v bestimmen.

Hierbei ist weiterhin zu beachten, daß beim Auftreten des höchsten Stromes im allgemeinen, abgesehen von der ersten Senkbremsstellung, motorisches Abwärtsdrehmoment vorliegt. Der Parallelwiderstand P_7—P_8 nach unserem Beispiel ist dann gleichzeitig ein Parallelwiderstand für die erste Stufe beim Heben, und er ist gleichzeitig in der Nullstellung der Bremswiderstand. Es kann vorkommen, daß in einigen Stellungen nicht bis zu $n = 0$ gebremst wird, weil hierfür ein zu großes negatives Drehmoment erforderlich wäre. In diesem Falle bleibt es dem Berechner überlassen, sich das maximal vorkommende negative Bremsmoment auszuwählen.

Weiterhin muß geprüft werden, welches der maximal auftretende Generatorstrom bei Abwärtsfahrt ist. Dies bleibt auch dem Berechner überlassen. Nach unserem vorliegenden Beispiel wird man etwa bis zu $J_a = 150$ A. gehen. Im allgemeinen lassen sich auch die Berechnungsmethoden vielfach vereinfachen, weil der Erregerwiderstand klein ist gegen den Vorwiderstand und der Ankerwiderstand ja klein gegen den Widerstand P_7—P_8 ist.

Stellung	J_{a_1} A	J_{a_2} A	J_{a_3} A	J_{v_1} A	J_{v_2} A	J_{v_3} A	J_{s_1} A	J_{s_2} A	J_{s_3} A	E_1 V	E_2 V
1	95	3,6	48	96	95	96	191	99	144	195	0
2	95	− 28	48	65	83	72	160	55	120	340	0
3	95	− 40	48	41	80	54	136	40	102	430	0
4	95	− 59	48	29	100	51	124	41	99	520	0
5	95	− 68	48	6	100	34	101	32	82	597	0
6	95	− 235	48	—	—	—	60	60	60	617	0

Stellung	E_3 V	M_1/M_n	M_2/M_n	M_3/M_n	$\frac{E_1/n_n}{E/n_{id}}$	$\frac{E_2/n_2}{E/n_{id}}$	$\frac{E_3/n_3}{E/n_{id}}$	$\frac{n_1}{n_{id}}$	$\frac{n_2}{n_{id}}$	$\frac{n_3}{n_{id}}$
1	105	1,1	0,015	0,4	1,1	1	1,1	0,4	0	0,22
2	216	1,1	− 0,25	0,55	1	0,85	1,05	0,7	0	0,45
3	280	1,05	− 0,26	0,5	1,05	0,65	1	0,93	0	0,63
4	363	1,05	− 0,4	0,5	1,05	0,65	1	1,12	0	0,83
5	431	1	− 0,45	0,45	1	0,6	0,95	1,35	0	1
6	528	1,85	− 2,1	0,42	0,85	0,85	0,85	1,66	0	1,41

Aus der Hub- und Senkcharakteristik können jetzt die maximalen Ströme bei jeder Stufe bestimmt werden. Daraus ergibt sich für die Ströme beim Senken, wenn man maximal mit dem Nennmoment senkt, daß in der ersten Stellung und unter Umständen auch in der zweiten oder einer späteren Stellung der Strom beim Senken höher als beim Heben für eine Widerstandsstufe sein kann. Ein Hauptstrombremsmagnet ist so auszulegen, daß er bei etwa 30—60% der Nennstromstärke anzieht und bei etwa 25—30% der Nennstromstärke abfällt (in Stellung 6 wird nicht bis zu $n = 0$ gebremst).

	R_{st} Ω	J_{Hub} A	$J_{\text{senk}_{\max}}$ A	Stellung	Strom für Widerstandsstufe A
P_1-P_2	3,2	59	96	1	59
P_2-P_3	1,4	103	101	5	103
P_3-P_4	0,9	152	124	4	152
P_4-P_5	0,9	190	136	3	190
P_5-P_6	0,9	190	160	2	190
P_7-P_8	1,8	95	95	1	95

d) Drehzahlerhöhung durch Feldschwächung

Feldregler für Gleichstrom-Nebenschlußmotoren dienen zur Erhöhung der Drehzahl. Von Kussy [1]) sind Erfahrungswerte angegeben, in welchem Verhältnis sich bei Drehzahlerhöhung der Erregerstrom verändern muß (Abb. 164).

[1]) Kussy, Elektrische Niederspannungs-Schaltgeräte.

An einem Beispiel sei nun die praktische Berechnung erläutert:

Für einen Motor von normalerweise 500 Touren sei die Tourenzahl auf 1500 zu erhöhen. Der Gleichstrommotor liege an 500 V. Die Erregerstromstärke im warmen Zustand beträgt 1 A.

$$R_{\text{warm}} = 500\,\Omega\,.$$

Man errechnet zunächst den Feldwiderstand im kalten Zustand. Dieser beträgt ca. 417 Ω, da $1{,}2 \times R_{\text{kalt}} \sim R_{\text{warm}}$ ist. Dann ist $I_{\text{errk}} = 1{,}2$ A.

Aus Abb. 164 erkennt man, daß bei kalter Wicklung die Drehzahl nur etwa $\frac{500}{1{,}16} = 430$ Umdrehungen je Minute sein wird. Auch bei kalter Erregerspule muß die Drehzahl von 1500 erreicht werden. Bei einem Drehzahlbereich von 1 : 3 im warmen Zustand beträgt die tatsächlich der Berechnung zu Grunde zu legende Steigerung 250% (1500/430 $\approx$ 3,5). Laut der Kurve ergibt sich daraus ein Verhältnis

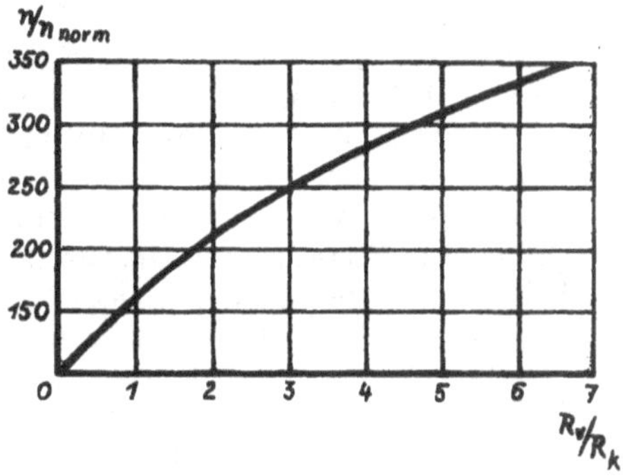

Abb. 164. **Abhängigkeit der Drehzahl von der Erregung von einem Nebenschlußmotor** R_v = **Vorschaltwiderstand** R_k = **Widerstand der Erregerspule im kalten Zustand**

$$\frac{R_v}{R_k} = 6{,}66\,.$$

Hieraus ergibt sich ein Vorwiderstand bzw. Regelwiderstand von 2850 Ω und ein Widerstand im Erregerstromkreis von 3270 Ω bei einer Tourenzahl von 1500 Umdrehungen. Man stellt jetzt wieder als Beispiel die folgende Tabelle auf:

i_k A	i_w A	R_k Ω	R_w Ω	n 1/min.	R_{diff} Ω	Klemme
1,2	1	420	500	430	—	—
0.91	0,79	550	630	510	130	1—2
0,70	0,63	710	790	600	160	2—3
0,57	0,52	875	965	690	175	3—4
0,47	0,44	1060	1140	780	175	4—5
0,40	0,38	1240	1320	870	180	5—6
0,35	0,34	1430	1510	960	190	6—7
0,30	0.29	1640	1720	1050	210	7—8
0,27	0,26	1860	1940	1140	220	8—9
0,23	0,22	2150	2230	1230	290	9—10
0,20	0,20	2480	2560	1320	330	10—11
0,18	0,18	2840	2920	1410	360	11—12
0,15	0,15	2970	3350	1500	470	12—13

Man muß bei jeder Stufe den ganzen, maximal auftretenden Erregerstrom mit den Widerstandswerten multiplizieren, um die für die Rollenauslegung festzulegende Leistung zu bestimmen.

Feldregler werden z. B. bei Ladewinden und Schiffsantrieben häufig gebraucht.

Elektrokarren

Elektrokarren werden auf großen Bahnhöfen und in Werkstätten oder aber bei größeren Leistungen auch für den Stadtverkehr verwendet. Die Kapazität ihrer Batterie beträgt je nach Tragkraft und Reichweite zwischen 80 und 150 Ah, die Spannung zwischen 40 und 80 V. Die Reichweite ist dann gewöhnlich zwischen 45 und 70 km. Während man bei Straßenbahnen im allgemeinen 2 Motoren wählt und je nach Belastung und Geschwindigkeit diese in Reihe und parallel schaltet. Bei Elektrokarren muß man sich mit Rücksicht auf die Gewichtsersparnis, da schon die Batterie ein nicht unwesentliches Gewicht aufweist, auf einen Motor beschränken. Die Steuerung eines solchen Elektrokarrens zeigt Abb. 165.

Man schaltet die Batterien in Reihe und parallel und kann auf diese Weise die Geschwindigkeit variieren. Durch einen Ankervorschaltwiderstand, der in 2 oder 3 Stufen abgeschaltet werden kann, wird die Geschwindigkeit sowohl bei Serien- als auch bei Parallelschaltung der Batterien noch weiterhin reguliert. Zur Verwendung kommen Hauptstromspulen. Der Kontroller selbst ist mit Blasspule ausgestattet und hat die gleiche Form wie ein oben beschriebener Gleichstrom-Kontroller. Für größere Leistungen wählt man besser **Nockenschalter**. Der Widerstand wird nach der gleichen Methode bei der Fahrbremsschaltung mit Ankerkurzschlußbremsung berechnet.

Lasthebemagnete[1])

Für das Aufheben und Befördern von Masseln, Blöcken, Gußstücken, Stahl, Knüppeln, Schrott, Schienen, Profileisen usw. eignet sich besonders der Lasthebemagnet. Dieser besteht gemäß Abb. 166 aus dem Magnetgehäuse a aus Stahlguß, der Spule b, die in der Vergußmasse c eingebettet ist.

Nach unten ist der Spulenraum durch die Abdeckplatte g aus nichtmagnetischem Material, am besten Manganstahl (oder evtl. Sondermessing von besonderer Härte) abgeschlossen. Diese Platte wird durch eine Dichtung h nebst Sprengring i festgehalten. Eine oben auf dem Magneten vorgesehene Abdeckplatte k gestattet den Zugang zu der Zwischenkammer, in der das Verbindungskabel m mit der Spule verbunden ist. Über der Anschlußdose n des Kabels befindet sich die aufklappbare Schutzhaube o. Alle Hohlräume müssen gut mit Vergußmasse ausgefüllt sein, damit sich kein Kondenswasser bilden kann. Solche Lasthebemagnete werden im Interesse des geringeren Eigengewichtes meist nicht mit

[1]) Lasthebemagnete von Spieß, Elektrizitäts- und Förderwesen Nr. 1 1942.

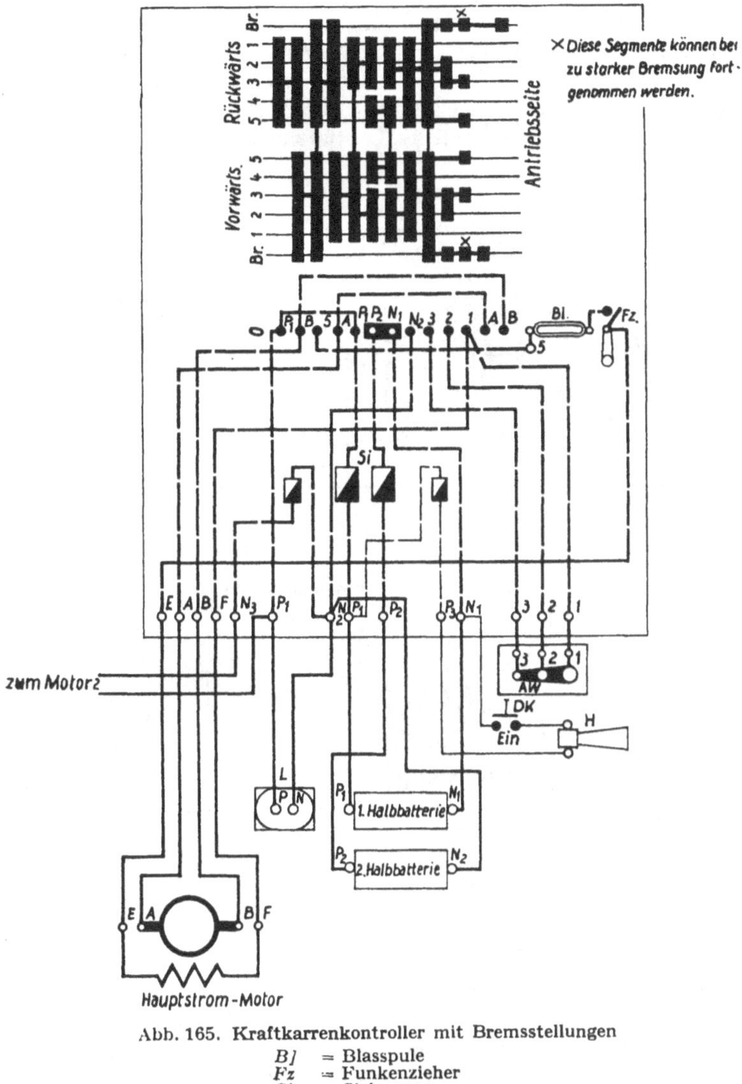

Abb. 165. Kraftkarrenkontroller mit Bremsstellungen

Bl = Blasspule
Fz = Funkenzieher
Si = Sicherung
L = Ladestecker
AW = Anlaß-Widerstand
DK = Druckknopf
H = Hupe

Kupfer-, sondern mit Aluminiumwicklung ausgestattet. Die Berechnung ist im Prinzip die gleiche wie für die Berechnung der Spule für Gleichstrom-Bremsmagnete (s. S. 128). Die Berechnung wird vorgenommen für das Heben von massiven Blöcken. Es muß jedoch beachtet werden, daß beim Heben von Masseln und Gußeisenspähnen oder Kernschrott nur etwa 5 bis 6% des Gewichtes angezogen wird, während bei Schmiedeeisenschrott die Leistung nur etwa 3 bis 4% derjenigen ist,

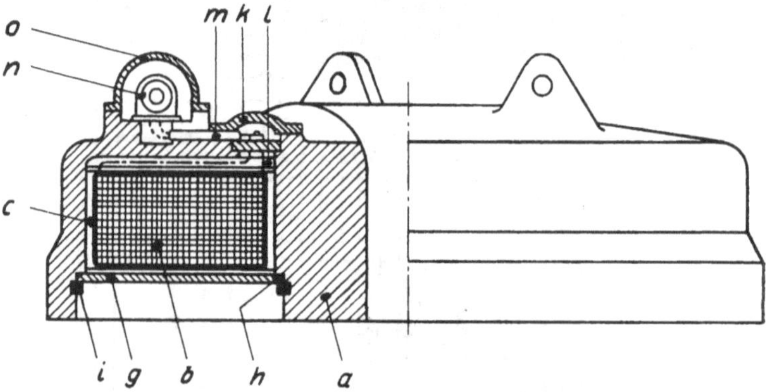

Abb. 166. Lasthebemagnet (rund)

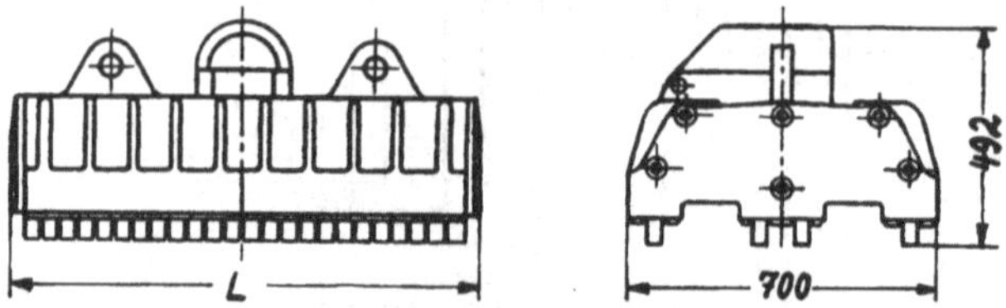

Abb. 167. Lasthebemagnet (rechteckig)

wie bei Beförderung von massiven Blöcken. Aus Sicherheitsgründen muß man mindestens mit 5facher Überlastung rechnen gegenüber den tatsächlich zu befördernden Gewichten, d. h. der Magnet muß für 5fache Überlast dimensioniert sein. Zwecks günstiger Abkühlung werden die Magnetgehäuse vielfach auch mit Kühlrippen versehen. Beachtet muß werden, daß mit Magnetkränen unmagnetischer Stahl, wie z. B. Manganstahl, nicht befördert werden kann, ebenso daß der Magnetismus bei heißen Blöcken verloren geht, so daß also diese nur mit Pratzengehängen bzw. Zangen befördert werden können. Die Magnete werden auch in rechteckiger Form ausgeführt. Es hängt dies davon ab, welches Gut befördert werden soll. Bei rechteckigen Magneten verwendet man im allgemeinen 4 Reihen Polfinger (vgl. Abb. 167). Werden nur liegende Blöcke, Träger und Schienen befördert, so kann man sich damit begnügen, daß nur in der Mitte ein Satz breiter Polfinger angeordnet wird.

Die Stromzuführung zu den Lasthebemagneten erfolgt durch ein hoch-flexibles Kabel, das mit dem Magneten durch Stecker und Steckdose verbunden ist. Es muß durch eine Kabeltrommel stets dafür gesorgt werden, daß das Kabel straff gespannt ist. Die Stromzuführung erfolgt dann über Schleifringe, die zum Schutz

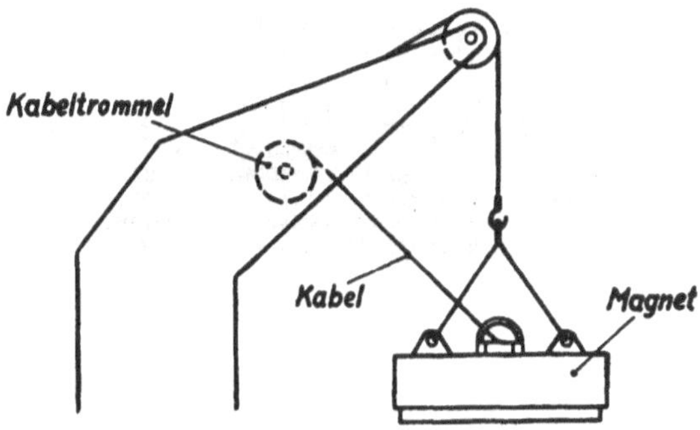

Abb. 168. Anordnung der Kabel bei einem Lasthebemagnet

gegen Feuchtigkeit in den Ständer der Kabeltrommel eingebaut werden. Auf dem Ausleger ist mittels eines Flaschenzuges der Magnet befestigt. Unabhängig davon ist auf dem Ausleger die Kabeltrommel angebracht und gemäß Abb. 168 ist das flexible Kabel mit dem Magneten verbunden.

Zum Schalten des Magneten werden Kontroller, Nockenschalter oder Schütze verwandt. Vor allen Dingen muß darauf geachtet werden, daß beim Abschalten keine hohe Selbstinduktionsspannung auftritt. Diese Überspannung kann die Magnetwicklung und den Schalter zerstören. Man verwendet daher zum Ein- und Ausschalten der Lasthebemagnete Steuerungen im Führerstand des Kranes, die mit Vorschaltwiderständen versehen sind gemäß Schaltbild Abb. 169.

Wird z. B. ein Lasthebemagnet für 32 A und 440 V in 4 Stufen reguliert und angelassen, so ergibt sich, daß dessen Widerstand $= \frac{440}{32} = 13{,}7$ Ohm beträgt. In einem solchen Falle wird die Stufung der Widerstände so vorgenommen, daß von Klemme zu Klemme gleiche Stromsprünge stattfinden. Man legt dann folgende Tabelle an:

Klemme	1–2	2–3	3–4	4–5	5–6
$J(A)$	6,4	12,8	19,2	25,6	32
$U/J = R_{gs}$ (Ω)	69	34,5	23	17,2	13,7
R_{Diff} (Ω)	34,5	11,5	5,8	3,5	–

Diese Berechnung ist maßgebend für die Dimensionierung des Widerstandes Die Kontroller oder Nockenschalter müssen unter allen Umständen mit einer Funkenblasvorrichtung mit Rücksicht auf die hohe Selbstinduktionsspannung ausgestattet sein. Ein solcher Schalter hat Vorstufen. Der Hubmagnet selbst zieht erst nach einer bestimmten Anzahl Vorstufen, deren Zahl von der Größe des Hubmagneten abhängt, das Gut an. Wichtig ist, daß ein solcher Kontroller

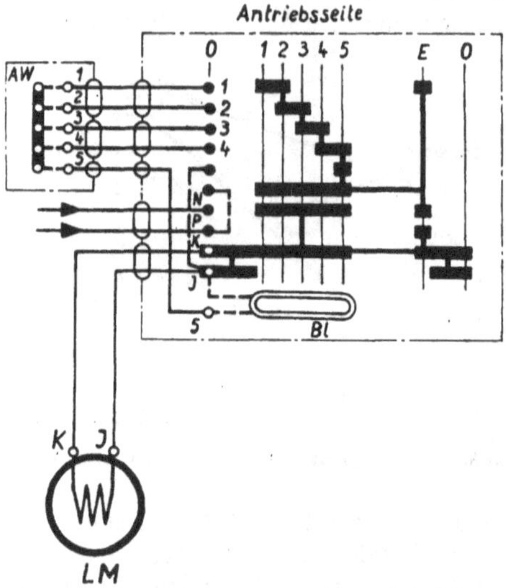

Abb. 169. Schaltung der Spule eines Lasthebemagneten
AW = Anlaß-Widerstand
BJ = Blasspule
LM = Lasthebe-Magnet
E = Stellung: Entmagnetisieren

noch ein oder zwei Entmagnetisierungsstellungen hat. In dieser wird die Erregerwicklung des Hubmagneten umgepolt, damit auch solche Eisenteile abgeworfen werden, welche infolge des remanenten Magnetismus in der Nullstellung am Magneten hängen geblieben sind. Man kann auch die Steuerung so ausbilden, daß zum Heranholen einzelner Stücke beim Magneten der Magnet selbst beim Aufsetzen auf das Gut übererregt wird. Ist das Gut einmal an den Magneten herangezogen, so kann die Erregung vermindert werden, ohne daß ein Abfallen des Gutes erfolgt. Diese Verminderung der Erregung erfolgt dann dadurch, daß ein Zusatzwiderstand, der beim Aufsetzen auf das Gut überbrückt ist, eingeschaltet wird. Im allgemeinen wird man durch ein Zeitrelais und Schütz eine solche Umschaltung selbsttätig vornehmen, da sonst Gefahr besteht, daß, wenn die Übererregung zu lange dauert, die Spule verbrennen würde.

Antriebe auf Schiffen

Weite Verbreitung haben Gleichstromantriebe insbesondere noch im Schiffsbau und hierbei wieder bei den diversen Hilfsantrieben. Dies hat seinen Grund darin, daß der Gleichstrommotor leichter reguliert werden kann, daß Berührung mit Wechselstrom für den Menschen gefährlicher als mit Gleichstrom ist und weil die Verlegung von Leitern einfacher ist, vor allem wenn der Schiffskörper (Erde) der andere Pol ist. Bei Überprüfung der Vor- und Nachteile der Einleiternetze gegenüber den Zweileiternetzen ergibt es sich, daß das erstere vorteilhafter ist, obgleich auch noch das Zweileiternetz verwendet wird. Der Nachteil des Einleiternetzes besteht darin, daß in der Nähe des Kompasses eine Doppelleitung angewandt werden muß (elektromagnetische Wirkung des Schiffskörpers). Bei Dreileiternetzen wird der Mittelleiter mit dem Schiffskörper verbunden. Bei allen Anlagen auf Schiffen ist eine Fülle von Sondervorschriften zu beachten, die in den verschiedenen Ländern nicht gleich sind. Die wesentlichsten Punkte aber sind folgende:

a) Alle Geräte auf Bord müssen vollständig schwallwasserdicht gekapselt sein, Geräte unter Deck zumindest tropfwassergeschützt.
b) Alle Schaltgeräte müssen mit Nullspannungsauslösung versehen sein, d. h. bei Wegfall der Spannung muß die Anlage abgeschaltet werden, bei deren Wiederkehr darf sie nicht selbsttätig einschalten.
c) Alle Motoren und Geräte müssen so ausgebildet sein, daß sie noch bei Schräglage arbeiten.

In den meisten europäischen Ländern ist dies 30°, nach den russischen Vorschriften 40°. Die Erwärmung der Widerstände darf nach russischen Seefahrtsschriften 135° nicht überschreiten an Stellen, an denen die Widerstände nicht der Berührung ausgesetzt sind. An Stellen, die berührt werden können, darf die Übertemperatur nicht mehr als 75° betragen. Nach den deutschen Vorschriften bestehen hierüber keine über die normalen VDE-Vorschriften hinausgehenden Forderungen. Spulengeräte müssen bei 20% nach russischen (bzw. nach VDE und holländischen Vorschriften 15%) Spannungsabfall noch einwandfrei arbeiten. In Holland ist es vorgeschrieben, daß alle Geräte in einem mit Trennern versehenen Gehäuse eingebaut sind. Die Trenner müssen so verriegelt sein, daß der Kasten nur geöffnet werden kann, wenn alle Teile im Innern des Kastens spannungsfrei sind. Ferner ist in jedem Falle ein Überstromrelais erforderlich. Es muß stets darauf geachtet werden, daß die Leitungsenden verzinnt werden. Es ist weiterhin erforderlich, daß hygroskopisches Isoliermaterial nicht verwendet werden darf und daß bei Schiffen, die in den Tropen verkehren, das Isoliermaterial sogar tropenfest sein muß. Darüber hinaus sind in vielen Vorschriften noch Sonderbestimmungen über Auslöser, Leitungsverlegungen, genormte Spannungen usw. aufgestellt, die hier nicht alle im einzelnen aufgeführt werden sollen. Die Erfüllung all dieser Bedingungen erfordert in vielen Fällen Sonderkonstruktionen.

Auf Schiffen ist im allgemeinen wenig Platz vorhanden, mit Gewicht muß gespart werden und andererseits sind die Beanspruchungen, denen die Geräte ausgesetzt sind, außerordentlich hoch. Als Kapselung wird auf Deck meist Guß-eisen-Kapselung verwandt. Man gebraucht aber auch anstelle von Gußeisen, insbesondere in der Nähe des Kompasses, Aluminium, das nicht korrodiert, sogenanntes Hydronalium (Aluminium-Manganlegierung). In den meisten Fällen bringt man Kondensatoren von etwa 0,5 μF parallel zu den Motorklemmen an, um eventuelle Rundfunkstörungen zu vermeiden.

Als Hebe- und Transporteinrichtungen kommen in erster Linie in Frage Bugspill-, Heckspill-, Winden-, Ruder- und Propelleranlagen. Zur Verwendung kommen an Bord stets Compoundmotoren.

a) Bugspillanlage

Als Bugspillanlage wird bei kleinen Schiffen im allgemeinen eine normale Fahrschaltung[1]) nach Abb. 170 ausgeführt.

An Bord wird ein Kontroller oder Nockenschalter in gußeisernem Gehäuse nach Schutzart P 44 auf Deck oder ein staubdichter tropfwassergeschützter Schalter nach Schutzart P 32 unter Deck aufgestellt und eine Steuersäule auf das Deck schwallwasserdicht geführt. Die Widerstände befinden sich unter Deck. Als Motor wird meist hierfür ein Compoundmotor mit überwiegender Hauptstromwicklung verwendet, da dafür Sorge getragen werden muß, daß bei Leerlauf ein Durchgehen des Motors nicht möglich ist. Der Fahrschalter hat einen Nullkontakt, der auf eine Schützspule wirkt. Durch Betätigung eines kräftigen Druckknopfes wird dann das Schütz eingeschaltet oder der Fahrschalter hat einen Verriegelungskontakt, durch den beim Einschalten zwischen der Nullstellung und der ersten Stellung das Schütz zum Einschalten kommt. Bei Ausbleiben der Spannung fällt das Schütz ab. Der Fahrschalter muß erst in die Nullstellung gebracht werden, bis der Motor wieder eingeschaltet werden kann. Es ist vorgeschrieben, daß das Schütz selbst mit einer Überstromauslösung ausgerüstet sein muß. Als solche kommt entweder eine magnetische Überstromauslösung mit einem Zeitwerk in Frage, das so ausgebildet ist, daß in einer verstellbaren Zeit bis zu etwa 10 Sek. bei einem Überstrom das Schütz zur Ausschaltung kommt oder ein thermischer Überstromauslöser. Bei Bimetallauslösern ist aber darauf zu achten, daß bei indirekter Heizung des Bimetalls das Bimetall nicht mit Asbest, sondern nur mit Glimmer isoliert sein muß. Der magnetische Auslöser muß so ausgebildet sein, daß er bei Auftreten eines Kurzschlusses, der über der Abschaltleistung des Schützes liegt, auf jeden Fall später kommt als der davor liegende Leistungsschalter. Große Bugspillanlagen werden mit Leonardsteuerung ausgeführt. Wie bei allen Generatoren, die auf Schiffen Verwendung finden, ist auch der Steuergenerator dieser Leonardschaltung als Compoundgenerator ausgebildet. Der Zweck, daß nur Compoundgeneratoren Verwendung finden, besteht darin, daß

[1]) Berechnung und Schaltung s. Seite 238.

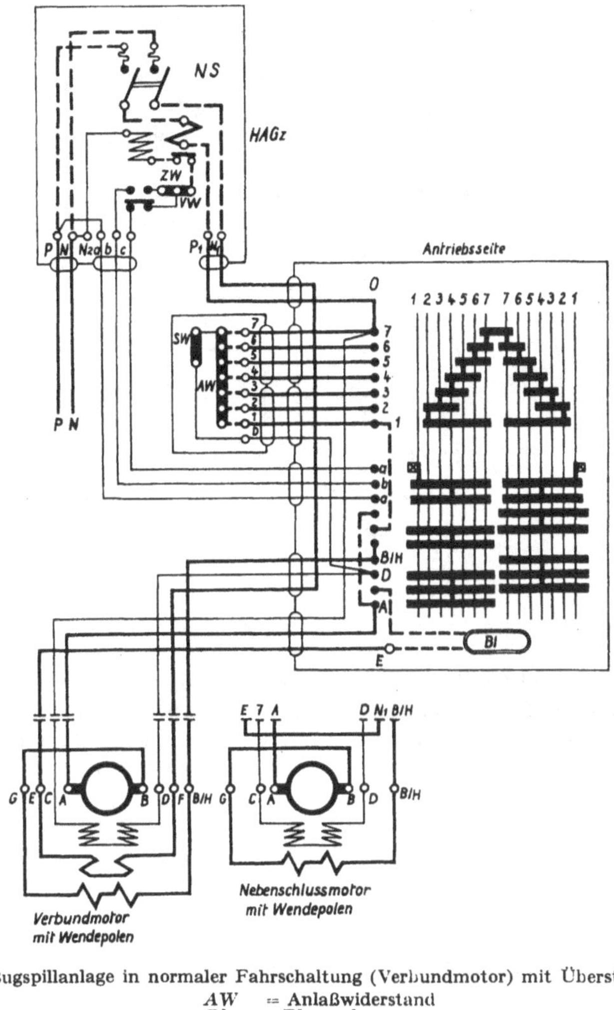

Abb. 170. Bugspillanlage in normaler Fahrschaltung (Verbundmotor) mit Überstromauslöser

AW = Anlaßwiderstand
Bl = Blasspule
NS = Netzschütz
SW = Schutzwiderstand
VW = Vorschaltwiderstand
ZW = Zuschaltwiderstand
HAGz = Überstromauslöser

die Spannung von Nullast bis zur Vollast etwa um 5% zunehmen muß, um den Spannungsverlust in den Leitungen zu kompensieren. Es wird also der Generator etwa so ausgebildet, daß sich eine Belastungskurve nach Abb. 171 ergibt.

Ein reiner Nebenschlußgenerator wird deshalb nicht verwendet werden, da dessen Spannung bei zunehmender Belastung stark abnimmt (vgl. Abb. 171). Durch einen automatischen Spannungsregler könnte dessen Spannung konstant gehalten werden. Dieses Gerät ist aber für den Schiffsbetrieb viel zu feingliedrig, so daß man es nur dann verwenden darf, wenn mehrere Generatoren parallel

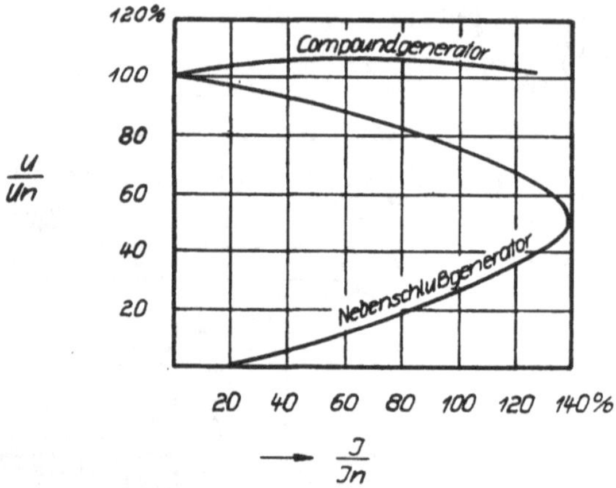

Abb. 171. *U*/*J*-Charakteristik eines Compound- und eines Nebenschlußgenerators

geschaltet sind und die Verwendung von Compoundgeneratoren deshalb nicht in Frage kommt, weil die Ausgleichsleitungen zu große Querschnitte haben würden. Die Ausgleichsleitung bei Parallelschalten von Compoundgeneratoren ist nötig, weil bei ungleicher Belastung der Generatoren der schwächer belastete Generator eine stärkere Spannungsherabsetzung (bzw. bei Gegencompoundierung eine geringere Spannungsherabsetzung) als der andere Generator hätte. Hierbei übernimmt der stärker belastete Generator die Belastung des schwächeren. Durch den Spannungsabfall aber gibt er sie wieder ab. Da die Erregerwicklungen nicht so schnell reagieren, würde ohne Ausgleichsleitung die Maschine pendeln.

Im Beispiel fließen durch die Ausgleichsleitung 200 A. Der Spannungsabfall muß aber ganz klein sein, daher ist die Ausgleichsleitung etwa ½ so stark zu wählen wie die Hauptleitung.

Eine andere noch verbreitetere Art der Parallelschaltung von Compoundgeneratoren besteht in der kreuzweisen Anordnung der Hauptstromspulen oder eines Teiles der Hauptstromspulen. Sinkt der Strom eines Generators, so sinkt die Erregung des anderen Generators. Dieser nimmt weniger Strom auf und der Ausgleich wird erzielt (s. Abb. 173).

Gleichzeitig hat der Compoundgenerator den Vorteil, daß er für 3 Leiternetze geeignet ist.

Bei der Bugspillanlage besitzt nun dieser Compoundgenerator außer der Gegenwicklung noch eine eigen erregte Nebenschlußwicklung und eine fremd erregte. Die fremd erregte Nebenschlußwicklung am Steuergenerator wird in den ersten Stellungen durch den Fahrschalter bedient. Durch ihn wird durch Abschalten und Zuschalten von Widerständen und durch Änderung der Stromrichtung der fremderregten Wicklung die Hauptbedienung der Bugspillanlage geregelt.

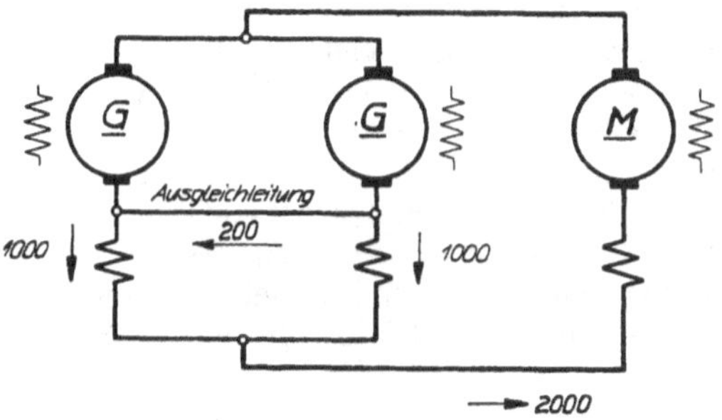

Abb. 172. Zwei Generatoren, die auf ein Netz arbeiten, mit Ausgleichsleitung

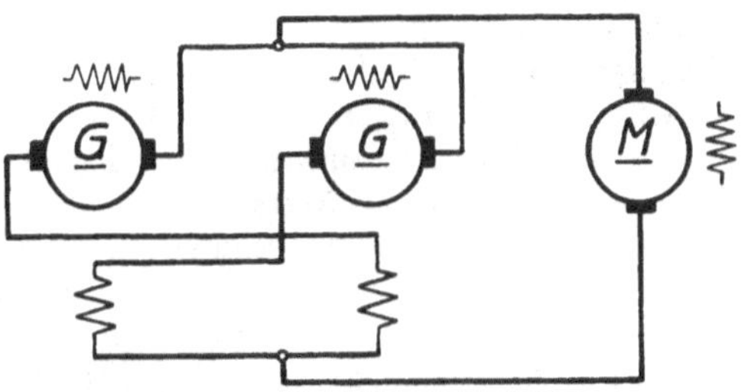

Abb. 173. Zwei Generatoren, die auf ein Netz arbeiten, mit kreuzweiser Anordnung der Erregerspulen (Hauptstrom)

Die eigenerregte Nebenschlußwicklung wird erst in der 3. und 4. Schaltstellung mit eingeschaltet. Durch sie wird erreicht, daß bei hoher Klemmspannung, d. h. also bei Leerlauf der Steuergenerator eine weitere Erhöhung erfährt, da die Höhe des Stromes in der eigenerregten Nebenschlußwicklung eine Funktion der Klemmspannung des Steuergenerators ist. Bei niedrigen Klemmspannungen des Steuergenerators wirkt die Wicklung kaum spannungserhöhend. Dadurch wird erreicht, daß bei Leerlauf die Geschwindigkeit des Bugspillmotors noch weiter erhöht wird. Die Gegencompoundwicklung ist nur auf den letzten 2 oder 3 Fahrschaltungen mit eingeschaltet, während sie bei den ersten und mittleren Fahrstellungen kurzgeschlossen ist. Die Gegencompoundwicklung bewirkt, daß mit zunehmender

Belastung am Steuergenerator eine Erregungsminderung und dadurch eine Spannungsherabsetzung erfolgt, so daß bei größerer Belastung der Bugspillmotor langsam läuft. Auch der Bugspillmotor selbst ist als Compoundmotor ausgebildet.

Man bringt im allgemeinen im Schiffsbetrieb noch einen Steuerstandschalter an. Durch ihn wird erreicht, daß man entweder vom Steuerstand von Deck aus oder vom Schiffsinnern den Bugspillmotor bedienen kann. Ein Notschalter dient dazu, daß die Anlage sofort stillgesetzt wird, wenn der Fahrschalter nicht in die Nullstellung zurückgebracht werden kann (z. B. Fehler im Gestänge an der Steuersäule). Dieser ist ein kleiner Paket- oder Walzenumkehrschalter, der die Nullspannungsschütze bedient. Der Antriebsmotor selbst wird mit einem Selbstanlasser im Leerlauf angelassen. Es kann dann ein spannungsabhängiges Schütz eine Widerstandsstufe überbrücken und so auf einfache Weise den Antriebsmotor zum Anlassen bringen. Jedoch muß dann dafür gesorgt werden, daß der Stromkreis des Netzschützes, durch das der Bugspillmotor ans Netz geschaltet wird, erst dann geschlossen wird, wenn der Anlaßvorgang am Antriebsgenerator beendet ist.

Sehr häufig ist es im Schiffsbetrieb üblich, anstelle der Leonardschaltung die Zu- und Gegenschaltung zu verwenden[1]). Diese hat den Vorteil, daß der Zusatzgenerator wesentlich kleiner sein kann als die Antriebsmotoren des Generators bei der Leonardschaltung. Bei der Bugspillanlage mit Zu- und Gegenschaltung entsteht aber der Nachteil, daß der Spillmotor bei geringen Belastungen auf den ersten Fahrschalterstellungen nicht anlaufen würde, da die zusätzliche Erregung der Zusatzmaschine durch die Hauptstromwicklung gering ist. Hierdurch würde der Spannungsunterschied zwischen der Netzspannung und der Spannung der Zusatzmaschine verringert. Dieser Spannungsunterschied ist so groß wie die Spannung des Spillmotors. Sie reicht in diesem Falle nicht aus, um den Motor zum Anlaufen zu bringen. Um den Anlauf zu ermöglichen, verwendet die AEG eine sogenannte Feldberichtigungsmaschine (vgl. Abb. 174), die auf der Welle des Umformeraggregates sitzt.

Diese dient zur Entmagnetisierung der Zusatzmaschine und hebt die Wirkung der Hauptstromwicklung ganz oder teilweise auf. Die Entmagnetisierungswirkung der Feldberichtigungsmaschine paßt sich der Belastung an. Auf den ersten Schaltstellungen liegt die Nebenschlußwicklung der Zusatzmaschine im Ankerstromkreis der Feldberichtigungsmaschine, deren Ankerwicklung parallel zu einem Widerstand, der im Motorkreis liegt, geschaltet ist. Die Erregung der Feldberichtigungsmaschine ist von der Belastung abhängig. In der ersten Stellung ist der Vorwiderstand der Erregerwicklung kurz geschlossen, so daß sich die Feldberichtigungsmaschine voll auswirken kann. Die Erregung der Zusatzmaschine wird solange herabgesetzt, wie der Motor anläuft. Die elektromotorische Kraft des

[1]) Siehe 1. Kapitel.

Motors verringert die Stromstärke solange, bis Drehmoment und Lastmoment übereinstimmen. Mit abnehmendem Motorstrom wird auch die Erregung der Feldberichtigungsmaschine vermindert, so daß die Spannung der Zusatzmaschine wieder zunimmt. Auf den nächsten Fahrstellungen wird der Vorwiderstand zur Erregerwicklung eingeschaltet, wodurch gleichzeitig die Fremderregung der

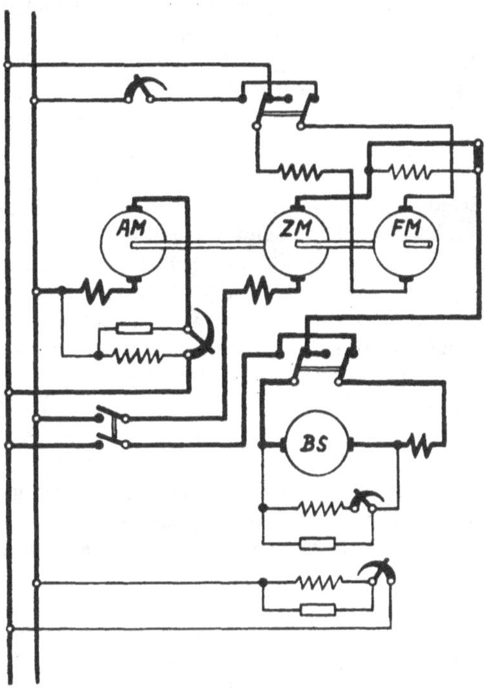

Abb. 174. Bugspillanlage in Zu- und Gegenschaltung

AM = Antriebsmotor
ZM = Zusatzmaschine
FM = Feldberichtigungsmaschine
BS = Bugspillmotor

Zusatzmaschine verringert wird. Durch diese Einrichtung ist in den Schalterstellungen 1 und 2 die Drehzahl beinahe unabhängig vom Drehmoment. Nur bei größeren Momenten geht sie auf Null über.

Auch bei der Verwendung von Zu- und Gegenschaltung wird erst der Steuerstandswahlschalter eingeschaltet und der Notschalter, bevor die Walze eingeschaltet wird. Für Heben und Senken ist die Walzenabwicklung gleich. Die Walze ist symmetrisch.

b) Ladewindeneinrichtungen

Ladewinden für kleinere Leistungen haben eine einfache Widerstandsschaltung. Als Fahrschalter dienen Kontroller oder Nockenschalter. Für mittlere Leistungen wird die gleiche Schaltung angewandt, jedoch verwendet man Schütze, die in einem schwallwasserdichten Schrank untergebracht sind (meist Gußgehäuse). Die Bedienung erfolgt durch Meisterwalze und Meisterschaltung. Gewöhnlich sind Schützen und Schalter auf Deck untergebracht. Die Widerstände sind im Maschinensatz selbst befestigt und werden vielfach durch Ventilatoren künstlich gekühlt. Gefordert wird von Ladewinden insbesondere schnelles Steuern bei leerem Haken oder geringer Last, während bei großer Last diese lastabhängig arbeiten. Abb. 175 zeigt eine Ladewindensteuerung.

Vielfach wird schnelle Leerfahrt gefordert. Dies wird durch Feldschwächung erreicht. Bei der Schaltung nach Abb. 175 ist die Feldschwächung in einigen Stufen des Kontrollers durchgeführt. Die Stellungen sind nach Tonnen der zu bewegenden Last auf dem Kontroller markiert. Bei den größeren Ladewinden wird manchmal auf die Feldschwächung verzichtet, jedoch wurde die Gesamtschaltung mit Schützen ausgeführt. Zu beachten ist, daß, wie bei allen Schiffssteuerungen, auch ein Notschalter anzubringen ist, der in den Kontroller eingebaut werden kann oder von ihm getrennt ist. Dieser Notschalter dient dazu, daß die Anlage stillgesetzt wird. Durch Ausschalten des Netzschützes oder der Netzschütze durch eine kleine Walze oder Paketschalter wird dies erreicht. Der Kontroller kann dann gedreht werden, ohne daß der Motor eingeschaltet wird. Für größere Schiffe wird auch für Lade- oder Bootswinden Leonardsteuerung oder Zu- und Gegenschaltung verwandt. Die Regelung der Geschwindigkeit abhängig von der Last wird von der AEG durch einen sogenannten Arbeitsregler erzielt. Dieser ist ein Elektromagnet, der zwei Wicklungen hat. Die eine Wicklung wird vom Ankerstrom durchflossen, während die andere Wicklung eine Spannungsspule ist. Beide Spulen arbeiten bei Motorbetrieb im gleichen Sinne. Bei Umkehrung der Drehrichtung des Windenmotors ist auch die Spannungsspule durch den Fahrschalter umzukehren. Der Anker dieses Elektromagneten ist unter Zwischenstellung eines Gestänges mit 2 Kontaktmessern gekuppelt, die 2 Kontaktbahnen überstreichen können. Jede dieser Kontaktbahnen hat 20 gegeneinander isolierte Kupferlamellen, die mit zwei parallel geschalteten Widerstandsreihen verbunden sind. Durch den Arbeitsregler wird erreicht, daß von jedem Kontaktmesser eine Widerstandsreihe in Stufen kurzgeschlossen wird. Zwei einstellbare Federn, die in dem Gelenk zwischen Gestänge und Kontaktmesser angeordnet sind, halten den Anker des Arbeitsreglers bei stromloser bzw. nicht genügend erregter Spule in der tiefsten Stellung, in der der Windenmotor voll erregt ist. In dem Anker ist außerdem noch der Kolben einer Luftbremse angebracht mit einem verhältnismäßig sehr großen Durchmesser, um ein stoßfreies Arbeiten des Arbeitsreglers zu erzielen. Verwendung finden auch hier wieder ausschließlich Compoundgeneratoren und Compoundmotoren. Zunächst wird der Antriebsmotor im Leerlauf einstufig angelassen, dann wird der Bremslüft-

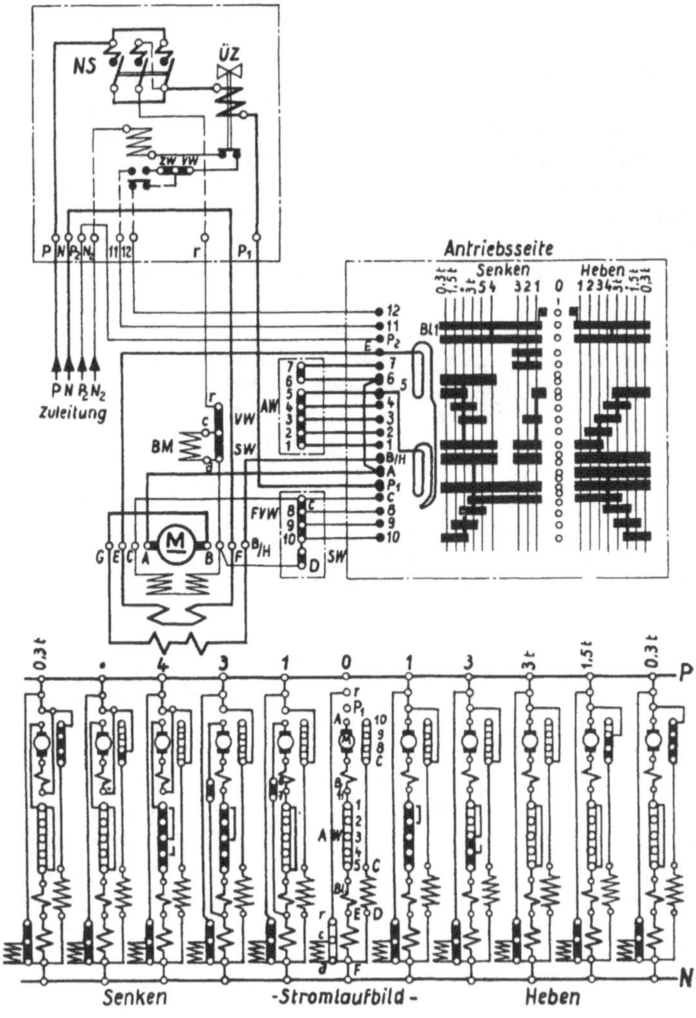

Abb. 175. Ladewindensteuerung

AW = Anlaßwiderstand
*Bl*₁ u. ₂ = Blasspule
BM = Bremslüftmagnet
FVW = Feldvorschaltwiderstand
M = Motor
NS = Netzschütz
ÜZ = Magnetischer Überstromzeitauslöser
SW = Schutzwiderstand
VW = Vorschaltwiderstand
ZW = Zuschaltwiderstand

magnet gehoben und die Selbstmordschaltung des Steuergenerators wird unterbrochen. Der Arbeitsregler kommt in seine Endstellung, so daß der gesamte Regelwiderstand am Feld des Bootswindenmotors abgeschaltet ist. Der Bootswindenmotor ist also voll erregt. Der Regelwiderstand des Steuergenerators wird nun stufenweise abgeschaltet bis der Motor auf seine vollen Touren kommt und bei voller Erregung des Steuergenerators die höchste Spannung erreicht wird. Darüber hinaus gibt es noch eine weitere Stellung am Fahrschalter. In dieser letzten Stellung wird die Spannungsspule des Arbeitsreglers abgeschaltet, so daß die Lage des Ankers und damit die Stellung der Kontaktmesser und der Regelwiderstände des Bootswindenmotors nur von der Stärke des Motorstromes abhängig gemacht wird. Das bedeutet, daß die Größe der Erregung des Bootswindenmotors abhängig ist von der Last selbst. Bei voller Last bleibt der Anker des Arbeitsreglers angezogen und der Motor ist voll erregt. Bei geringerer Last werden die Kontakte eine der Last entsprechende Stellung einnehmen und damit die Erregung des Bootswindenmotors schwächen, der damit schneller läuft. Bei leerem Haken, also ganz geringer Last, bewirkt die Schwächung des Motorfeldes die höchste Steigerung der Motordrehzahl. Der Feldregelwiderstand des Motors wird im allgemeinen so ausgelegt, daß eine Erhöhung der Drehzahl um 100% ermöglicht wird. Selbstverständlich muß der Motor dafür ausgebildet sein, daß er dieser hohen Drehzahl gewachsen ist. Beim Senken spielen sich die gleichen Vorgänge wie beim Heben ab. Spindel- oder Rollenhebelendschalter sind ebenfalls vorhanden.

c) Heckspillanlagen

Ähnlich wie bei Bugspillanlagen werden bei kleinen Schiffen die Heckspillanlagen nach einer Schaltung gemäß Abb. 170 ausgeführt. Bei größeren Anlagen wird Leonardschaltung oder Zu- und Gegenschaltung verwendet. Auch hier hat der Steuergenerator eine Gegencompoundierung, durch die erreicht wird, daß die Klemmspannung des Steuergenerators bei hohem Drehmoment herabgesetzt wird. Der Heckspillmotor selbst, der ein Compoundmotor mit überwiegendem Nebenschlußverhalten ist, erhält hierdurch bei größeren Belastungen den Charakter des Hauptstrommotors. Andererseits werden Stromwächter eingeschaltet, die so wirken, daß, sobald eine bestimmte Minimalstromstärke unterschritten wird, der Feldschwächungswiderstand für den Heckspillmotor eingeschaltet wird, wodurch seine Drehzahl erhöht wird, was vor allem ein schnelles Einziehen der leeren Trosse zur Folge hat.

Bei Heckspillanlagen ist dann eine Selbstmordschaltung nicht nötig, wenn der Steuergenerator so ausgebildet ist, daß er nur eine kleine remanente Spannung aufweist. Dies wird z. B. dadurch erreicht, daß Joch und Magnetkern des Steuergenerators aus 1/2 mm starken Blechen zusammengesetzt werden. Zwischen Magnetkernen und Joch befinden sich Messingbleche von geringerer Stärke. Diese haben einen starken magnetischen Widerstand. Außerdem sind zwischen Pol und Wendepol schwache Stahlblechstücke oder Mumetallstücke angebracht, die sofort durch die Erregung stark gesättigt werden, so daß der Kraftflußverlust im Luftspalt zwischen Polschuh und Anker im Verhältnis klein ist. Bei Fortfall der Erregung verläuft dagegen der Kraftfluß, der noch von dem remanenten Magnetismus vorhanden ist, durch die Stahlbleche, die einen magnetischen Schluß zwischen den Polen bewirken. Dieser wirkt sich in umgekehrter Richtung über dem Anker aus und bewirkt damit die Aufhebung des remanenten Magnetismus und eine Entmagnetisierung der Maschine.

Heckspillanlagen kommen hauptsächlich in Verbindung mit Ruderanlagen vor (vgl. S. 269), wobei der Heckspillmotor von einem der beiden Steuergeneratoren, die für die Rudermotoren, Verwendung finden mit Strom beliefert wird. Bei größeren Schiffen sind Heckspillanlagen verhältnismäßig selten. Selbstverständlich muß auch bei Heckspillanlagen der Fahrschalter betätigt werden können, wenn die Nullspannungsschütze abgeschaltet sind, was durch einen kleinen Notschalter bewirkt wird. Bei einer Ausführung mit Zu- und Gegenschaltung wird als Spillmotor ein Compoundmotor verwendet mit dem überwiegenden Verhalten eines Hauptstrommotors. Die Zusatzmaschine wird mit einer Hauptstromwicklung, einer fremd erregten und eigen erregten Nebenschlußwicklung ausgestattet. Solange die Zusatzmaschine mit Gegenspannung arbeitet, ist nur die Hauptstrom- und die fremd erregte Wicklung eingeschaltet, während, wenn die Zusatzmaschine zur Spannungserhöhung beiträgt, die Hauptstrom- und Fremderregung einander entgegenwirken. In diesem Falle kann die Eigenerregung entweder die Hauptstromwicklung oder die Fremderregung unterstützen. Hierdurch kann erreicht werden, daß der Spillmotor größere Lasten mit kleiner Geschwindigkeit hebt.

Bei Änderung der Drehrichtung des Heckspillmotors muß die Spannung der Zusatzmaschine durch einen Spannungswächter überwacht werden, der so wirkt, daß erst dann, wenn die Spannung der Zusatzmaschine die notwendige Gegenspannung hat, der Heckspillmotor eingeschaltet wird. Dies ist vor allem notwendig bei raschem Umreißen von einer Drehrichtung auf die andere. Dies würde, wenn der Spannungswächter nicht vorhanden wäre zur Folge haben, daß die Zusatzspannung sich noch zur Netzspannung addiert und der Heckspillmotor sofort an eine höhere Spannung gelegt würde als Netzspannung, was große Stromstöße auf die Maschine zur Folge hätte und damit eine Überbeanspruchung von Elektromotor und Getriebe.

d) Netzwinden

Bei Fischdampfern sind besonders zum Heranholen der gefangenen Fische bzw. zum Fischfang Netzwinden erforderlich, die wegen Seeganges vielfach große Motoren erfordern. Auch diese müssen regulierbar sein. Auch hierbei werden Compoundmotoren mit überwiegendem Hauptschlußverhalten gewählt. Da sehr vorsichtig eingefahren werden muß, kann unter Umständen die Schalthäufigkeit der verwendeten Geräte vorübergehend groß sein (240 bis 300 Schaltungen/Std.). Auch der

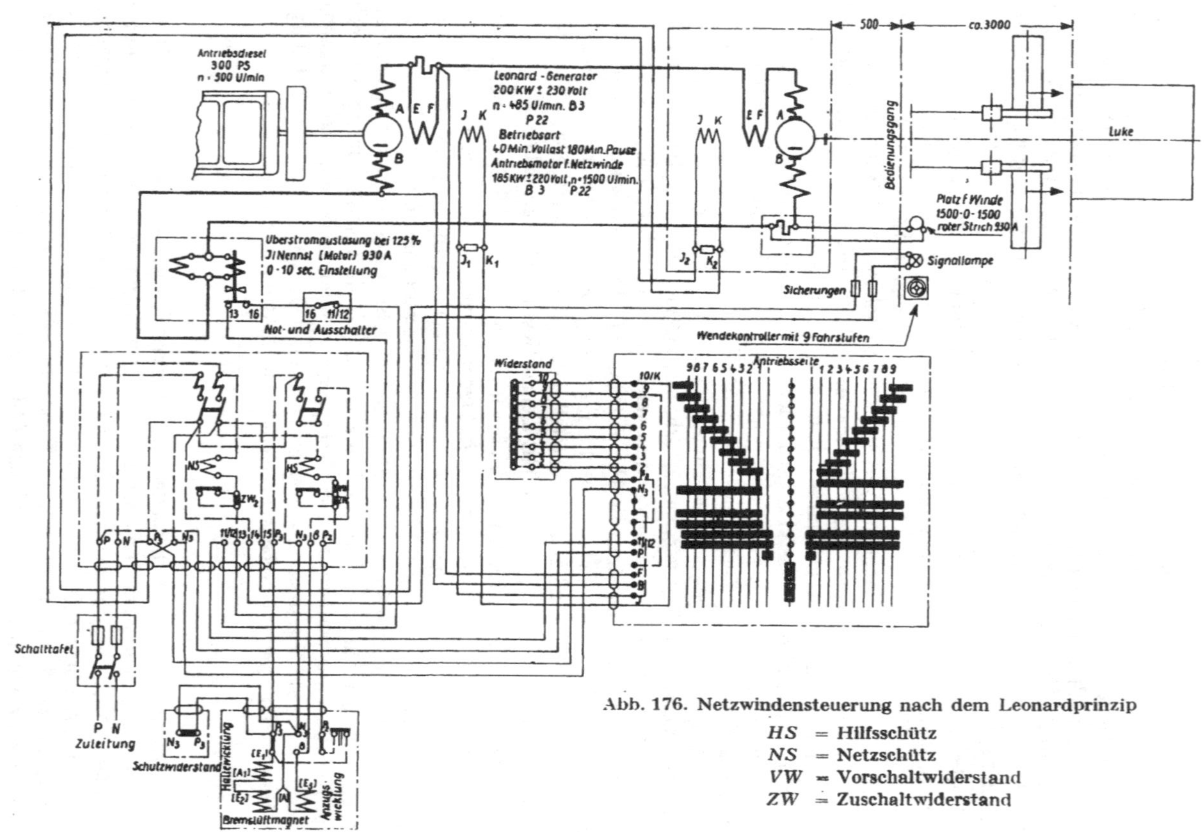

Abb. 176. Netzwindensteuerung nach dem Leonardprinzip

HS = Hilfsschütz
NS = Netzschütz
VW = Vorschaltwiderstand
ZW = Zuschaltwiderstand

Regulierbereich ist in den meisten Fällen ziemlich weitgehend. Man muß im allgemeinen mit etwa einer Reguliermöglichkeit bis zu 70% rechnen. Auch ist darauf zu achten, daß die Einschaltdauer der Geräte eine hohe ist, da unter Umständen sehr vorsichtig das Netz eingezogen werden muß. Man rechnet im allgemeinen mindestens mit einer Einschaltdauer der Motoren und Magnete von 70%, da die Einschaltzeit lang ist, trotzdem dann auch die Pause lang ist. Auch hier wird für größere Leistungen ein Leonardantrieb mit Compoundgenerator mit einer Gegenstromwicklung ausgestattet, um automatisch ein langsames Einziehen bei größeren Drehmomenten zu erzeugen. Der Generator hat überwiegend Nebenschlußverhalten. Außerdem wird dadurch ermöglicht, daß bei Umkehrbetrieb auf die Selbstmordschaltung verzichtet werden kann (s. Abb. 176).

e) Ruderanlagen

Das Ruder dient zum Steuern des Schiffes, es besteht meist aus einem Ruderprofil, das strömungstechnisch günstiger ist als die früher verwendete Platte. Die Wirkung des Ruders ergibt sich aus Abb. 177 [1]).

Durch Drehung des Ruders um den Winkel α wird das Wasser im Beispiel Steuerbord gestaut, es herrscht Backbord Unterdruck. Hierdurch wird eine Querkraft Q_R am Heck hervorgerufen, der Bug wandert nach Steuerbord, das Schiff dreht sich. Durch die Schiffsbewegung selbst entstehen weitere Querkräfte Q_S. Die Entfernung des Schiffsschwerpunktes S vom Schwerpunkt des Ruders multipliziert mit dem Ruderdruck ergibt das Ruderschaftsmoment. Dieses beträgt je nach Größe des Schiffes 1 bis mehr als 100 mt. Der Ruderwinkel beträgt von Hartlage zu Hartlage meist je $33^0 + 2^0$ Nachlauf. Das Ruderschaftsmoment abhängig von der Steuerzeit zeigt Abb. 178.

Wird unmittelbar aus der Backbordstellung das Ruder nach Steuerbord gelegt, so ist das Ruderschaftsmoment M_3 größer als M_1, das durch Stellen des Ruders aus der Nullage bedingt ist. Das Schiff fährt zunächst im Drehkreis, dann geht das Ruder in den Gegenkurs. Beim vorgesehenen Beispiel soll das Ruder innerhalb von 12 Sek. aus der Nullage in die Hartlage *Bb* und von 15 Sek. aus der Hartlage *Bb* in die Nullage und innerhalb von weiteren 15 Sek. in die Hartlage *Stb* gebracht werden.

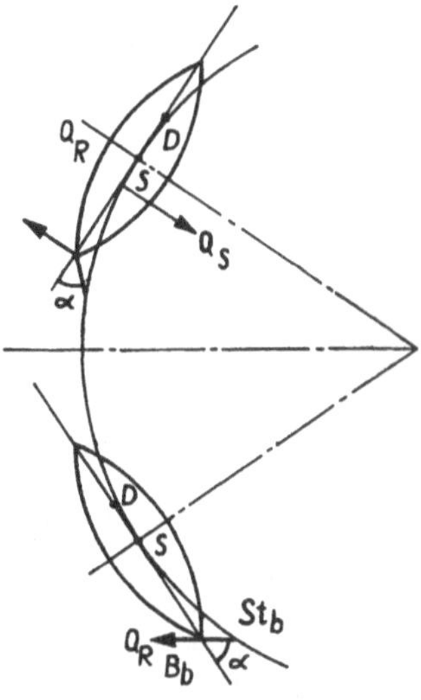

Abb. 177. Wirkungsweise eines Schiffsruders

α = Ruderwinkel
D = Drehpunkt
S = Schwerpunkt
St_b = Steuerbord
B_b = Backbord

[1]) Franz, Ruderanlagen auf Handelsschiffen, Elektrotechnik und Maschinenbau 1942 S. 469.

Die Motorleistung ist außer vom Ruderschaftsmoment noch von der Fahrtgeschwindigkeit abhängig.

Man unterscheidet mechanische und elektrohydraulische Ruderanlagen. Die mechanischen Anlagen sind sogenannte Quadrantruderanlagen. Der Ruderquadrant ist ein kreissektorartiges Gebilde. Die Kraft greift an einem am Ruderschaft angebrachten Hebel, der sogenannten Pinne an. Der Antrieb erfolgt über ein selbstsperrendes Schneckenradgetriebe mit senkrechter Schneckenradwelle. Der größte Ausschlag wird durch „Stopper" mit federnden Puffern gedämpft. Häufig wird der

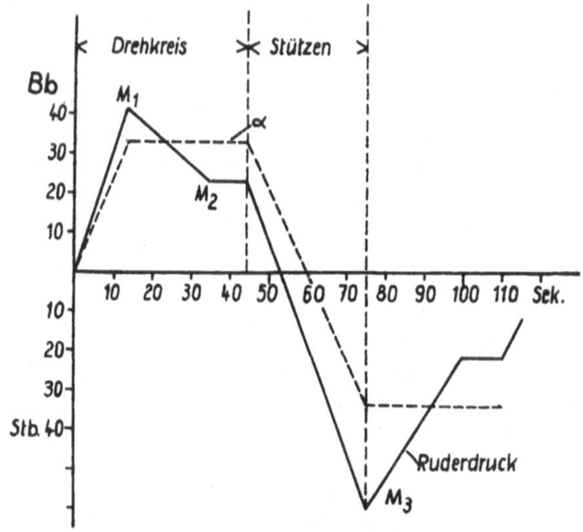

Abb. 178. Ruderschaftsmoment als Funktion der Zeit

Quadrant auch direkt auf das Schaft aufgekeilt, dann dient der Schaft gleichzeitig als Pinne. Bei Eis und schwerer See dient eine Rutschkupplung dazu, die Wirkung der Überlast von der Maschinenwelle abzufangen. Dies kann z. B. eine Lamellenkupplung sein, die durch Kegelfedern gehalten wird. Bei Überschreiten des Rutschmomentes wird durch die Kupplung die Verbindung zwischen Antrieb und Pinne gelöst.

Es gibt grundsätzlich zwei Arten elektrohydraulische Anlagen. Entweder bewegen Kolbenpumpen anstelle des mechanischen Gliedes das Ruder in die gewünschte Lage mit entsprechender Druckleitung für jede Bewegung des Ruders, oder aber eine hydraulische Drehflügelanlage übernimmt die Steuerung des Ruders. Abb. 179 stellt eine solche Anlage dar[1]). Durch Trennwände werden ringabschnittförmige

[1]) Gregor, Eine moderne hydrauliche Drehflügelanlage, Schiff und Hafen 1949, S. 39.

Räume geschaffen, in denen sich Drehflügel befinden, so daß insgesamt vier (manchmal auch sechs) Kammern entstehen, von denen je zwei gegenüberliegende mit der Pumpe verbunden sind.

Die Ruderanlage, die von größter Bedeutung für die Steuerung des Schiffes ist, muß unter allen Umständen sicher laufen. Aus diesem Grunde werden 2 Rudermotoren, von denen jeder getrennt auf ein Ritzel läuft, und seine Bewegungen auf das Steuer überträgt, verwendet. Hierbei muß darauf geachtet werden, daß jeder

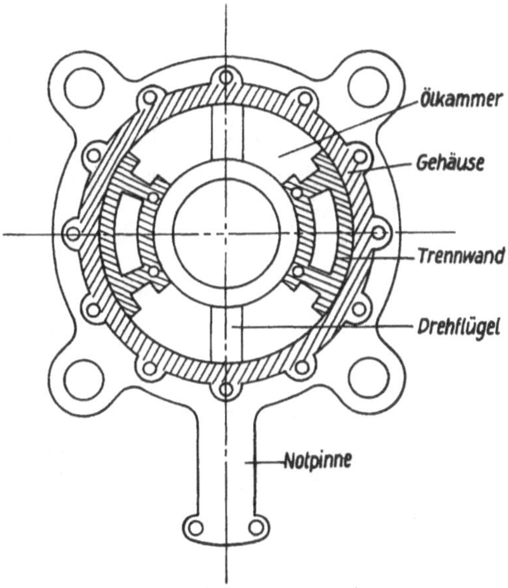

Abb. 179. Elektohydraulische Drehflügelruderanlage

Rudermotor so ausgelegt sein muß, daß er notfalls für sich in der Lage ist, das Ruder bei langsamer Fahrt allein zu bewegen. Andererseits müssen die Rudermotoren möglichst klein sein, da sie nur einen geringen Nachlauf haben dürfen und außerdem müssen sie aus diesem Grunde eine geringe Drehzahl, etwa maximal 500 Umdrehungen pro Minute aufweisen. Grundsätzlich wird die Leonardsteuerung in 2 Formen betrieben, entweder mit Erregermaschine oder ohne Erregermaschine. Die Schaltung Abb. 180 zeigt die Schaltung mit Erregermaschine.

Auch hier werden Compoundmotoren und Compoundgeneratoren verwandt, wobei die Charakteristik des Compoundmotors in erster Linie eine Nebenschlußcharakteristik ist. Die Rudermotoren müssen ferngesteuert werden. Die Fernsteuerung erfolgt entweder durch Druckknöpfe oder durch eine sogenannte sympathische Steuerung

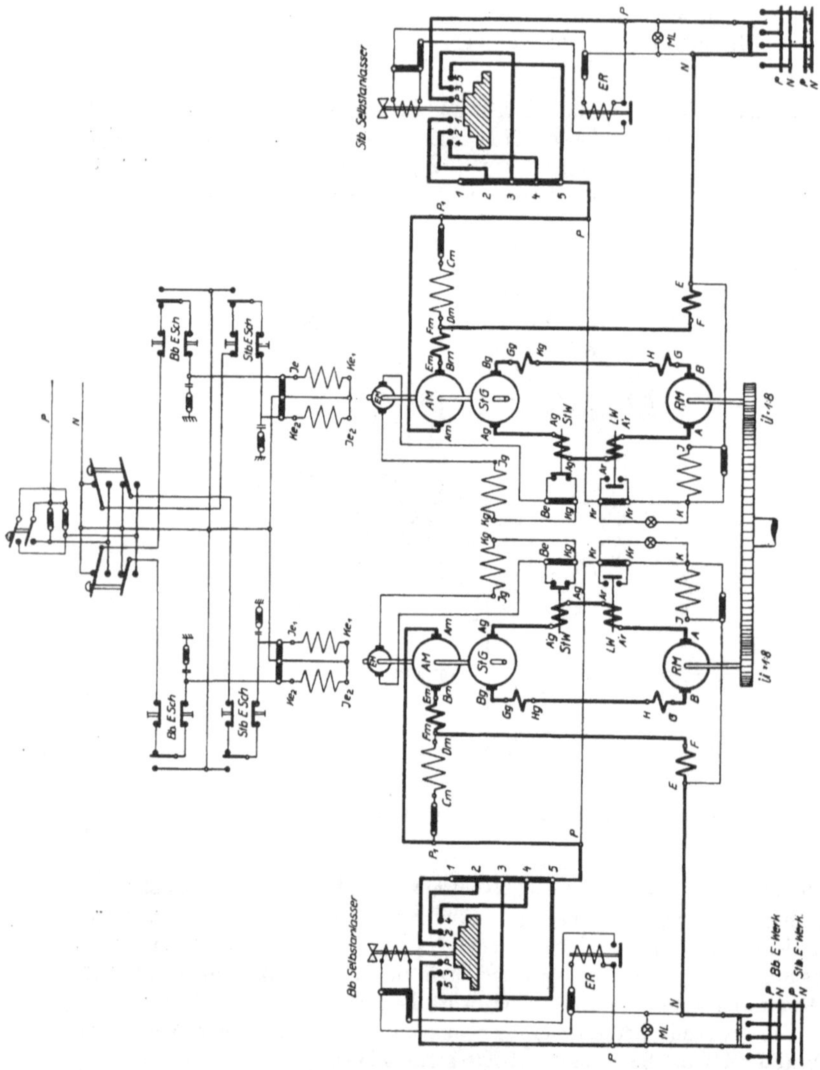

Abb. 180. Ruderanlage mit Erregermaschine und Druckknöpfen

RM = Rudermotor. *StG* = Steuergenerator. *EM* = Erregermaschine. *AM* = Antriebsmaschine. *Bb* = Backbord. *Stb* = Steuerbord. *LW* = Leistungswächter. (Bei Überschreiten eines bestimmten Drehmomentes wird der Widerstand *Kr* kurzgeschlossen, damit die Erregung *JK* vergrößert, die Drehzahl von *RM* herabgesetzt und damit die Leistung von *AM*.) Stromwächter *STW* öffnet bei Überschreiten der Höchstlast *Ag*, Widerstand *Kg*—*Be* wird eingeschaltet, der Erregerstrom fällt, damit die Klemmspannung von *Stg*, damit der Strom — der Rudermotor bleibt stehen. *ESch* = Endlagenschalter (Hartlage). Lüftermotoren sind nicht dargestellt.

(Beschreibung s. S. 277). Durch 2 Druckknöpfe Steuerbord oder Backbord[1]) wird die Drehrichtung bestimmt (Einrichtung SSW), während ein Beschleunigungs-

[1]) Entnommen aus einem Lehrbuch für Elektrische Einrichtungen für die Deutsche Kriegsmarine.

Druckknopf die Drehgeschwindigkeit des Motors erhöht. Beim Einschalten des Druckknopfes für Steuerbord wird die eine Wicklung an Spannung gelegt, während die andere im Kurzschluß verbleibt. In der Kurzschlußwicklung wird durch das Einschalten ein vorübergehender Kraftfluß erzeugt, der dem Hauptkraftfluß entgegen wirkt, der Rudermotor läuft infolgedessen weich an. Stromstöße werden vermieden. Andererseits hat die Schaltung den Nachteil, daß auch beim Ausschalten der Kraftfluß nur verhältnismäßig langsam verschwindet. Um dem entgegen zu wirken, verwendet man Steuergeneratoren ohne Compoundwicklung und verschiebt die Bürsten in der Drehrichtung. Hierdurch wird ein der Ankerspannung entgegen gerichtetes Feld erzeugt und dem Steuergenerator bei Belastung eine abfallende Drehzahl-Charakteristik gegeben.

Die Nebenschlußwicklungen der Erregermaschine sind je 2 gegenläufig-gewickelte Feldwicklungen. Sie sind auf dem Polkern der Maschine gleichmäßig verteilt. Der Drehsinn des Rudermotors wird durch das Einschalten der einen oder anderen Wicklung bestimmt. Zu den Erregerwicklungen sind hochohmige Widerstände parallel geschaltet. Sie dienen als Feldschutzwiderstände. In dem Leonardkreis ist ein Leistungswächter eingeschaltet. Dieser dient dazu, daß ein bestimmter eingestellter Strom am Antriebsmotor nicht überschritten werden darf. Dadurch wird erreicht, daß die Netzleistung herabgesetzt wird, und zwar durch Drehzahlverminderung, wobei der Drehzahlabfall schnell vor sich gehen muß, und zwar aus dem Grunde, weil ein Rudermotor bei Entlastung sehr schnell und mit zunehmender Belastung langsam laufen soll. Bei zu langsamen Verschwinden der Steuergeneratorspannung wird der Nachlauf des Rudermotors sehr groß. Durch den Leistungswächter wird bei Erreichen eines bestimmten Stromes das Feld des Rudermotors verstärkt, wobei etwa eine Feldverstärkung um 100 bis 150% stattfinden soll. Hierdurch wird auch die aus dem Umformermotor entnommene Leistung herabgesetzt, so daß also der Netzstrom nicht überschritten wird. Bei Erreichung eines bestimmten Höchstmomentes des Rudermotors muß der Rudermotor still stehen. Dies erfolgt durch Stromwächter. Beim Abschalten des Rudermotors bei Verwendung der Leonardsteuerung mit Erregermaschine entsteht der Nachteil eines verhältnismäßig großen Nachlaufes, der nur durch künstliche Mittel, wie oben beschrieben, aufgehoben werden kann. Es sind auch Fernsteuerungen entwickelt worden, bei denen auf die Erregerwicklung verzichtet wird. Trotzdem muß ein sanftes Anfahren gefordert werden. Bei einer Verschiebung des Ruders um nur wenige Grade, kann der Motor verhältnismäßig langsam laufen, während ein Umsteuern schnell vor sich gehen muß. Bei dieser Steuerung wird von der AEG ein Druckknopfschalter verwandt, der sogenannte Wippenlenker. Dieser hat je Seite zwei Rastungen. In der ersten Raststellung nach Abb. 181 wird ein Vorwiderstand vor die Nebenschlußwicklung des Steuergenerators mit Gegenverbundwicklung geschaltet, so daß sich der Rudermotor langsam bewegen kann. Drückt man den Wippenlenker tiefer, so wird der Vorwiderstand kurzgeschlossen, die Erregung erhöht und damit die Spannung des Steuergenerators und hiermit die Drehzahl des Rudermotors.

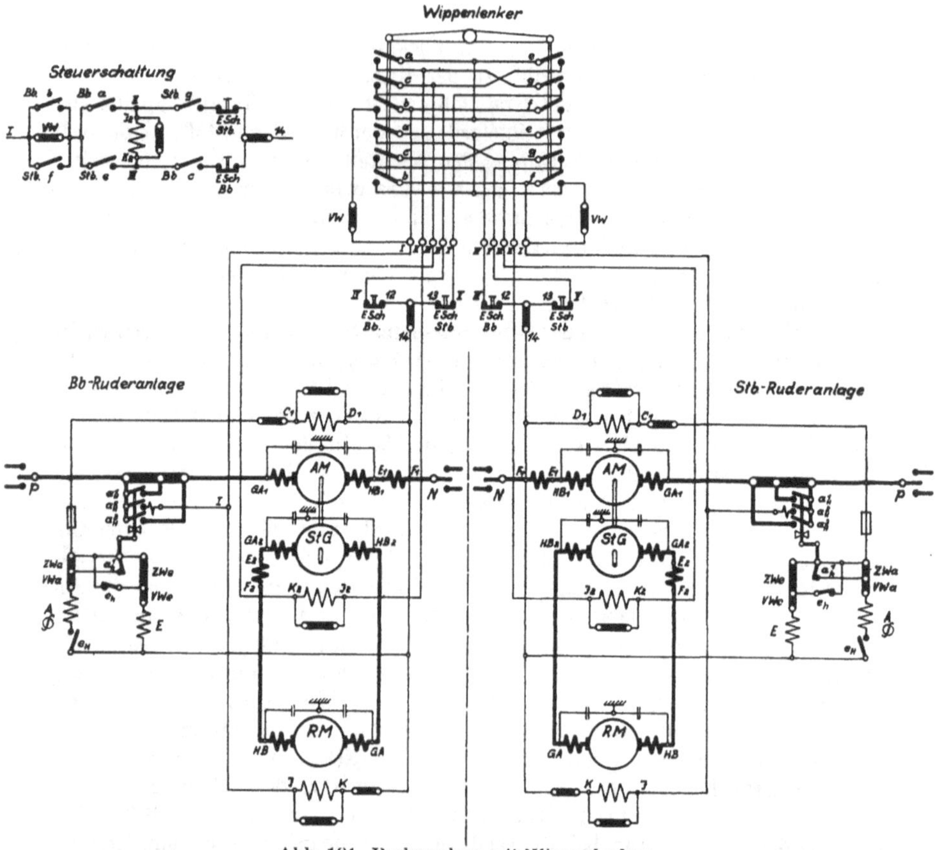

Abb. 181. Ruderanlage mit Wippenlenker.
ESch = Endlagenschalter. *Bb* = Backbord. *Stb* = Steuerbord. *AM* = Antriebsmotor. *E*, *A* = Schütze. Nach Einlegen des Schalters *P*/*N*, wird *E* über e_h dann *A* erregt. *A* schaltet verzögernd, und schließt Ankerwiderstand kurz, durch *A* wird *J*/*K* des Rudermotors *RM* eingeschaltet. *VW* = Vorwiderstund. *ZW* = Zuschaltwiderstand. *StG* = Steuergenerator.

Durch die Gegenverbundwicklung am Steuergenerator wird erreicht, daß bei unbelastetem Motor die Geschwindigkeit des Ruders hoch ist. Bei belastetem Rudermotor (schnellfahrendes Schiff) fällt die Spannung des Steuergenerators als Folge der Gegenverbundwicklung. Hierdurch wird die Spannung stark herabgesetzt und eine steil abfallende Charakteristik erzielt. Bei Kursänderungen des Schiffes, also größeren Wendungen des Ruders, wird die Wippe tief gestellt. Dadurch steigt die Spannung bei unbelastetem Motor um beinahe 60 bis 70%. Hierdurch wird erreicht, daß bei einem bestimmten Höchstmoment der Rudermotoren die

Leistung des Steuergenerators mit Rücksicht auf die eingeschaltete Gegenverbundwicklung wieder sinkt, wodurch die Spannung des Steuergenerators und damit die Drehzahl des Rudermotors sinkt. In einem bestimmten Moment fällt die Leistung des Steuergenerators in größerem Maße als das Belastungsmoment des Rudermotors steigt.

Zur Steuerung verwendet man im allgemeinen die gleichen Generatoren mit geringem remanenten Magnetismus, wie diese auf Seite 266 in Verbindung mit Heckspillanlagen beschrieben worden sind, da man im allgemeinen die Selbstmordschaltung vermeiden will, um eine so einfach wie mögliche Schaltung zu haben.

Bei kleinen Schiffen kann eine normale Umkehrsteuerung mit Fahrbremsschaltung wie sie auf Seite 237 beschrieben ist, in Verbindung mit Verbundmotoren auch für die Betätigung des Rudermotors vorgesehen werden. In jedem Falle gehören noch zum Rudermotor als Sicherung Endlagenschalter, die zwischen Erregerwicklung und Druckknopf oder Wippenlenker eingeschaltet werden. Diese Endlagenschalter sind Spindelschalter abhängig von der Bewegung des Getriebes der Rudermotoren und schalten automatisch ab, sobald der Rudermotor eine bestimmte unzulässige Ruderlage (Hartlage) zu überschreiten droht.

Wie bei allen Marinegeräten sind Notschalter erforderlich, durch die unabhängig vom Betätigungsschalter abgeschaltet werden kann. Die Rudermotoren werden von der Kommandobrücke aus bedient. Die Steuergeräte auf der Kommandobrücke dürfen nicht eisengekapselt sein, da sie in unmittelbarer Nähe des Kompasses sich befinden. Man wählt im allgemeinen Hydronalium. Darüber hinaus müssen große Rudermotoren mit Rücksicht auf das geforderte kleine Schwungmoment fremd belüftet sein. Es wird also noch je ein Lüftermotor benötigt, der so lange wie die Rudermotoren eingeschaltet ist.

Die Bedienung durch Druckknöpfe hat sich nicht an allen Stellen durchgesetzt, da in vielen Fällen der Steuermann an Bord in gleicher Form das Steuerrad betätigen will, wie sich das Ruder bewegt. Dies ist einerseits noch in Erinnerung an die mechanische Steuerung durch einen bestimmten Konservatismus zu erklären, andererseits ist es sicherlich auch sinnfälliger, wenn der Steuermann nicht an einem Meßgerät, sondern direkt am Steuerrad die Lage des Ruders feststellen kann. Diese Betätigungsart nennt man die sympathische Steuerung. Im Prinzip ist sie ähnlich den beschriebenen Steuerungen mit Druckknöpfen bzw. Wippenlenkern. Die Betätigung erfolgt aber jetzt nicht durch Druckknöpfe, sondern durch ein Steuerrad. Dieses Steuerrad oder dieser Steuerhebel soll anzeigen, welche Stellung das Ruder jeweils hat. Es ist etwa so ausgebildet, daß durch eine einleitende Bewegung nach rechts oder links über eine Schiene für Rechtslauf oder Linkslauf entweder das eine oder andere Schütz für die Einschaltung der richtigen Richtung des Feldes betätigt wird. Hierdurch wird erreicht, daß bei einer weiteren Drehung nach rechts der Generator weiter nach rechts läuft. Bei einer Drehung nach links läuft der Generator weiter nach links. Diese Steuersäule hat eine ganze Anzahl von Kontakten, diese sind verbunden mit einem Empfänger, auf den dieselben Kontakte angebracht sind. Stimmt jetzt die Stellung des Handhebels, der durch eine kleine Vorbewegung erst das Rechtsschütz oder das Linksschütz für das Feld eingeschaltet hat, mit der Stellung eines festen einteiligen Hebels am Empfänger nicht überein, so ist das Feld des Steuergenerators eingeschaltet und der Steuergenerator betätigt den Rudermotor. Der Rudermotor ist über ein Übersetzungsgetriebe mit dem Hebel des Empfängers verbunden und bewegt ihn so lange, bis die Kontakte am Empfänger und Geber übereinstimmen. In diesem Moment wird ein Hilfsschütz eingeschaltet und dieses Hilfsschütz schaltet die Umkehrschützen, durch die der Steuergenerator eingeschaltet wird, aus. Am Empfänger und Geber steht der Hebel in gleicher Richtung. Nach Loslassen des Hebels am Geber geht von dem zweiteiligen Hebel ein isoliert angebrachtes Stück in die Nullage zurück und eines der beiden Umkehrschützen ist eingeschaltet. Auf diese Weise wird erreicht, daß jeweils am Geber und Empfänger gleiche Lage herrscht, wenn das Ruder stehen bleibt. Am Geber selbst ist der Griff noch mit einem Sonderdruckknopf versehen. Wird dieser gedrückt, so wird das Feld des Steuergenerators verstärkt und die Geschwindigkeit des Rudermotors wird vergrößert. Hierdurch ist ein schnelles Stellen des Rudermotors möglich. Im übrigen wirkt auch bei Schnellauf des Rudermotors die Steuerung genau so wie bei langsamen. Selbstverständlich sind die Feldwiderstände zu beachten. Die Steuerung wirkt also im Prinzip genau so wie die vorher genannten mit Druckknöpfen oder Wippenlenkern. Das Ruder wird so lange dort bewegt, wie der Wippenlenker bzw. Druckknopf gedrückt wird, hier so lange, bis der Hebel beim Geber und Empfänger in gleicher Lage liegt.

Die sympathische Steuerung der AEG besteht aus einem Rudereinsteller und einem Ruderwächter gemäß Abb. 182.

Rudereinsteller und Ruderwächter haben gleiches Aussehen. Der Ruderwächter ist mit dem Rudermotor durch einen selbstsperrenden Schneckenantrieb und Ritzel verbunden. Schneckengetriebe und Schneckenwellenlager (Kegelrollendrucklager) befinden sich im Ölbad. Nachdem gewöhnlich ein Rudereinsteller auf dem Poopdeck und ein Rudereinsteller auf der Kommandobrücke sich befinden, muß dafür Sorge getragen werden, daß nicht beide Rudereinsteller gleichzeitig bedient werden können. Dies kann dadurch erfolgen, daß durch eine ausrückbare Kupplung der vordere Steuerstand abgekuppelt werden kann, wenn vom Reservesteuerrad aus auf dem Poopdeck gearbeitet werden soll. Diese Kupplung liegt zwischen Schneckenrad und Ritzel. Sie ist als Lamellenkupplung mit nichtmetallischen Reibflächen ausgebildet. Die Lamellen werden durch eine Spannvorrichtung oberhalb des Triebwerkes über eine Tellerfeder zusammengepreßt. Die Kupplung selbst arbeitet trocken. Sie befindet sich in einem öldichten Topf, da sie im ölgefüllten Unterteil des Triebwerkgehäuses angebracht ist. Durch Lösen der Kupplung kann der selbstsperrende Schneckenantrieb abgekuppelt werden. Der Antriebsmotor wird durch einen Selbstanlasser angelassen. Der Leonardgenerator hat neben der Compoundwicklung eine steuernde fremderregte Erregerwicklung. Diese besteht aus zwei gegeneinander geschalteten Spulen. Durch das Überwiegen der einen oder anderen Spulenhälfte wird die Spannungsrichtung und Spannungshöhe des Leonardgenerators bestimmt

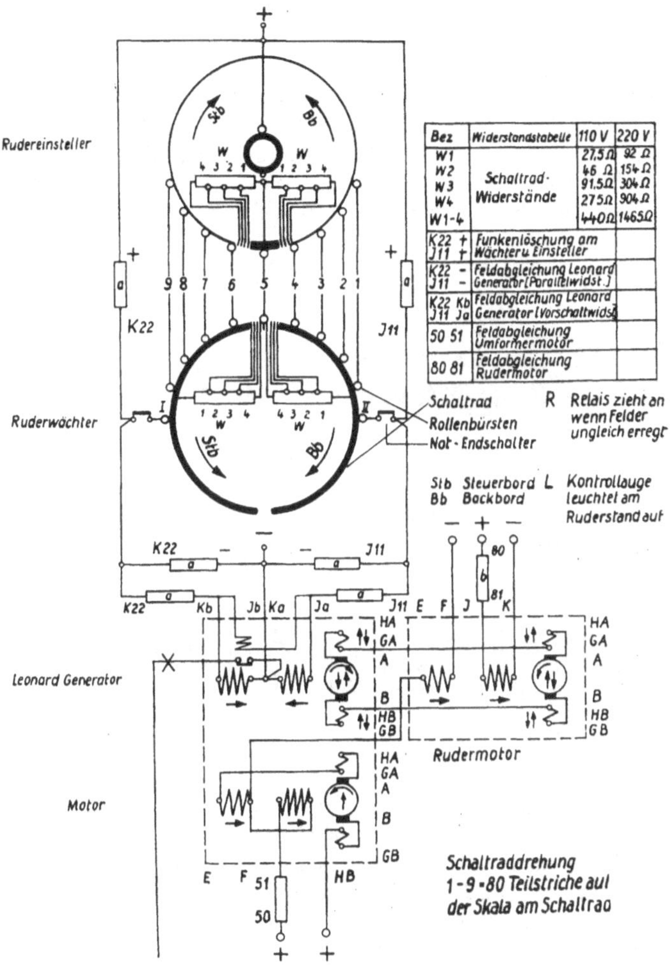

Abb. 182. Sympathische Steuerung

und damit die Geschwindigkeit und Drehrichtung des Rudermotors. Die Stärke und Richtung des Feldes des Leonardgenerators ist abhängig von der Drehung des Lenkrades. Der Rudereinsteller besitzt ein Schaltrad, mit dem über Widerstände, die sich am Schaltrad befinden, in beiden Bewegungsrichtungen veränderliche Ströme eingestellt werden, ferner 9 feststehende Rollenbürsten (oder bei feinerer Unterteilung der Ruderstellungen mehr), die über ebenso viele Leitungen mit den gleichen Bürsten des Ruderlenkers verbunden sind. Dieser besitzt gleichfalls ein Schaltrad mit den entsprechenden Widerständen, deren Größe w_1 bis w_4 auf der Zeichnung mit angegeben ist. Mit dem Schaltrad sind über 2 Rollenbürsten sowie über 2 Endschalter, die im Wächter mit eingebaut sind und für die verschiedenen Endlagen eingestellt werden, die beiden Nebenschlußwicklungen des Generators verbunden. Wird nun der Rudereinsteller nach links von der Nullage aus gedreht, z. B. um 3 Grad nach Steuerbord, so fließt ein Strom vom Pluspol über den Ring und die Widerstände w_1 und w_2 über die Rollenbürste 6 durch die Leitung 6 nach

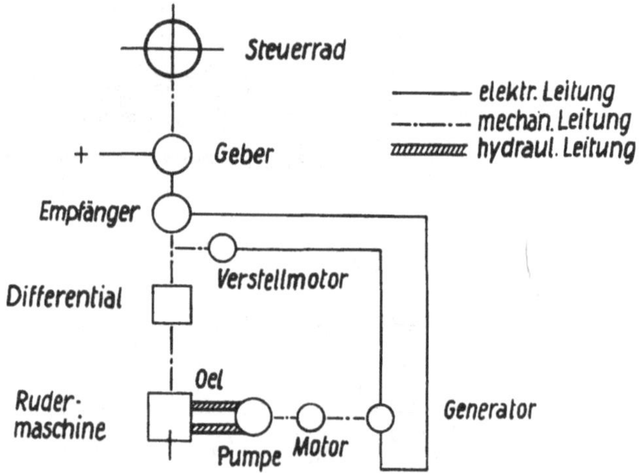

Abb. 183. Schematische Darstellung einer sympathischen Rudersteuerung für eine hydraulische Ruderanlage

der Kontaktschiene des Ruderwächters und von ihr über die Rollenbürste I und den Endschalter durch das Nebenschlußfeld des Generators zum Minuspol. Hierdurch wird der Generator erregt und das Ruder in Richtung Steuerbord gelegt. Durch diese Bewegung wird nun das Schaltrad des Ruderwächters mechanisch in Richtung Steuerbord gedreht. Dadurch fließt ein weiterer Strom über die Leitung 5 und die Widerstände w_4 bis w_1 des Ruderwächters, die Kontaktschiene II sowie den Endschalter II durch das Nebenschlußfeld $J_a K_a$ des Generators zum Minuspol. Dadurch verringert sich die Erregung des Generators und die Ruderlagegeschwindigkeit bis der Wächter ebenfalls um 3 Grad nach Steuerbord gedreht ist. Dann liegen im zweiten Stromkreis des Ruderwächters ebenfalls die Widerstände w_2 und w_1. Hierdurch sind in den beiden Stromwegen im Ruderwächter gleiche Widerstände eingeschaltet. Es fließen also auch gleiche Ströme hindurch und die beiden Nebenschlußfelder am Leonardgenerator sind gleich. Hierdurch kommt der Generator zum Stehen. Wie auch immer der Rudereinsteller nach Steuerbord oder Backbord gedreht wird, immer folgt der Ruderwächter so lange nach bis in den Widerständen Übereinstimmung besteht. Dasselbe gilt natürlich auch, wenn der Ruderwächter verstellt wird, d. h. wenn das Ruder durch äußere Einflüsse aus seiner Lage gebracht wird, so läuft es automatisch wieder in die alte zurück. Das Ruder ist also elektrisch zwangsweise in seiner Lage festgehalten. Im Kopf der Lenkradsäule ist eine Anzeigevorrichtung vorhanden mit Ruderskala, auf der der eingestellte Ruderwinkel abgelesen werden kann. Anschläge an der Lenkradsäule begrenzen die Hartlagenwinkeleinstellung. Die Ruderlage muß so bemessen werden, daß bei voller Fahrt von hart nach hart in 30 Sekunden das Ruder gelegt werden kann. Der Hartlagewinkel ist 33° zuzüglich 2° Nachlauf. Die Rudermaschine muß

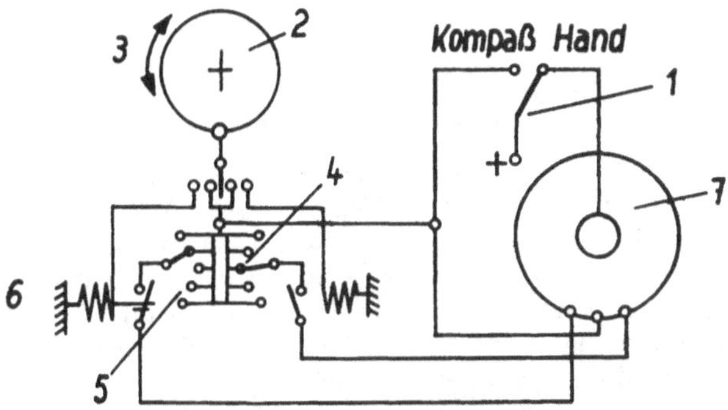

Abb. 184. Prinzipschaltbild einer sympathischen Programmsteuerung (d. h. vom Kompaß abhängigen)

1 = Umschalter. 2 = Nockenscheibe am Tochterkompaß. 3 = Bewegungsrichtung der Nockenscheibe. 4 = verstellbare Kontakteinrichtung. 5 = Wahlschalter am Ruderwinkel. 6 = Ralais. 7 = Rudereinsteller

ein um 50% größeres Ruderschaftmoment ausüben können als das vorgeschriebene Höchstmoment. Bei Überschreiten dieses Momentes muß jedoch die oben beschriebene Gleitkupplung in Tätigkeit treten, die eine noch höhere Belastung des Triebwerkes ausschließt. Der Ruderwächter hat einen Seilantrieb vom Ruderschaft.

Bei der sympathischen Steuerung von hydraulischen Ruderanlagen wird anstelle des Rudermotors der Hub der Pumpe über ein Differentialgetriebe durch einen Verstellmotor gesteuert. Die Pumpe selbst muß stufenlos regelbar und die Förderrichtung muß umkehrbar sein. Die Rückführung des Pumpenhubes in die Nullstellung erfolgt vom Ruderschaft über das Differential[1]), sobald die Lage des Ruders mit dem Sollwert des Verstellmotors übereinstimmt (vgl. Abb. 183).

Die elektrische sympathische Steuerung ist also mit einem mechanischen Differential gekoppelt, daher werden die Steuerleitungen klein.

[1]) Gregor, AEG-Mitteilungen Heft 1/2 1952, Neuerungen elektrisch angetriebener Schiffsruderanlagen.

Neuerdings wird auch die sympathische Steuerung noch mit einer Kontrollampe versehen. Die Spannung zwischen den beiden Punkten $J\,11$ und $K\,22$ wird zur Kontrolle benutzt, und zwar wie über ein an dieser Spannung liegendes Relais eine Lampe eingeschaltet, die solange aufleuchtet als der Sollwert mit dem Istwert nicht übereinstimmt.

Die sympathische Steuerung kann auch mit dem Kompaß direkt gekuppelt werden (vgl. Abb. 184). Die Empfängerseite ist weggelassen, da sie die gleiche ist wie bei der sympathischen Steuerung, nach Abb. 182. Auf der Geberseite ist ein Schalter, der auf Kompaß umgeschaltet werden kann, dann bewegt eine mit dem Kompaß verbundene Nockenscheibe ein Kontaktsystem, durch das solange das eine oder das andere Relais eingeschaltet wird, bis der am Wahlschalter für Ruderwinkel eingestellte Soll- mit dem Istwert übereinstimmt.

f) Schiffsschraube

Der Antrieb der Schiffsschraube erfolgt bei Schiffen bis zu ca. 4000 Ps[1]) meist mit Gleichstrom, wobei es sich meist um diesel-elektrische Anlagen handelt. Größere Schiffe, die hier nicht behandelt werden sollen, haben in USA meist turbo-elektrische Anlagen, während in Europa auch größte Einheiten mit Dieselmotoren auch heute häufig ausgestattet sind. Der Antrieb der Schiffsschraube erfolgt bei Turbinenantrieb meist mit Synchronmotoren, im Ausnahmefalle mit Asynchronmotoren. Der Vorteil des elektrischen Antriebes beruht darin[2]), daß er

a) leichter zu regulieren ist als ein direkter mechanischer Antrieb. Vor allen Dingen, wenn größere Strecken mit kleiner Geschwindigkeit gefahren werden, kann bei Verwendung von mehreren Motoren durch Abschaltung eines oder einiger Motoren ein guter Wirkungsgrad erzielt werden.

b) Darüber hinaus läßt sich Gleichstrom gut regeln. Umsteuerung und Manövrieren ist bei Gleichstrom besonders einfach (s. vorhergehende Abschnitte). Die langen Wellenleitungen fallen fort.

Bei besonderen Schiffen können die Generatoren für die Schiffsschrauben auch mit für Ladewinden und andere Hilfsgeräte an Bord verwendet werden.

Demgegenüber steht als Nachteil des elektrischen Antriebes gegenüber dem mechanischen das vergrößerte Gewicht und ein geringerer Wirkungsgrad als bei Verzicht auf die elektrische Steuerung. Man verwendet im Prinzip für kleinste Schiffe die einfache Widerstandssteuerung. Diese ist ähnlich wie eine Fahrschaltung (vgl. S. 235).

---

[1]) In USA, in Europa wird der mechanische Antrieb mit Regelung der Brennstoffzufuhr vorgezogen.

[2]) Herbst, Gleichstromschaltungen für elektrische Schiffsantriebe ETZ 1941 S. 357; Herbst, Wechselstromübertragung für Schiffsantriebe ETZ 1942 S. 385; Standard Handbook for electrical engineers 1946 Sec. 19 S. 259ff.

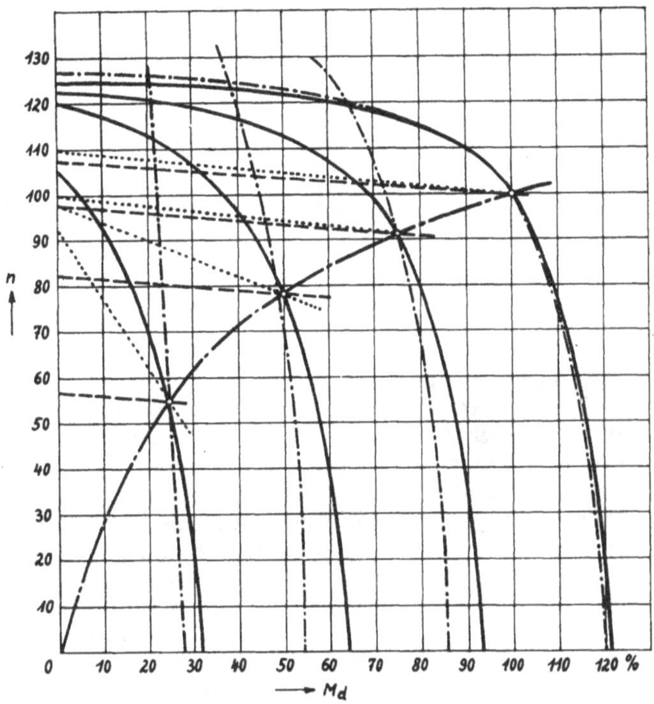

Abb. 185. Abhängigkeit der Drehzahl vom Drehmoment von einem Schiffspropeller für die Last für verschiedene Schaltungen bei verschiedenen Stellungen des den Feldwiderstand schaltenden Schalters

———————— Abgeänderte Konstantstromschaltung
——— · ——— Propellerkennlinie
— · — · — Konstantstromschaltung
— — — — Leonardsteuerung
· · · · · · · · Widerstandssteuerung

Man kann die Widerstandsabstufung so berechnen wie für einen Lüfter, da das Moment bei der $M = f(n)$ Charakteristik der Propeller-Kurve etwa (in Wirklichkeit etwas mehr) quadratisch mit der Drehzahl wächst. Nimmt man an, daß das Moment mit der Geschwindigkeit quadratisch zunimmt, so gilt:

$$E \cong k\, n^2 \qquad M \cong K\, J^2 \qquad \text{Konst}\ M = n^2$$

$$R = \frac{U_n}{J_n}\left[\left(1 - \frac{n}{n_{id}}\right)^2\right] \frac{n}{n_{id}}\,^{1)}\,.$$

[1]) Als Propellermotor ist hier ein Hauptstrommotor vorgesehen, oder ein Compoundmotor mit überwiegend Hauptstromverhalten. Wird ein Motor mit überwiegendem Nebenschlußverhalten, was seltener vorkommt, verwendet gilt:

$$R = \frac{U_n}{J_n}\left(1 - \frac{n}{n_{id}}\right) \cdot \frac{n^2_{max}}{n^2}\,.$$

$n/n_{max} = i/J_{norm}$	$R/\frac{U_n}{I_n}$	Differenz	$J^2 R/N_{mot}$ Stufe	$J^2 R_{Gesamt}/N_{mot}$
0,9	0,22	0,22	0,19	0,19
0,8	0,45	0,23	0,14	0,33
0,7	0,73	0,28	0,13	0,46
0,6	1,07	0,34	0,12	0,58
0,5	1,50	0,43	0,11	0,69
0,4	2,10	0,60	0,10	0,79
0,3	3,03	0,93	0,08	0,87
0,2	4,80	1,77	0,07	0,94
0,1	9,90	5,10	0,05	0,99

Infolge der großen Verluste wird die Widerstandssteuerung aber nur für ganz kleine Schiffe angewandt. Für größere Leistungen wird eine der Leonardsteuerung verwandte Schaltung verwendet. Als Generator wird ein solcher mit einer Gegencompoundwicklung vorgesehen, der aber hauptsächlich Nebenschlußverhalten hat. Die Erregung erfolgt getrennt vom Schiffsnetz oder durch eine gesonderte Erregermaschine. Die Gegenreihenschlußwicklung ist so auszulegen, daß eine leicht abfallende Drehzahl bei Steigerung des Drehmomentes erreicht wird.

Werden mehrere Generatoren parallel geschaltet, so ist darauf zu achten, daß eine Ausgleichsleitung verwandt wird, Der Nachteil der Leonardschaltung oder Widerstandssteuerung besteht darin, daß die Propellerkurve gemäß Abb. 185 von den Kennlinien der Leonardsteuerung sehr stark abweicht. Die Propellerkurve ist ungefähr quadratisch. Wenn jetzt das Propellerdrehmoment durch besondere Umstände, z. B. wenn Fremdkörper in die Schiffsschraube kommen, stark ansteigt, so kann der Generator und der Schiffsmotor leicht überlastet werden. Es müssten also Vorrichtungen getroffen werden, um den Schiffsmotor abzuschalten, was natürlich auch nicht erwünscht ist. Man versucht nun besser, eine Schaltung zu wählen, bei der sich das Drehmoment der Maschine besser dem veränderten Propellermoment anpaßt. Man verwendet deshalb lieber eine Konstantstromschaltung als eine Schaltung mit konstanter Spannung. Eine solche Schaltung zeigt Abb. 186.

Bei dieser liegen mehrere Generatoren mit dem oder den Propellermotoren in Reihe. Wird ein Generator nicht benötigt, so wird er kurzgeschlossen und dann abgeschaltet. Durch Widerstände im Feldstromkreis des Motors erfolgt die Drehzahlregulierung.

Die Erregermaschine selbst hat eine Fremd- und eine Gegencompoundwicklung. Steigt der Propellermotorstrom, so wird die Wirkung der Gegenreihenschlußwicklung in der Erregermaschine größer, die Erregerspannung sinkt und damit auch die Ankerspannung am Propellermotor. Die Erregermaschine ist so ausgebildet, daß schon bei einem kleinen Anstieg des Stromes eine größere Spannungssenkung eintritt, um eine starke Feldschwächung am Generator zu erzielen. Hierdurch kann eine Überlastung des Motors nicht stattfinden. Dagegen sind die Verluste verhältnismäßig groß, vor allen Dingen aber kann bei geringem Drehmoment und schwachem Feld der Motor durchgehen. Es müssen also Vorkehrungen getroffen werden, um dann den Motor zur Abschaltung zu bringen, z. B. durch Verwendung eines Tachometerdynamos, der mit dem Propellermotor gekuppelt ist und bei Er-

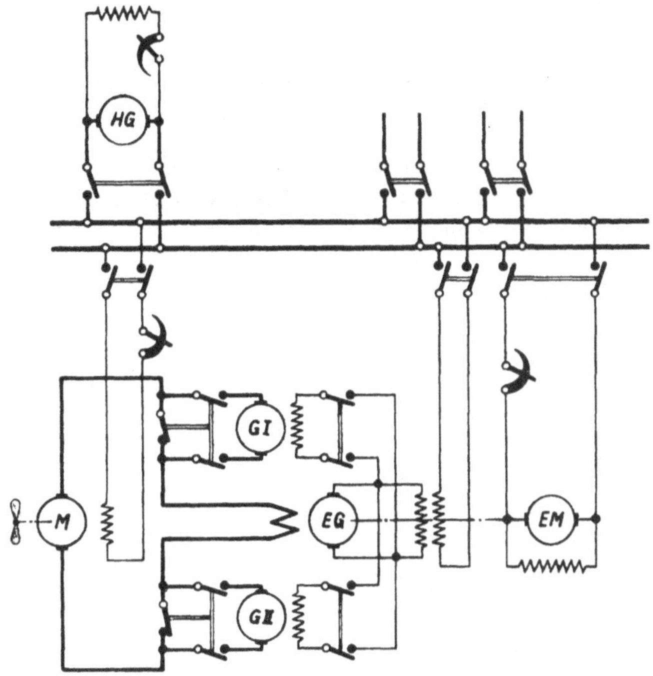

Abb. 186. Schiffspropellersteuerung (sogenannte Konstantstromschaltung)

EG — *EM*	Erregerumformer
GI, *GII*	Hauptgeneratoren
HG	Hilfsgenerator
M	Propellermotor

reichung einer bestimmten Geschwindigkeit den Propeller zum Abschalten bringt oder durch einen Fliehkraftschalter. Besser ist es, wenn man die beiden Generatoren anstelle sie in Reihe zu schalten, parallel schaltet. Dann muß allerdings jeder Generator seine eigene Erregermaschine erhalten, die im übrigen genau so ausgebildet ist wie bei der Konstantstromschaltung, nur daß sie mit höherer Eisensättigung arbeitet, um eine stark abfallende Kennlinie zu erhalten. Die Erregermaschine hat Gegencompound, Fremd- und Eigenerregung. Hierdurch wird erreicht, daß die Drehzahl für jede Felderregung, also jede Stufe des Fahrschalters, also für verschiedene Feldwiderstände des Propellermotors unabhängig von der Anzahl der eingeschalteten Generatoren für jedes Drehmoment begrenzt ist (abgeänderte Konstantstromschaltung). Selbstverständlich gehören auch hier Notschalter zur Anlage.

Moderne Schiffe haben bei Gleichstromantrieb Dieselmotoren, man kann auch einen Teil der Drehzahlregulierung des Propellermotors am Dieselmotor vornehmen, so daß mit steigender Belastung die Generatorspannung bzw. die Drehzahl des Dieselmotors sinkt. Sind mehrere Maschinensätze vorgesehen, muß die Regulierung durch Parallelschaltung der Maschinen, Generatoren und Motoren durch einen einzigen Nockenschalter erfolgen. Bei Ausfall eines Elementes muß zumindest mit verminderter Geschwindigkeit der Propeller weiter laufen können.

Verwendete Formelzeichen

A

A = Bremsarbeit
A = Wärmeaufnahme des Wassers (kwsek)
A = Bezeichnung für Amplidyne
A_{Anl} = Anlaßarbeit
A' = Schaltarbeit
a = Belastungszeit für aussetzenden Betrieb
a = $(E + U_B)/U_{max}$ = Drehzahlfaktor bei einem gesteuerten Gleichrichter
a = Kranzdicke einer Trommel
a = Spannungsverhältnis der umgekehrt geschalteten Phase mit zu ohne Widerstand bei der untersynchronen Senkbremsschaltung S. 170

B

B = wirkliche Induktion
B = relative Beschleunigungsarbeit
B' = wirksame Induktion
b' = Kranzbreite einer Trommel

C

C = (mit und ohne Index) Bezeichnung für eine Konstante
c = spez. Wärme

D

D = Durchmesser
D_s = Trägheitsdurchmesser einer Scheibe
D_{tr} = Trägheitsdurchmesser (allgem. Bezeichnung)
D_z = Zapfendurchmesser
d = Hub
d_{Seil} = Seildurchmesser

E

E = Elektromot. Kraft
E = Einstellung eines Motorschutzauslösers bei aussetzendem Betrieb gegenüber dem Dauerbetrieb
ED = relative Einschaltdauer
E_k = Energie
E_σ = EMK der Streuung
E_{1g}, E_{2g} = die in die Ständer bzw. Läuferwicklung induzierten EMK
$E_{1\sigma}, E_{2\sigma}$ = EMK der Streuung des Ständers bzw. Läufers
E', E'' = EMK von zwei in elektrische Welle geschalteten Maschinen
E_{1r}, E_{2r} = Ohmsche Spannungsabfälle im Ständer bzw. Läufer

F

F = Fläche (Magnetfläche, Windfläche, wärmeabgebende Fläche
f = Frequenz
f = Hebelarm der rollenden Reibung (cm)
f_a = Beschleunigungsfaktor
f_{ar} = kombinierter Beschleunigungs- und Bremsfaktor
f_r = Bremsfaktor
f_w = Wechselleistungsfaktor
f_w' = Wechselleistungsfaktor allein unter Bezugnahme auf die Gleichleistung
f_w'' = Wechselleistungsfaktor allein mit Bezugnahme auf die relative Einschaltdauer

G

G = Gewicht
G_a = Ausgleichsgewicht

G_F = Fahrwiderstand der nicht gebremsten Räder
G_o = Totlast
G_w = Windkraft
G_v = Vollast
GD^2 = Schwungmoment
G' = Gewicht des leeren Hakens
g = Erdbeschleunigung (9,81 m/sek²)

H

H = Feldstärke
h = Hubhöhe
h_a = Anlaßhäufigkeit
h_0, h_1, h_2 = Steighöhe der Flüssigkeit in einem Flüssigkeitsanlasser

J

J = Strom
J = Trägheitsmoment
J_A = Anlaufstrom
J_{err} = Feldstrom
J_{Fr} = Strom im Fremderregungswiderstand
J_i = Strom des inversen Feldes
J_k = Reglerstrom bei kalter Spule
J_s = Strom des synchronen Feldes
J_s = Feldstrom
J_μ = Magnetisierungsstrom
J_w = Reglerstrom (bei warmer Spule)
J_1 = Anzugsstrom
J_2 = Dauerstrom
J_{2i} = der durch den Läuferstrom des inversen Feldes im Ständer erregte Strom
J_{2s} = der durch den Läuferstrom des synchronen Feldes im Ständer erregte Strom
i_{st} = Gleichstrom (mag. Verstärker)
i_w = Wechselstrom
i_{2s}, i_{2i}, i_{20} = errechneter Strom des synchronen, inversen, und des Nullsystems

K

k = durch die Oberfläche eines = Flüssigkeitsanlassers durch Wärmeleitung und Konvektion abgegebene Wärme
k = allgemeiner Ausdruck für eine Konstante
$\mathfrak{k}$ = e^{120j}
k_{11} = Ständerreaktanz
k_{12}, k_{21} = von der Gegeninduktion herrührende Reaktanzen
k_{22} = Läuferreaktanz

L

L = wirkliche Selbstinduktion
L = Lastmoment (L' L'' Lastmomente bei der el. Welle)
L_E = Länge des Eisenweges in einem Magneten
L_m = mittlere Windungslänge
L' = wirksame Selbstinduktion
l = Liter
l = Lüftungsweg einer Bremse

M

M = Drehmoment
M_a = Anlaufmoment
M_B = Bremsmoment
M_F = Fahrwiderstandsmoment
M_i = inverses Moment
M_L = Lastmoment
M_{norm} = Normalmoment
M_o = Totlastmoment
M_q = Lastmoment
M_R = Reibungsmoment
M_{Rm} = mittleres Reibungsmoment
M_s = synchrones Moment
M_s = Schwenkmoment
M_v = Vollastmoment
M_{verlh} = Verlustmoment beim Heben
M_{vers} = Verlustmoment beim Senken
M_{vh} = Vollasthubmoment
M_{vs} = Vollastsenkmoment
M_w = Windmoment
M_z = Anzugsmoment eines Kurzschlußankermotors
M', M'' = Momente der Motore der el. Welle
m = Masse
m = Verstärkungsfaktor
m = Phasenzahl

N

N = Normalkraft
N_a = Anlaufleistung
N_b = Bremsleistung
N_g = Gleichleistung
N_m = quadratischer Mittelwert der Leistung

N_{mar} = mittlere Leistung unter Berücksichtigung der Bremsung und des Anlaufs
N_{mech} = mechanische Leistung
$N_{q\text{mech}}$ = mechanische Leistung
N_v = Vollastleistung
N_2 = mechanische Leistung
n = Drehzahl
n = Windungszahl
n_{id} = ideale Drehzahl
n_n = Nenndrehzahl
n_s = synchrone Drehzahl
n_x = Nachlaufumdrehungen
n_1 = Drehzahl der Motorwelle
n_3 = Drehzahl der Trommel eines Hubwerkes

P

P = Kraft (allgemein)
P = Bezeichnung für eine Klemme
P_z = Zapfenbelastung
p = Polpaarzahl
p = Verzögerung
p = Überlastbarkeitsfaktor bei aussetzendem Betrieb gegenüber dem Dauerbetrieb
p_R = Verzögerung durch Bremse

Q

q = Drahtquerschnitt
q = Zapfendruck

R

R = Widerstand
R_a = Widerstand von Anker-, Wendepol- und Kompensationswicklung
R_{anl} = Anlaßwiderstand
R_b = Bremswiderstand
R_{Dph} = Dämpfungswiderstand je Phase
R_{Fr} = Fremderregungswiderstand
R_f = Schlupfwiderstand
R_{Geg} = Widerstand bei Gegenstrombremsung
R_p = Parallelwiderstand

S

S = Seilzug
S = Bandkraft
s = Zahl der Brennstellen bei einem Gleichrichter je Phase
s = Schlupf
s = $l\alpha$ bei einer Bandbremse
s_n = Nennschlupf

T

T = Spieldauer
T = Stabilisierungstransformator
T_a = Zeitkonstante während des Anlaufs
T_b = Zeitkonstante während des Stillstandes eines Motors
TD = Tachometerdynamo
T_Z = Zeitkonstante
t = Zeit
t_a = Anlaufzeit
t_l = Laufzeit
t_R = Bremszeit

U

U = Spannung
U_a = Anodenspannung
U_B = Lichtbogenspannung
U_g = Gitterspannung
$U_{g\alpha}$ = Gitterspannung bei Zündverschiebungswinkel α
U_L = Läuferspannung
U_L = Lichtbogenspannung
$U_{\max}$ = Scheitelspannung
U_{sp} = Spulenspannung
U'_2, U''_1 = Läuferstillstandsspannungen der Motore in el. Wellenschaltung
U_g' = Grenzspannung bei einem gittergesteuerten Gleichrichter
U_L = Spannungsabfall im Stromrichter
U_{10} = fiktive Gleichspannung bei $\cos\varphi_L = 0$
$Ü$ = Übersetzungsverhältnis zwischen Querwicklnug und Längswicklung bei der einphasigen untersynchronen Bremsschaltung (S. 157)
$ü$ = Übersetzungsverhältnis allgemein
$ü_M$ = Übersetzungsverhältnis von Maschine und Zwischentransformator bei einer Kommutatormaschine

V

V = Verlustleistung
V = Flüssigkeitsmenge eines Flüssigkeitsanlassers
V = Verstärkungsfaktor eines magnetischen Verstärkers
V_E = Eisenverluste
V_{ED} = durchschn. Eisenverluste unter Berücksichtigung der relativen Einschaltdauer
V_{La} = Lagerreibungsverluste
V_{Lu} = Luftreibungsverluste
V_R = Reibungsverluste

W

w = sekundl. fließende Wassermenge

X

X_h = Hauptreaktanz
$X_{1\sigma}$ = Ständerstreureaktanz
$X_{2\sigma}$ = Läuferstreureaktanz auf den Ständer bezogen
$X'_{2\sigma}, X'_{1\sigma}, X_h'$ = auf die Längswicklungen bezogene Reaktanz (S. 157)
$X''_{1\sigma}, X''_{2\sigma}, X''_h$ = auf die Querwicklung bezogene Reaktanz (einphas. untersynchrone Bremsung) (S. 157)
x = Anlaßstärke
x = Zahl der losen Rollen bei einem Flaschenzug

Y

y = Bremsstärke

Z

Z = Zündzeitpunkt
z = Anlaßzahl

α = Wärmeübergangszahl
α = Steigungswinkel
α = Umschlingungswinkel einer Bandbremse
α = Zündwinkel
α = Bürstenverschiebungswinkel
2α = Verdrehungswinkel zwischen den Läuferstillstandsspannungen der Läufer bei der el. Wellenschaltung
α_{kr} = kritischer Zündwinkel
γ = spezifisches Gewicht
γ = Verhältnis von inverser zu synchroner Spannungskomponente bei untersynchroner Bremsung (Phasenumkehr)
Δ = Unsymmetriegrad zweier Momente (el. Welle)
δ = Brenndauer eines Lichtbogens in einer Periode bei lückenlosem Gleichstrom
δ = Brenndauer bei lückendem Gleichstrom
η = Wirkungsgrad
η_h = Hubwirkungsgrad
η_{h^v} = Hubwirkungsgrad bei Vollast
η_v = Wirkungsgrad bei Vollast
η_s = Senkwirkungsgrad
η_{so} = Senkwirkungsgrad bei Totlast
η_m = durchschnittlicher Wirkungsgrad
ϑ = Übertemperatur
ϑ = Amperewindungszahl
ϑ_k = Kühlwasserübertemperatur
μ = Reibungskoeffizient
μ = Permeabilität
φ_i, φ_s = Dämpfungsfaktoren des inversen bzw. synchronen Feldes
σ = Streuungskoeffizient
σ = Biegefestigkeit
σ = Druckspannung
$\varnothing$ = Drahtdurchmesser auf einer Rolle (Widerstände)
φ = ωt = Winkel der Wechselspannung
φ_L = Löschwinkel
ψ = Winkel der Belastung
Ω = Ohm
ω = Winkelgeschwindigkeit

Sachregister

P

Q

R

S

T

U

FSC
www.fsc.org
MIX
Papier | Fördert gute Waldnutzung
FSC® C083411

Zeitfracht Medien GmbH
Ferdinand-Jühlke-Straße 7
99095 Erfurt, Deutschland
produktsicherheit@kolibri360.de